U0872644

"十二五"职业教育国家规划教材
经全国职业教育教材审定委员会审定

机械设计基础

第3版

主　编　闵小琪　陶松桥
副主编　段少丽
参　编　薛春娥　代　恒　胡玮婧　吴培均

机械工业出版社

本书是在第 2 版的基础上，根据教育部关于“机械设计基础”课程的教学要求以及新发布的有关国家标准修订而成。内容编排上，注重理论与实际相结合，注重学生能力的培养与职业素质的养成。

全书共 12 章，包括机械设计基础概论、平面连杆机构、凸轮及间歇运动机构、带传动与链传动、齿轮传动、蜗杆传动、齿轮系和减速器、联接、轴和轴承、其他常用零部件、机器速度与机械平衡、机械系统方案设计。每章都有目标要求和思考与练习题。附录是相关章节的实验指导。

本书适用于学时数为 60~80 的教学计划，其中 10 学时为实验课。

本书可作为高等职业院校的专用教材，也可作为相关工程技术人员的自学用书。

本书配有教学视频、动画等资源，可扫描二维码直接观看。

图书在版编目（CIP）数据

机械设计基础/闵小琪，陶松桥主编. —3 版. —北京：机械工业出版社，2020.7（2024.1 重印）

“十二五”职业教育国家规划教材

ISBN 978-7-111-65422-3

Ⅰ.①机… Ⅱ.①闵… ②陶… Ⅲ.①机械设计-高等职业教育-教材 Ⅳ.①TH122

中国版本图书馆 CIP 数据核字（2020）第 065539 号

机械工业出版社（北京市百万庄大街 22 号　邮政编码 100037）
策划编辑：曹帅鹏　责任编辑：曹帅鹏　赵小花
责任校对：陈立辉　责任印制：任维东
北京中兴印刷有限公司印刷
2024 年 1 月第 3 版第 12 次印刷
184mm×260mm · 16 印张 · 395 千字
标准书号：ISBN 978-7-111-65422-3
定价：49.90 元

电话服务	网络服务
客服电话：010-88361066	机　工　官　网：www.cmpbook.com
010-88379833	机　工　官　博：weibo.com/cmp1952
010-68326294	金　　书　　网：www.golden-book.com
封底无防伪标均为盗版	机工教育服务网：www.cmpedu.com

第3版前言

本书是根据教育部高等学校机械教学指导分委员会制定的“机械设计课程教学基本要求”，针对高等职业院校的培养目标，并结合编者多年来的教学经验编写而成的。

本书自2010年第1版、2015年第2版出版以来，已累计印刷12次，得到了广大师生和工程技术人员的充分肯定，此次再版结合多所使用院校的反馈意见，并按照行业的发展，对相关内容做了补充，具体修改内容如下：

1）在第7章增加了“轮系的功用”一节，使内容更完善。

2）为了使学生的设计思路更开阔，本书增设了“机械系统方案设计”一章。

3）去掉了原有的光盘，把二维动画和三维动画用二维码的形式放在教材里，学生可以随时观看，学习更方便。

4）全书的课件也进行了修改，把很多二维动画更换为三维动画，使教学更直观，学生更易懂。

本书由闵小琪、陶松桥任主编，闵小琪统稿并定稿。段少丽任副主编，参编人员有薛春娥、代恒、胡玮婧、吴培均。

本书可与闵小琪主编的《机械设计基础课程设计 第2版》配套使用。

限于编者水平，书中难免有疏漏之处，敬请读者批评指正。

编　者

第2版前言

“机械设计基础”是高等职业院校工科专业的一门重要的专业基础课，本书第2版是在第1版的基础上，根据机械类专业教学改革的基本要求，在总结各高校教改经验和多年教学实践的基础上，对原书进行了修订。具体的修订工作主要有以下几个方面：

1）保持原书体系，对原书的少量内容进行了增加、删除和修改，使之更便于教与学；

2）突出应用性，使书中内容更贴近工程实践。例如在第3章凸轮中，增加了“凸轮的结构和材料”的相关内容；

3）为了使本书的内容更全面，增设了“机器速度与机械平衡”一章；

4）增加了思考题，并对部分习题进行了调整，以利于学生自学。

本书由闵小琪、万春芬主编，闵小琪统稿并定稿。万小林任副主编，邹桦任主审，参编人员包括王敏和薛春娥。

本书配套光盘内容丰富、独特，在每一章节里均有二维、三维动画，把教学内容与动画演示完全融为一体，所有动画均放在光盘中的PPT电子课件内，便于教学。

本书可与闵小琪主编的《机械设计基础课程设计》（书号：978-7-111-32065-4）配套使用。

由于编者水平有限，书中难免有疏漏之处，敬请读者批评指正。

编　者

第1版前言

为了进一步提高学生的综合素质和实际动手能力，加强教材建设，满足高等职业技术院校的需求，我们编写了本书。

本书的特点：

1）围绕培养学生的职业技能这条主线来设计教材的结构和内容。对基本理论及相关公式进行了简化，适合高职高专相关专业的学生使用。

2）合理安排基础知识和实践知识的比例。基础知识以“必需、够用”为度，注重培养学生的动手能力，全书共安排了5次实验课，强调专业技术应用能力的训练。

3）符合高职学生的学习特点和认知规律。基本理论和方法的论述清晰简洁，学生容易理解，有较强的“可读性”和“可教性”。

4）本书配有多媒体教学光盘，光盘内容丰富，每一章节均有二维动画和三维动画，把教学内容与动画演示完全融合为一体。

5）本书采用的标准均为最新国家标准。

本书由闵小琪、万春芬主编。其中，第1章由薛春娥编写；第3~5章及附录由闵小琪编写；第6章由王敏编写；第2、8、9章由万春芬编写；第7章和第10章由万小林编写。

本书的配套光盘包括教学用PPT及动画演示，光盘内容由闵小琪、万春芬制作，张汇敏参与了部分动画的制作。

本书在编写过程中，得到了武汉交通职业学院机电工程系何伟主任和黄石职业技术学院陈少斌副院长的大力支持，黄石职业技术学院邹桦老师参与了文稿的审核，在此一并表示感谢。

本书可与闵小琪主编的《机械设计基础课程设计》配套使用。

限于编者水平，书中难免有错误和不足之处，敬请读者批评指正。

编　者

目　录

Chapter 1

第1章 机械设计基础概论

目标要求：掌握机器、机构、构件和零件等的含义；了解机械设计的基本规律；了解机械零件的失效形式及设计计算准则、机械零件设计的标准化、系统化及通用化。

1.1 机械的概念

微课：机械的概念

1.1.1 机械的组成

人类在长期的生产实践中，为了减轻劳动强度、改善劳动条件、提高劳动效率，创造并发展了机械，如汽车、机床等。机械的种类繁多，形式各不相同，但却有一些共同的特征，就其组成而言，一部完整的机械主要由以下四个部分组成（图 1-1）。

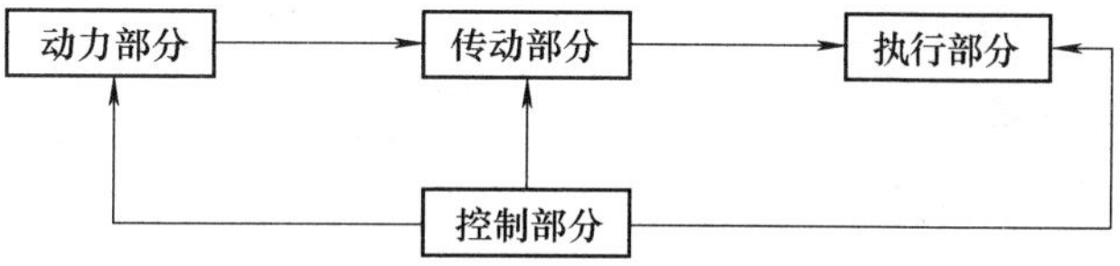

图 1-1　机械的组成

1. 动力部分

动力部分是机械的动力来源，其作用是把其他形式的能量转变为机械能，以驱动机械运动并做功，如电动机、内燃机等。

2. 传动部分

传动部分是将动力部分的运动和动力传递给执行部分的中间环节，它可以改变运动速度，转换运动形式，以满足执行部分的各种要求。如减速器将高速转动变为低速转动，螺旋机构将旋转运动转换成直线运动等。

3. 执行部分

执行部分是直接完成机械预定功能的部分，如机床的主轴和刀架，起重机的吊钩等。

4. 控制部分

控制部分是用来控制机械的部分，它使操作者能随时实现或停止各项功能。如机器的起动、停止，运动速度和方向的改变等。控制部分通常包括机械控制系统和电子控制系统。

机械的组成不是一成不变的，一些简单机械不一定完整具有上述四个部分，有的甚至只有动力部分和执行部分，如水泵、砂轮机等；而一些较复杂的机械，除了具有上述四个部分外，还有润滑装置、照明装置等。

1.1.2 机器和机构

在现代机械中，传动部分有机械的、电力的、液压的和气压的等，其中以机械传动应用最广。从制造和装配方面来分析，任何机械设备都是由许多机械零件、部件组成的。图 1-2 所示为单缸四冲程内燃机。当燃气推动活塞 7 做直线往复运动时，经连杆 8 使曲轴 9 做连续转动。凸轮 3 和顶杆是用来开启和关闭进气阀和排气阀的。在曲轴和凸轮轴之间两个齿轮的齿数比为 1∶2，曲轴转两周时，进、排气阀各启、闭一次。这样就把活塞的直线运动转换为曲轴的转动，将燃气的热能转换为曲轴转动的机械能。这里包含了气缸、活塞、连杆、曲轴组成的曲柄滑块机构，凸轮、顶杆、机架组成的凸轮机构，以及齿轮和机架组成的齿轮机构等。

内燃机

凸轮

连杆

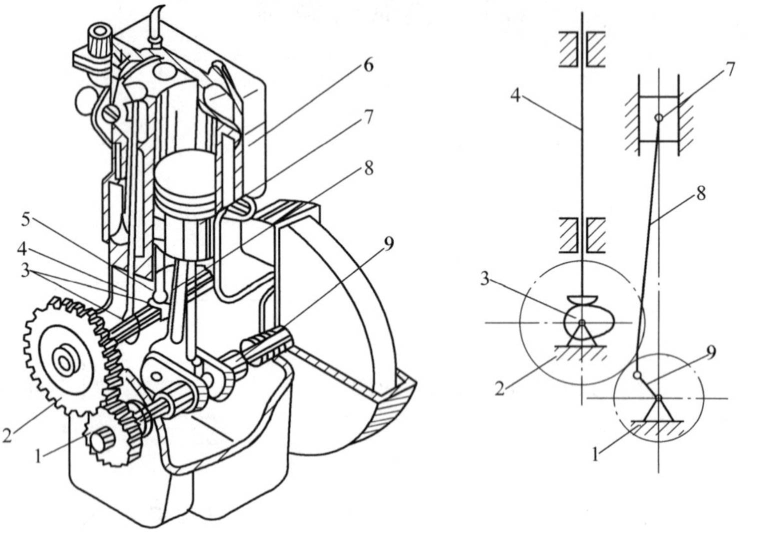

a) b)

图 1-2 单缸四冲程内燃机

1、2—齿轮 3—凸轮 4—排气阀 5—进气阀 6—气缸 7—活塞 8—连杆 9—曲轴

各种机器虽然有不同的形式、构造和用途，但是都具有下列三个共同特征：①机器是人为的多种实体的组合；②各部分之间具有确定的相对运动；③能完成有效的机械功或变换机械能。

综上所述，机器是由一个或几个机构组成的；机构仅具有机器的前两个特征，它被用来传递运动或变换运动形式。若单纯从结构和运动的观点看，机器和机构并无区别，因此，通常把机器和机构统称为机械。

1.1.3 构件和零件

组成机构的各个相对运动部分称为构件。构件可以是单一的整体（如活塞），也可以是由多个零件组成的刚性结构。例如，曲轴 9 和齿轮 1 作为一个整体做转动，它们构成一个构件，但在加工时是两个不同的零件。由此可知，构件是运动的基本单元，而零件是制造的基本单元。

1.2　机械设计的基本要求和一般程序

机械设计是机械产品研制的第一步，设计的好坏直接关系到产品的质量、性能和经济效益。机械设计是从使用要求出发，对机械的工作原理、结构、运动形式、力和能量的传递方式，以至各个零件的材料、尺寸、形状以及使用维护等问题进行构思、分析和决策的创造性过程。本课程主要讨论常用机械传动装置和通用零件及部件的设计。

机械产品设计应满足以下几方面的基本要求。

1. 实现预定功能

设计的机器能实现预定的功能，并在规定的工作条件下和工作期限内能正常运行。

2. 满足可靠性要求

机器由许多零件及部件组成，其可靠性取决于零件及部件的可靠度。机械系统的零件及部件越多，其可靠度也就越低，因此在设计机器时应尽量减少零件及部件的数目。但目前对机械产品的可靠性还难以提出统一的考核指标。

3. 满足经济性要求

经济性指标是一项综合性指标，要求设计及制造成本低、机器生产率高、能源和材料耗费少、维护及管理费用低等。

4. 操作方便、工作安全

操作系统要简便可靠，有利于减轻操作人员的劳动强度。要有各种保险装置，以消除由于误操作而引起的危险，避免人身及设备事故的发生。

5. 造型美观、减少污染

运用工业艺术造型设计方法对机械产品进行工业造型设计，使所设计的机器不仅使用性能好、尺寸小、价格低廉，而且外形美观，富有时代特点。机械产品的造型直接影响到产品的销售和竞争力，在机械设计中是一个不容忽视的环节。

噪声也是反映机械质量的一个综合指标。应尽可能地降低噪声，减轻对环境的污染。

1.3　机械设计的内容与步骤

机械设计是一项复杂、细致和科学性很强的工作。随着科学技术的发展，对设计的理解也在不断地深化，设计方法也在不断地发展。近年来发展起来的“优化设计”“可靠性设计”“有限元设计”“模块设计”“计算机辅助设计”等现代设计方法已在机械设计中得到了推广与应用。即使如此，常规设计方法仍然是工程技术人员进行机械设计的重要基础，必须很好地掌握。常规设计方法又可分为理论设计、经验设计和模型实验设计等。环保、舒适、美学等方面的要求，也是设计者必须考虑的。

机械设计的过程通常可分为以下几个阶段。

1. 产品规划

产品规划的主要工作是提出设计任务和明确设计要求，这是机械产品设计首先需要解决的问题。通常是人们根据市场需求提出设计任务，通过可行性分析后才能进行产品规划。

2. 方案设计

在满足设计任务书中设计具体要求的前提下，由设计人员构思出多种可行性方案并进行分析论证，从中优选出一种能完成预定功能、工作性能可靠、结构设计可行、成本低廉的方案。

3. 技术设计

在既定设计方案的基础上，完成机械产品的总体设计、部件设计、零件设计等，设计结果以技术图样、使用说明书及计算说明书的形式表达出来。

4. 制造及试验

经过加工、安装及调试制造出的样机，要进行试运行或在生产现场试用，将试验过程中发现的问题反馈给设计人员，经过修改和完善，最后通过鉴定。

1.4 机械零件设计的一般步骤

机械零件设计没有一成不变的固定步骤，常因具体条件不同而异，但一般机械零件设计的步骤如下。

1）根据零件在机械中的地位和作用，选择零件的类型和结构。

2）分析零件的载荷性质，拟定零件的计算简图，计算作用在零件上的载荷。

3）根据零件的工作条件及对零件的特殊要求，选择适当的材料。

4）分析零件可能出现的失效形式，决定计算准则和许用应力。

5）确定零件的主要几何尺寸，综合考虑零件的材料、受载、加工、装配工艺和经济性等因素，参照有关标准、技术规范以及经验公式，确定全部结构尺寸。

6）绘制零件工作图并确定公差和技术要求。

上述设计过程和内容会随具体任务和条件的不同而改变。在一般机械中，只有部分主要零件是通过计算确定其尺寸的，而许多零件则根据结构工艺上的要求，采用经验数据或参照规范进行设计，有时也使用标准件。

1.5 机械零件的失效形式及设计计算准则

机械零件丧失预定功能或预定功能指标降低到许用值以下的现象，称为机械零件的失效。由于强度不够引起的破坏是最常见的零件失效形式，但并不是零件失效的唯一形式。进行机械零件设计时必须根据零件的失效形式分析失效的原因，提出防止或减轻失效的措施，根据不同的失效形式提出不同的设计计算准则。

1.5.1 失效形式

机械零件最常见的失效形式有以下几种。

1. 断裂

机械零件的断裂通常有以下两种情况。

1）零件在外载荷的作用下，某一危险截面上的应力超过零件的强度极限时发生的断裂（如螺栓的折断）。

2）零件在循环变应力的作用下，危险截面上的应力超过零件的疲劳强度而发生的疲劳断裂。

2. 过量变形

当零件上的应力超过材料的屈服强度时，零件将发生塑性变形。当零件的弹性变形量过大时也会使机器的工作不正常，如机床主轴的过量弹性变形会降低机床的加工精度。

3. 表面失效

表面失效主要有疲劳点蚀、磨损、压溃和腐蚀等形式。表面失效后通常会增加零件的摩擦，使零件尺寸发生变化，最终造成零件的报废。

4. 破坏正常工作条件引起的失效

有些零件只有在一定的工作条件下才能正常工作，否则就会引起失效。如带传动因过载发生打滑，使机器不能正常地工作。

1.5.2 设计计算准则

同一零件对于不同失效形式的承载能力也各不相同。根据不同的失效原因建立起来的工作能力判定条件，称为设计计算准则，主要包括以下几种。

1. 强度准则

强度是零件应满足的基本要求。强度是指零件在载荷作用下抵抗断裂、塑性变形及表面失效（磨粒磨损、腐蚀除外）的能力。强度可分为整体强度和表面强度（接触与挤压强度）两种。

整体强度的判定准则为：零件在危险截面处的最大应力（σ，τ）不应超过允许的限度。此最大应力的允许限度称为许用应力，用［σ］或［τ］表示，即

$$\sigma \leqslant [\sigma] \quad 或 \quad \tau \leqslant [\tau]$$

另一种表达形式为：危险截面处的实际安全系数 S 应大于或等于许用安全系数［S］，即

$$S \geqslant [S]$$

表面接触强度的判定准则为：在反复的接触应力作用下，零件在接触处的接触应力 σ_H 应小于或等于许用接触应力值［σ_H］，即

$$\sigma_H \leqslant [\sigma_H]$$

对于受挤压的表面，挤压应力不能过大，否则会发生表面塑性变形、表面压溃等现象。挤压强度的判定准则为：挤压应力 σ_p 应小于或等于许用挤压应力［σ_p］，即

$$\sigma_p \leqslant [\sigma_p]$$

2. 刚度准则

刚度是指零件受载后抵抗弹性变形的能力，其设计计算准则为：零件在载荷作用下产生的弹性变形量应小于或等于机器工作性能允许的极限值。各种变形量计算公式可参考有关材

料力学的文献，本书不再赘述。

3. 耐磨性准则

设计时应使零件的磨损量在预定限度内不超过允许量。由于磨损机理比较复杂，通常采用条件性的计算准则，即零件的压强 p 不大于零件的许用压强 $[p]$，即

$$p \leqslant [p]$$

4. 耐热性准则

零件工作时如果温度过高将导致润滑剂失去作用，材料的强度极限下降，引起热变形及附加热应力等，从而使零件不能正常工作。耐热性准则为：根据热平衡条件，工作温度 t 不应超过许用工作温度 $[t]$，即

$$t \leqslant [t]$$

5. 可靠性准则

可靠性用可靠度表示，对那些大量生产而又无法逐件试验或检测的产品，更应计算其可靠度。零件的可靠度用零件在规定的使用条件下和时间内能正常工作的概率来表示，即用在规定的寿命时间内能连续工作的件数占总件数的百分比表示。如有 N_T 个零件，在预期寿命内只有 N_S 个零件能连续正常工作，则其系统的可靠度 R 为

$$R = N_S / N_T \times 100\%$$

1.6　机械零件设计的标准化、系列化及通用化

有不少通用零件，例如螺纹联接件、滚动轴承等，由于应用范围广、用量大，已经高度标准化而成为标准件。设计时只需根据设计手册或产品目录选定型号和尺寸，向专业商店或工厂订购即可。此外，有很多零件虽使用范围极为广泛，但在具体设计时随着工作条件的不同，在材料、尺寸、结构等方面的选择也各不相同，这种情况则可对它们的某些基本参数规定标准的系列化数列，如齿轮的模数等。

按规定标准生产的零件称为标准件。标准化给机械制造带来的好处是：①由专业化工厂大量生产标准件，能保证质量、节省成本；②选用标准件可以简化设计工作、缩短产品的生产周期；③选用参数标准化的零件，在机械制造过程中可以减少刀具和量具的规格；④由于标准件具有互换性，从而简化了机器的安装和维修。

设计中选用标准件时，由于要受到标准的限制而使选用不够灵活，若选用系列化产品则从一定程度上解决了这一问题。例如，对于同类型、同一内径的滚动轴承，按照滚动体直径的不同使其形成各种外径、宽度的滚动轴承系列，从而使轴承的选用更为方便、灵活。

通用化是指在不同规格的同类产品或不同类产品中采用同一结构和尺寸的零件，以减少零件的种类，简化生产管理过程，降低成本和缩短生产周期。

由于标准化、系列化、通用化具有明显的优越性，所以在机械设计中应大力推广“三化”，贯彻采用各种标准。

我国现行标准分为国家标准（GB）、行业标准和专业标准等，国际上则推行国际标准化组织（ISO）的标准，我国也正在逐步向 ISO 标准靠近。

思考与练习题

1-1　机器与机构的共同特征有哪些？它们的区别是什么？

1-2　缝纫机、洗衣机、机械式手表是机器还是机构？

1-3　以自行车为例，列举两个机构，并说明每个构件上有哪些零件？

1-4　常见的失效形式有哪几种？

1-5　标准化的重要意义是什么？

Chapter 2

第2章 平面连杆机构

目标要求： 了解四杆机构的应用场合；掌握按构件相对长度、运动副类型和机架轮换等来判断四杆机构类型的方法；能够确定四杆机构中压力角、传动力、极位夹角的大小和死点的位置；掌握急回特征和行程速度变化系数的概念；能够用图解法设计四杆机构。

2.1 平面机构的运动简图及其自由度

微课：机构运动简图

机构是有确定相对运动的构件的组合，而不是无条件的任意组合。所以，讨论机构在满足什么条件下才具有确定的相对运动，对于分析现有机构或设计新机构都是十分重要的。

机构及构件的实际外形及结构往往都很复杂，为便于机构设计和分析，需用简单的线条和符号以机构运动简图的形式来表示。因此，需掌握其绘制方法。

所有构件都在平面内运动的机构称为平面机构，否则称为空间机构。

2.1.1 运动副及其分类

如图 2-1 所示，一个做平面运动的自由的构件有三种独立运动，即构件沿 x 轴和 y 轴方向的移动及在 xOy 平面内的转动。构件所具有的独立运动的数目，称为构件的自由度。显然，一个做平面运动的自由构件有三个自由度。

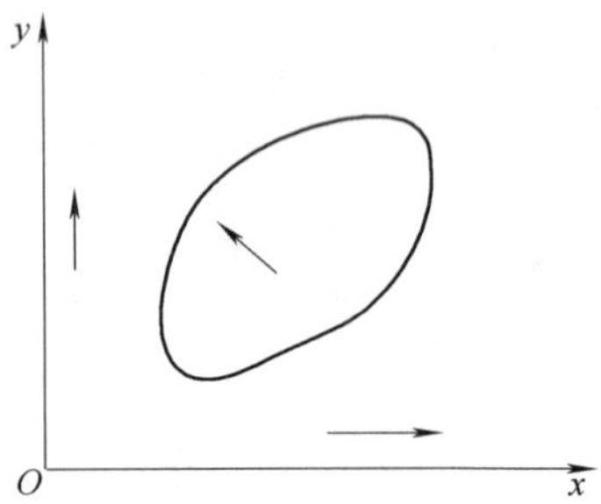

图 2-1 平面运动构件的自由度

机构是由许多构件以一定的方式联接而成的，这种联接应能保证构件间产生一定的相对运动。这种使两构件直接接触并能产生一定相对运动的联接称为运动副。例如，轴颈与轴承、活塞与气缸、相啮合的两齿轮轮齿间的联接等都构成运动副。

当构件用运动副联接后，它们之间的某些独立运动将不能实现，这种对构件间相对运动的限制，称为约束。自由度随着约束的引入而减少，不同的运动副，引入不同的约束。

运动副的类型可按接触方式的不同分为低副和高副两大类。

1. 低副

两构件通过面接触所组成的运动副称为低副。它包括转动副和移动副两种。

（1）转动副　若运动副只允许两构件做相对的回转运动，这种运动副称为转动副或铰链，如图 2-2a 所示。

（2）移动副　若运动副只允许两构件沿某一方向做相对移动，这种运动副称为移动副，如图 2-2b 所示。

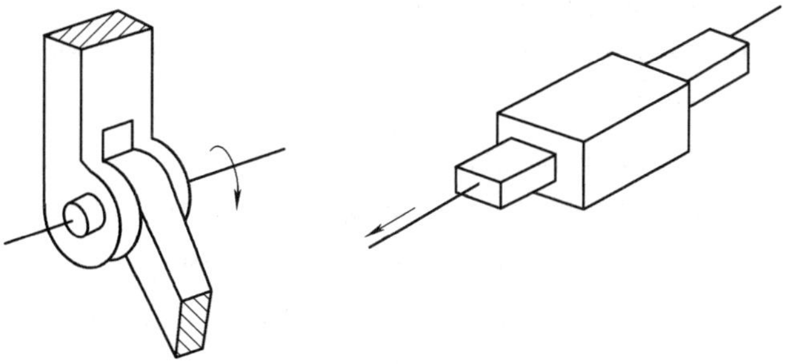

a)　　　　b)

图 2-2　平面低副

a）转动副　b）移动副

运动副

转动副只能在一个平面内相对转动，移动副只能沿某一轴线方向移动。因此，一个低副引入两个约束，即减少两个自由度。

2. 高副

两个构件通过点或线接触组成的运动副称为高副。

图 2-3a 中的凸轮 1 与从动件 2，图 2-3b 中的轮齿 3 与轮齿 4 在接触处 A 分别组成高副。形成高副后，彼此间的相对运动是沿接触处切线 t-t 方向的相对移动和在平面内的相对转动，而沿法线 n-n 方向的相对移动受到约束。所以，一个高副引入一个约束，即减少一个自由度。

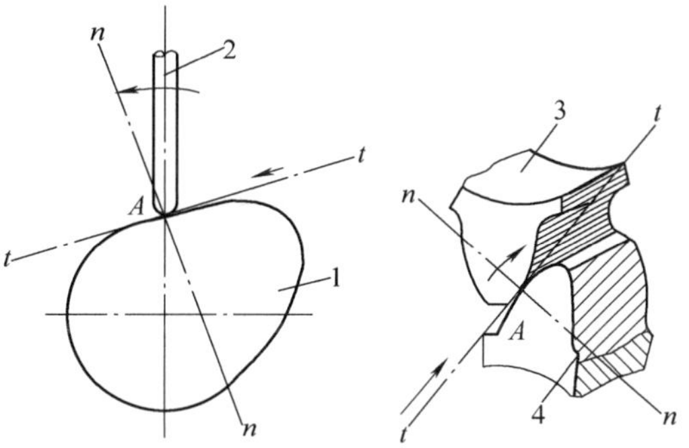

a)　　　　b)

图 2-3　平面高副

a）凸轮副　b）齿轮副

1—凸轮　2—从动件　3、4—轮齿

2.1.2　机构中构件的分类

1. 固定件（机架）

用来支承活动构件的构件称为固定件（机架）。如内燃机中的气缸体就是固定件，它用来支承活塞、曲轴等。

2. 原动件

运动规律已知的活动构件称为原动件。如内燃机中的活塞就是原动件，它的运动是由外界输入的。

3. 从动件

随原动件的运动而运动的其余活动构件为从动件。如内燃机中的连杆、曲轴等都是从动件。

2.1.3　平面机构的运动简图

在设计新机构或对现有机构进行运动分析时，为了便于设计和讨论，常常忽略那些与运动无关的因素（如构件的外形、组成构件的零件数目、运动副的具体构造等），仅用简单的线条和符号来代表构件和运动副，并按一定比例确定各运动副的相对位置。这种表示机构中各构件间相对运动关系的简单图形，称为机构运动简图。只是为了表明机械的结构，而不按严格比例绘制的机构简图称为机构示意图。

机构运动简图中，平面运动副的表示方法如图 2-4 所示。转动副用小圆圈表示，小圆圈的中心应画在回转中心处；移动副的导路必须与相对移动方向一致。图中画斜线的构件代表固定件。构件的表示方法如图 2-5 所示。图 2-5a 表示参与组成两个运动副的构件；图 2-5b 表示参与组成三个运动副的构件。对于机构中常用的构件和零件，有时还可采用惯用画法。例如用粗实线或点画线画出一对节圆来表示互相啮合的齿轮；用完整的轮廓曲线来表示凸轮。

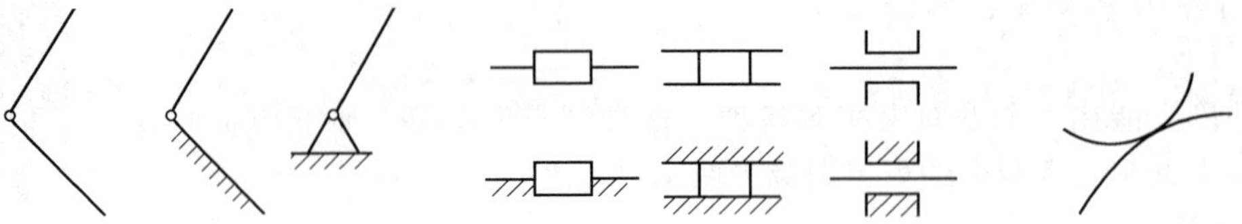

图 2-4 平面运动副的表示方法

a）转动副 b）移动副 c）高副

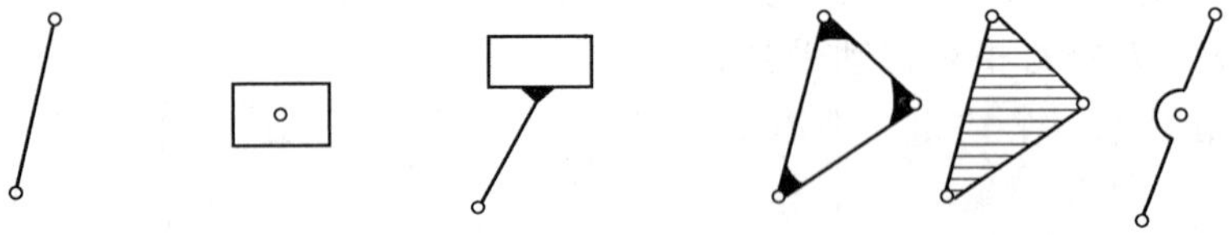

图 2-5 构件的表示方法

a）参与组成两个运动副的构件 b）参与组成三个运动副的构件

下面以压力机为例说明机构运动简图的绘制方法和步骤。

1. 分析机构的组成和运动情况，找出固定件、原动件和从动件

图 2-6 所示为一具有急回动作的压力机，由菱形盘 1、滑块 2、构件 3（3 与 3′为同一构件）、连杆 4、冲头 5 和机架 6 组成。菱形盘 1 为原动件，绕 *A* 轴转动，通过滑块 2 带动构件 3 绕 *C* 轴转动，然后再由做平面运动的连杆 4 带动冲头 5 沿机架 6 上下移动，完成冲压工件的任务。滑块 2、构件 3、连杆 4 及冲头 5 为从动件。

2. 确定运动副的类型和数目

根据各构件的相对运动可知，菱形盘 1 与机架 6，菱形盘 1 与滑块 2，构件 3 与机架 6，圆盘 3′与连杆 4，连杆 4 与冲头 5 均构成转动副，其转动中心分别为 *A*、*B*、*C*、*D*、*E*；而滑块 2 与构件 3，冲头 5 与机架 6 则组成移动副。

3. 确定原动件位置

在合适的视图平面上选定一个恰当的原动件位置，以便此时最能清楚地表达构件间的相互关系。因压力机是平面机构，故选构件运动平面为视图平面。

4. 选适当的比例尺

依照运动的传递顺序，定出各运动副的相对位置；用构件和运动副的规定符号绘制出机构运动简图。

原动件的瞬时位置如图 2-6 所示，再根据图 2-6a 按比例定出 A、B、C、D、E 的相对位置，然后再用线条联接。最后在机架 6 上画上斜线，菱形盘（原动件）1 上画上箭头，便得到图 2-6b 所示的机构运动简图。

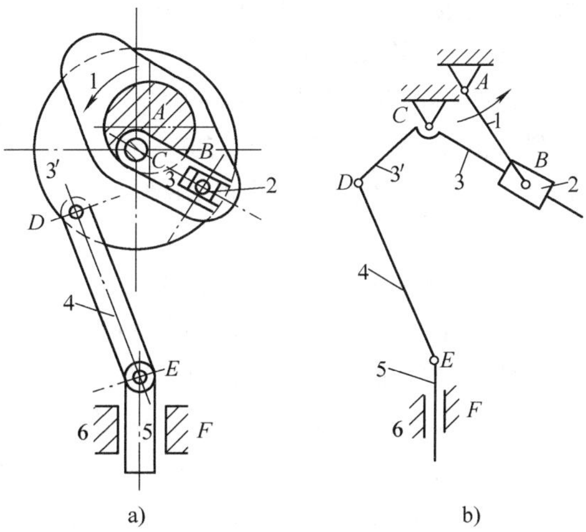

图 2-6 压力机及其机构运动简图

1—菱形盘 2—滑块 3—构件 3′—圆盘 4—连杆 5—冲头 6—机架

2.1.4 机构的自由度

机构的自由度是指机构具有确定运动时所需外界输入的独立运动的数目。机构要进行运动变换和力的传递就必须具有确定的运动，其运动确定的条件就是机构原动件的数目应等于机构的自由度数目。若机构的原动件数目小于机构的自由度数时，机构运动不确定；若机构的原动件数目大于机构的自由度数时，机构将在强度最薄弱处破坏。因此，在分析现有机器或设计新机器时，必须考虑其机构是否满足机构具有确定运动的条件。

1. 平面机构的自由度计算

如前所述，一个做平面运动的自由构件有三个自由度，当构件与构件用运动副联接后，构件之间的某些运动将受到限制，自由度将减少。每个低副引入两个约束，即失去两个自由度；每个高副引入一个约束，即失去一个自由度。

因此，若一个平面机构中有 n 个活动构件，在未用运动副联接之前，应有 $3n$ 个自由度；当用 P_L 个低副和 P_H 个高副联接成机构后，共引入$(2P_L+P_H)$个约束，即减少了$(2P_L+P_H)$个自由度。如用 F 表示机构的自由度数，则平面机构的自由度计算公式为

$$F=3n-2P_L-P_H \tag{2-1}$$

下面举例说明机构自由度的计算。

例 2-1 计算图 2-6 所示压力机的自由度，并判定该机构是否具有确定的运动。

解： 该机构的活动构件数 $n=5$、低副数 $P_L=7$、高副数 $P_H=0$，代入式（2-1）得

$$F=3n-2P_L-P_H=3\times5-2\times7-0=1$$

由于菱形盘为原动件，则机构的自由度数等于原动件数目，所以压力机的运动是确定的。

2. 计算平面机构自由度时应注意的几个问题

利用式（2-1）计算机构自由度时，还必须注意以下几种特殊情况。

（1）复合铰链 图 2-7a 中，有三个构件在 A 处汇交组成转动副，其实际构造如图 2-7b 所示，它是由构件 1 分别与构件 2 和构件 3 组成的两个转动副。这种由三个或三个以上的构件在一处组成的轴线重合的多个转动副称为复合铰链。由 K 个构件用复合铰链相连时，构

成的转动副数目应为（$K-1$）个。

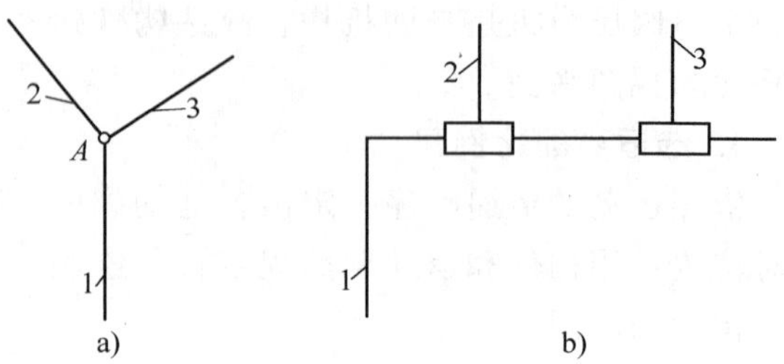

图 2-7 复合铰链
1、2、3—构件

例 2-2 计算图 2-8 所示钢板剪切机的自由度，并判定其运动是否确定。

解： 由图知 $n=5$、$P_L=7$、$P_H=0$，其中 B 处为复合铰链，含两个转动副，得机构自由度

$$F=3n-2P_L-P_H=3\times5-2\times7-0=1$$

机构中原动件只有一个，等于机构的自由度数，所以机构具有确定的相对运动。

在计算机构自由度时，应注意识别复合铰链，以免漏算运动副。

（2）局部自由度　如图 2-9a 所示，当原动件凸轮 1 回转时，滚子 2 可以绕 B 点做相对转动，但是，该构件的转动对整个机构的运动不产生影响。这种不影响整个机构运动的局部的独立运动，称为局部自由度。计算机构自由度时，可以设想滚子 2 与杆 3 固结成一体，如图 2-9b 所示。计算机构自由度时应将局部自由度除去不计。

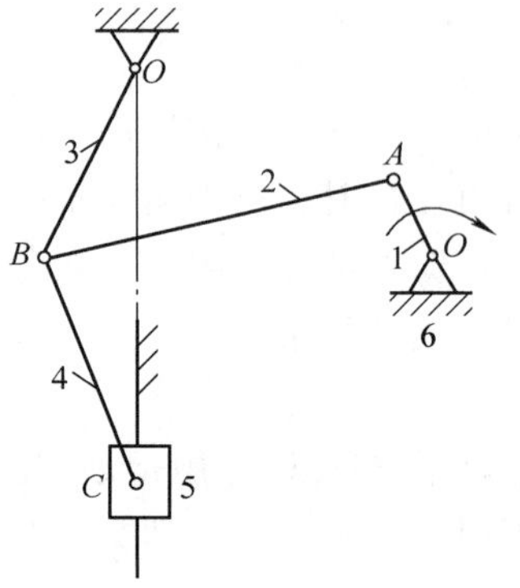

图 2-8 钢板剪切机
1—曲柄 2、4—连杆 3—摆杆 5—滑块 6—机架

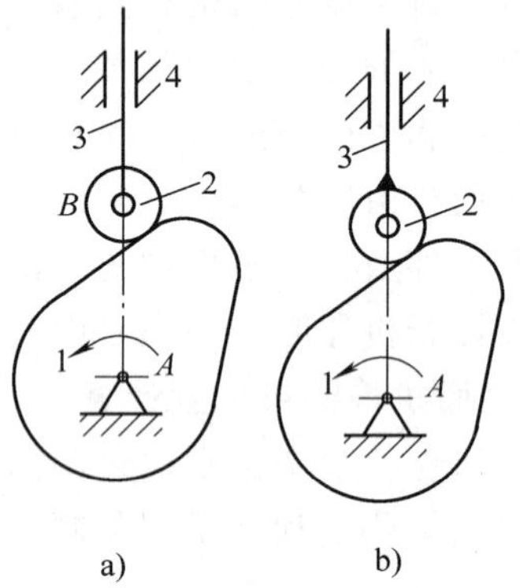

图 2-9 局部自由度
1—凸轮 2—滚子 3—杆 4—机架

图 2-9a 中的局部自由度经上述处理后，则得到机构自由度

$$F=3n-2P_L-P_H=3\times2-2\times2-1=1$$

计算结果与实际相符，机构自由度等于原动件数，此时机构具有确定的运动。

（3）虚约束　在实际机构中，与其他约束重复而不起限制运动作用的约束称为虚约束。计算机构自由度时应不计虚约束。

在平面机构中，虚约束常出现于以下情况。

1）转动副轴线重合的虚约束。当两构件在多处形成转动副，并且各转动副的轴线重合，则其中只有一个转动副起实际的约束作用，而其余转动副均为虚约束。如图 2-10 所示的齿轮机构中，转动副 A（或 B）、C（或 D）为虚约束。

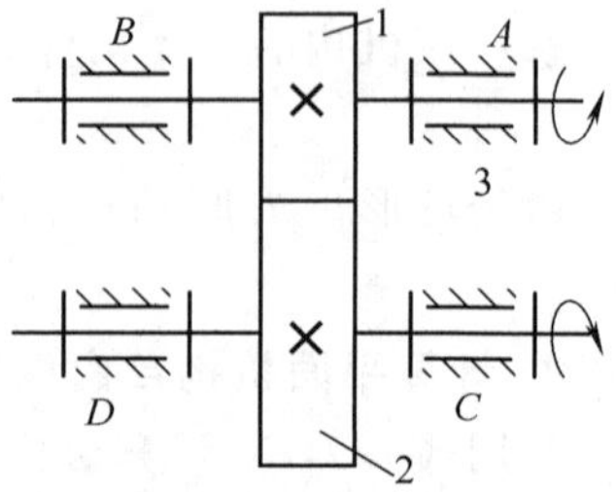

图 2-10 转动副轴线重合的虚约束
1、2—齿轮 3—机架

2）移动副导路平行的虚约束。当两构件在多处形成移动副，并且各移动副的导路互相平行时，则其中只有一个移动副起实际的约束作用，而其余移动副均为虚约束。如图 2-11 所示的曲柄滑块机构中，移动副 D（或 E）为虚约束。

3）机构对称部分的虚约束。机构中对传递运动不起独立作用的对称部分，会形成虚约束。如图 2-12 所示的行星轮系，两个对称布置的行星轮中只有一个起实际的约束作用，另一个为虚约束。

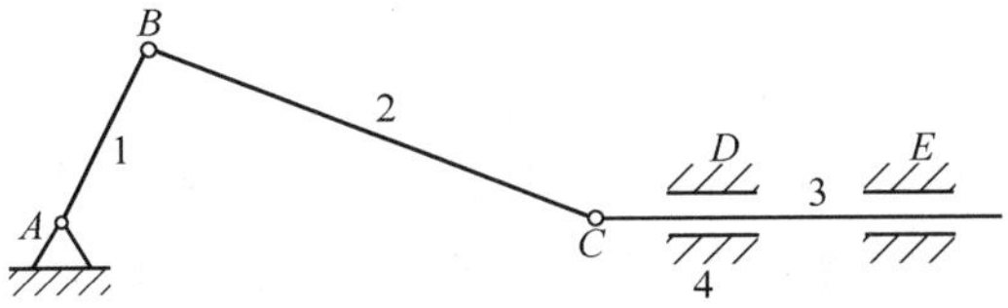

图 2-11　移动副导路平行的虚约束

1、2、3、4—构件

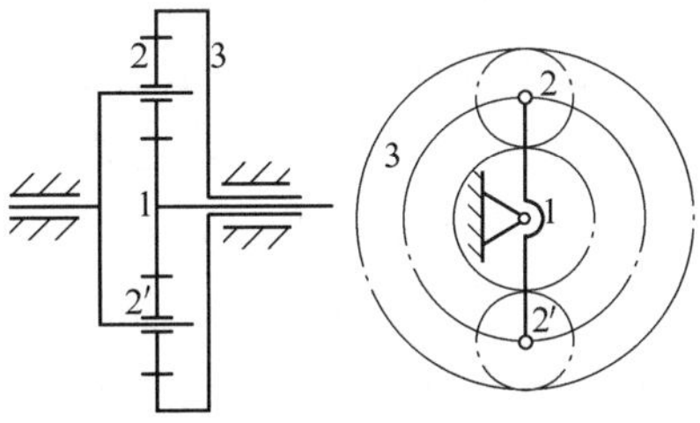

图 2-12　对称机构的虚约束

1、2、3—齿轮

4）轨迹重合的虚约束。机构中联接构件上点的轨迹和机构上联接点的轨迹重合，会形成虚约束。如图 2-13a 所示的平行四边形机构中，联接构件 5 上 E 点的轨迹就与机构连杆 2 上 E 点的轨迹重合。说明构件 5 和两个转动副 E、F 引入后，并没有起到实际约束连杆 2 上 E 点轨迹的作用，效果与图 2-13b 所示的机构相同，故构件 5 为轨迹重合的虚约束，计算机构自由度时，应除去不计。

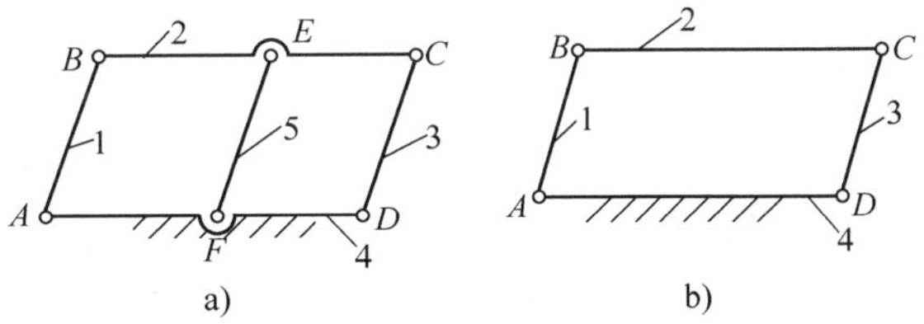

图 2-13　轨迹重合的虚约束

1、2、3、4、5—构件

注意：只有在特定的几何条件下（如轴线重合、导路平行等）才能构成虚约束；否则，虚约束将成为实际约束，阻碍机构运动。虚约束虽不影响机构的运动，但却可以增加构件的刚度，改善受力情况，保证传动的可靠性等。因此，在机构设计中被广泛采用。

2.2　平面连杆机构的类型及应用

平面连杆机构是由若干个构件用低副（转动副或移动副）联接组成的平面机构。由于低副是面接触，故传力时压强低，磨损小，寿命长；另外，低副的接触面为平面或圆柱面，便于加工制造和保证精度。因此，平面连杆机构广泛用于各种机械和仪器中。

平面连杆机构的缺点是：低副中存在间隙，易引起运动误差；而且它的设计比较复杂，不易精确地实现较复杂的运动规律。

平面连杆机构的类型很多，其中最简单、应用最广泛的是由四个构件组成的平面四杆机构。掌握了四杆机构有关知识和设计方法可为多杆机构的设计奠定基础。下面重点讨论四杆机构的基本类型、特性及其常用的设计方法。

2.2.1 铰链四杆机构

四个构件全部用转动副相联接的机构称为铰链四杆机构，它是平面四杆机构的基本形式。如图 2-14（图中序号 1~4 均指构件，下同）所示，机构中固定不动的构件 4 称为机架；与机架相联接的构件 1、3 称为连架杆，其中能做整周回转的连架杆称为曲柄，只能做往复摆动的连架杆称为摇杆；不与机架相联接的构件 2 称为连杆。

1. 铰链四杆机构的基本形式

铰链四杆机构中可按两连架杆是否成为曲柄或摇杆分为三种基本形式。

（1）曲柄摇杆机构　铰链四杆机构的两连架杆中，若一个为曲柄，另一个为摇杆，则称此机构为曲柄摇杆机构。当曲柄为原动件，摇杆为从动件时，可将曲柄的连续转动转变为摇杆的往复摆动，如图 2-15 所示的雷达天线的调整机构；若摇杆为原动件，则可将摇杆的往复摆动转变为曲柄的整周转动，如图 2-16 所示的缝纫机踏板机构。

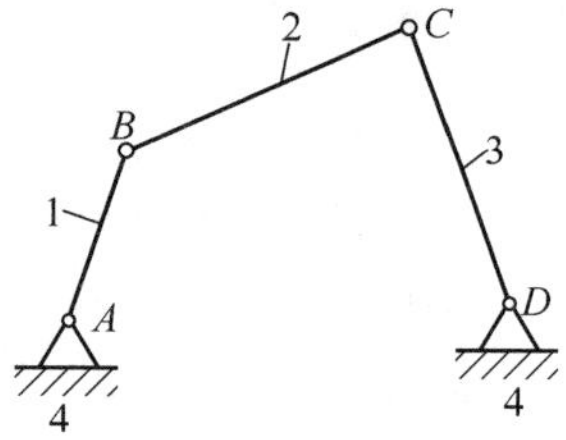

图 2-14　铰链四杆机构

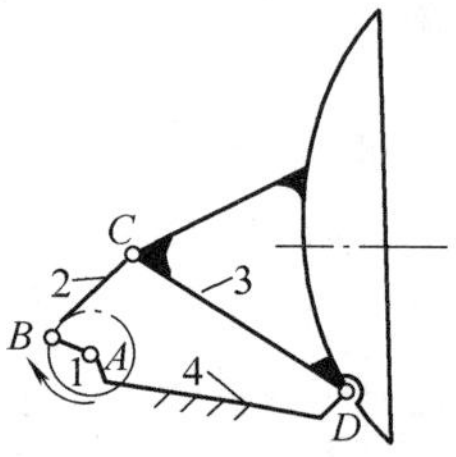

图 2-15　雷达天线的调整机构

铰链四杆机构的类型

（2）双曲柄机构　铰链四杆机构中，若两连架杆均为曲柄，则此机构称为双曲柄机构。它可将原动曲柄的等速转动变换成从动曲柄的等速或变速转动。如图 2-17 所示的惯性筛机构，当主动曲柄 1 等速转动时，从动曲柄 3 做变速转动，从而使筛子做变速移动，以获得筛分材料颗粒所需要的加速度。

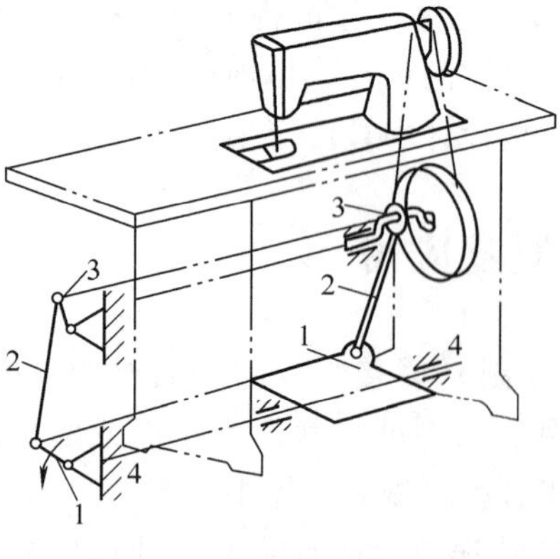

图 2-16　缝纫机踏板机构

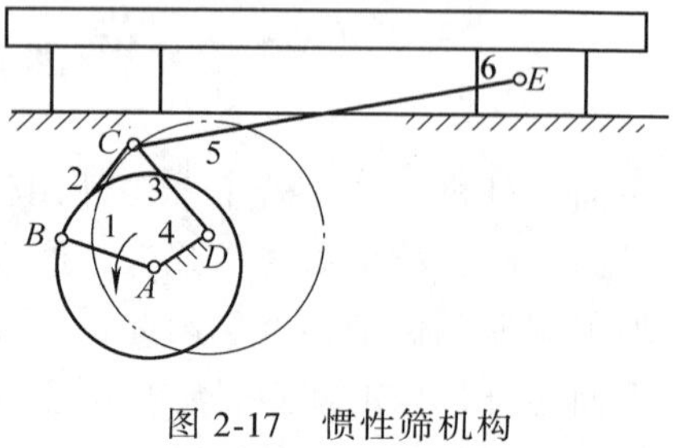

图 2-17　惯性筛机构

在双曲柄机构中，若相对的两组杆平行且长度相等，则该机构称为平行四边形机构。平行四边形机构两曲柄以相同角速度同向转动，连杆做平移运动。图 2-18 所示的摄影平台升降机构就利用了连杆 BC 做平移运动的特点；图 2-19 所示的机车车轮的联动机构则利用了曲

柄 *AB*、*CD*、*EF* 等速同向转动的特点。如图 2-20 所示的反平行四边形机构，杆 *AB*、*CD* 的长度相等，但不平行，故该机构称为反平行四边形机构。反平行四边形机构主动曲柄做等速转动时，从动曲柄做反向变速转动。图 2-21 所示的车门启闭机构就是利用此机构曲柄 *AB*、*CD* 转向相反的运动特点，使两扇车门同时开启或关闭。

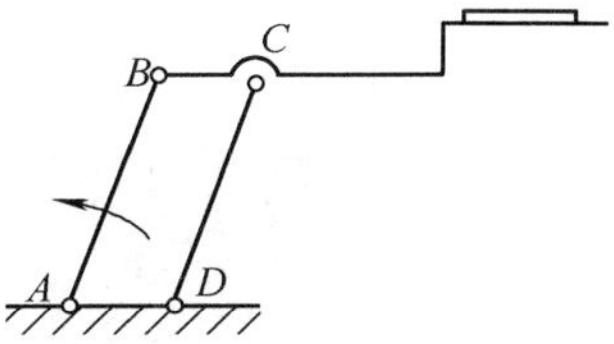

图 2-18　摄影平台升降机构

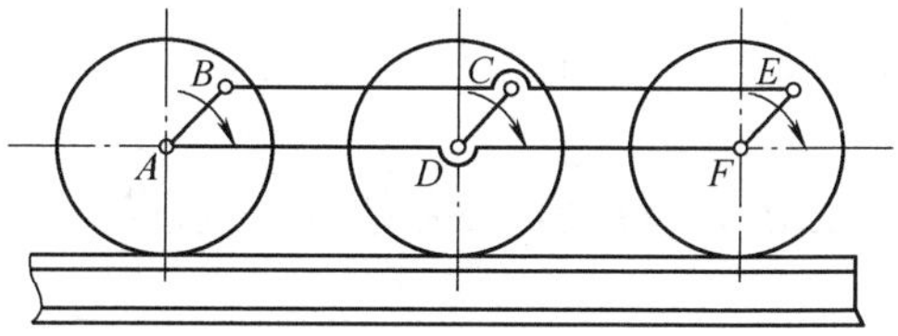

图 2-19　机车车轮联动机构

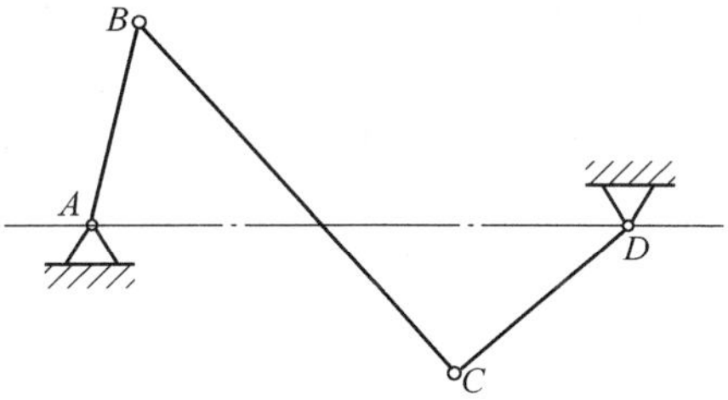

图 2-20　反平行四边形机构

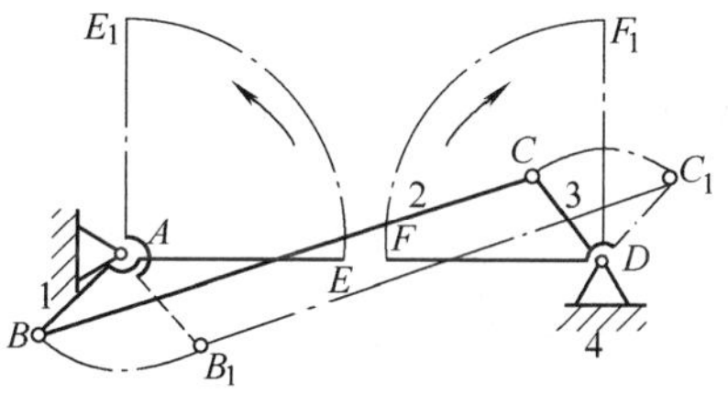

图 2-21　车门启闭机构

(3) 双摇杆机构　铰链四杆机构中，两连架杆均为摇杆的称为双摇杆机构。图 2-22 所示的港口起重机，利用两摇杆的摆动，使得悬挂在连杆 *E* 上的重物能沿近似水平的直线运动；图 2-23 所示的飞机起落架放收机构，则是利用双摇杆机构完成飞机着陆时推出和起飞后收起着陆轮的工作。

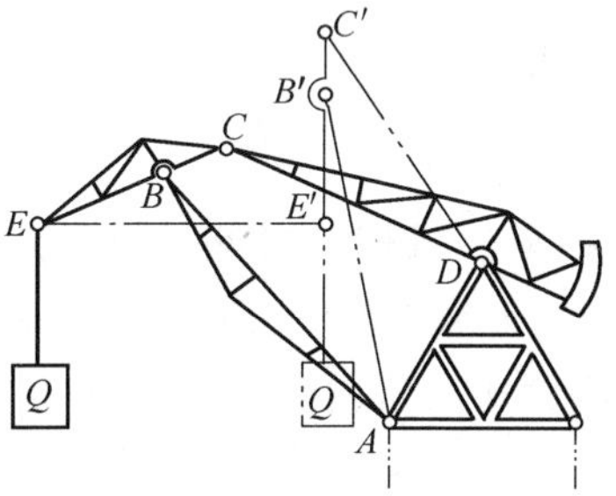

图 2-22　港口起重机

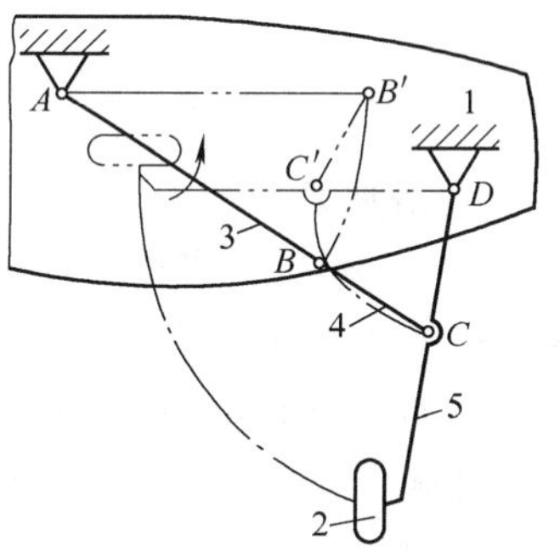

图 2-23　飞机起落架放收机构

1—机架　2—着陆轮　3—主动摇杆

4—连杆　5—从动摇杆

2. 铰链四杆机构形式的判别

铰链四杆机构三种基本形式的区别在于机构是否存在曲柄，而有无曲柄又与各杆的相对长度和机架的选择有关。

通过论证，铰链四杆机构曲柄存在的条件为：

1）连架杆和机架中必有一杆为最短杆。

2）最短杆与最长杆长度之和小于或等于其他两杆长度之和。

由上可知，判别铰链四杆机构形式时应先判别机构是否满足杆长条件，若满足，则可按下述方法判别出机构的形式：①若最短杆为连架杆，则得到曲柄摇杆机构；②若最短杆为机架，则得到双曲柄机构；③若最短杆为连杆，则得到双摇杆机构。不满足杆长条件的铰链四杆机构，无论取哪个杆件作机架，都无曲柄存在，则机构只能是双摇杆机构。

2.2.2 铰链四杆机构的演化

铰链四杆机构的演化

如图2-24a所示的曲柄摇杆机构，摇杆上C点的轨迹是以D为中心，以CD为半径的圆弧。若摇杆CD的长度趋于无穷大时，则C点的轨迹变成直线。于是该铰链四杆机构就演化成含有滑块的机构，如图2-24b所示。

对含有一个移动副的四杆机构，若改取不同构件作机架或扩大转动副等，可得到不同形式。

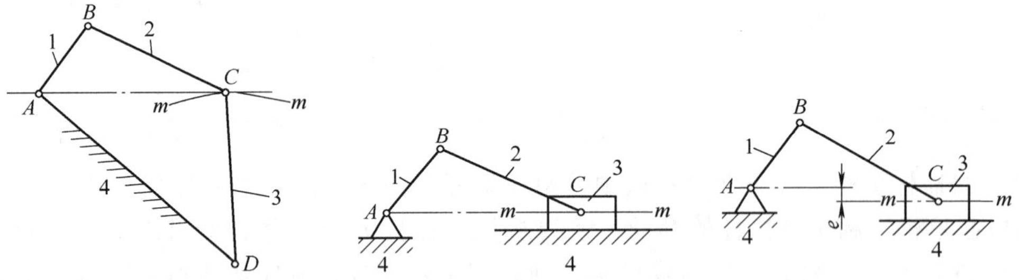

a) b) c)

图2-24 曲柄滑块机构

a）曲柄摇杆机构 b）对心曲柄滑块机构 c）偏置曲柄滑块机构

1. 曲柄滑块机构

如图2-24b所示，当连架杆1为曲柄时，该机构称为曲柄滑块机构。根据滑块导路是否通过曲柄转动中心A，曲柄滑块机构可分为对心曲柄滑块机构（图2-24b）和偏置曲柄滑块机构（图2-24c）两种，其中e为偏置距离。曲柄滑块机构广泛应用于内燃机、空气压缩机、压力机等机械中。

2. 导杆机构

在图2-24b所示的对心曲柄滑块机构中，若改取构件1为机架，即得导杆机构。当$l_1<l_2$时（图2-25a），机架是最短构件，它的相邻构件2与导杆4均能做整周回转，称为转动导杆机构；当$l_1>l_2$时（图2-25b），机架1不是最短构件，它的相邻构件导杆4只能来回摆动，称为摆动导杆机构。导杆机构常用于牛头刨床（图2-25c）、插床等机械中。

3. 摇块机构

在图2-24b所示的对心曲柄滑块机构中，若取构件2作机架，即得到图2-26a所示的摇块机构。这种机构广泛用于摆缸式内燃机和液压驱动装置等机械中。如图2-26b所示的载货

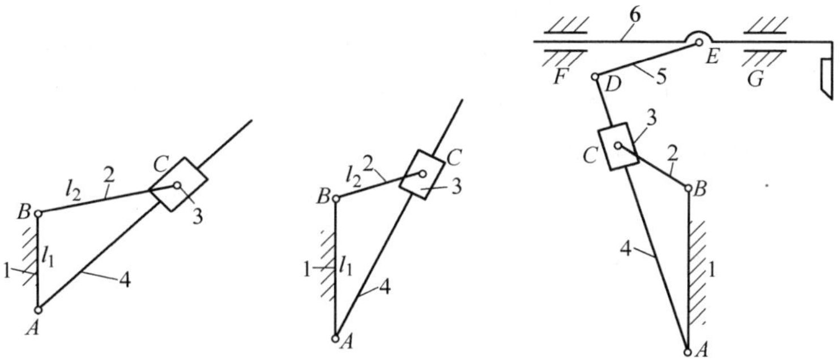

a)　　　　b)　　　　c)

图 2-25　导杆机构

a）转动导杆机构　b）摆动导杆机构　c）牛头刨床主体机构

汽车车厢的自动翻转卸料机构（自卸货车），卸料时液压缸 3 中的压力油推动活塞 4 运动，使车厢 1 绕 *B* 点转动，当达到一定角度时，物料便自动卸下。

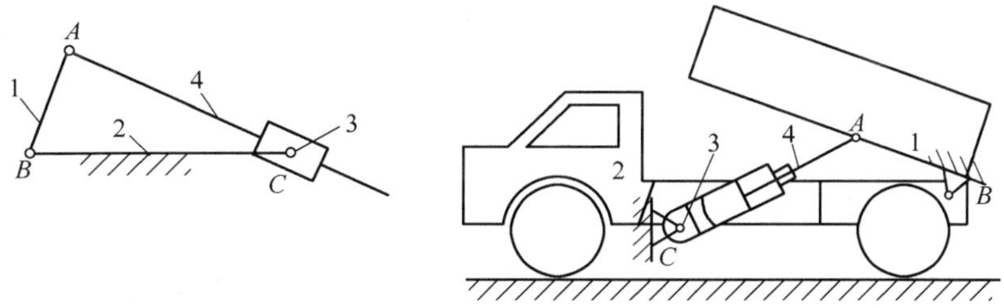

a)　　　　b)

图 2-26　摇块机构

a）摇块机构运动简图　b）自卸货车

4. 定块机构

在图 2-24b 所示的曲柄滑块机构中，若取构件 3 作机架，即可得到图 2-27a 所示的定块机构。这种机构常用于手动抽水泵（图 2-27b）和抽油泵中。

5. 偏心轮机构

在平面四杆机构中，若需曲柄很短，或要求滑块行程较小时，通常都把曲柄做成盘状，因圆盘的几何中心与转动中心不重合也称为偏心轮，即得到图 2-28 所示的偏心轮机构。圆盘的几何中心 *B* 与转动中心 *A* 之间的距离 *e* 称为偏心距。偏心轮机构广泛应用于传力较大的剪切机、压力机、颚式破碎机等机械中。

按同样的演化方式，若将铰链四杆机构中两杆长度趋于无穷大，则两个转动副由两个移动副替代，且分别取不同构件作机架，可演化出下列机构：如图 2-29 所示的正弦机构，其从动件 3 的位

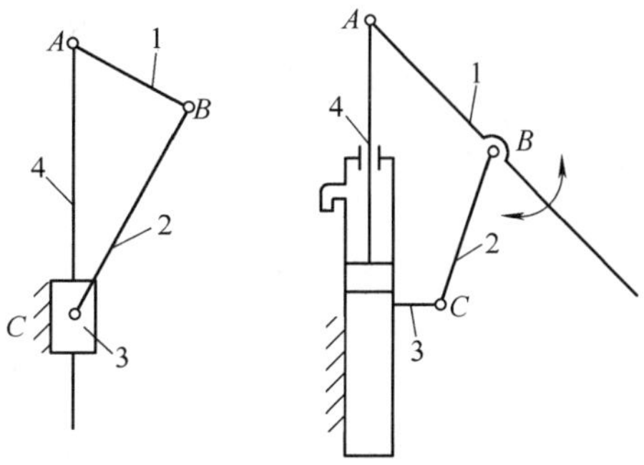

a)　　　　b)

图 2-27　定块机构

a）定块机构运动简图　b）手动抽水泵

移 $y=l_1\sin\varphi$；如图 2-30 所示的正切机构，其从动件 3 的位移 $y=l\tan\varphi$。正弦机构和正切机构常用于仪表和计算装置中。如图 2-31a 所示的双转块机构，其主动件 1 与从动件 3 具有相等的角速度，可用于图 2-31b 所示的滑块联轴器；如图 2-32a 所示的双滑块机构，其两个滑块都可沿机架移动，可用于图 2-32b 所示的椭圆仪中。

生产中常见的某些多杆机构，也可以看成是由若干个四杆机构组合扩展形成的。

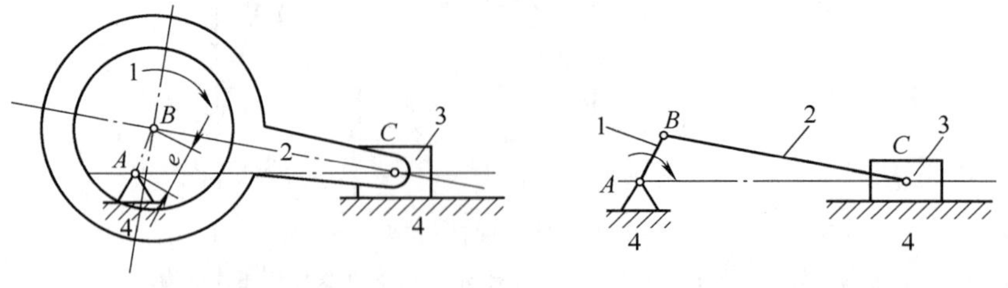

图 2-28　偏心轮机构

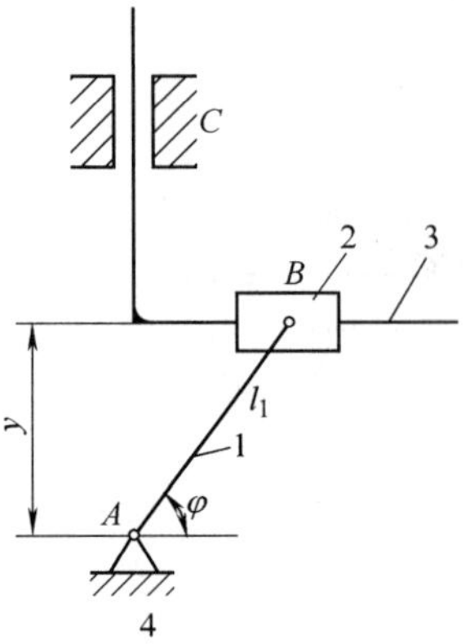

图 2-29　正弦机构

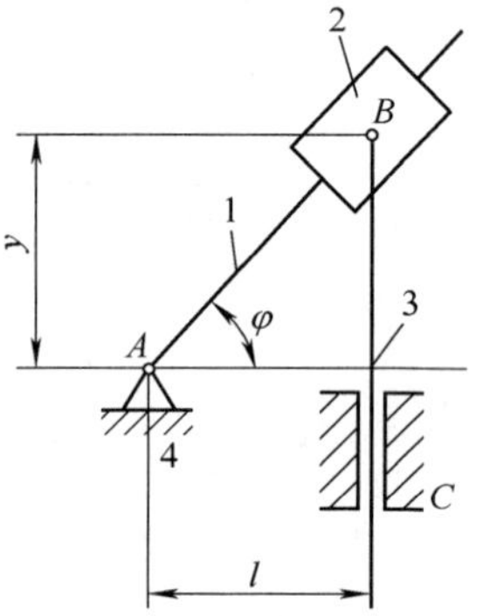

图 2-30　正切机构

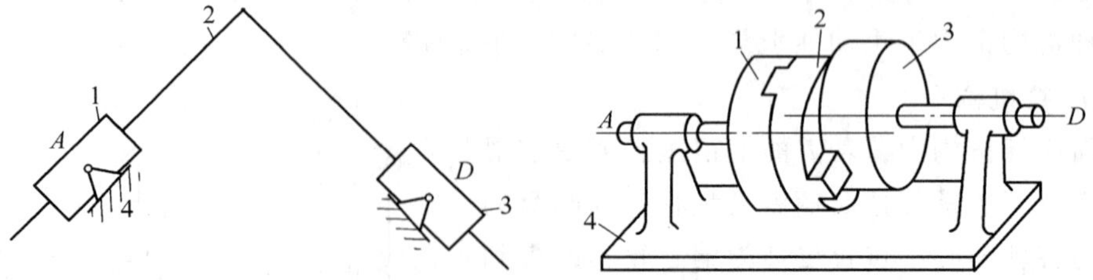

a)　　　　b)

图 2-31　双转块机构及其应用

a）双转块机构　b）滑块联轴器

图 2-33 所示的手动压力机是一个六杆机构，它可以看成是由两个四杆机构组成的，即由构件 1、2、3、4 组成的双摇杆机构和由构件 3、5、6、4 组成的摇杆滑块机构。在此，前一个四杆机构中的从动件 3 作为后一个四杆机构的主动件，扳动手柄 1，冲杆 6 就上下移

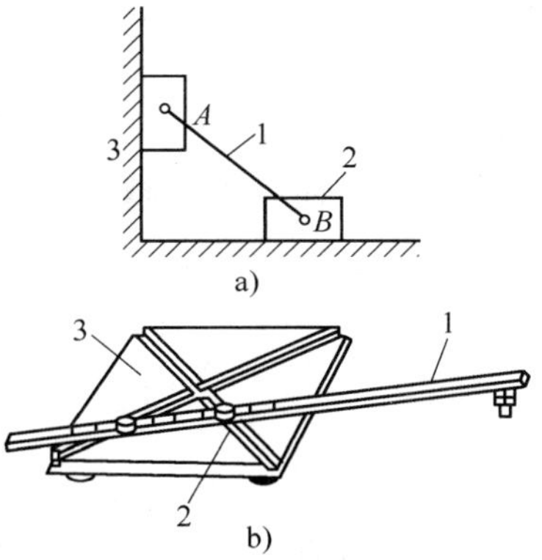

图 2-32　双滑块机构及其应用

a）双滑块机构　b）椭圆仪

1—连杆　2—滑块　3—机架

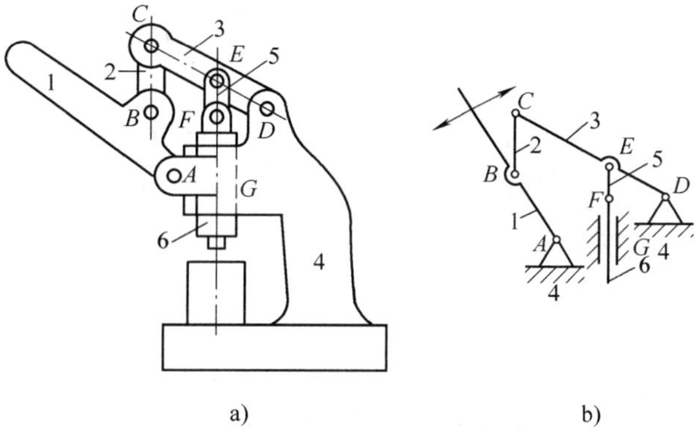

图 2-33　手动压力机机构

1—手柄　2、3、5—构件　4—机架　6—冲杆

动。作用在手柄上的力，通过手柄 1 和构件 3 的两次增大，从而增大了冲头上的作用力。这种增力作用在连杆机构中经常应用。

2.3　四杆机构的基本特性

四杆机构在传递运动和力时所显示的特性，是通过行程速度变化系数、压力角、传动角等参数反映出来的。它是机构选型、机构分析与综合考虑的重要因素。因此，需要研究上述参数的变化和取值。

2.3.1　急回特性与行程速度变化系数

如图 2-34 所示的曲柄摇杆机构，主动件曲柄在转动一周的过程中，两次与连杆共线（即图中的 B_1AC_1、AB_2C_2），此时摇杆 CD 分别处于相应的 C_1D 和 C_2D 两个极限位置，摇杆两极限位置的夹角 ψ 称为摇杆的摆角；当摇杆处在两个极限位置时，对应的曲柄所夹的锐角 θ 称为极位夹角。

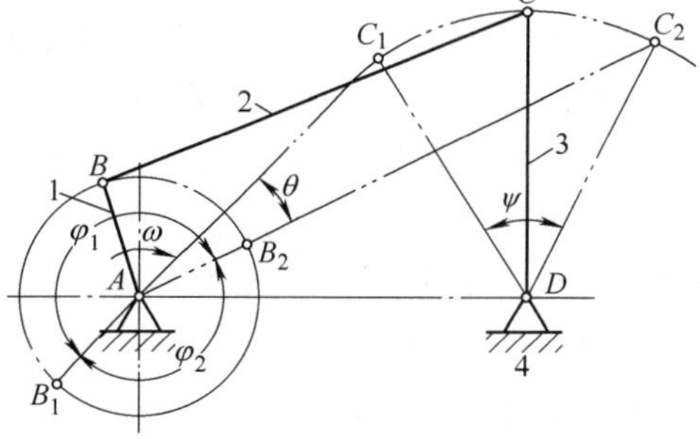

图 2-34　曲柄摇杆机构的急回特性

当曲柄以等角速度 ω 由位置 AB_1 顺时针转到 AB_2 时，曲柄转角 $\varphi_1=180°+\theta$，此时摇杆由左极限位置 C_1D 摆到右极限位置 C_2D，称为工作行程，设所需时间为 t_1；当曲柄继续顺时针转过 $\varphi_2=180°-\theta$ 时，摇杆又从位置 C_2D 摆回到位置 C_1D，称为空回行程，所需时间为 t_2。摇杆往复运动的摆角虽均为 ψ，但由于曲柄的转角不等（$\varphi_1>\varphi_2$），而曲柄是等角速回转的，所以 $t_1>t_2$，则摇杆上 C 点往返的平均速度 $v_1<v_2$，即回程速度快，曲柄摇杆机构的这种运动特性称为急回特性。在往复工作的机械中，常利用机构的急回特性来缩短非生产时间，提高劳动生产率。

机构的急回特性可用行程速度变化系数 K 表示，即

$$K=\frac{v_2}{v_1}=\frac{C_1C_2/t_2}{C_1C_2/t_1}=\frac{t_1}{t_2}=\frac{\varphi_1}{\varphi_2}=\frac{180^\circ+\theta}{180^\circ-\theta} \tag{2-2}$$

上式表明，当曲柄摇杆机构有极位夹角 θ 时，机构便有急回特性；而且 θ 角越大，K 值越大，急回特性也越明显。

将式（2-2）整理后，可得极位夹角的计算公式为

$$\theta=180^\circ\frac{K-1}{K+1} \tag{2-3}$$

机构设计时，通常根据机构的急回要求先定出 K 值，然后由式（2-3）计算极位夹角 θ。

除上述曲柄摇杆机构外，偏置曲柄滑块机构、摆动导杆机构等也具有急回特性，其分析方法同上。

2.3.2 压力角与传动角

设计平面四杆机构时，在保证实现运动要求的前提下，还应使机构具有良好的传力性能，而体现传力性能的特性参数就是压力角。

如图 2-35 所示的曲柄摇杆机构，若忽略运动副摩擦力、构件的重力和惯性力的影响，则主动曲柄通过连杆作用在摇杆 CD 上的力 F 将沿 BC 方向。从动摇杆上 C 点速度 v_C 的方向与 C 点所受力 F 的方向之间所夹的锐角 α，称为机构在该位置的压力角。机构位置变化，压力角 α 也随之变化。力 F 可分解为沿 v_C 方向的分力 F_t 和沿 CD 方向的分力 F_n。F_n 将使运动副产生径向压力，只能增大运动副的摩擦和磨损；而 F_t 则是推动摇杆运动的有效分力。由图可知：$F_t=F\cos\alpha$，很明显 α 越小，则有效分力 F_t 越大，机构传力性能越好。

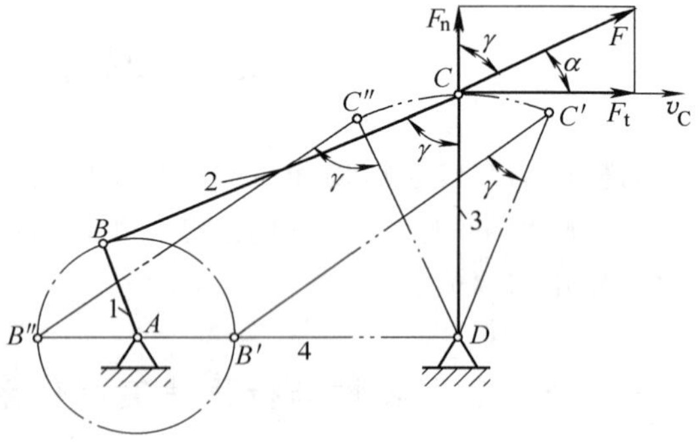

图 2-35 连杆机构的压力角和传动角

在实际应用中，为了方便度量，也常用压力角的余角 γ 来判断机构的传力性能，γ 称为传动角。因 $\gamma=90^\circ-\alpha$，故 γ 越大，对机构传动越有利，所以应限制传动角的最小值。设计中，对一般机械，通常取 $\gamma_{min}\geqslant40^\circ$；对于大功率机械，$\gamma_{min}\geqslant50^\circ$。可以证明，对于曲柄摇杆机构，当主动曲柄与机架处于两个共线位置时，会出现最小传动角（$\angle BCD$ 为锐角时，$\gamma=\angle BCD$；$\angle BCD$ 为钝角时，$\gamma=180^\circ-\angle BCD$）。如图 2-35 所示，比较两个位置的传动角，其中较小者即为该机构的 γ_{min}。

如图 2-36 所示的曲柄滑块机构，当主动曲柄垂直滑块导路时，出现 α_{max}（或 γ_{min}）。如图 2-37 所示的摆动导杆机构，主动曲柄通过滑块作用于从动导杆的力 F 始终垂直于导杆并与作用点的速度方向一致，传动角恒等于 90°说明导杆机构具有很好的传力性能。

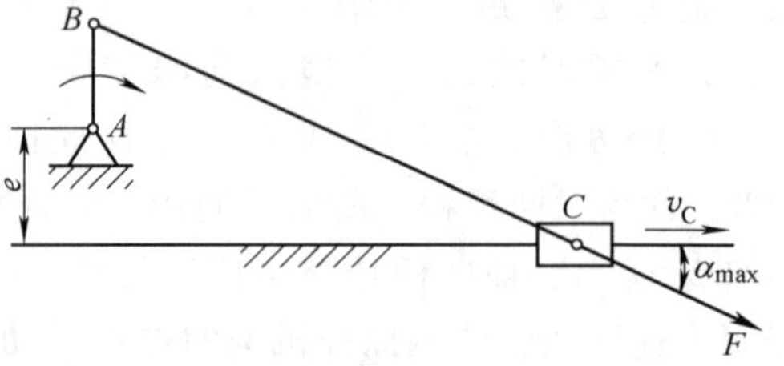

图 2-36 曲柄滑块机构的 α_{max}

2.3.3 死点位置

如图 2-34 所示的曲柄摇杆机构，设以摇杆为主动件，在从动曲柄与连杆共线位置时，传动角 $\gamma=0°$，该位置称为机构的死点位置。此时主动摇杆通过连杆作用在曲柄上的力恰好通过曲柄回转中心 A。所以，不论该力有多大，也不能推动曲柄转动。

为使机构能顺利通过死点而正常运转，必须采取相应的措施：通常在从动曲柄轴上安装飞轮，利用飞轮的惯性使机构通过死点（图 2-16 所示的缝纫机踏板机构中的大带轮即兼有飞轮的作用）；也可采用多组机构错位排列的办法，避开死点。

工程上有时会利用死点性质实现特定的工作要求。如图 2-23 所示的飞机起落架放收机构，飞机着陆时，杆 AB 和杆 BC 成一条直线，此时不管 CD 受多大的力，此力经 BC 传给杆 AB 的力通过其回转中心 A，则 AB 不会转动，机构处于死点位置，故飞机可安全着陆。如图 2-38 所示的工件夹紧机构，当工件被夹紧后，BCD 成一直线，机构在工件的反力 F_n 作用下处于死点位置。这样，即使反力 F_n 很大，也可保证工件不松脱。

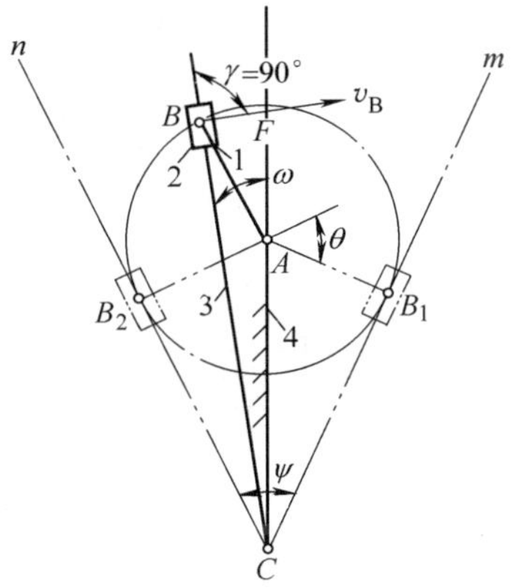

图 2-37 摆动导杆机构的传动角

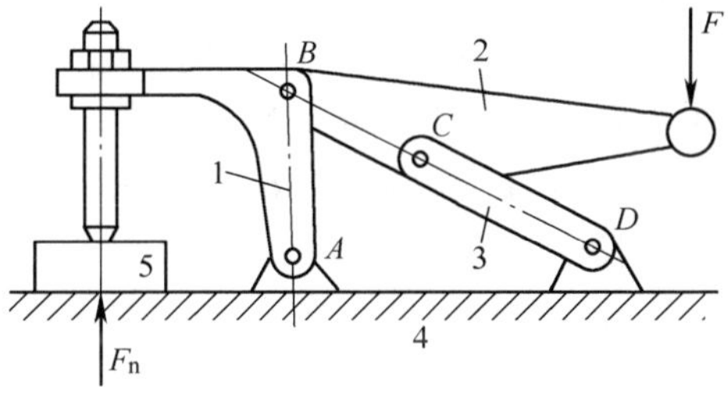

图 2-38 夹紧机构

2.4 平面四杆机构的设计

平面四杆机构设计的任务，主要是根据给定运动条件选择合适的机构形式，并确定机构的尺寸参数。

平面四杆机构的应用非常广泛，因此实际中的使用要求也多种多样，在设计中一般可将其归纳为两类。

1）按照给定的运动规律设计四杆机构。如图 2-21 所示的车门启闭机构，两连架杆（即车门）的转角应满足大小相等、方向相反的运动要求。如图 2-37 所示的具有急回特性的摆动导杆机构，应满足给定的行程速度变化系数 K 的要求。

2）按照给定的运动轨迹设计四杆机构。如图 2-22 所示的港口起重机，应保证连杆上 E 点按近似水平的直线 EE' 运动。

四杆机构的设计方法有解析法、作图法和实验法。下面主要介绍作图法。

2.4.1　按照给定的行程速度变化系数设计四杆机构

对有急回运动的四杆机构，设计时应满足行程速度变化系数 K 的要求。

1. 曲柄摇杆机构

已知条件：行程速度变化系数 K，摇杆长度 l_{CD} 及其摆角 ψ，试设计四杆机构。

为了求出其他各杆的尺寸 l_{AB}、l_{BC} 和 l_{AD}，设计的关键是要确定曲柄的回转中心 A。其设计步骤如下。

1）由式（2-3）求出极位夹角 θ。

2）任选固定铰链 D 的位置，由摇杆长度 l_{CD} 及摆角 ψ 作出摇杆的两极限位置 C_1D 和 C_2D。

3）连接 C_1C_2，作 C_1M 垂直于 C_1C_2；然后作 $\angle C_1C_2N=90°-\theta$，$C_1M$ 与 C_2N 相交于 P 点，如图 2-39 所示，则 $\angle C_1PC_2=\theta$。

4）作 $\triangle PC_1C_2$ 的外接圆，在该圆上任取一点 A（点 C_1、C_2、E、F 除外）作为曲柄的回转中心。连接 AC_1、AC_2，则 $\angle C_1AC_2=\angle C_1PC_2=\theta$。

5）因 AC_1、AC_2 分别为曲柄与连杆重叠、拉直共线的位置，即

$$l_{AB}+l_{BC}=AC_2,\ l_{BC}-l_{AB}=AC_1$$

则曲柄和连杆的长度分别为

$$l_{AB}=(AC_2-AC_1)/2,\ l_{BC}=(AC_2+AC_1)/2$$

机架的长度为 $l_{AD}=AD$。

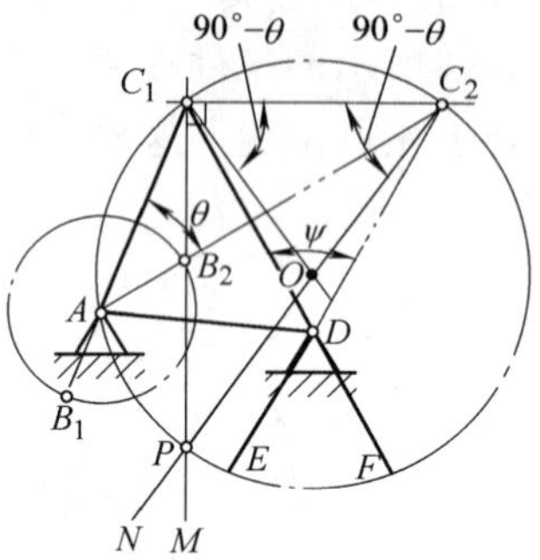

图 2-39　按 K 值设计曲柄摇杆机构

设计时应注意，由于 A 点是在外接圆上任选的一点，因此有无穷多解，若给定其他辅助条件，如机架长或最小传动角等，则可得唯一解。

在设计偏置曲柄滑块机构时，可在已知滑块行程 s、偏距 e 和行程速度变化系数 K 的情况下进行设计，其设计方法与上述方法相似。作出外接圆后，可根据偏距 e 确定曲柄回转中心 A 点的位置。

2. 摆动导杆机构

已知条件：机架长度 l_{AC} 和行程速度变化系数 K。由图 2-37 可以看出，摆动导杆机构的极位夹角 θ 与导杆的摆角 ψ 相等，设计此四杆机构的实质，就是确定曲柄长度 l_{AB}。其设计步骤如下。

1）由式（2-3）求出极位夹角 θ。

2）任选固定铰链 C 的位置，按 $\psi=0°$作出导杆的两个极限位置 Cm 和 Cn。

3）作摆角 ψ 的平分线，并在其上取 $CA=l_{AC}$，得曲柄回转中心 A 点的位置。

4）过 A 点作导杆极限位置的垂线 AB_1（或 AB_2），即得曲柄长度 $l_{AB}=AB_1=AB_2$。

2.4.2　按给定连杆位置设计四杆机构

在生产实际中，常常要根据给定连杆的两个或三个位置来设计四杆机构，设计时，应满

足连杆给定位置的要求。

如图 2-40 所示，已知连杆长度 l_{BC} 及连杆的三个给定位置 B_1C_1、B_2C_2 和 B_3C_3，试设计四杆机构。

为了求出其他三杆的长度，设计的关键是要确定固定铰链 A 和 D 的位置。由于连杆上 B、C 两点的轨迹分别在以 A 和 D 为中心的圆弧上，所以由 B_1、B_2、B_3 可求出 A 点，由 C_1、C_2、C_3 可求出 D 点。其设计步骤如下。

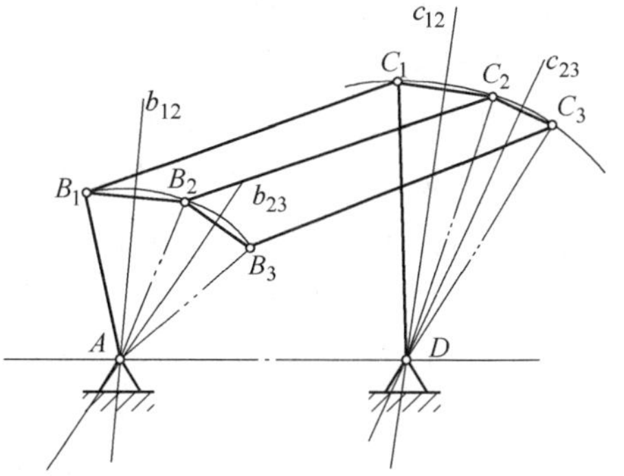

图 2-40 按连杆的给定位置设计四杆机构

1）由已知条件作出连杆 BC 的三个位置 B_1C_1、B_2C_2 和 B_3C_3。

2）连接 B_1 和 B_2、B_2 和 B_3 及 C_1 和 C_2、C_2 和 C_3，并分别作它们的垂直平分线得 b_{12}、b_{23} 及 c_{12}、c_{23}；则 b_{12} 与 b_{23}、c_{12} 与 c_{23} 的交点即为固定铰链 A、D 点的位置。

3）连接 AB_1、C_1D，则 AB_1C_1D 即为所设计的四杆机构，两连架杆的长度分别为

$$l_{AB}=AB_1,\ l_{CD}=C_1D$$

机架的长度为 $l_{AD}=AD$。

由上述过程可知，若给定连杆 BC 的三个位置时，则只有一个解；如给定连杆两个位置，则 A 点和 D 点可分别在 B_1B_2 和 C_1C_2 的垂直平分线上任意选择，因此有无穷多解；若给出其他辅助条件（如机架长度 l_{AD} 及其位置等）就可得出唯一解。

思考与练习题

2-1 什么是运动副？运动副是如何分类的？

2-2 机构运动简图有何作用？怎样绘制机构运动简图？机构具有确定运动的条件是什么？

2-3 铰链四杆机构有哪几种类型，如何判别？它们各有什么运动特点？

2-4 试绘制图 2-41 所示两种机构的运动简图，并计算机构的自由度。

2-5 计算图 2-42 中各种机构的自由度，并指明复合铰链、局部自由度和虚约束。

2-6 图 2-43 所示铰链四杆机构 $ABCD$ 中，AB 长为 a，要使该机构成为曲柄摇杆机构、双摇杆机构，a 的取值范围分别为多少？

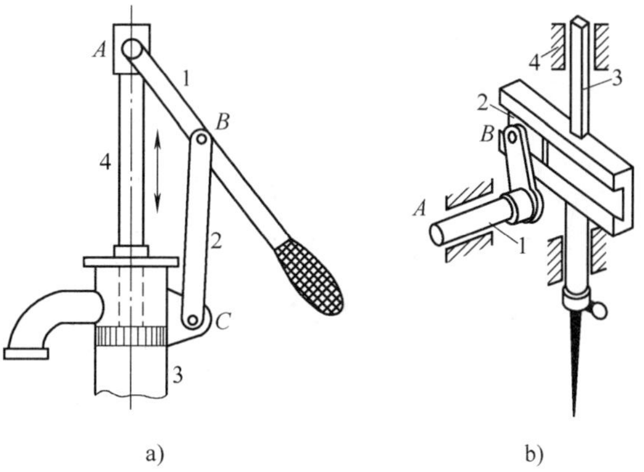

图 2-41 题 2-4 图

a）手动抽水泵机构 b）缝纫机刺布机构

2-7 如图 2-44 所示的偏置曲柄滑块机构，已知行程速度变化系数 $K=1.5$，滑块行程 $h=50\text{mm}$，偏距 $e=20\text{mm}$，试用图解法求：

1）曲柄长度和连杆长度；

2）曲柄为主动件时，机构的最大压力角和最大传动角；

3）滑块为主动件时，机构的死点位置。

2-8 根据图 2-45 中注明的尺寸，判别各四杆机构的类型。

2-9 图 2-46a 为一铰链四杆机构的夹紧机构。已知连杆长度 $l_{BC}=40\text{mm}$ 及它所在的两个位置（图 2-46b）。其中，B_1C_1 处于水平位置；B_2C_2 为机构处于死点的位置，此时原动件 AB 处于铅垂位置。试设计此夹紧机构。

2-10 已知图 2-47 所示的铰链四杆机构各构件的长度，试问：

1）这是铰链四杆机构基本形式中的何种机构？

2）若以 AB 为主动件，此机构有无急回特征？为什么？

3）若以 AB 为主动件，此机构的最小传动角出现在机构什么位置（在图上标出）？

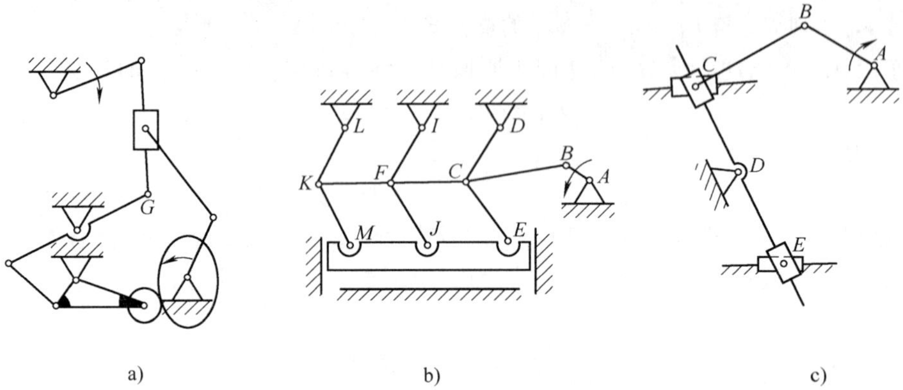

图 2-42 题 2-5 图

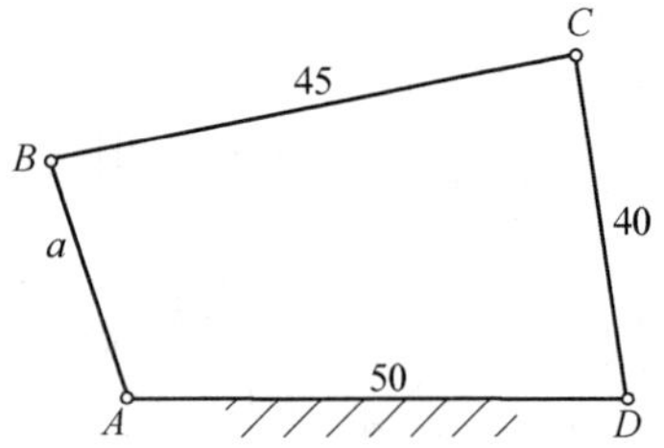

图 2-43 题 2-6 图

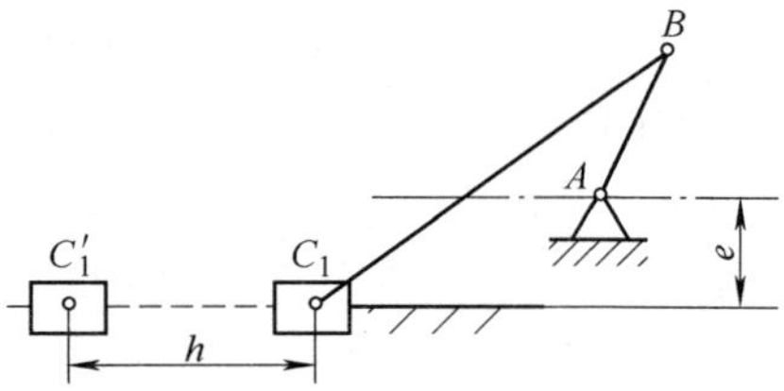

图 2-44 题 2-7 图

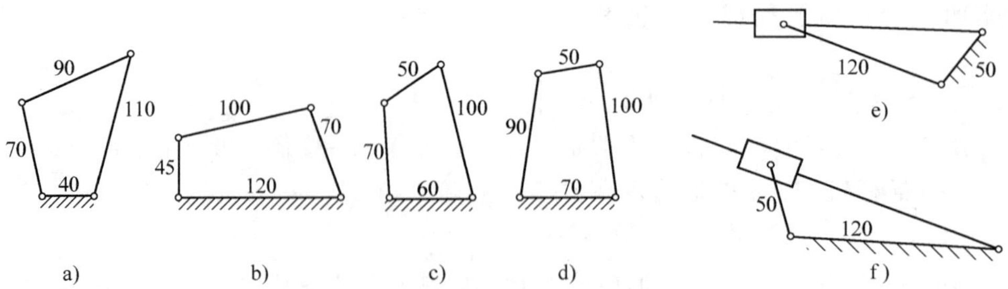

图 2-45 题 2-8 图

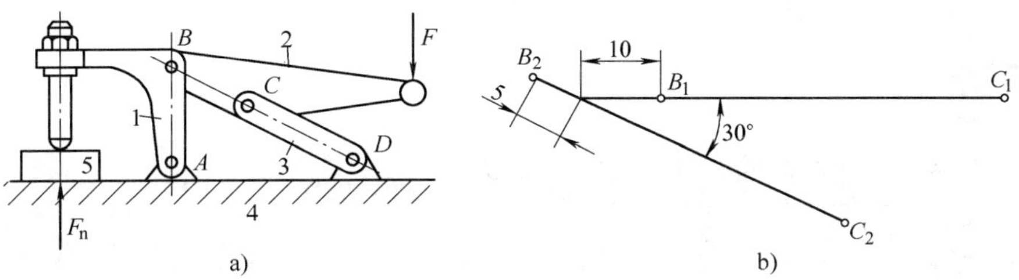

图 2-46　题 2-9 图

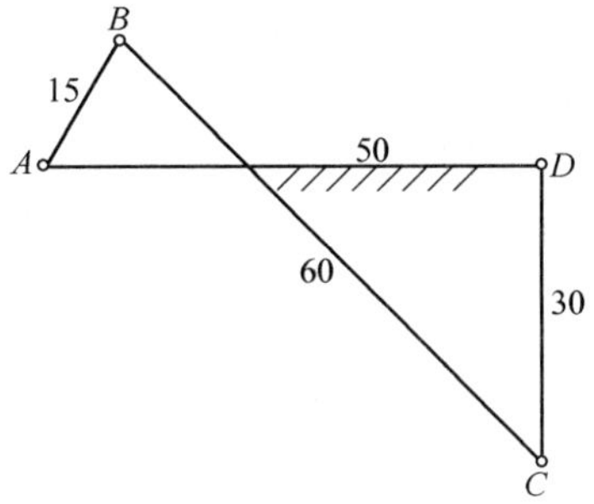

图 2-47　题 2-10 图

Chapter 3

第3章 凸轮及间歇运动机构

目标要求：了解凸轮机构的特点及应用；熟悉从动件的运动规律及其选择；掌握盘形凸轮轮廓的设计原理和方法；了解凸轮机构的压力角与自锁的关系、压力角与基圆半径的关系以及滚子半径与凸轮轮廓曲线形状的关系；熟悉常用间歇运动机构的特点和应用；初步掌握间歇运动机构的工作原理和设计。

微课：凸轮机构和棘轮机构

3.1 凸 轮 机 构

3.1.1 凸轮机构的应用

在各种机械中，为了实现各种复杂的运动要求，广泛地应用着凸轮机构。

图 3-1 所示为一内燃机的配气机构。当凸轮 1 等速回转时，带动推杆 2 上下运动，并通过摇臂 3 使气阀 4 做往复移动，实现其适时的开启和关闭，以便及时地进气和排气。气阀的运动规律即靠凸轮 1 的轮廓曲线规律来实现。由于推杆 2 是做往复直线移动的，故称为直动推杆。凸轮、推杆和机架三者组成凸轮机构。

凸轮机构

图 3-2 所示为驱动动力头在机架上移动的凸轮机构。圆柱凸轮 1 与动力头连接在一起，它们可以在机架 2 上做往复移动。滚子 3 的轴固定在机架上，滚子放在圆柱凸轮的凹槽中。凸轮转动时，由于滚子的轴是固定在机架上的，故凸轮一面转动，一面带动动力头在机架上做往复移动，以实

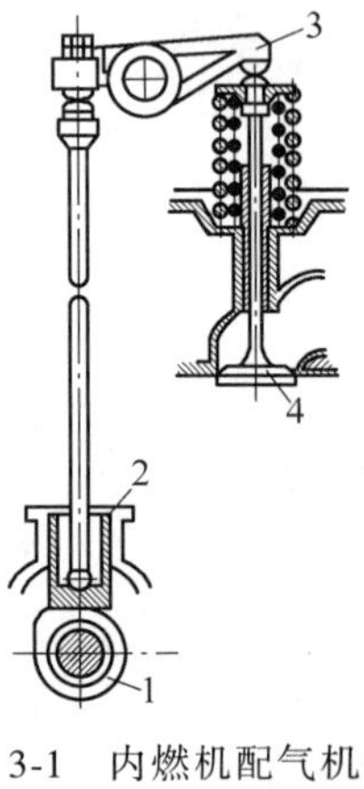

图 3-1 内燃机配气机构

1—凸轮 2—推杆 3—摇臂 4—气阀

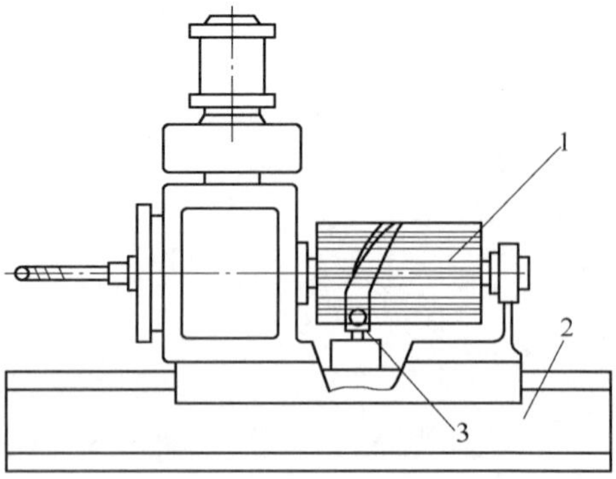

图 3-2 凸轮机构

1—圆柱凸轮 2—机架 3—滚子

现对工件的钻削。动力头的快速引进→等速进给→快速退回→静止等动作均取决于凸轮上凹槽的轮廓曲线。

图 3-3 所示为运用凸轮机构车削手柄的示意图。图中凸轮 1 作为靠模被固定在床身上，滚子 2 在弹簧作用下与凸轮轮廓紧密接触，当滑板 3 纵向移动时，凸轮的曲线轮廓促使滚子 2 带动刀架沿被加工工件的径向进退，从而切出工件的复杂外形。

图 3-4 所示是缝纫机的挑线机构。当圆柱凸轮 2 转动时，凸轮轮廓（凹槽）侧面迫使置于槽中的滚子 3 连同从动的挑线杆 1 绕 O 点往复摆动，从而实现挑线的要求。

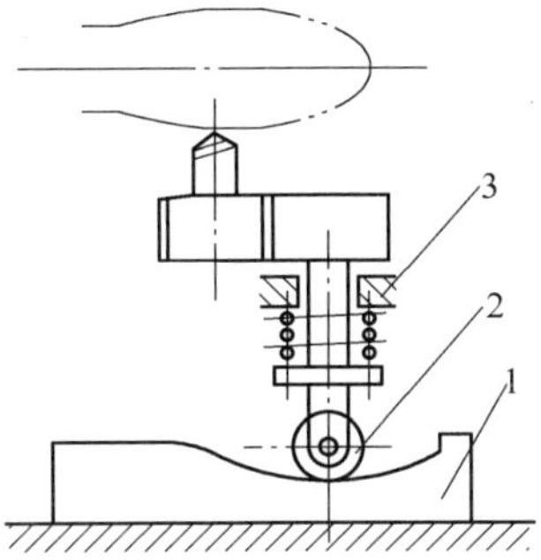

图 3-3　凸轮机构车削手柄示意图
1—凸轮　2—滚子　3—滑板

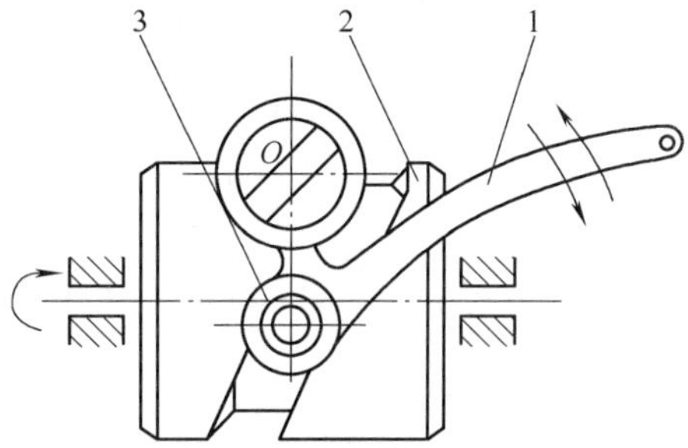

图 3-4　缝纫机的挑线机构
1—挑线杆　2—圆柱凸轮　3—滚子

由以上四例可知：凸轮机构主要由机架、凸轮和从动件三部分组成。凸轮和从动件之间的接触可以依靠弹簧力、重力、气体压力或几何封闭等方法来实现。

凸轮机构的主要优点是：只要正确地设计凸轮轮廓曲线，就可以使从动件实现任意预期的运动规律，而且结构比较简单、紧凑，工作可靠，设计方便。其缺点是：由于凸轮与从动件之间为点接触或线接触，易磨损。因此，凸轮机构多用作传递动力不大的控制机构和调节机构。

凸轮机构的种类很多，有如下两种方法对其进行分类。

1. 按凸轮的形状分

（1）盘形凸轮（图 3-1）　又称为平板凸轮。它是一个具有变曲率半径的盘形构件。

（2）移动凸轮（图 3-3）　它可看作轴在无穷远处的盘形凸轮。

（3）圆柱凸轮（图 3-2 和图 3-4）　凸轮是圆柱体，从动件的运动平面与凸轮轴线平行。圆柱凸轮可看成是移动凸轮卷在圆柱体上而得。

由于圆柱凸轮可展开成移动凸轮，而移动凸轮又是盘形凸轮的特例，所以盘形凸轮是凸轮最基本的形式，也是本章的主要讨论对象。

2. 按从动件的形式分

（1）尖顶从动件（图 3-5a、b）　尖顶从动件的优点是：尖顶能与任意形状的凸轮轮廓保持接触，因而结构紧凑。但是，由于接触处压强大，磨损快，所以只适用于受力不大的低速凸轮机构。尖顶从动件凸轮机构的分析与设计是研究其他形式从动件凸轮机构的基础，故将加以详细讨论。

（2）滚子从动件（图 3-5c、d）　从动件的顶端有可自由转动的滚子。由于滚子与凸轮是线接触，可以承受较大载荷，故它是从动件中最常用的一种形式。

（3）平底从动件（图 3-5e、f） 这种从动件是用平面与凸轮轮廓接触。显然，它不能与具有内凹轮廓的凸轮配合工作。其优点是：当不考虑摩擦时，凸轮与从动件之间的作用力始终与从动件的平底相垂直，传动效率较高；接触面间易形成油膜，有利于润滑，常用于高速凸轮机构中。

以上三种从动件按其运动形式又各有直动与摆动两种，如图 3-5 所示。

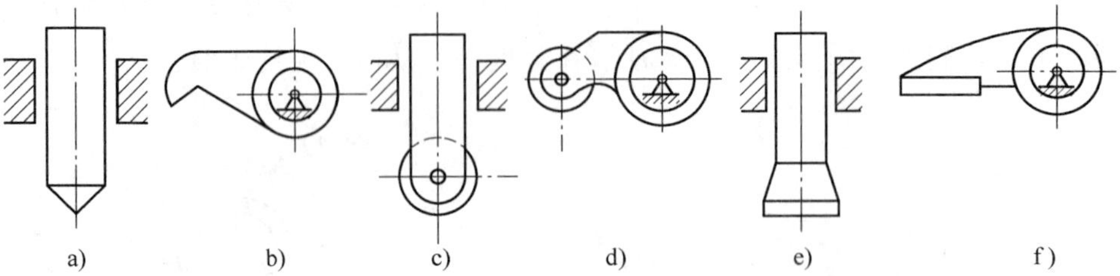

图 3-5 从动件的形式

a）、b）尖顶从动件 c）、d）滚子从动件 e）、f）平底从动件

3.1.2 从动件常用的运动规律

图 3-6a 所示为一尖顶直动盘形凸轮机构。在图示位置，尖顶与凸轮轮廓上的 A 点相接触，此时是从动件上的起始位置。当凸轮以 ω 等速沿逆时针方向回转 Φ 时，从动件尖顶被凸轮轮廓推动，以一定的运动规律由距回转中心最近的 A 点到达最远位置 B 点，这个过程称为推程。在推程中，尖顶所走过的距离 h 称为从动件的升程或行程。当凸轮继续回转 Φ_s 时，以 O 点为圆心的圆弧 BC 与尖顶相作用，从动件在最远位置停留不动。凸轮继续回转 Φ'，从动件在弹簧力或重力作用下，仍与凸轮轮廓紧密接触，从最远位置回到最近位置。凸轮继续回转 Φ_s'时，从动件在最近位置停留不动。若凸轮继续回转，则从动件重复上述运动。图 3-6b 给出的是其位移线图。

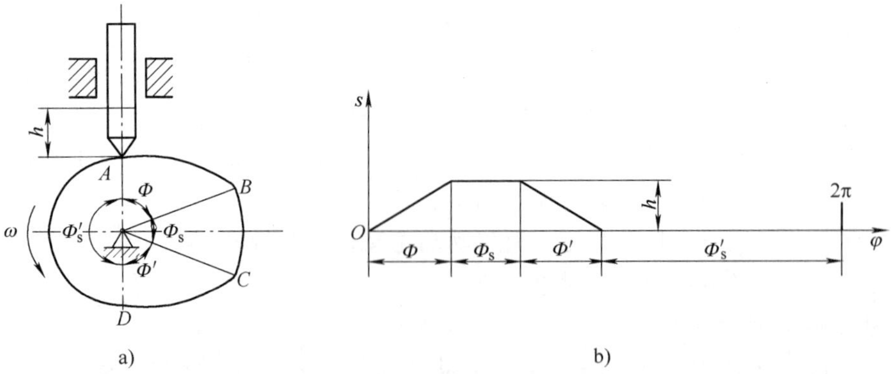

图 3-6 尖顶直动盘形凸轮机构及其位移线图

由上述分析可知，从动件的运动规律取决于凸轮轮廓曲线的形状。如果对从动件运动规律要求不同，则设计出的凸轮轮廓曲线也就不同。所以在设计凸轮时，必须首先根据工作要求和条件，选择从动件的运动规律。

选择从动件运动规律时，首先应考虑机械工作过程对其提出的要求，同时又应使凸轮机构具有良好的动力特性，并在可能时顾及凸轮加工的工艺性。例如，对于自动机床，为了使被加工零件获得比较光滑的表面，要求刀架做等速运动；而对于内燃机中控制气阀开关的凸轮机构，应使气阀开启和关闭要快，开启的时间要长，并且能减轻气阀与机件的撞击和降低噪声，故从动件作等加速、等减速运动为宜；对于变速器中的操纵机构，只要求变速齿轮滑移到一定位置和另一轴上的齿轮相啮合，至于在滑移过程中的运动规律则无严格要求，故可在设计这种凸轮轮廓曲线时，仅需从制造简单来考虑，采用由圆弧和与之相切的直线组成的凸轮轮廓曲线。总之，机构的工作要求不同，从动件的运动规律不同，凸轮的轮廓曲线就应当不同。

下面介绍常用的从动件运动规律。

常用的从动件运动规律有等速运动规律、等加速-等减速运动规律、余弦加速度运动规律以及正弦加速度运动规律等，它们的位移线图如图 3-7 所示。

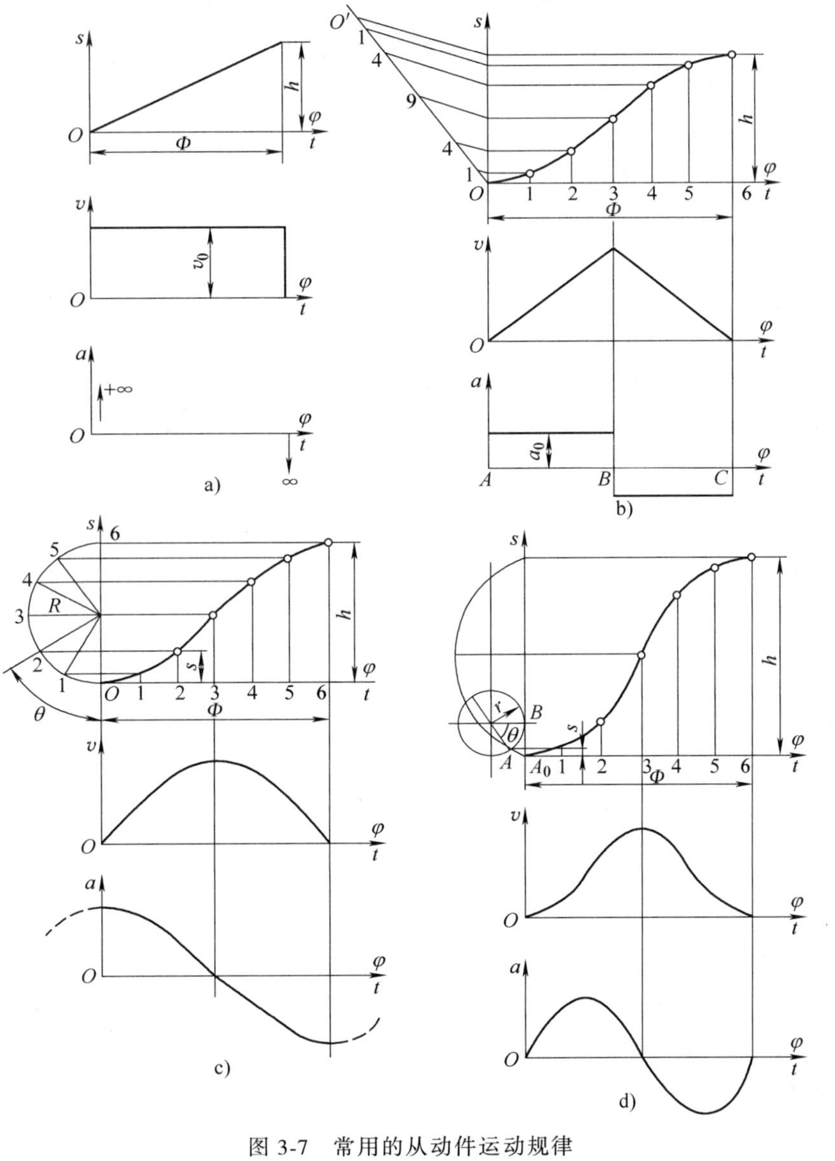

图 3-7 常用的从动件运动规律

a）等速运动 b）等加速-等减速运动 c）余弦加速度运动 d）正弦加速度运动

从位移线图中可以看出，从动件做等速运动时，在行程始末速度有突变，理论上加速度可以达到无穷大，产生极大的惯性力，导致机构产生强烈的刚性冲击，因此等速运动只能用于低速轻载的场合。从动件做等加速-等减速运动时，在 A、B、C 三点加速度有有限值突变，导致机构产生柔性冲击，可用于中速轻载的场合。从动件按余弦加速度规律运动时，在行程始末加速度有有限值突变，也将导致机构产生柔性冲击，适用于中速场合。从动件按正弦加速度规律运动时，在全行程中无速度和加速度的突变，因此不产生冲击，适用于高速场合。

3.1.3　凸轮机构的压力角

图 3-8 所示为凸轮机构在推程中某位置的情况，Q 为作用在从动件上的外载荷，如不计摩擦，则凸轮作用在从动件上的力 F 沿着接触点处的法线方向。将 F 分解成沿从动件轴向和径向的两个分力，即

$$F_y = F\cos\alpha$$

$$F_x = F\sin\alpha$$

式中，α 为压力角，是从动件在接触点所受的力的方向与该点速度方向的夹角（锐角）。显然 F_y 是推动从动件移动的有效分力，随着 α 的增大而减小；F_x 是引起导路中摩擦阻力的有害分力，随着 α 的增大而增大。当 α 增大到一定值时，由 F_x 引起的摩擦阻力超过有效分力 F_y，此时凸轮无法推动从动件运动，机构发生自锁。可见，从传力合理、提高传动效率来看，压力角越小越好。设计上规定最大压力角 α_{max} 要小于许用压力角 $[\alpha]$。一般情况下，推程时直动从动件凸轮机构的 $[\alpha]=30°\sim40°$，摆动从动件凸轮机构的 $[\alpha]=40°\sim50°$；回程时 $[\alpha]$ 可取大一些，一般取 $[\alpha]=70°\sim80°$。

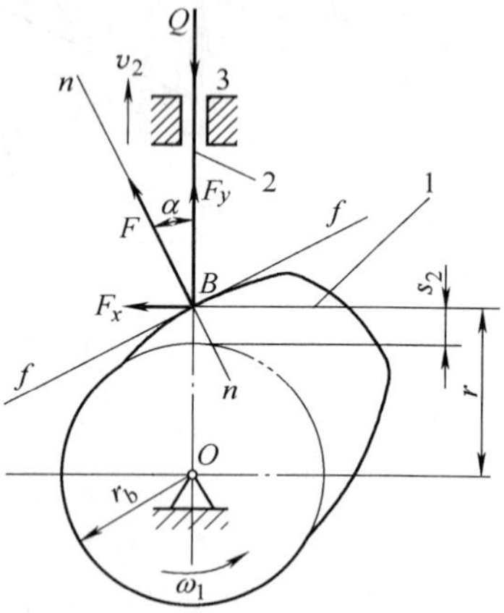

图 3-8　凸轮机构的压力角

3.1.4　凸轮的基圆半径

如图 3-8 所示，对尖顶从动件，以凸轮轮廓距轮心的最小距离 r_b 为半径所作的圆称为凸轮的基圆，r_b 称为凸轮的基圆半径。由图可见

$$s_2 = r - r_b$$

式中，s_2 为从动件位移，它根据工作需要可事先给出。当 s_2 一定时，由 $s_2 = r - r_b$ 可知，r_b 增大，r 也增大，则凸轮机构的尺寸会相应地增大。因此，为了使凸轮机构紧凑、轻便，凸轮的基圆半径 r_b 应尽量取小些。

凸轮的最小基圆半径可以用作图法求得。一般的凸轮也可根据结构要求按经验公式确定

$$r_b \geqslant 1.8r_h + 4 \sim 10\text{mm}$$

式中，r_h 为安装凸轮处轴的半径（mm）。

3.1.5　按给定运动规律设计盘形凸轮轮廓

当从动件运动规律（位移线图 s_2—φ）和基圆半径确定之后，就可以设计凸轮的轮廓曲线。凸轮轮廓曲线可以用解析法求解，也可以用作图法绘制。对于精度要求不高的凸轮，常用作图法即可满足使用要求，而且又比较简便。

凸轮机构在工作时，除了机架以外，凸轮和从动件都在运动。为了便于研究两个运动着的构件之间的相互关系，一般运用反转法：凸轮本来以 ω_1 等速转动，现假想给整个机构加上一反向角速度 $-\omega_1$（图 3-9a），则凸轮就变成固定不动的了，而机架则以假想的 $-\omega_1$ 绕凸轮中心转动，从动件则在随机架以 $-\omega_1$ 转动的同时，还以线速度 v_2 在导路中移动。由于从动件尖顶始终与凸轮轮廓相接触，故反转后从动件尖顶的运动轨迹就是所求的凸轮轮廓。

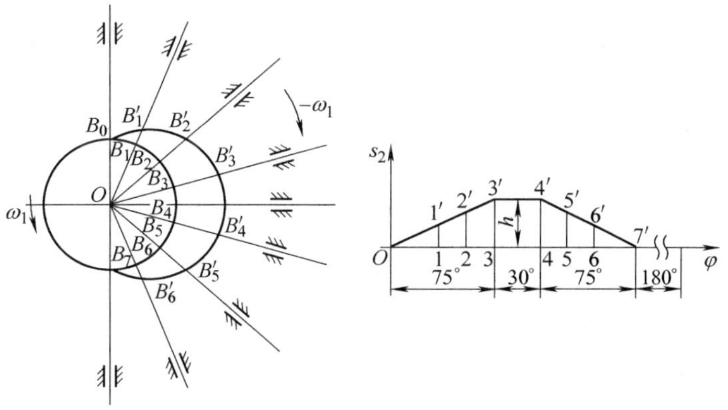

图 3-9　作图法绘制凸轮轮廓曲线

下面以常用的盘形凸轮为例，说明用作图法设计凸轮轮廓的过程。

1. 尖顶从动件盘形凸轮轮廓

已知凸轮以 ω_1 逆时针方向等速回转，从动件运动规律为：凸轮转过 75°时，从动件从最低点 B_0 以等速直线运动规律移动一个距离 h 至最高点；凸轮继续转过 30°时，从动件停在最高点不动；凸轮再转过 75°时，从动件又以等速直线运动规律回到最低点 B_7；最后，当凸轮转过余下的 180°时，从动件在最低点静止不动。现已知凸轮的基圆半径 r_b，试设计该凸轮的轮廓曲线。

作图的步骤如下。

1）根据给定的运动规律按比例尺 μ 绘出从动件的位移线图 s_2-φ 曲线（图 3-9b）。

2）将 s_2-φ 曲线的推程及回程的对应转角进行若干等分。

3）取 O 为圆心，用相同的比例尺 μ，以 OB_0（$OB_0=r_b/\mu$）为半径绘出凸轮基圆。

4）以 OB_0 为起点，沿 $-\omega_1$ 方向对照位移线图把基圆圆弧也进行与 s_2-δ_1 曲线转角对应的若干等分，得 B_1、B_2、…各点。

5）在 OB_1、OB_2、…连线的延长线上，分别截取 $B_1B_1'=11'$、$B_2B_2'=22'$、…，得到 B_1'、

B_2'、…各点，这些点就是凸轮轮廓曲线上的点，将它们连成一条光滑的曲线，即为所求轮廓线。

2. 滚子从动件盘形凸轮轮廓

由图3-10可以看出，把滚子中心看成从动件的尖顶，按前述方法绘出凸轮轮廓，这个轮廓称为理论轮廓。然后以理论轮廓曲线上各点为中心，以滚子半径 r_k 为半径画一系列的圆，这些圆的内包络线就是滚子从动件凸轮的实际轮廓曲线。

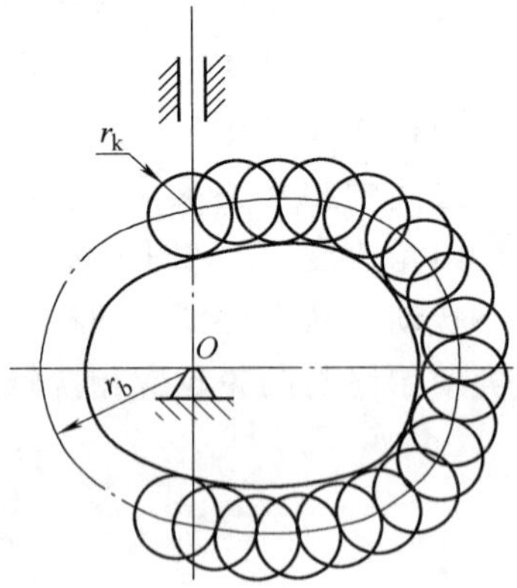

图3-10　滚子从动件盘形凸轮轮廓

在设计凸轮时，为了提高滚子寿命和使心轴有较高的强度，可适当增大滚子半径 r_k，但具体选择 r_k 时，还应注意理论轮廓曲线的形状和曲率半径的大小。

当理论轮廓曲线为凹曲线时（图3-11a），实际轮廓曲线的曲率半径为 r_ρ，它是理论轮廓曲线的曲率半径 ρ 与滚子半径 r_k 之和，即

$$r_\rho=\rho+r_k$$

故 r_k 的大小不受凸轮理论轮廓曲线的限制。

当理论轮廓为外凸曲线时，$r_\rho=\rho-r_k$。此时，若 $r_k<\rho$ 则实际轮廓曲线可完整作出（图3-11b）；若 $r_k=\rho$，则 $r_\rho=0$。此时，实际轮廓曲线上出现尖点，此处凸轮极易磨损（图3-11c）；若 $r_k>\rho$，则滚子的包络线将出现交叉的曲线（图3-11d），在交叉点以上部分，在加工时被铣刀切去而不可能制出，这样切出的轮廓曲线就不能使从动件实现预期的运动规律，而产生运动的“失真”。

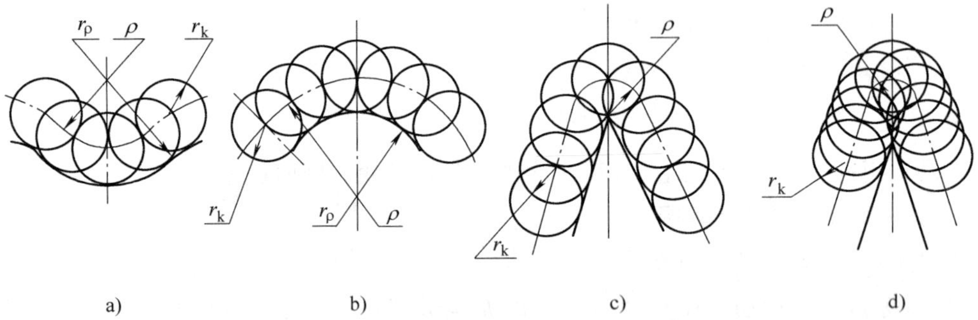

图3-11　滚子半径的选择

为防止出现“失真”，滚子半径必须小于凸轮理论轮廓曲线的最小曲率半径。根据经验，推荐 $r_k\leqslant0.8\rho_{min}$。为防止过快磨损，可使实际轮廓曲线上的最小曲率半径 $r_{\rho min}>2\sim5mm$。

此外，从凸轮机构的结构考虑，根据经验，常取 $r_k\leqslant0.4r_b$。必要时，可加大凸轮基圆半径 r_b，以免实际轮廓曲线的曲率半径 r_ρ 及滚子半径 r_k 过小。

3. 平底从动件盘形凸轮轮廓

如图3-12所示，在设计这种凸轮机构的凸轮轮廓曲线时，可将从动导路的轴线与从动件平底的交点 B 视为尖顶，按前述作图方法确定出 B 点依次占据的位置 B_1、B_2、…，然后过 B_1、B_2、…各点作一系列代表从动件平底的直线，再作此直线族的包络线，即得平底从

动件盘形凸轮轮廓曲线。

摆动从动件的盘形凸轮轮廓曲线及移动凸轮和圆柱轮的轮廓曲线，同样可用反转法作图作出。具体内容可参考有关书籍。

画出凸轮的轮廓曲线之后，还应检查从动件的最大压力角是否超过许用压力角。简便的方法是逐点绘制凸轮理论轮廓曲线上的法线与从动件在该点的速度方向之间的夹角（即从动件在该点的压力角），也可直接用量角器来测量，如图 3-13 所示。

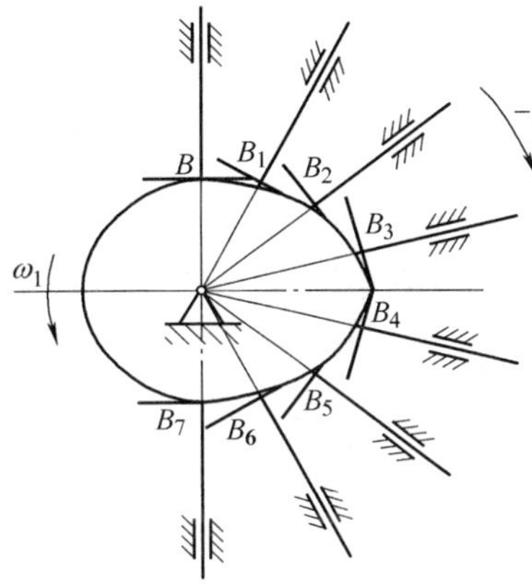

图 3-12　平底从动件盘形凸轮轮廓

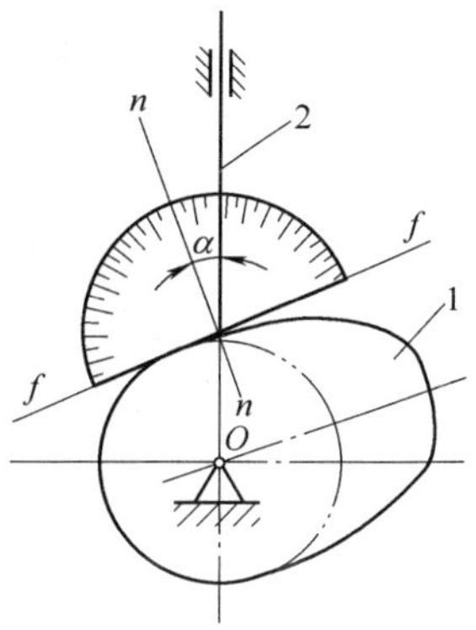

图 3-13　压力角的测量

3.1.6　凸轮的结构和材料

1. 凸轮在轴上的固定方式

当凸轮轮廓尺寸接近轴的直径时，凸轮与轴可制造成一体成为凸轮轴，如图 3-14 所示；当其尺寸相差比较大时，凸轮与轴分开制造，凸轮与轴通过平键联接，如图 3-15 所示；或通过圆锥销联接，如图 3-16 所示。当凸轮与轴的相对角度需要自由调节时，采用图 3-17 所示的弹性锥套和螺母联接。

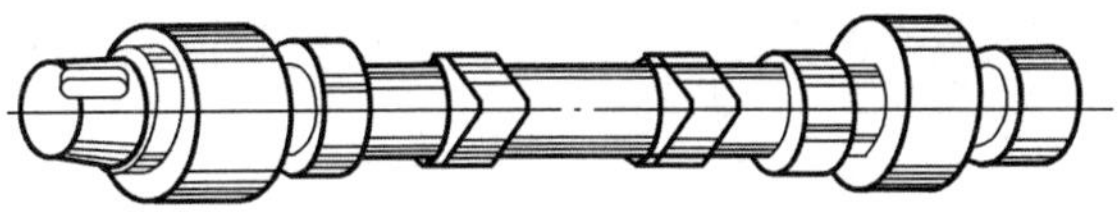
图 3-14　凸轮轴

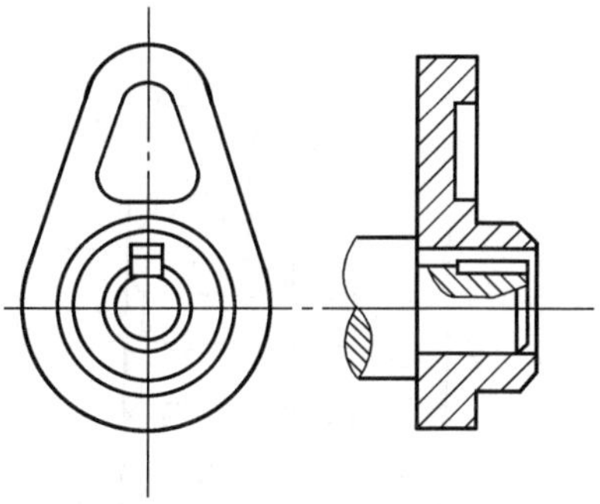
图 3-15　用平键联接

2. 滚子及其联接

图 3-18 所示为常见的几种滚子结构。图 3-18a 为专用的圆柱滚子及其联接方式，即滚子与从动件底端用螺栓联接。图 3-18b、c 所示为滚子与从动件底端用销轴联接，其中图 3-18c

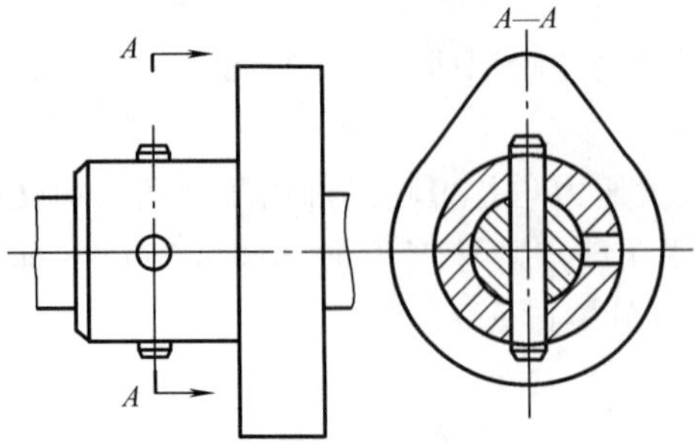

图 3-16　用圆锥销联接

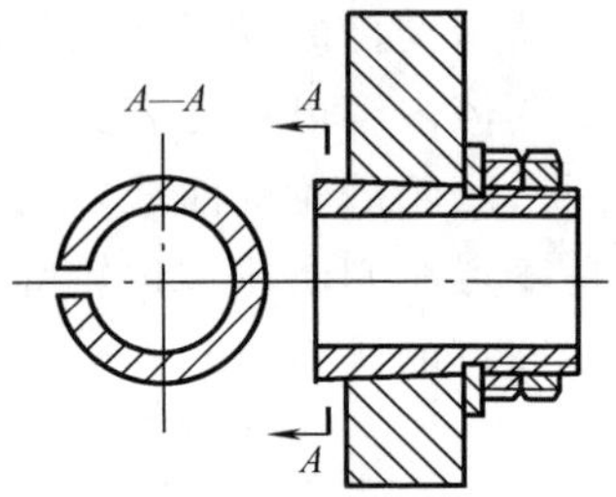

图 3-17　用弹性锥套和螺母联接

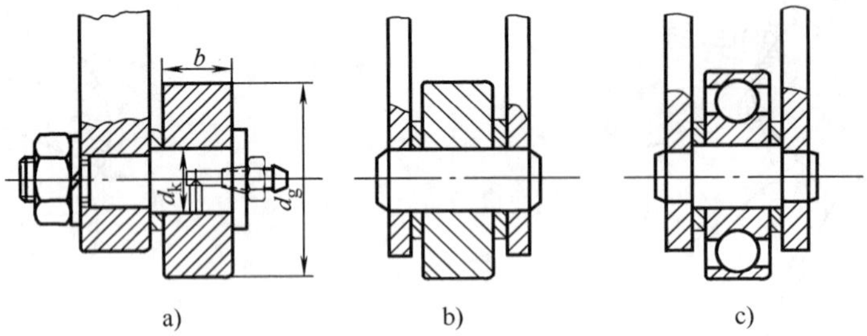

图 3-18　滚子结构

为直接采用合适的滚动轴承代替滚子。但无论上述哪种情况，都必须保证滚子能自由转动。

3. 凸轮和滚子的材料

凸轮机构工作时，往往承受冲击载荷，凸轮与从动件接触部分磨损较严重，因此必须合理地选择凸轮与滚子的材料，并进行适当的热处理，使滚子和凸轮的工作表面具有较高的硬度和耐磨性，而芯部具有较好的韧性。常用的材料有 45 钢、20Cr、18CrMnTi、T8 和 T10 等，并需经过表面淬火处理。

4. 凸轮的工作图

图 3-19 所示为一个实用机构中凸轮的工作图。这是一个偏置滚子从动件盘形凸轮，从

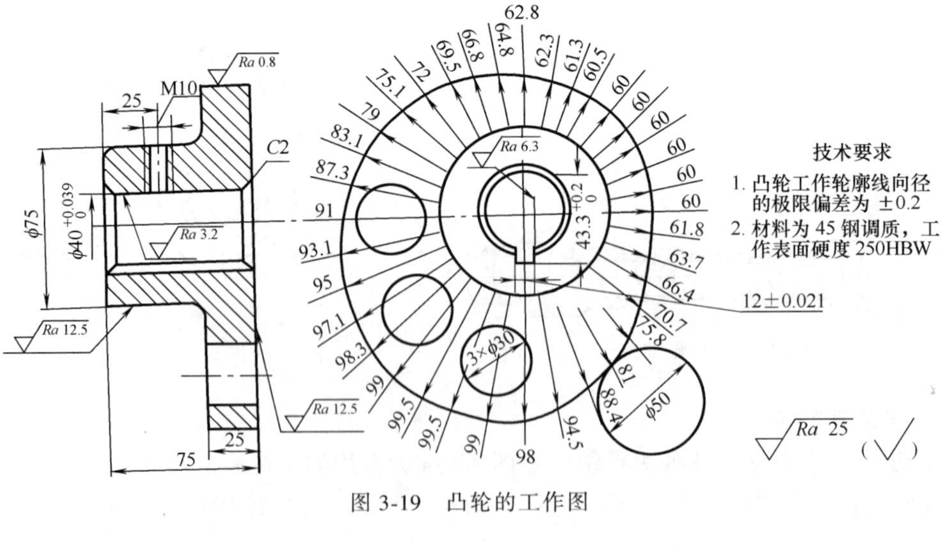

图 3-19　凸轮的工作图

动件推程时运动为简谐运动，升程 $h=40\text{mm}$，回程为等加速-等减速运动回到原处。凸轮在低速轻载下工作。

3.2　棘轮机构

3.2.1　棘轮机构的工作原理

图 3-20 所示为棘轮机构，它主要由摇杆 1、驱动棘爪 2、棘轮 3、制动爪 4 和机架 5 等组成。弹簧 6 用来使制动爪 4 和棘轮 3 保持接触。摇杆 1 和棘轮 3 的回转轴线重合。

当摇杆 1 逆时针摆动时，驱动棘爪 2 插入棘轮 3 的齿槽中，推动棘轮转过一定角度，而制动爪 4 则在棘轮的齿背上滑过。当摇杆顺时针摆动时，驱动棘爪 2 在棘轮的齿背上滑过，而制动爪 4 则阻止棘轮做顺时针转动，使棘轮静止不动。因此，当摇杆做连续的往复摆动时，棘轮将做单向间歇转动。

图 3-21 所示为双动式棘轮机构，可使棘轮在摇杆往复摆动时都能做同一方向转动。驱动棘爪可做成钩头（图 3-21a）或直头（图 3-21b）形式。

棘轮机构

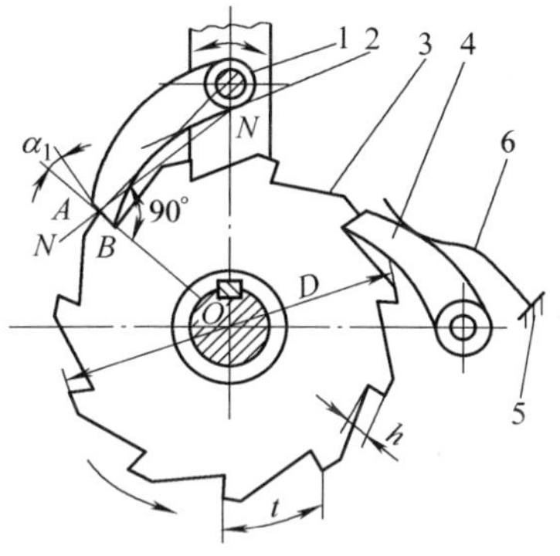

图 3-20　棘轮机构

1—摇杆　2—驱动棘爪　3—棘轮

4—制动爪　5—机架　6—弹簧

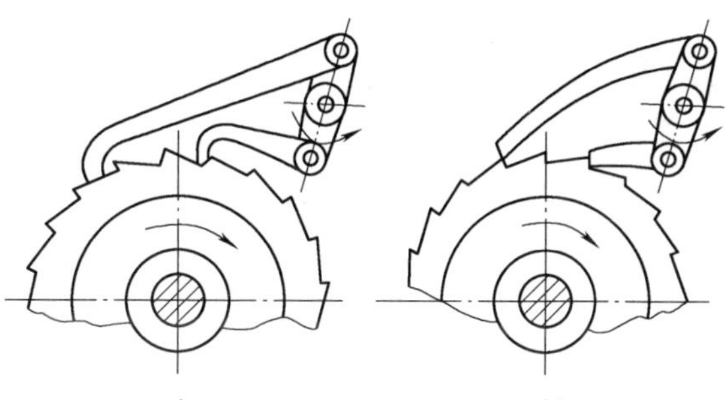

a)　　b)

图 3-21　双动式棘轮机构

a）钩头双动式棘爪　b）直头双动式棘爪

图 3-22 所示为双向棘轮机构，可使棘轮做双向间歇运动。图 3-22a 采用具有矩形齿的棘轮，当棘爪 1 处于实线位置时，棘轮 2 做逆时针间歇转动；当棘爪 1 处于虚线位置时，棘轮 2 则做顺时针间歇运动。图 3-22b 采用回转棘爪，当棘爪 1 按图示位置放置时，棘轮 2 将做逆时针间歇转动。若将棘爪提起，并绕本身轴线转 180°后再插入棘轮齿槽时，棘轮将做顺时针间歇转动。若将棘爪提起并绕本身轴线转动 90°，棘爪将被架在壳体顶部的平台上，使棘轮与棘爪脱开，此时棘轮将静止不动。

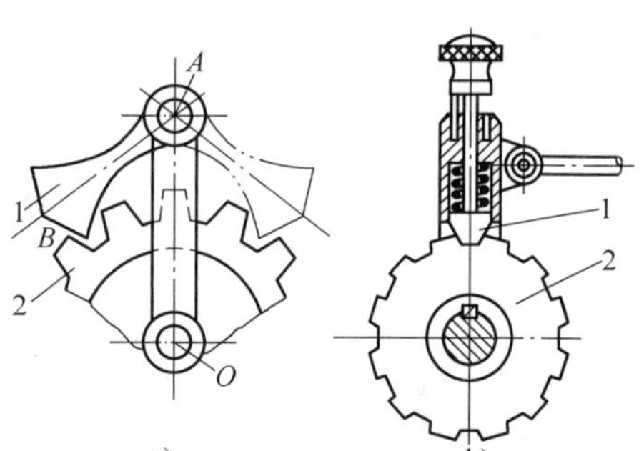

a)　　b)

图 3-22　双向棘轮机构

a）矩形齿双向棘轮机构　b）回转棘爪双向棘轮机构

1—棘爪　2—棘轮

3.2.2 棘轮转角的调节

1. 调节摇杆摆动角度的大小，控制棘轮的转角

图 3-23 所示的棘轮机构是利用曲柄摇杆机构来带动棘轮做间歇运动的，可利用调节螺钉改变曲柄长度 r 以实现摇杆摆角大小的改变，从而控制棘轮的转角。

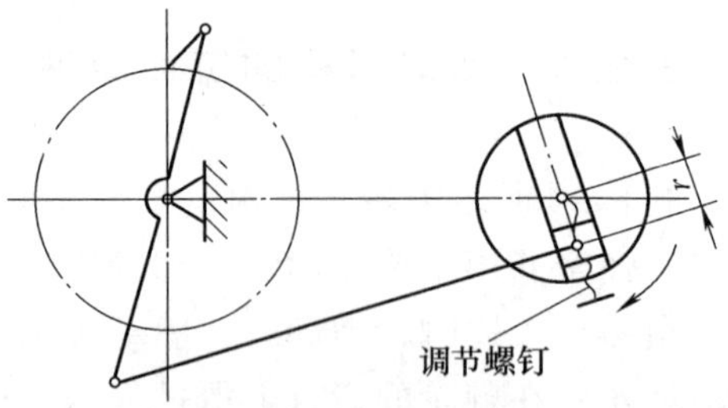

图 3-23 改变曲柄长度以调节棘轮转角

2. 用遮板调节棘轮转角

如图 3-24 所示，在棘轮的外面罩一遮板（遮板不随棘轮一起转动），使棘爪行程的一部分在遮板上滑过，不与棘轮的齿接触，通过变更遮板的位置即可改变棘轮转角的大小。

3.2.3 棘轮机构的特点与应用

棘轮机构结构简单、制造容易、运动可靠，而且棘轮的转角可在很大范围内调节，但工作时有较大的冲击与噪声，运动精度不高，所以常用于低速轻载的场合。

棘轮机构还常用作防止机构逆转的停止器。这类停止器广泛用于卷扬机、提升机以及运输机中。图 3-25 所示为提升机中的棘轮停止器。

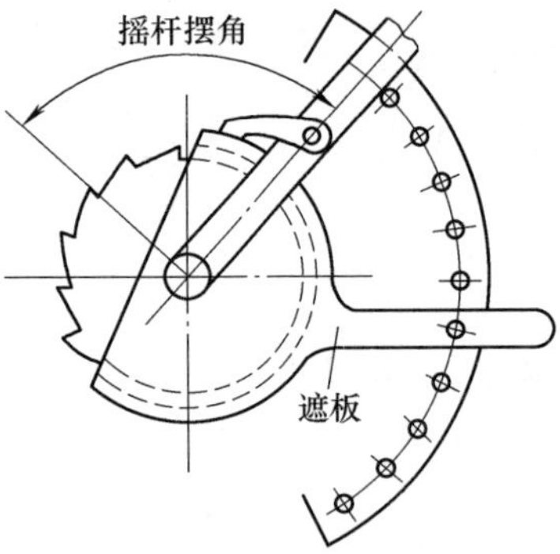

图 3-24 用遮板调节棘轮转角

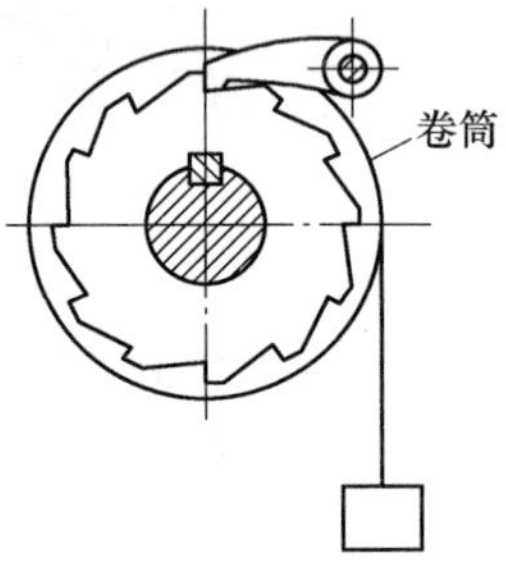

图 3-25 提升机的棘轮停止器

3.3 槽轮机构

3.3.1 槽轮机构的工作原理

图 3-26 所示为槽轮机构，它由主动拨盘 1、从动槽轮 2 及机架 3 等组成。拨盘 1 以等角速度 ω_1 做连续回转，槽轮 2 做间歇运动。当拨盘 1 上的圆柱销 A 没有进入槽轮的径向槽时，槽轮 2 的内凹锁止弧面被拨盘 1 上的外凸锁止弧面卡住，槽轮 2 静止不动。当圆柱销 A 进入

槽轮的径向槽时，锁止弧面被松开，则圆柱销 A 驱动槽轮 2 转动；当拨盘上的圆柱销离开径向槽时，下一个锁止弧面又被卡住，槽轮又静止不动。由此将主动件的连续转动转换为从动槽轮的间歇转动。

3.3.2 槽轮机构的类型、特点及应用

槽轮机构有外啮合槽轮机构（图 3-26）和内啮合槽轮机构（图 3-27），前者拨盘与槽轮的转向相反，后者拨盘与槽轮的转向相同，它们均为平面槽轮机构。此外还有空间槽轮机构，如图 3-28 所示。对于空间槽轮机构本书不予讨论。

槽轮机构中拨盘（杆）上的圆柱销数、槽轮上的径向槽数以及径向槽的几何尺寸等均可视运动要求的不同而定。圆柱销的分布和径向槽的分布可以不均匀，同一拨盘（杆）上若干个圆柱销离回转中心的距离也可以不同，同一槽轮上各径向槽的尺寸也可以不同。

槽轮机构

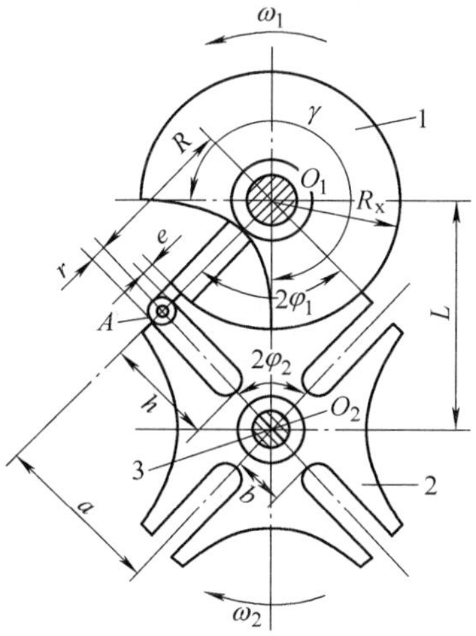

图 3-26 外啮合槽轮机构

1—主动拨盘 2—从动槽轮 3—机架

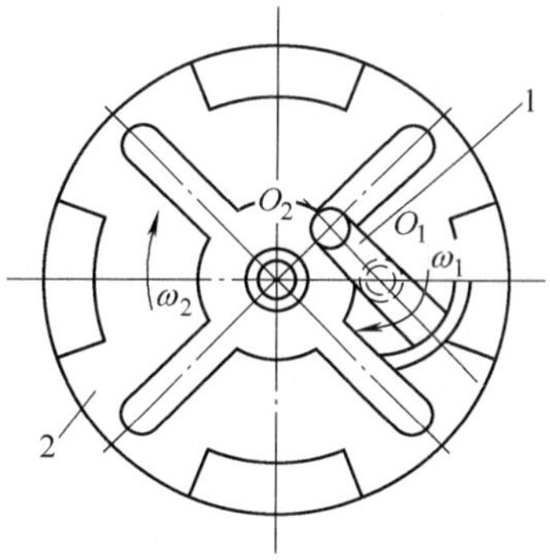

图 3-27 内啮合槽轮机构

1—槽轮 2—拨盘

槽轮机构的特点是结构简单、工作可靠、机械效率高，能较平稳、间歇地进行转位。但因圆柱销突然进入与脱离径向槽，传动存在柔性冲击，不适用于高速场合。此外槽轮的转角不可调节，故只能用于定转角的间歇运动机构中。转塔车床上用来间歇地转动刀架的槽轮机构（图 3-29），电影放映机中用来间歇地移动胶片的槽轮机构及化工厂管道中用来开闭阀门

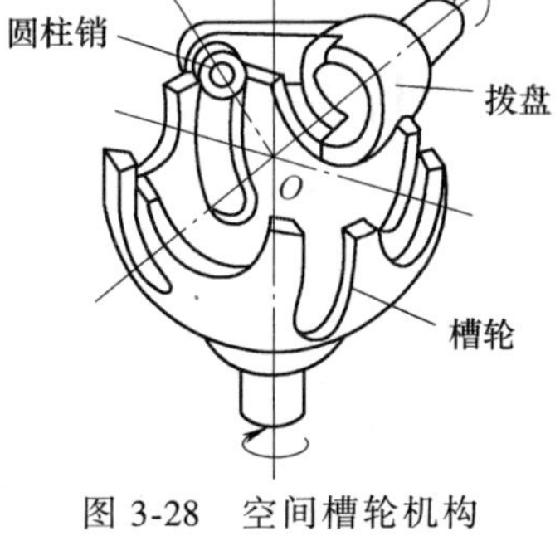

图 3-28 空间槽轮机构

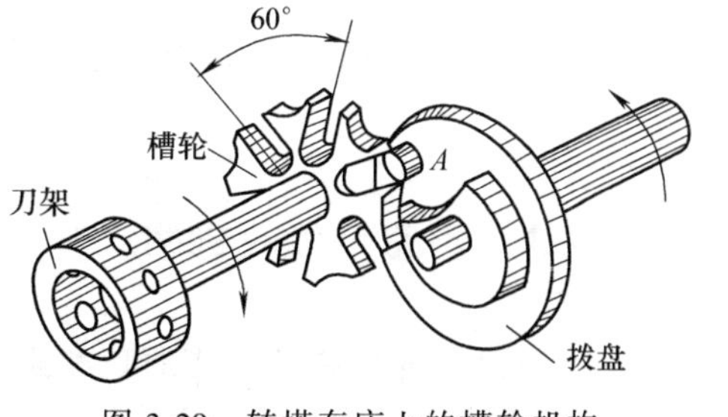

图 3-29 转塔车床上的槽轮机构

等的槽轮机构都是其具体应用的实例。

3.3.3　槽轮槽数 z 和拨盘圆柱销数 k 的选择

槽轮槽数 z 和拨盘圆柱销数 k 是槽轮机构的主要参数。如图 3-26 所示，为了使槽轮在开始转动和终止转动时的瞬时角速度为零，以避免刚性冲击，在圆柱销开始进入径向槽及自径向槽脱出时，槽的中心线 O_2A 应垂直于 O_1A。设 z 为均匀分布的径向槽数目，则由图 3-26 可见，当槽轮 2 转过 $2\varphi_2$ 时，拨盘 1 的转角 $2\varphi_1$ 为

$$2\varphi_1=\pi-2\varphi_2=\pi-\frac{2\pi}{z} \tag{3-1}$$

在一个运动循环内，槽轮 2 的运动时间 t_m 与拨盘 1 的运动时间 t 之比称为运动系数，用 τ 表示。当拨盘 1 做等速转动时，τ 也可用转角之比来表示。对于只有一个圆柱销的槽轮机构来说，t_m 和 t 分别为拨盘 1 转过角度 $2\varphi_1$ 和 2π 所用的时间，因此这种槽轮机构的运动系数 τ 为

$$\tau=\frac{t_m}{t}=\frac{2\varphi_1}{2\pi}=\frac{\pi-\dfrac{2\pi}{z}}{2\pi}=\frac{z-2}{2z} \tag{3-2}$$

由式（3-2）可知：

1）因运动系数 τ 必须大于零（$\tau=0$ 表示槽轮始终不动），故径向槽数 z 应大于或等于 3。

2）单圆柱销槽轮机构的运动系数 τ 总小于 0.5，也就是说槽轮的运动时间总小于其静止时间。

3）如要求槽轮机构的 $\tau>0.5$，则可在拨盘上安装多个圆柱销。设拨盘 1 上均匀分布 k 个圆柱销，则在一个运动循环内，槽轮的运动时间为只有一个圆柱销时的 k 倍，因此

$$\tau=\frac{kt_m}{t}=\frac{k\times2\varphi_1}{2\pi}=\frac{k\left(\pi-\dfrac{2\pi}{z}\right)}{2\pi}=\frac{k(z-2)}{2z} \tag{3-3}$$

由于运动系数 τ 应当小于 1，故由式（3-3）得

$$k<\frac{2z}{z-2} \tag{3-4}$$

由式（3-4）可知：当 $z=3$ 时，k 可取 1～5；当 $z=4$ 或 5 时，k 可取 1～3；当 $z\geqslant6$ 时，k 可取 1 或 2。

有关棘轮机构和槽轮机构的设计，可参阅机械设计手册等其他相关书籍。

3.4　不完全齿轮机构和凸轮式间歇运动机构

3.4.1　不完全齿轮机构

1. 不完全齿轮机构的工作原理和类型

不完全齿轮机构是由普通渐开线齿轮机构演化而成的间歇运动机构，其基本结构形式分

为外啮合与内啮合两种，如图 3-30 和图 3-31 所示。不完全齿轮机构的主动轮 1 只有一个或几个齿，从动轮 2 具有若干个与主动轮 1 相啮合的轮齿及锁止弧，可实现主动轮的连续转动和从动轮的停歇转动。在图 3-30 所示的机构中，主动轮 1 每转 1 转，从动轮 2 转 1/4 转，从动轮转 1 转停歇 4 次。停歇时从动轮上的锁止弧与主动轮上的锁止弧密合，保证了从动轮停歇在确定的位置上而不发生游动现象。

2. 不完全齿轮机构的特点及用途

不完全齿轮机构结构简单、制造方便，从动轮的运动时间和静止时间的比例不受机构结构的限制。但因为从动轮在转动开始及终止时速度有突变，冲击较大，一般仅用于低速、轻载场合，如计数机构以及在自动机、半自动机中用作工作台间歇转动的转位机构等。

不完全齿齿轮机构

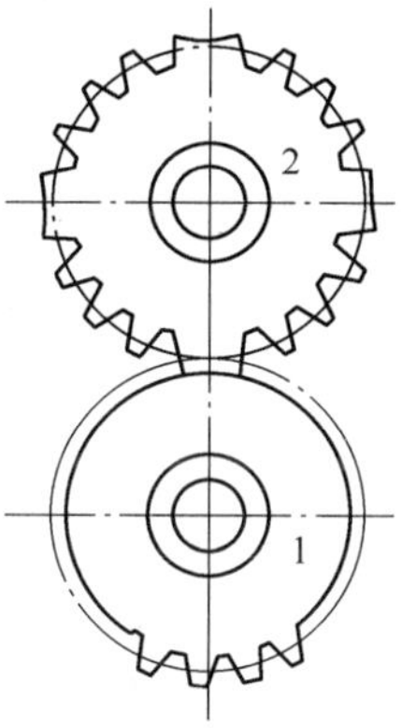

图 3-30　外啮合不完全齿轮机构

1—主动轮　2—从动轮

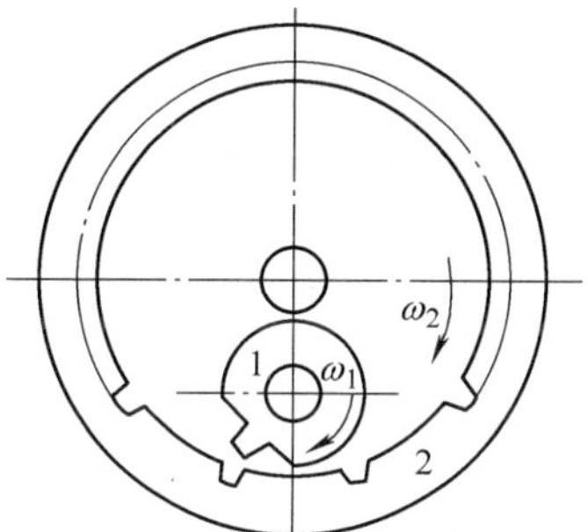

图 3-31　内啮合不完全齿轮机构

1—主动轮　2—从动轮

3.4.2　凸轮式间歇运动机构

凸轮式间歇运动机构是利用凸轮的轮廓曲线，推动转盘上的滚子，将凸轮的连续转动变换为从动转盘的间歇转动的一种间歇运动机构。它主要用于传递轴线互相垂直交错的两部件间的间歇转动。图 3-32 所示为凸轮式间歇运动机构的一种形式，凸轮式间歇运动机构还有其他的一些常用形式。

图 3-32 所示为圆柱凸轮式间歇运动机构，主动件是带有螺旋槽的圆柱凸轮 1，从动件是端面上装有若干个均匀分布的滚子的圆盘 2，其轴线与圆柱凸轮的轴线垂直交错。

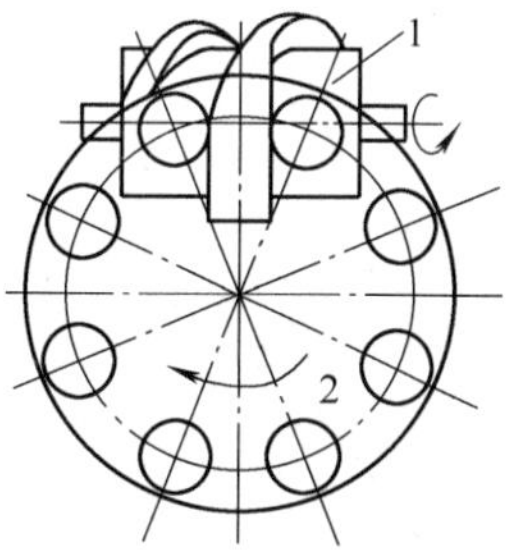

图 3-32　凸轮式间歇运动机构

1—圆柱凸轮　2—圆盘

凸轮式间歇运动机构的优点是运转可靠、传动平稳、无噪声，适用于高速、中载和高精度分度的场合，故在轻工机械、冲压机械和其他自动机械中得到了广泛应用。其缺点是凸轮加工比较复杂，装配与调整要求也较高，因而使它的应用受到了限制。

思考与练习题

3-1　试比较尖顶、滚子和平底从动件凸轮机构的优缺点及其应用场合。

3-2　选择从动件运动规律时，应考虑哪些主要问题？

3-3　何谓凸轮机构的压力角？设计凸轮机构时，为什么要控制最大压力角？

3-4　常用的间歇机构有哪些？各有何特点？

3-5　设计一尖顶对心直动从动件盘形凸轮机构。凸轮顺时针匀速转动，基圆半径 r_b = 40mm，从动件的运动规律见下表。

φ	0~90°	90°~180°	180°~240°	240°~360°
运动规律	等速上升	停止	等加速等减速下降	停止

3-6　图 3-33 所示为一对心尖顶推杆单圆弧凸轮（偏心轮），其几何中心 O' 距离凸轮转轴 O 为 l = 15mm，偏心轮半径 R = 30mm，凸轮以等角速度 ω 顺时针转动，试作出推杆的位移线图 s-δ。

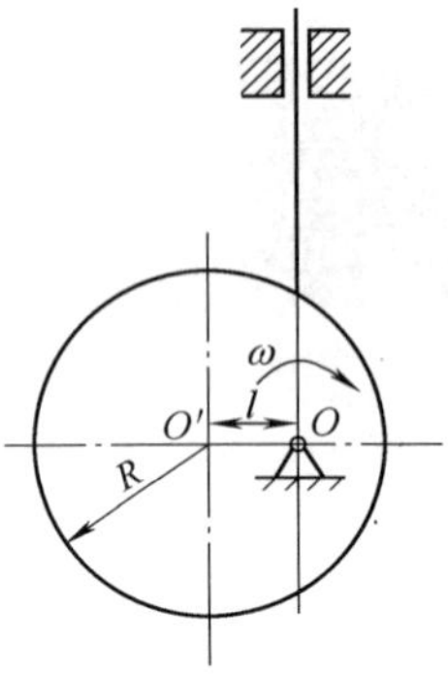

图 3-33　题 3-6 图

3-7　已知一偏心移动尖顶从动件盘形凸轮机构的基圆半径 r_b = 40mm，偏心距 e = 20mm，从动件的位移曲线如图 3-34 所示，试用图解法设计凸轮轮廓曲线。

3-8　图 3-35 所示为尖顶直动从动件盘形凸轮机构的位移线图，但图中给出的位移线图尚不完全，试在图上补全各段曲线，并指出哪些位置有刚性冲击，哪些位置有柔性冲击。

3-9　某牛头刨床工作台横向进给丝杠的导程为 5mm，与丝杠联动的棘轮齿数为 40，求此牛头刨床工作台的最小横向进给量是多少？若要求此牛头刨床工作台的横向进给量为 0.5mm，则棘轮每次转过的角度应为多少？

3-10　某外啮合槽轮机构中槽轮的槽数 z = 6，圆销的数目 k = 1，若槽轮的静止时间 t_1 = 2s，试求主动拨盘的转速 n。

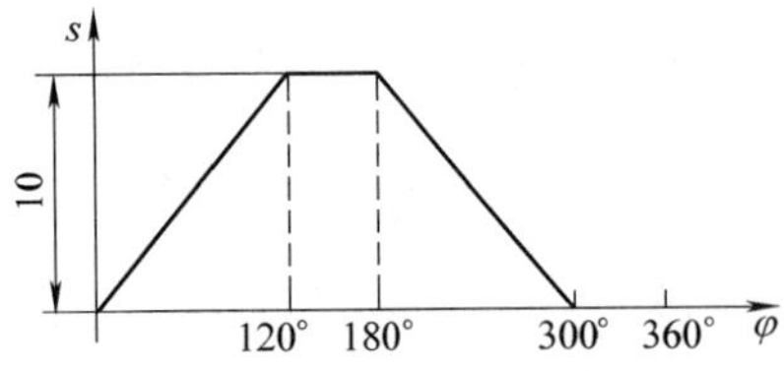

图 3-34　题 3-7 图

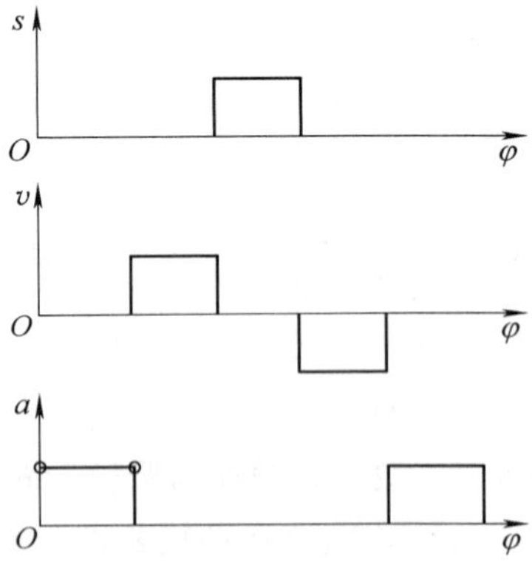

图 3-35　题 3-8 图

第4章 带传动和链传动

Chapter 4

目标要求： 了解带传动和链传动的类型、特点；掌握带传动的张紧方法和装置；掌握链传动的布置方法和润滑方法；熟悉V带、带轮、链及链轮的结构及标准；掌握带传动的受力分析、应力分析、弹性滑动和打滑；掌握链传动的运动特征及对传动的影响；熟练掌握带传动与链传动的失效形式及计算准则，V带传动设计计算方法、步骤及主要参数的选择；能够对V带传动和链传动的工作能力进行分析，并完成传动的参数设计和结构设计。

带传动由主动带轮1、从动带轮2和张紧在两轮上的传动带3组成（图4-1a）。当驱动力矩使主动轮转动时，依靠带和带轮间摩擦力的作用，拖动从动轮一起转动。带传动适用于圆周速度较高且圆周力较小时的工作条件。链传动由主动链轮4、从动链轮5和链条6组成（图4-1b）。链传动以链条为中间挠性件来传递运动，在传动过程中，链轮轮齿与链条将连续不断地啮合来传递运动。链传动适用于圆周速度较低且圆周力较大时的工作条件。

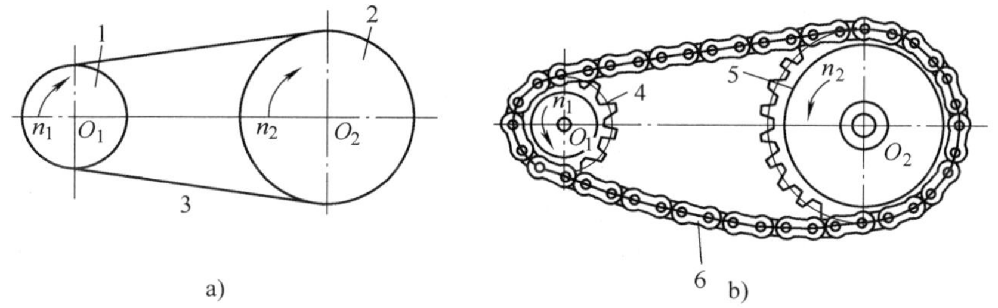

图4-1 带传动和链传动

a）带传动 b）链传动

1—主动带轮 2—从动带轮 3—传动带 4—主动链轮 5—从动链轮 6—链条

在机械传动中，带传动和链传动同属挠性传动，当主动轴与从动轴相距较远时，常采用这种传动。

平带传动

4.1 带传动概述

4.1.1 带传动的主要类型

1. 按传动原理分类

（1）摩擦带传动 靠传动带与带轮之间的摩擦力实现传动，如V带传动、平带传动等。

(2) 啮合带传动　靠带内侧凸齿与带轮外缘上的齿槽相啮合实现传动，如同步带传动。图 4-2e 所示的同步带传动属于啮合带传动。

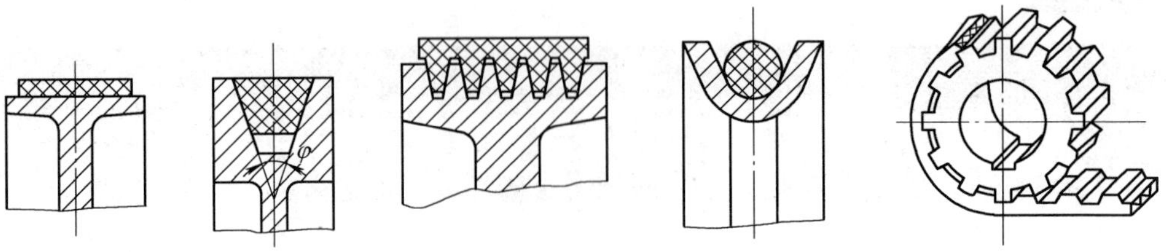

图 4-2　带的截面形状

a) 平带　b) V 带　c) 多楔带　d) 圆形带　e) 同步带

2. 按用途分类

(1) 传动带　传递动力用。

(2) 输送带　输送物品用。

3. 按传动带的截面形状分类

(1) 平带　平带的截面形状为矩形，内表面为工作面，如图 4-2a 所示。常用的平带有胶带、编织带和强力锦纶带等。

(2) V 带　V 带的截面形状为梯形，两侧面为工作表面，也被叫作三角胶带如图 4-2b 所示。

(3) 多楔带　它是在平带基体上由多根 V 带组成的传动带。多楔带结构紧凑，可传递很大的功率，如图 4-2c 所示。

(4) 圆形带　横截面为圆形，只用于小功率传动，如图 4-2d 所示。

(5) 同步带　纵截面为齿形，如图 4-2e 所示。

4.1.2　带传动的特点和应用

带传动具有结构简单、传动平稳、价格低廉、缓冲吸振及过载打滑以保护其他零件等优点；缺点是传动比不稳定，传动装置外形尺寸较大，效率较低，带的寿命较短以及不适合高温易燃场合等。

带传动多用于高速级传动。高速带传动可达 60~100m/s；平带传动的传动比 $i \leqslant 5$（常用 $i \leqslant 3$），V 带传动的传动比 $i \leqslant 7$（常用 $i \leqslant 5$），若使用张紧轮，则传动比都可达 $i \leqslant 10$。

4.2　普通 V 带和 V 带轮

4.2.1　普通 V 带

V 带有普通 V 带、窄 V 带、宽 V 带、接头 V 带及齿形 V 带等多种，一般使用的多为普通 V 带。

标准普通V带（GB/T 10414.2—2002）都制成无接头的环形，根据抗拉体结构，分为帘布芯V带和绳芯V带两类（图4-3）。这两类结构的V带都是由橡胶和纤维组成，可分为包布层、顶胶层、抗拉体、底胶层四部分。包布层是V带的保护层，由胶帆布制成。抗拉体是由几层胶帘布（帘布芯结构）或一层胶线绳（绳芯结构）组成，用来承受基本的拉力。顶胶层和底胶层则填满橡胶，以适应V带的弯曲。

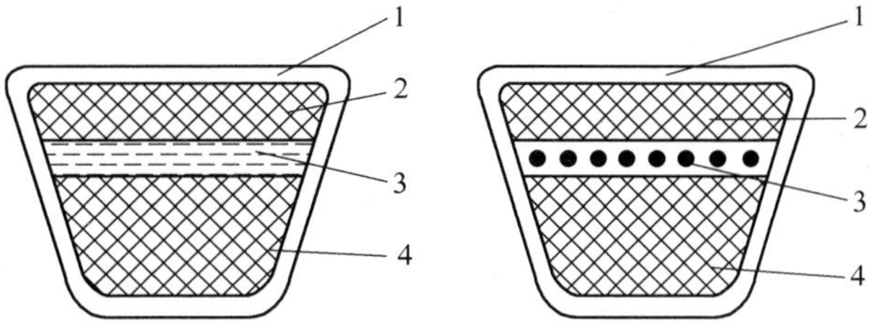

a)　　b)

图4-3　普通V带的结构

a）帘布芯V带　b）绳芯V带

1—包布层　2—顶胶层　3—抗拉体　4—底胶层

帘布芯V带抗拉强度较好，且制造方便，型号齐全；而绳芯V带柔韧性好，抗弯强度高，适用于转速较高、带轮直径较小的场合。为了提高承载能力，近年来已广泛使用合成纤维绳芯或钢丝绳芯。

普通V带是标准件，按截面尺寸可分为Y、Z、A、B、C、D、E七种型号，其基本尺寸列于表4-1。当V带受弯曲时，带的顶胶层将伸长，而底胶层将缩短，只有在两层之间的

表4-1　普通V带和带轮轮槽截面的基本尺寸及参数　　（单位：mm）

V带截面	型号	Y	Z	A	B	C	D	E
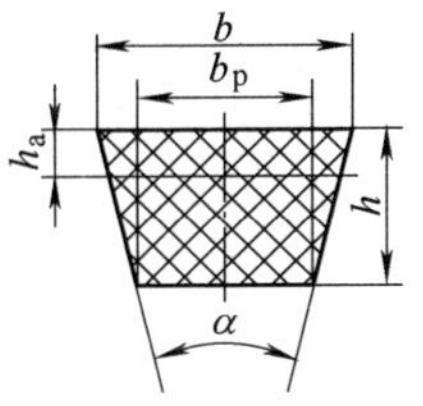	节宽 b_p	5.3	8.5	11.0	14.0	19.0	27.0	32.0
	顶宽 b	6.0	10.0	13.0	17.0	22.0	32.0	38.0
	高度 h	4.0	6.0	8.0	11.0	14.0	19.0	23.0
	中性层高 h_a	1.0	2.10	2.80	4.10	4.80	6.90	8.20
	楔角 α	40°						
(GB/T 11544—2012)	带质量 $q/(\mathrm{kg\cdot m^{-1}})$	0.04	0.06	0.10	0.17	0.30	0.60	0.87
V带轮轮槽截面	带轮槽型	Y	Z	A	B	C	D	E
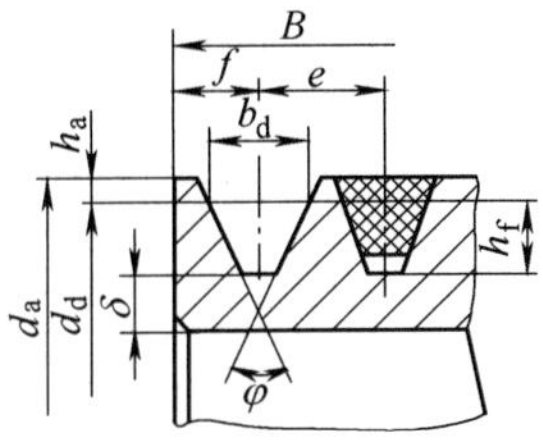	基准线上槽深 $h_{a\,min}$	1.6	2.0	2.75	3.5	4.8	8.1	9.6
	基准线下槽深 $h_{f\,min}$	4.7	7.0	8.7	10.8	14.3	19.9	23.4
	基准宽度 b_d	5.3	8.5	11.0	14.0	19.0	27.0	32.0
	槽间距 e	8 ±0.3	12 ±0.3	15 ±0.3	19 ±0.4	25.5 ±0.5	37 ±0.6	44.5 ±0.7
	第一槽对称面至端面的距离 f_{min}	6	7	9	11.5	16	23	28
	最小轮缘厚 δ_{min}	5	5.5	6	7.5	10	12	15
	小轮宽 B	$B=(z-1)e+2f$，z为带根数						
(GB/T 10412—2002)	轮槽角 φ 32°，相应的基准直径 d_d	≤60	—	—	—	—	—	—
	轮槽角 φ 34°，相应的基准直径 d_d	—	≤80	≤118	≤190	≤315	—	—
	轮槽角 φ 36°，相应的基准直径 d_d	>60	—	—	—	—	≤475	≤600
	轮槽角 φ 38°，相应的基准直径 d_d	—	>80	>118	>190	>315	>475	>600

抗拉体内节线处带长保持不变，因此沿节线量得的带长即为 V 带的基准长度 L_d。在带传动的几何计算中，应把基准长度 L_d 作为 V 带的计算长度。各种型号普通 V 带的基准长度 L_d 见表 4-2。

V 带的全部节线构成的面称为节面，故基准长度 L_d 也常称为节线长度，节面的宽度称为节宽，即表 4-1 中的 b_p。节宽在带弯曲时尺寸保持不变。

表 4-2　普通 V 带基准长度系列及长度系数 K_L（GB/T 13575.1—2008）

基准长度 L_d/mm	K_L						
	Y	Z	A	B	C	D	E
200	0.81	—	—	—	—	—	—
224	0.82	—	—	—	—	—	—
250	0.84	—	—	—	—	—	—
280	0.87	—	—	—	—	—	—
315	0.89	—	—	—	—	—	—
355	0.92	—	—	—	—	—	—
400	0.96	0.87	—	—	—	—	—
450	1.00	0.89	—	—	—	—	—
500	1.02	0.91	—	—	—	—	—
560	—	0.94	—	—	—	—	—
630	—	0.96	0.81	—	—	—	—
710	—	0.99	0.82	—	—	—	—
800	—	1.00	0.85	—	—	—	—
900	—	1.03	0.87	0.81	—	—	—
1000	—	1.06	0.89	0.84	—	—	—
1120	—	1.08	0.91	0.86	—	—	—
1250	—	1.11	0.93	0.88	—	—	—
1400	—	1.14	0.96	0.90	—	—	—
1600	—	1.16	0.99	0.93	0.84	—	—
1800	—	1.18	1.01	0.95	0.85	—	—
2000	—	—	1.03	0.98	0.88	—	—
2240	—	—	1.06	1.00	0.91	—	—
2500	—	—	1.09	1.03	0.93	—	—
2800	—	—	1.11	1.05	0.95	0.83	—
3150	—	—	1.13	1.07	0.97	0.86	—
3550	—	—	1.17	1.10	0.98	0.89	—
4000	—	—	1.19	1.13	1.02	0.91	—
4500	—	—	—	1.15	1.04	0.93	0.90
5000	—	—	—	1.18	1.07	0.96	0.92
5600	—	—	—	—	1.09	0.98	0.95
6300	—	—	—	—	1.12	1.00	0.97
7100	—	—	—	—	1.15	1.03	1.00
8000	—	—	—	—	1.18	1.06	1.02
9000	—	—	—	—	1.21	1.08	1.05

（续）

基准长度 L_d/mm	K_L						
	Y	Z	A	B	C	D	E
10000	—	—	—	—	1.23	1.11	1.07
11200	—	—	—	—	—	1.14	1.10
12500	—	—	—	—	—	1.17	1.12
14000	—	—	—	—	—	1.20	1.15
16000	—	—	—	—	—	1.22	1.18

4.2.2 V带轮

V带轮的材料主要采用灰铸铁，常用的牌号为HT150或HT200。转速高时可采用铸钢，小功率传动可用铸铝或塑料。

铸造V带轮的结构有：①实心式（图4-4a）；②腹板式（图4-4b）；③孔板式（图4-4c）；④椭圆轮辐式（图4-4d）。

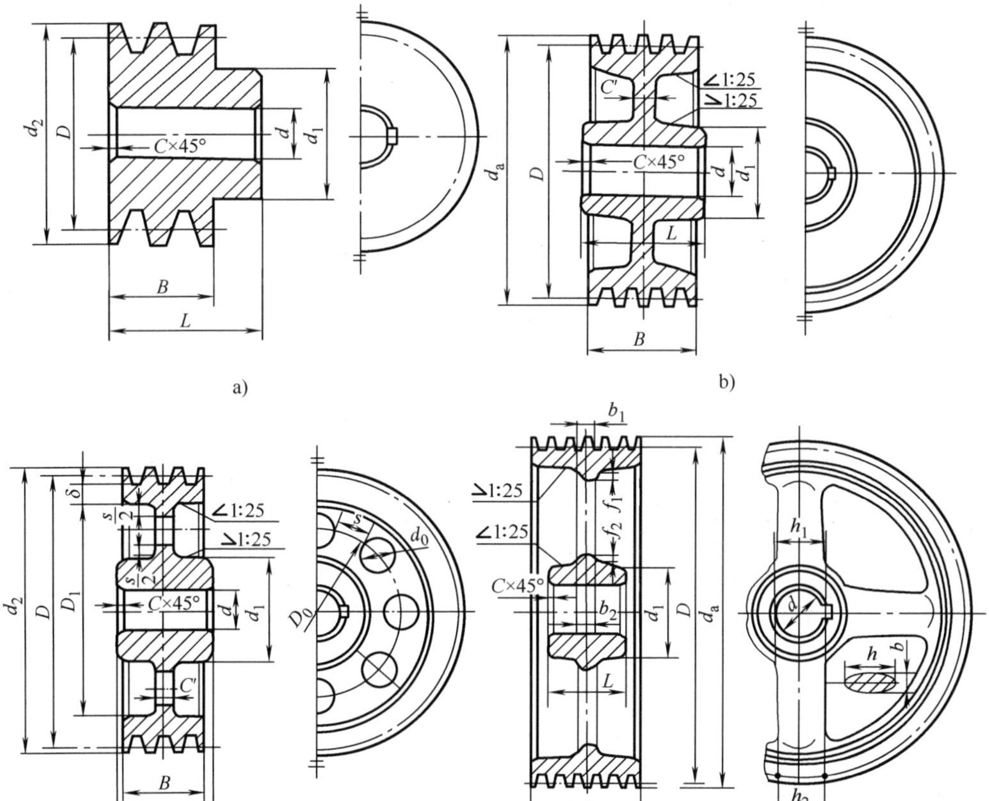

图4-4 V带轮的结构

a）实心式 b）腹板式 c）孔板式 d）椭圆轮辐式

带轮基准直径 $d_d \leq (2.5\sim3)d$（d 为轮轴直径，单位为 mm）时，可采用实心式；$d_d \leq$ 300mm 时，若 $D_1-d_1<100$mm，可采用腹板式，若 $D_1-d_1>100$mm，可采用孔板式；$d_d>$ 300mm 时，可采用椭圆轮辐式。对于单件或少量生产，有时还可采用薄板冲压焊接成形的方法制造带轮。

普通 V 带轮轮槽尺寸见表 4-1。带轮的其他结构尺寸可参考机械设计手册。

在表 4-1 普通 V 带轮的轮槽尺寸中，轮槽角 φ 取 32°、34°、36°或 38°是考虑到带在带轮上弯曲时要产生横向变形，带轮直径越小，轮槽角也越小，以便 V 带侧面与轮槽工作面保持良好接触。

4.3 带传动的工作能力分析

4.3.1 带传动的受力分析

为保证带传动正常工作，传动带必须以一定的张紧力紧套在带轮上。当传动带静止时，带两边承受相等的拉力，称为初拉力 $\boldsymbol{F_0}$，如图 4-5a 所示。当传动带传动时，由于带与带轮接触面间摩擦力的作用，带两边的拉力不再相等，如图 4-5b 所示。绕入主动轮的一边被拉紧，拉力由 F_0 增大到 F_1，称为紧边；绕入从动轮的一边被放松，拉力由 F_0 减少为 F_2，称为松边。设环形带的总长度不变，则紧边拉力的增加量 F_1-F_0 应等于松边拉力的减少量 F_0-F_2，即

$$F_0=\frac{1}{2}(F_1+F_2) \tag{4-1}$$

带两边的拉力之差 F 称为带传动的有效拉力。实际上 F 是带与带轮之间摩擦力的总和，在最大静摩擦力范围内，带传动的有效拉力 F 与总摩擦力 F_f 相等，F 同时也是带传动所传递的圆周力，即

$$F=F_1-F_2 \tag{4-2}$$

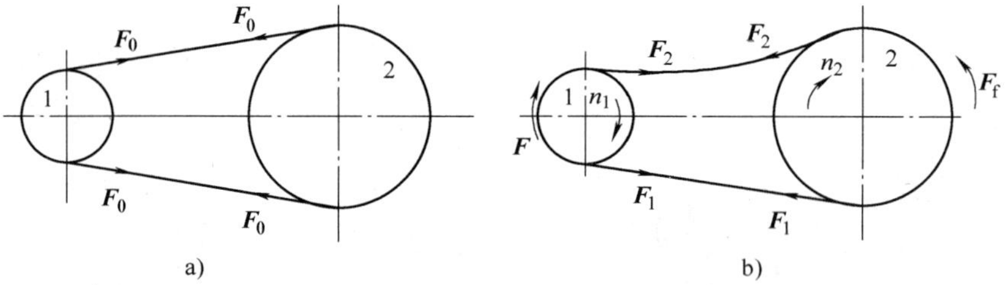

图 4-5 带传动的工作原理

a）不工作时 b）工作时

带传动所传递的功率为

$$P=\frac{Fv}{1000} \tag{4-3}$$

式中 P——传递功率（kW）；

F——有效圆周力（N）；

v——带的速度（m/s）。

在一定的初拉力 F_0 作用下，带与带轮接触面间摩擦力的总和有一极限值。当带所传递的圆周力超过带与带轮接触面间摩擦力总和的极限值时，带在带轮上将发生明显的相对滑动，这种现象称为打滑。带打滑时从动轮转速急剧下降，使传动失效，同时也加剧了带的磨损，因此应避免出现带打滑现象。

当传动带与带轮表面间即将打滑时，摩擦力达到最大值，即有效圆周力达到最大值。此时，忽略离心力的影响，紧边拉力 F_1 和松边拉力 F_2 之间的关系可用欧拉公式表示，即

$$\frac{F_1}{F_2}=e^{f\alpha} \tag{4-4}$$

式中　F_1、F_2——带的紧边拉力和松边拉力（N）；

e——自然对数的底，e≈2.718；

f——带与带轮接触面间的摩擦因数（V带用当量摩擦因数 f_v 代替 f，$f_v=\dfrac{f}{\sin\varphi/2}$）；

α——包角，即带与小带轮接触弧所对的中心角（rad）。

由式（4-1）、式（4-2）和式（4-4）可得

$$F=2F_0\frac{e^{f\alpha}-1}{e^{f\alpha}+1} \tag{4-5}$$

式（4-5）表明，带所传递的圆周力 F 与下列因素有关。

（1）初拉力 F_0　F 与 F_0 成正比，增大初拉力 F_0，带与带轮间正压力增大，则传动时产生的摩擦力就越大，故 F 越大。但 F_0 过大会加剧带的磨损，致使带过快松弛，缩短其工作寿命。

（2）摩擦因数 f　f 越大，摩擦力也越大，F 就越大。f 与带和带轮的材料、表面状况、工作环境、条件等有关。

（3）包角 α　F 随 α 的增大而增大。因为增加 α 会使整个接触弧上摩擦力的总和增加，从而提高传动能力。因此，水平装置的带传动通常将松边放置在上边，以增大包角。由于大带轮的包角 α_2 大于小带轮的包角 α_1，打滑首先在小带轮上发生，所以只需考虑小带轮的包角 α_1。

联立式（4-2）和式（4-4），可得带传动在不打滑条件下所能传递的最大圆周力为

$$F_{max}=F_1\left(1-\frac{1}{e^{f\alpha_1}}\right) \tag{4-6}$$

4.3.2　带传动的应力分析

带传动工作时，带中的应力由以下三部分组成。

1. 由拉力产生的拉应力

紧边拉应力　$$\sigma_1=\frac{F_1}{A}$$

松边拉应力
$$\sigma_2=\frac{F_2}{A}$$

式中，A 为带的横截面面积。

2. 由离心力产生的离心拉应力

工作时，绕在带轮上的传动带随带轮做圆周运动，产生离心拉力 F_c，F_c 的计算公式为

$$F_c=qv^2$$

式中 q——传动带单位长度的质量（kg/m），各种型号 V 带的 q 值见表 4-3；

v——传动带的速度（m/s）。

F_c 作用于带的全长上，产生的离心拉应力为

$$\sigma_c=\frac{F_c}{A}=\frac{qv^2}{A}$$

表 4-3 基准宽度制 V 带单位长度的质量 q 及带轮最小基准直径

带型	Y	Z	A	B	C	D	E
q/(kg/m)	0.02	0.06	0.10	0.17	0.30	0.62	0.90
$d_{d\,min}$/mm	20	50	75	125	200	355	500

3. 弯曲应力

传动带绕过带轮时发生弯曲，从而产生弯曲应力 σ_b。由材料力学得带的弯曲应力为

$$\sigma_b\approx E\frac{h}{d}$$

式中 E——带的弹性模量（MPa）；

h——带的高度（mm）；

d——带轮直径（mm），对于 V 带轮，则为其基准直径。

弯曲应力 σ_b 只发生在带上包角所对的圆弧部分。h 越大、d 越小，则带的弯曲应力就越大，故一般 $\sigma_{b1}>\sigma_{b2}$（σ_{b1} 为带在小带轮上部分的弯曲应力，σ_{b2} 为带在大带轮上部分的弯曲应力）。因此，为避免弯曲应力过大，小带轮的直径不能过小。

带在工作时的应力分布情况如图 4-6 所示，由此可知带是在变应力情况下工作的，故易产生疲劳破坏。当带在紧边进入小带轮时应力达到最大值，其值为

$$\sigma_{max}=\sigma_1+\sigma_c+\sigma_{b1}$$

为保证带具有足够的疲劳寿命，应满足

$$\sigma_{max}=\sigma_1+\sigma_c+\sigma_{b1}\leqslant[\sigma] \tag{4-7}$$

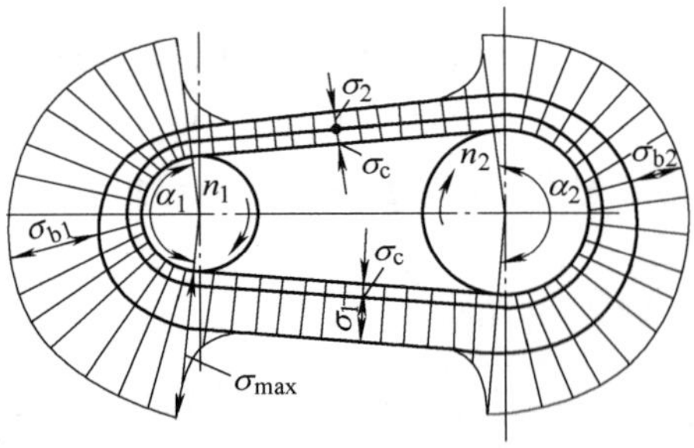

图 4-6 带的应力分布

式中，$[\sigma]$ 为带的许用应力。$[\sigma]$ 是在 $\alpha_1=\alpha_2=180°$、规定的带长和应力循环次数、载荷平稳等条件下通过试验确定的。

4.3.3 带传动的弹性滑动和传动比

传动带是弹性体，受到拉力后会产生弹性伸长，伸长量随拉力大小的变化而改变。带由

紧边绕过主动轮进入松边时，带内拉力由 F_1 减小为 F_2，其弹性伸长量也由 δ_1 减小为 δ_2。这说明带在绕经带轮的过程中，相对于轮面向后收缩了 $\Delta\delta$（$\Delta\delta=\delta_1-\delta_2$），带与带轮轮面间出现局部相对滑动，导致带的速度逐渐小于主动轮的圆周速度，如图 4-7 所示。同样，当带由松边绕过从动轮进入紧边时，拉力增加，带逐渐被拉长，沿轮面产生向前的弹性滑动，使带的速度逐渐大于从动轮的圆周速度。这种由于带的弹性变形而产生的带与带轮间的滑动称为弹性滑动。

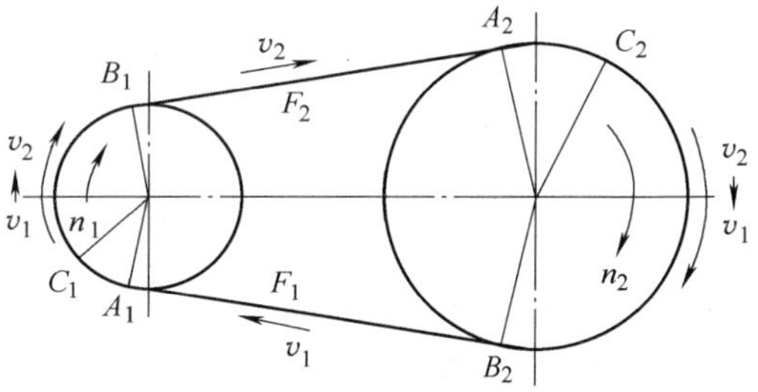

图 4-7 带传动的弹性滑动

弹性滑动和打滑是两个截然不同的概念。打滑是指过载引起的全面滑动，是可以避免的。而弹性滑动是由拉力差引起的，只要传递圆周力，就必然会发生弹性滑动，所以，弹性滑动是不可避免的。

带的弹性滑动使从动轮的圆周速度 v_2 低于主动轮的圆周速度 v_1，其速度的降低率用滑动率 ε 表示，即

$$\varepsilon=\frac{v_1-v_2}{v_1}=\frac{\pi d_1 n_1-\pi d_2 n_2}{\pi d_1 n_1}=\frac{d_1 n_1-d_2 n_2}{d_1 n_1}$$

式中 n_1、n_2——主动轮、从动轮的转速（r/min）；

d_1、d_2——主动轮、从动轮的直径（mm），对 V 带传动则为带轮的基准直径。

由上式得带传动的传动比为

$$i=\frac{n_1}{n_2}=\frac{d_2}{d_1(1-\varepsilon)} \tag{4-8}$$

从动轮的转速为

$$n_2=\frac{n_1 d_1(1-\varepsilon)}{d_2} \tag{4-9}$$

因带传动的滑动率 $\varepsilon=0.01\sim0.02$，其值很小，所以在一般传动计算中可不予考虑。

4.4 V 带传动的设计

微课：普通 V 带传动设计

4.4.1 带传动的主要失效形式

由带传动的工作情况分析可知，当所传递的载荷增大时，弹性滑动和滑动率也将随之增大，传动效率降低。若所传递的载荷超过带的最大有效拉力 $F_{e\,max}$，带将在带轮上打滑，以致失去传动能力。所以，打滑是带传动的主要失效形式之一。

从图 4-6 还可看出，传动带是处于变应力状态下工作的。带的任一横截面上的应力，将随着带的运转而循环变化。当应力循环次数达到一定数值后将发生疲劳破坏，带的局部可能

出现外层或芯体与橡胶脱离，以致发生断裂而失去传动能力。带的疲劳破坏是带传动的另一种主要失效形式。

由于带传动中的弹性滑动，带和带轮之间不可避免地存在相对滑动。因此，带和带轮的磨损也是带传动的一种常见失效形式。

4.4.2 设计准则和单根 V 带的额定功率

带的打滑和带的疲劳破坏是带传动的主要失效形式。因此，带传动的设计准则是：在保证带传动在工作时不打滑的条件下，具有一定的疲劳强度和寿命。

由这个设计准则出发，单根 V 带的额定功率可通过试验和计算来求得，表 4-4 列举了各种型号单根 V 带的额定功率 P_0。

表 4-4 包角 $\alpha=180°$、特定带长、工作平稳条件下，单根普通 V 带的额定功率值 P_0

（单位：kW）

型号	小带轮基准直径 d_{d_1}/mm	小带轮转速 n_1/r·min^{-1}										
		200	400	600	700	800	950	1200	1450	1600	1800	2000
Y	20	—	—	—	—	—	0.01	0.02	0.02	0.03	—	0.03
	25	—	—	—	—	0.03	0.03	0.03	0.04	0.05	—	0.05
	28	—	—	—	—	0.03	0.04	0.04	0.05	0.05	—	0.06
	31.5	—	—	—	0.03	0.04	0.04	0.05	0.06	0.06	—	0.07
	35.5	—	—	—	0.04	0.05	0.05	0.06	0.06	0.07	—	0.08
	40	—	—	—	0.04	0.05	0.06	0.07	0.08	0.09	—	0.11
	45	—	0.04	—	0.05	0.06	0.07	0.08	0.09	0.11	—	0.12
	50	—	0.05	—	0.06	0.07	0.08	0.09	0.11	0.12	—	0.14
Z	50	0.04	0.06	—	0.09	0.10	0.12	0.14	0.16	0.17	—	0.20
	56	0.04	0.06	—	0.11	0.12	0.14	0.17	0.19	0.20	—	0.25
	63	0.05	0.08	—	0.13	0.15	0.18	0.22	0.25	0.27	—	0.32
	71	0.06	0.09	—	0.17	0.20	0.23	0.27	0.30	0.33	—	0.39
	80	0.10	0.14	—	0.20	0.22	0.26	0.30	0.35	0.39	—	0.44
	90	0.10	0.14	—	0.22	0.24	0.28	0.33	0.36	0.40	—	0.48
A	75	0.15	0.26	—	0.40	0.45	0.51	0.60	0.68	0.73	—	0.84
	90	0.22	0.39	—	0.61	0.68	0.77	0.93	1.07	1.15	—	1.34
	100	0.26	0.47	—	0.74	0.83	0.95	1.14	1.32	1.42	—	1.66
	112	0.31	0.56	—	0.90	1.00	1.15	1.39	1.61	1.74	—	2.04
	125	0.37	0.67	—	1.07	1.19	1.37	1.66	1.92	2.07	—	2.44
	140	0.43	0.78	—	1.26	1.41	1.62	1.96	2.28	2.45	—	2.87
	160	0.51	0.94	—	1.51	1.69	1.95	2.36	2.73	2.94	—	3.42
	180	0.59	1.09	—	1.76	1.97	2.27	2.74	3.16	3.40	—	3.93
B	125	0.48	0.84	—	1.3	1.44	1.64	1.93	2.19	2.33	2.50	2.64
	140	0.59	1.05	—	1.64	1.82	2.08	2.47	2.82	3.00	3.23	3.42
	160	0.74	1.32	—	2.09	2.32	2.66	3.17	3.62	3.86	4.15	4.40
	180	0.88	1.59	—	2.53	2.81	3.22	3.85	4.39	4.68	5.02	5.30
	200	1.02	1.85	—	2.96	3.30	3.77	4.50	5.13	5.46	5.83	6.13
	224	1.19	2.17	—	3.47	3.86	4.42	5.26	5.97	6.33	6.73	7.02
	250	1.37	2.50	—	4.00	4.46	5.10	6.04	6.82	7.20	7.63	7.87
	280	1.58	2.89	—	4.61	5.13	5.85	6.90	7.76	8.13	8.46	8.60

（续）

型号	小带轮基准直径 d_{d_1}/mm	小带轮转速 n_1/r · min^{-1}										
		200	400	600	700	800	950	1200	1450	1600	1800	2000
C	200	1.39	2.41	3.30	3.69	4.07	4.58	5.29	5.84	6.07	6.28	6.34
	224	1.70	2.99	4.12	4.64	5.12	5.78	6.71	7.45	7.75	8.00	8.06
	250	2.03	3.62	5.00	5.64	6.23	7.04	8.21	9.04	9.38	9.63	9.62
	280	2.42	4.32	6.00	6.76	7.52	8.49	9.81	10.72	11.06	11.22	11.04
	315	2.84	5.14	7.14	8.09	8.92	10.05	11.53	12.46	12.72	12.67	12.14
	355	3.36	6.05	8.45	9.50	10.46	11.73	13.31	14.12	14.19	13.73	12.59
	400	3.91	7.06	9.82	11.02	12.10	13.48	15.04	15.53	15.24	14.08	11.95
	450	4.51	8.20	11.29	12.63	13.80	15.23	16.59	16.47	15.57	13.29	9.64
D	355	5.31	9.24	12.39	13.70	14.83	16.15	17.25	16.77	15.63	12.97	—
	400	6.52	11.45	15.42	17.07	18.96	20.06	21.20	20.15	18.31	14.28	—
	450	7.90	13.85	18.67	20.63	22.25	24.01	24.84	22.02	19.59	13.34	—
	500	9.21	16.20	21.75	23.99	25.76	27.50	26.71	23.59	18.88	9.59	—
	560	10.76	18.95	25.32	27.73	29.55	31.04	29.67	22.58	15.13	—	—
	630	12.54	22.05	29.18	31.68	33.38	34.19	30.15	18.06	6.25	—	—
	710	14.55	25.45	33.18	35.59	36.87	36.35	27.88	7.99	—	—	—
	800	16.76	29.08	37.13	39.14	39.55	36.76	21.32	—	—	—	—

当传动比 $i \neq 1$ 时，两轮直径不相等，带绕过大带轮的弯曲应力较小，故 V 带的额定功率还可再附加一个增量 ΔP_0，该增量 ΔP_0 见表 4-5。

表 4-5　传动比 $i \neq 1$ 时，单根普通 V 带额定功率的增量 ΔP_0　　（单位：kW）

型号	传动比 i	小带轮转速 n_1/r · min^{-1}								
		200	400	700	800	950	1200	1450	1600	2000
Z	1.09~1.12	0.00	0.00	0.00	0.00	0.00	0.00	—	0.00	0.00
	1.13~1.18	0.00	0.00	0.00	0.00	0.00	0.00	0.00	0.00	0.00
	1.19~1.24	0.00	0.00	0.00	0.00	0.00	0.00	0.00	0.00	0.00
	1.25~1.34	0.00	0.00	0.00	0.00	0.00	0.00	0.00	0.00	0.00
	1.35~1.50	0.00	0.00	0.01	0.01	0.01	0.02	0.03	0.02	0.03
	≥2	0.00	0.01	0.01	0.02	0.02	0.03	0.03	0.03	0.04
A	1.09~1.12	0.00	0.00	0.00	0.00	0.00	0.00	—	0.00	0.00
	1.13~1.18	0.01	0.02	0.04	0.04	0.05	0.07	0.08	0.09	0.11
	1.19~1.24	0.01	0.03	0.05	0.05	0.06	0.08	0.09	0.11	0.13
	1.25~1.34	0.02	0.04	0.06	0.06	0.07	0.10	0.11	0.13	0.16
	1.35~1.51	0.02	0.04	0.07	0.07	0.08	0.11	0.13	0.15	0.19
	≥2	0.03	0.05	0.09	0.09	0.11	0.15	0.17	0.19	0.24
B	1.09~1.12	0.02	0.04	0.07	0.08	0.10	0.13	0.15	0.17	0.21
	1.13~1.18	0.03	0.06	0.10	0.11	0.13	0.17	0.20	0.23	0.28
	1.19~1.24	0.04	0.07	0.12	0.14	0.17	0.21	0.25	0.28	0.35
	1.25~1.34	0.04	0.08	0.15	0.17	0.20	0.25	0.31	0.34	0.42
	1.35~1.51	0.05	0.10	0.17	0.20	0.23	0.30	0.36	0.39	0.49
	≥2	0.06	0.13	0.20	0.25	0.30	0.38	0.46	0.51	0.63
C	1.09~1.12	0.06	0.12	0.21	0.23	0.27	0.35	0.42	0.47	0.59
	1.13~1.18	0.08	0.16	0.27	0.31	0.37	0.47	0.58	0.63	0.78
	1.19~1.24	0.10	0.20	0.34	0.39	0.47	0.59	0.71	0.78	0.98
	1.25~1.34	0.12	0.23	0.41	0.47	0.56	0.70	0.85	0.94	1.17
	1.35~1.51	0.14	0.27	0.48	0.55	0.65	0.82	0.99	1.10	1.37
	≥2	0.18	0.35	0.62	0.71	0.83	1.06	1.27	1.41	1.76

4.4.3 设计步骤和参数选择

普通 V 带传动设计计算时，通常已知传动的用途和工作情况，传递的功率 P，主动轮、从动轮的转速 n_1、n_2（或传动比 i），传动位置要求和外廓尺寸要求，原动机类型等。

设计时主要确定带的型号、长度和根数，带轮的尺寸、结构和材料，传动的中心距，带的初拉力和压轴力，张紧和防护等。

1. 确定计算功率 P_c

计算功率 P_c 是根据所传递的功率 P，并考虑载荷性质和原动机类别、每天运行时间的长短等因素按下式确定的。

$$P_c = K_A P \tag{4-10}$$

式中 P——传动的名义功率（kW）；

K_A——工作情况系数，见表 4-6。

表 4-6 工作情况系数 K_A

工作机		原动机					
载荷性质	机器举例	Ⅰ类			Ⅱ类		
		一天工作时间/h					
		<10	10~16	>16	<10	10~16	>16
载荷平稳	液体搅拌机，离心式水泵，通风机和鼓风机（≤7.5kW），离心式压缩机，轻型输送机	1.0	1.1	1.2	1.1	1.2	1.3
载荷变动小	带式输送机，通风机（<7.5kW），发电机，旋转式水泵，金属切削机床，印刷机，压力机	1.1	1.2	1.3	1.2	1.3	1.4
载荷变动大	螺旋式输送机，斗式提升机，往复式水泵和压缩机，锻锤，磨粉机，木工机械，纺织机械	1.2	1.3	1.4	1.4	1.5	1.6
载荷变动很大	破碎机，球磨机，棒磨机，超重机，挖掘机，橡胶辊压机	1.3	1.4	1.5	1.5	1.6	1.8

注：1. Ⅰ类：普通笼型交流电动机、同步电动机、直流电动机（并励），$n \geq 600$r/min 内燃机。

Ⅱ类：交流电动机（双笼型、集电式、单相、大转差率）、直流电动机（复励、串励）、单缸发动机，$n \geq 600$r/min 内燃机。

2. 反复起动、正反转频繁、工作条件恶劣等场合，K_A 值应乘以 1.1。

2. 选择 V 带型号

根据计算功率 P_c 和小带轮的转速 n_1，由图 4-8 选取带的型号。所选带型可能会影响到传动的结构尺寸，当坐标点（P_c，n_1）处于图中两种型号分界线附近时，可按两种带型分别计算，选择较好的结果。

3. 计算带轮的基准直径 d_{d_1}、d_{d_2}

（1）计算小带轮基准直径 d_{d_1}　带轮直径越小，则带的弯曲应力越大，易发生疲劳破坏。V 带轮的最小直径 d_{dmin} 见表 4-7。选择较小直径的带轮，传动装置外廓尺寸小，质量轻；而带轮直径增大，则可提高带速，减小带的拉力，从而可以减少 V 带的根数，但这样将增大传动尺寸。设计时可参考图 4-8 中给出的带轮直径范围，按标准取值。

(2) 计算从动轮基准直径 d_{d_2}

根据 $d_{d_2}=id_{d_1}$ 求得，计算结果一般应按表 4-7 的基准直径系列圆整。

4. 验算带速 v

$$v=\frac{\pi d_{d_1}n_1}{60\times1000} \tag{4-11}$$

带速 v 应在 5～25m/s 的范围内，其中以 10～20m/s 为宜。若 $v>$25m/s，则因带绕过带轮时离心力过大，使带与带轮之间的压紧力减小，摩擦力降低而使传动能力下降，而且离心力过大会降低带的使用寿命。而当 $v<$5m/s 时，在传递相同功率时带所传递的圆周力增大，使带的根数增加。带速超过上述许用范围时，应重选小带轮直径 d_{d_1}。

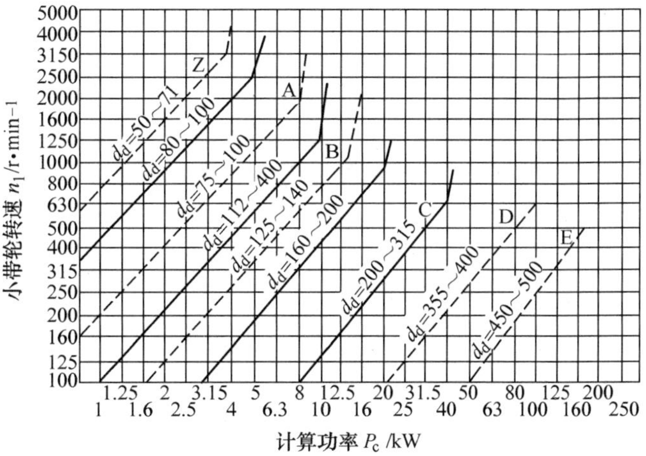

图 4-8 普通 V 带选型图

表 4-7 普通 V 带带轮的最小基准直径及基准直径系列 （单位：mm）

V 带轮型号	Y		Z		A		B		C		D		E	
d_{dmin}	20		50		75		125		200		355		500	
基准直径系列	22.4	25	(56)	63	(80)	(85)	(132)	140	(212)	224	375	400	530	560
	28	31.5	71	75	90	100	150	160	236	250	425	450	600	630
	35.5	40	80	90	106	112	170	180	265	280	475	500	670	710
	45	50	100	112	118	125	200	224	300	315	560	600	800	900
	56	63	125	132	132	140	250	280	335	355	630	710	1000	1120
	71	80	140	150	150	160	315	355	400	450	750	800	1250	1400
	90	100	160	180	180	200	400	450	500	560	90	1000	1500	1600
	112	125	200	224	224	250	500	560	600	630	1060	1120	1800	1900
			250	280	280	315	600	630	710	750	1250	1400	2000	2240
			315	355	355	400	710	750	800	900	1500	1600	2500	
			400	500	450	500	800	900	1000	1200	1800	2000		
			630		560	630	1000	1200	1250	1400				
					710	800			1600	2000				

注：括号内的直径尽量不用。

5. 确定传动中心距 a 和带的基准长度 L_d

中心距小使传动紧凑，但带长过短将使单位时间内带绕转带轮的次数增多，降低带的使用寿命；同时也使包角 α_1 减小，降低传动能力。中心距过大则易引起带的跳动。因此，传动中心距应有一定的尺寸保证，如果没有给定传动中心距，则可按结构要求选取。一般可按下式初选中心距 a_0

$$0.7(d_{d_1}+d_{d_2})\leqslant a_0\leqslant 2(d_{d_1}+d_{d_2}) \tag{4-12}$$

初选 a_0 后，可根据带传动的几何关系计算所需的 V 带基准长度 L_0

$$L_0=2a_0+\frac{\pi}{2}(d_{d_1}+d_{d_2})+\frac{(d_{d_2}-d_{d_1})^2}{4a_0} \tag{4-13}$$

根据 L_0，即可由表 4-2 选取与 L_0 相近的标准 V 带的基准长度 L_d，再由 L_d 来计算实际中心距 a

$$a \approx a_0 + \frac{L_d - L_0}{2} \tag{4-14}$$

考虑到安装、调整和保持 V 带张紧的需要，允许实际中心距 a 有下列调整范围

$$\left.\begin{aligned} a_{\min} &= a - 0.015L_d \\ a_{\max} &= a + 0.03L_d \end{aligned}\right\} \tag{4-15}$$

6. 校核小带轮包角 α_1

对于 V 带传动，小带轮包角 α_1 应满足

$$\alpha_1 = 180° - \frac{d_{d_2} - d_{d_1}}{a} \times 57.3° \geqslant 120° \tag{4-16}$$

如果验算不合格，可增大中心距或加装张紧轮。

7. 确定 V 带根数 z

$$z = \frac{P_c}{(P_0 + \Delta P_0) K_\alpha K_L} \tag{4-17}$$

式中 P_c——计算功率（kW），由式（4-10）确定；

P_0——特定条件单根 V 带的额定功率（kW），见表 4-4；

ΔP_0——考虑到 $i>1$ 时额定功率的增量（kW），见表 4-5；

K_α——包角系数，考虑 $\alpha \neq 180°$时对传动能力的影响系数，见表 4-8；

K_L——长度系数，考虑带长不为特定长度时对寿命的影响系数，见表 4-2。

为使各根 V 带受力较为均匀，根数不宜过多，通常为 $z \leqslant 7$。如果超出范围，可改选 V 带型号重新计算。

表 4-8 小带轮包角系数 K_α

小带轮包角 $\alpha_1/(°)$	180	175	170	165	160	155	150	145	140	135	130	125	120	110	100	90
K_α	1	0.99	0.98	0.96	0.95	0.93	0.92	0.91	0.89	0.88	0.86	0.84	0.82	0.78	0.73	0.68

8. 确定带的初拉力 F_0

使带保持有适当的初拉力是带传动正常工作的必要条件。初拉力不足，则摩擦力小，容易发生打滑；初拉力过大，则使带的应力过大而降低寿命。单根 V 带适宜的初拉力可由下式计算

$$F_0 = 500 \frac{P_c}{vz}\left(\frac{2.5}{K_\alpha} - 1\right) + qv^2 \tag{4-18}$$

式中各符号的意义同前，q 值见表 4-3。

9. 计算 V 带对轴的压力 F_Q

设计轴和轴承时，应先计算出 V 带作用在轴上的压力 F_Q。为了简便，通常不考虑松边、紧边的拉力差，近似按带两边的初拉力 F_0 的合力来计算（图 4-9）

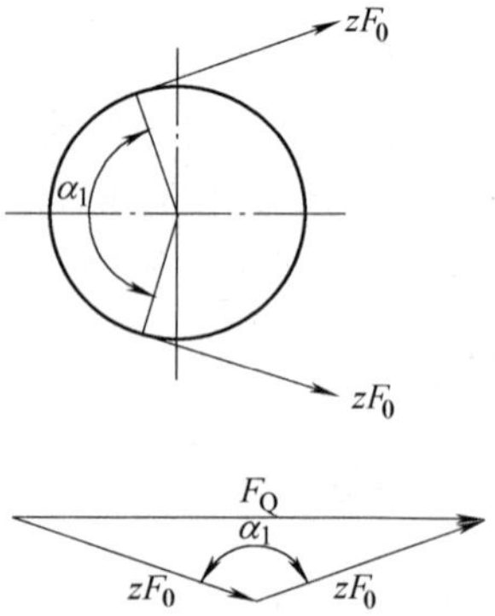

图 4-9 带作用在轴上的压力

$$F_Q = 2F_0 z \sin \frac{\alpha_1}{2} \tag{4-19}$$

4.5　带传动的安装、维护和张紧

4.5.1　V 带传动的安装和维护

V 带传动的安装和维护需注意以下几点。

1）安装时，两带轮轴必须平行，两轮轮槽要对齐，否则将加剧带的摩擦，甚至使带从带轮上脱落。

2）V 带不宜与酸、碱或油接触，工作温度不应超过 60℃。

3）带传动装置应加保护罩。

4）定期检查 V 带，发现其中一根过度松弛或疲劳损坏时，应全部更换新带，不能新旧并用。如果旧 V 带尚可使用，应测量长度，选长度相同的带组合使用。

4.5.2　V 带传动的张紧

带在使用时处于长期张紧状态，会发生塑性变形而松弛，结果使初拉力减小，传动能力下降。为控制初拉力，保证带传动的正常工作，传动带必须及时张紧。常见的张紧装置有以下三种。

1. 定期张紧装置

定期检查带的初拉力，如发现不足，则调节中心距，使带重新张紧，这是应用最广的张紧方法。图 4-10a 所示为滑轨式张紧装置，将装有带轮的电动机安装在滑轨 1 上，要调节带的拉力时，松开螺母 2，旋动调节螺栓 3，把电动机推到所需位置，然后固定。这种装置适

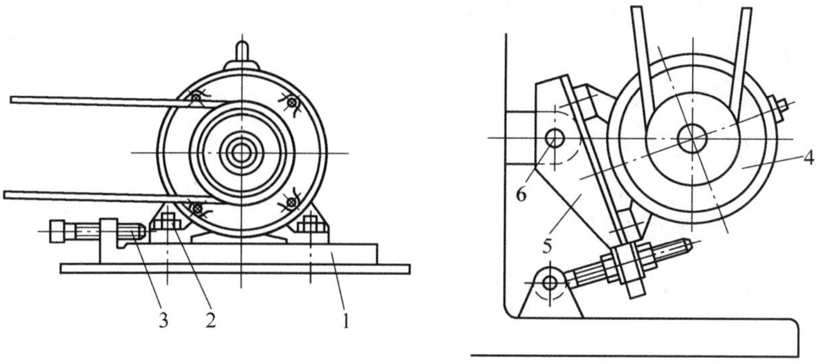

a)　　b)

带传动张紧

图 4-10　带的定期张紧装置

a）滑轨式　b）摆架式

1—滑轨　2—螺母　3—调节螺栓　4—电动机　5—机座　6—固定轴

合两轴处于水平或倾斜不大的传动。图 4-10b 所示为摆架式张紧装置，将装有带轮的电动机 4 安装在可摆动的机座 5 上，通过机座绕一固定轴 6 转过一定角度使带张紧。这种装置适合垂直的或接近于垂直的传动。

2. 自动张紧装置

自动张紧装置常用于中、小功率的传动，利用电动机的自重自动调节中心距，使带总保持一定程度的张紧。图 4-11 所示为带的自动张紧装置，将装有带轮的电动机 1 安装在可自由摆转的摆架 2 上，电动机和摆架的重量 G 对转轴 3 的力矩 Ge 使带自动保持张紧力。

3. 张紧轮装置

当中心距不能调节时，可使用张紧轮把带张紧（图 4-12）。张紧轮一般应安装于松边内侧，使带只受单向弯曲以减少带的寿命损失；同时张紧轮还应尽量靠近大带轮，以减小对包角的影响。尽管如此，张紧轮的使用还是要消耗部分功率，在设计计算时应予以注意。

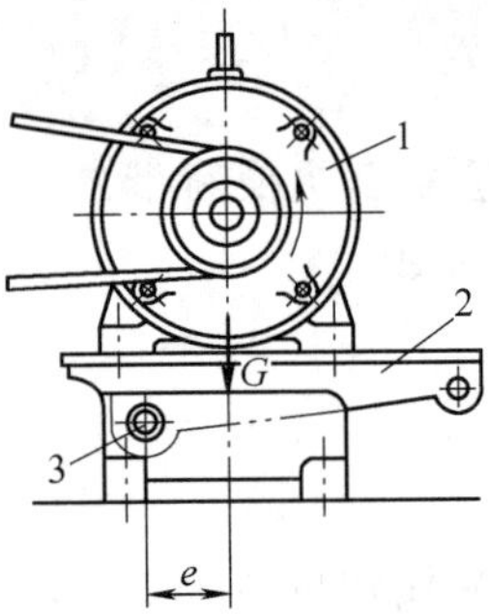

图 4-11 带的自动张紧装置

1—电动机 2—摆架 3—转轴

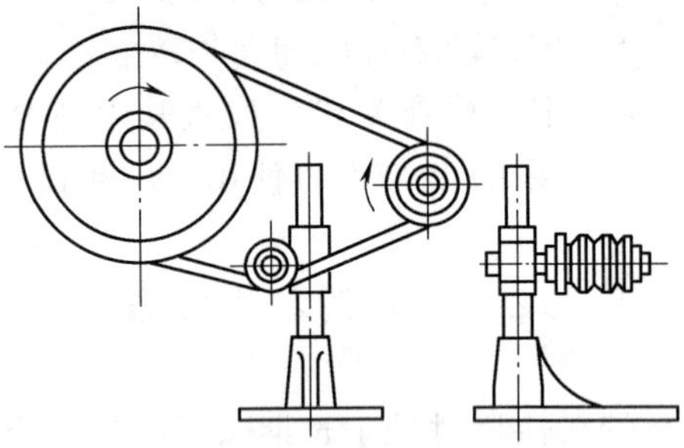

图 4-12 张紧轮装置

例 4-1 设计驱动带式运输机的普通 V 带传动。已知电动机的额定功率 $P=5.5\text{kW}$，转速 $n_1=960\text{r/min}$，要求从动轮转速 $n_2=320\text{r/min}$，两班制工作，传动带水平布置。

解：（1）确定计算功率 P_c 由表 4-6 查得工作情况系数 $K_A=1.2$，故

$$P_c=K_AP=1.2\times5.5\text{kW}=6.6\text{kW}$$

（2）选取 V 带型号 根据 P_c 和 n_1，由图 4-8 确定选用 A 型 V 带。

（3）确定带轮基准直径

1）按设计要求，参考图 4-8 及表 4-7，选取小带轮直径 $d_{d_1}=140\text{mm}$。

2）计算从动轮直径 d_{d_2}

$$d_{d_2}=\frac{n_1}{n_2}d_{d_1}=\frac{960}{320}\times140\text{mm}=420\text{mm}$$

按标准取 $d_{d_2}=400\text{mm}$，对转速 n_2 影响不大。

（4）验算带速 v

$$v=\frac{\pi d_{d_1}n_1}{60\times1000}=\frac{\pi\times140\times960}{60\times1000}\text{m/s}=7.037\text{m/s}$$

满足要求。

（5）确定中心距 a 和 V 带长度 L_d 由式（4-12）初步选取中心距 $a_0=650\text{mm}$。

按式（4-13）求所需要的基准带长 L_0

$$L_0=2a_0+\frac{\pi}{2}(d_{d_1}+d_{d_2})+\frac{(d_{d_2}-d_{d_1})^2}{4a_0}$$

$$=\left[2\times650+\frac{\pi}{2}(400+140)+\frac{(400-140)^2}{4\times650}\right]\text{mm}$$

$$=2173.8\text{mm}$$

查表 4-2，取带的基准长度 $L_d=2240\text{mm}$。

按式（4-14）计算实际中心距 a

$$a=a_0+\frac{L_d-L_0}{2}=\left(650+\frac{2240-2173.8}{2}\right)\text{mm}=683.1\text{mm}$$

（6）校核小带轮的包角 α_1　由式（4-16）得

$$\alpha_1=180°-\frac{d_{d_2}-d_{d_1}}{a}\times57.3°$$

$$=180°-\frac{400-140}{683.1}\times57.3°=158.2°>120°$$

（7）确定 V 带根数　由式（4-17）知

$$z=\frac{P_c}{(P_0+\Delta P_0)K_\alpha K_L}$$

由表 4-4 查得 $d_{d_1}=140\text{mm}$，$n_1=950\text{r/min}$ 及 $n_1=1200\text{r/min}$ 时单根 A 型 V 带的额定功率分别为 1.62kW 和 1.96kW，$n_1=960\text{r/min}$ 时的额定功率可用线性插值法求出

$$P_0=1.62\text{kW}+\frac{1.96-1.62}{1200-950}\times(960-950)\text{kW}=1.634\text{kW}$$

由表 4-5 查得 $\Delta P_0=0.11\text{kW}$。

查表 4-8 得 $K_a=0.943$，查表 4-2 得 $K_L=1.06$，则

$$z=\frac{6.6}{(1.634+0.11)\times0.943\times1.06}=3.786$$

取 $z=4$。

（8）计算单根 V 带初拉力 F_0　由式（4-18）得

$$F_0=500\frac{P_c}{vz}\left(\frac{2.5}{K_\alpha}-1\right)+qv^2$$

查表 4-3 得 $q=0.1\text{kg/m}$，故

$$F_0=\left[500\times\frac{6.6}{7.037\times4}\left(\frac{2.5}{0.943}-1\right)+0.1\times7.037^2\right]\text{N}=198.52\text{N}$$

（9）计算对轴的压力 F_Q　由式（4-19）得

$$F_Q=2F_0z\sin\frac{\alpha_1}{2}=\left(2\times198.52\times4\times\sin\frac{158.2°}{2}\right)\text{N}=1559.30\text{N}$$

（10）带轮的结构设计（略）。

4.6 链传动概述

链传动由装在平行轴上的链轮和跨绕在两链轮上的环形链条组成（图 4-1），以链条作

中间挠性件，靠链条与链轮轮齿的啮合来传递运动和动力。链传动结构简单、耐用、维护容易，适用于中心距较大的场合。

与带传动相比，链传动能保持准确的平均传动比；没有弹性滑动和打滑；需要的张紧力小；能在温度较高、有油污等恶劣环境条件下工作。

与齿轮传动相比，链传动的制造和安装精度要求较低，成本低廉，能实现远距离传动，但瞬时速度不均匀，瞬时传动比不恒定，传动中有一定的冲击和噪声。

链传动的传动比 $i \leqslant 8$；中心距 $a \leqslant 5 \sim 6\text{m}$；传递功率 $P \leqslant 100\text{kW}$；圆周速度 $v \leqslant 15\text{m/s}$；传动效率 $\eta = 0.92 \sim 0.96$。链传动广泛用于矿山机械、农业机械、石油机械、机床及摩托车中。

传动链的类型有滚子链、套筒链、弯板链和齿形链等多种，如图 4-13 所示。滚子链结构简单，成本较低，应用最广；齿形链传动平稳，承受冲击载荷的性能好，可用于较高速度，但结构复杂，质量较大，价格高。

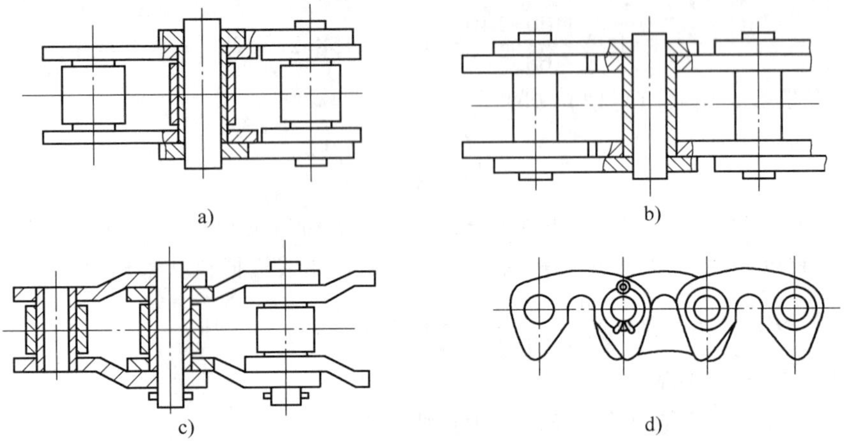

链传动

图 4-13　传动链的类型

a）滚子链　b）套筒链　c）弯板链　d）齿形链

4.7　滚子链及其链轮

4.7.1　滚子链

如图 4-14 所示的滚子链结构，由内链板 1、外链板 2、销轴 3、套筒 4 和滚子 5 组成。内链板与套筒之间、外链板与销轴之间分别用过盈配合联接而构成内、外链节。滚子与套筒之间、套筒与销轴之间则为间隙配合而形成动联接。传动时，内、外链节相对挠曲，套筒可绕销轴自由转动；同时，滚子沿链轮齿廓滚动，以减小链条和链轮轮齿的磨损。

节距 p 是链传动的最主要参数。节距越大，链条各零件的尺寸就越大，链所能传递的功率也越大；但当链轮齿数一定时，节距增大将使链轮直径增大。因此，在传递的功率较大时，常采用小节距的双排链或多排链。多排链由单排链组合而成，其承载能力与排数接近正比，但限于制造和装配精度，各排链受力难以均匀，故排数不宜过多。

滚子链传动的基本参数除节距 p 外，还有滚子外径 d_1、内链节内宽 b_1 和多排链的排距 p_t。

滚子链目前已标准化。表 4-9 列出了我国链条标准 GB/T 1243—2006 规定的几种常用滚子链的主要尺寸和极限拉伸载荷。按规定，链的节距采用英制折算成米制的单位，表中链号和相应的国际标准链号一致，链号数乘以 25.4mm/16 即为节距值。链条分为 A 系列和 B 系列两种，分别用链号后缀 A 或 B 表示。本章只介绍 A 系列滚子链传动的设计。

滚子链的标记方法是：链号—排数—链条节数标准编号。例如，10A—2—50 GB/T 1243—2006，表示 A 系列、节距为 15.875mm、链长为 50 节的双排滚子链。

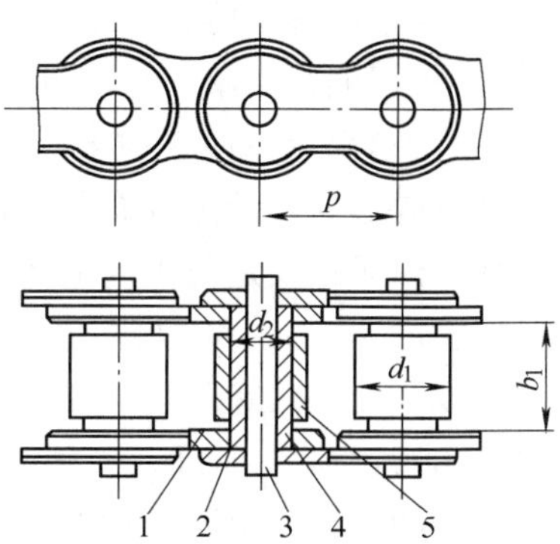

图 4-14　滚子链结构

1—内链板　2—外链板　3—销轴

4—套筒　5—滚子

表 4-9　滚子链的主要尺寸和极限拉伸载荷

链号	节距 p/mm	排距 p_t/mm	滚子外径 d_1/mm	内链节内宽 b_1/mm	销轴直径 d_2/mm	内链板高度 h_2/mm	单排极限拉伸载荷 F_Q/kN	单排每米质量 q/kg·m^{-1}
08A	12.70	14.38	7.92	7.85	3.98	12.07	13.9	0.60
10A	15.875	18.11	10.16	9.40	5.09	15.09	21.8	1.00
12A	19.05	22.78	11.91	12.57	5.96	18.08	31.3	1.50
16A	25.40	29.29	15.88	15.75	7.94	24.13	55.6	2.60
20A	31.75	35.76	19.05	18.90	9.54	30.18	87.0	3.80
24A	38.10	45.44	22.23	25.22	11.11	36.20	125.0	5.60
28A	44.45	48.87	25.40	25.22	12.71	42.24	170.0	7.50
32A	50.80	58.55	28.58	31.55	14.29	48.26	223.0	10.10
36A	57.15	65.84	35.71	35.48	17.46	54.31	281.0	14.10
40A	63.50	71.55	39.68	37.85	19.85	60.33	347.0	16.10
48A	76.20	87.83	47.63	47.35	23.81	72.39	500.0	22.60

注：采用过渡链节时，极限拉伸载荷 F_Q 按表列数值的 80%计算。

链条的长度以节数来表示。当链节数为偶数时，链的接头为一般的连接链节（图 4-15a）。为便于拆装，连接链节中一侧的外链板与销轴为过渡配合，常用开口销或弹簧卡片来固定，通常开口销多用于大节距链，弹簧卡片用于小节距链。当链条节数为奇数时，必须把两个内链节相互直接连接，因此需要采用过渡链节（图 4-15b）。过渡链节受拉时，其链板要受到附加的弯矩作用，所以一般应尽量避免使用奇数链节。

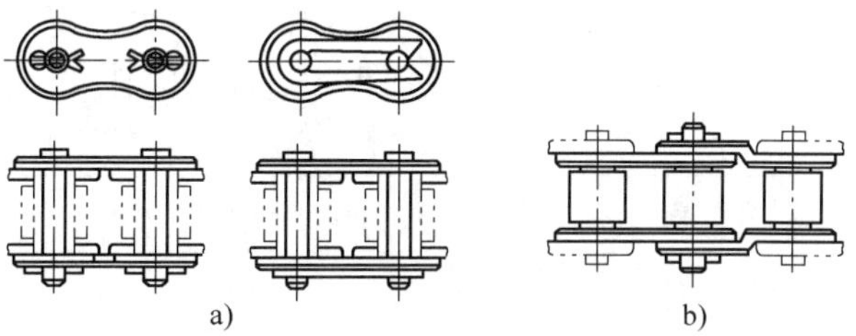

图 4-15　滚子链的接头形式

4.7.2　链轮

1. 链轮齿形

链轮齿形应满足以下条件：

1）链条的链节能自如地进入啮合和退出啮合；

2）尽可能减小啮合时的冲击和接触应力；

3）齿形简单，便于加工。

链轮齿形的设计可以有很大的灵活性。国家标准只规定了链轮的最大齿槽形状和最小齿槽形状，因而在规定范围内的各种标准齿形均可采用。图 4-16 所示为常用的三圆弧一直线齿形，它由 *aa*、*ab* 和 *cd* 组成，*abc* 段是齿廓工作部分，*cd* 段是齿顶圆弧。这种齿形可用标准刀具以展成法加工，其端面齿形无须在工作图上画出，只需注明“齿形按 3*R* GB/T 1243—2006 制造”即可。

链轮的轴面齿形常采用圆弧形（图 4-17），以便于链节进入或退出啮合。表 4-10 给出了在工作图上绘制轴面齿形所需要的各个尺寸。

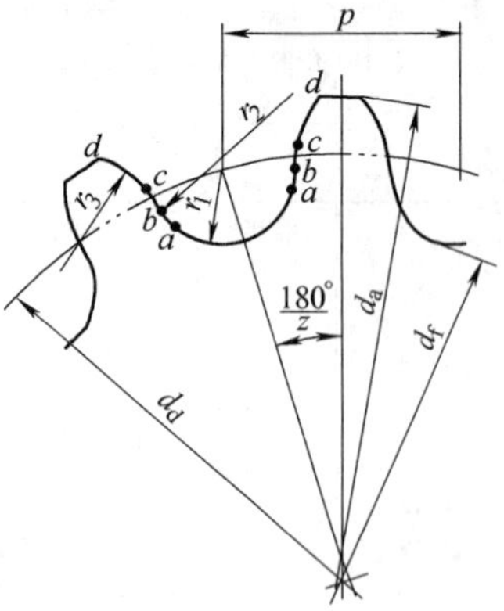

图 4-16　滚子链链轮端面齿形

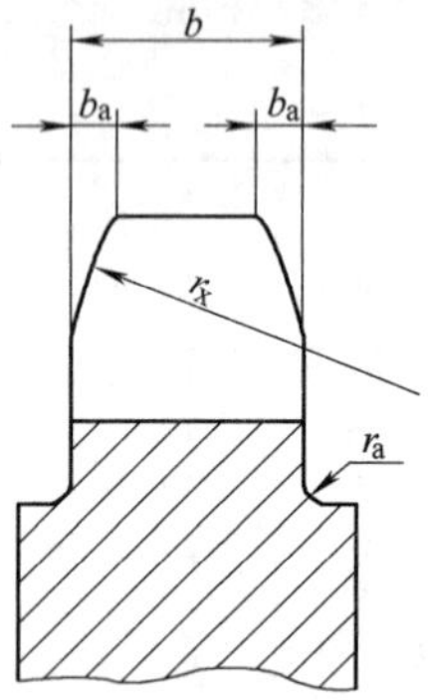

图 4-17　滚子链链轮轴面齿形

表 4-10　滚子链链轮轴面齿形尺寸　　（单位：mm）

名称		代号	计算公式		备　注
			$p \leqslant 12.7$	$p>12.7$	
齿宽	单排 双排、三排 四排以上	b	$0.93b_1$ $0.91b_1$ $0.88b_1$	$0.93b_1$ $0.93b_1$ $0.93b_1$	$p>12.7$，经制造厂同意，也可使用 $p \leqslant 12.7$ 时的齿宽。b_1 为内链节内宽，见表 4-9
倒角宽		b_a	$b_a=(0.06 \sim 0.13)p$		—
倒角半径		r_x	$r_x \geqslant p$		—
齿侧凸缘圆角半径		r_a	$r_a \approx 0.04p$		—

注：链轮齿总宽 $B=(n-1)p_t+b$，n 为链的排数。

2. 链轮的基本参数和尺寸

如图 4-18 所示，具有标准齿形的链轮，其基本参数是与之配用的链条的节距 p、齿数 z、滚子外径 d_1，以及排距 p_t，其他几何尺寸均可由此得出。表 4-11 给出了滚子链链轮的主要尺寸及计算公式。

链轮轮毂孔的最大许用直径 d_k 见表 4-12。

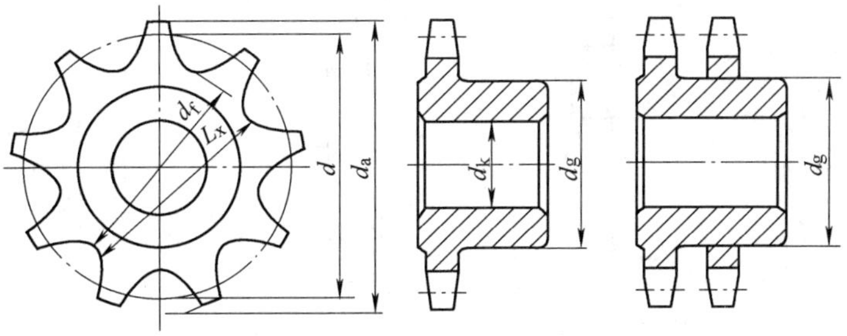

图 4-18 滚子链链轮的主要几何尺寸

表 4-11 滚子链链轮的主要尺寸及计算公式

名　　称	符号	计 算 公 式
分度圆直径	d	$d=p/\sin(180°/z)$
齿顶圆直径	d_a	$d_a=p[0.54+\cos(180°/z)]$
齿根圆直径	d_f	$d_f=d-d_1$（d_1 为滚子外径，查表 4-9）
最大齿根距离	L_x	$L_x=d_f$（偶数齿） $L_x=d\cos(90°/z)-d_1$（奇数齿）
齿侧凸缘（或排间槽）直径	d_g	$d_g \leqslant p\cot(180°/z)-1.04h_2-0.76$ （h_2 为内链板高度，查表 4-9）

表 4-12 链轮轮毂孔最大许用直径 d_k （单位：mm）

节距 p	齿数							
	11	13	15	17	19	21	23	25
	d_k							
12.70	18	22	28	34	41	47	51	57
15.875	22	30	37	45	51	59	65	73
19.05	27	36	46	53	62	72	80	88
25.40	38	51	61	74	84	95	109	120
31.75	50	64	80	93	108	122	137	152
38.10	60	79	95	112	129	148	165	184
44.45	71	91	111	132	153	175	196	217
50.80	80	105	129	152	177	200	224	249
63.50	103	132	163	193	224	254	278	310
76.20	127	163	201	239	276	311	343	372

3. 链轮的结构

对于中、小直径的链轮，可采用整体式结构（图 4-19a）；对于大直径的链轮，考虑到链轮轮齿失效后仅需要更换齿圈和便于制造，常采用装配式结构（图 4-19b），齿圈可以铆接、焊接或用螺栓联接在轮体上。

4. 链轮的材料

链轮轮齿应有足够的强度和耐磨性，故轮齿多经过热处理。小链轮的啮合次数多于大链轮，所受冲击力也较大，所用材料应优于大链轮。链轮材料的选用可参考表 4-13。

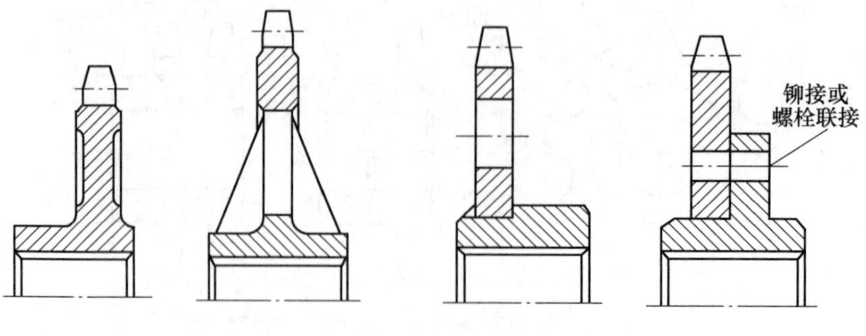

图 4-19　链轮结构

a）整体式链轮　b）装配式链轮

表 4-13　链轮常用材料及齿面硬度

材料	热处理	齿面硬度	应用范围
15,20	渗碳、淬火、回火	50~60HRC	$z\leqslant25$,有冲击载荷的主、从动链轮
35	正火	160~200HBW	在正常工作条件下,齿数较多($z\leqslant25$)的链轮
40,50,ZG310—570	淬火、回火	40~50HRC	无剧烈振动及冲击的链轮
15Cr,20Cr	渗火、淬火、回火	50~60HRC	有动载荷及传递较大功率的重要链轮($z\leqslant25$)
35SiMn,40Cr,35CrMo	淬火、回火	40~50HRC	使用优质链条、重要的链轮
Q235,Q275	焊接后退火	140HBW	中等速度、传递中等功率的较大链轮
普通灰铸铁(不低于 HT150)	淬火、回火	260~280HBW	$z_2>50$ 的从动轮
夹布胶木	—	—	功率小于 6kW,速度较高,要求传动平稳和噪声小的链轮

4.8　链传动的运动特性

由于链条是以折线形状绕在链轮上，相当于链绕在边长为节距 p、边数为链轮齿数 z 的多边形轮上，如图 4-20 所示。设两轮的转速分别为 n_1、n_2（r/min），则链的平均速度为

$$v=\frac{z_1pn_1}{60\times1000}=\frac{z_2pn_2}{60\times1000} \tag{4-20}$$

式中　z_1、z_2——主、从动链轮的齿数；

p——链节距（mm）。

由上式可得链传动的传动比为

$$i_{12}=\frac{n_1}{n_2}=\frac{z_2}{z_1} \tag{4-21}$$

由式（4-20）求得的链速是平均值，因此由式（4-21）求得的链传动比也是平均值。实际上

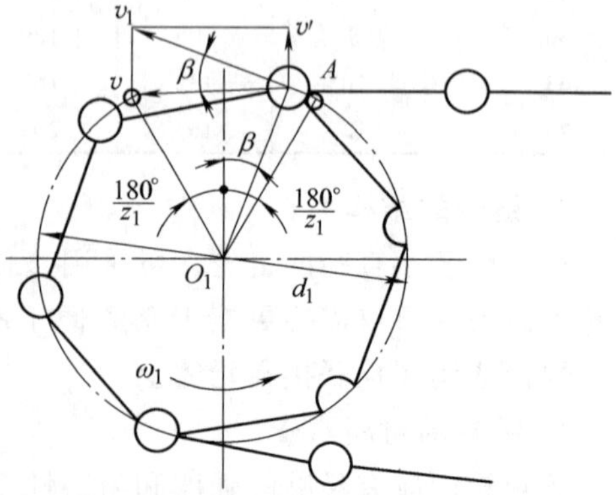

图 4-20　链传动的速度分析

链速和链传动比在每一瞬时都是变化的，而且是按每一链节的啮合过程做周期性变化。在图4-20中，假设链条的上边始终处于水平位置，铰链A已进入啮合，主动轮以角速度ω_1回转，其圆周速度$v_1=d_1\omega_1/2$，将其分解为沿链条前进方向的分速度v和垂直方向的分速度v'，则v和v'的值分别为

$$v=v_1\cos\beta=\frac{d_1\omega_1}{2}\cos\beta \tag{4-22}$$

$$v'=v_1\sin\beta=\frac{d_1\omega_1}{2}\sin\beta \tag{4-23}$$

式中，β为主动轮上铰链A的圆周速度方向与链条前进方向的夹角。每一链节自啮入链轮后，在随链轮的转动沿圆周方向送进一个链节的过程中，每一铰链转过$360°/z_1$。当铰链中心转至链轮的垂直中心线位置时，其链速达最大值，$v_{max}=v_1=d_1\omega_1/2$；铰链处于（$-180°/z_1$）和（$+180°/z_1$）时链速为最小，$v_{min}=\frac{d_1\omega_1}{2}\cos\frac{180°}{z_1}$。由此可见，链轮每送进一个链节，其链速$v$经历“最小→最大→最小”的周期性变化。这种由于链条绕在链轮上形成多边形啮合传动而引起传动速度不均匀的现象，称为多边形效应。当链轮齿数较多，β的变化范围较小时，其链速的变化范围也较小，多边形效应相应减弱。

此外，链条在垂直方向上的分速度v'也做周期性变化，使链条上下抖动。

用同样的方法对从动轮进行分析可知，从动轮的角速度ω_2是变化的，所以链速和链传动的瞬时传动比（$i_{12}=\omega_1/\omega_2$）也是变化的。

由上述分析可知，链传动工作时不可避免地会产生振动、冲击，引起附加的动载荷，因此链传动不适用于高速传动。

4.9　滚子链传动的设计计算

链条是标准件，设计链传动的主要内容包括：根据工作要求选择链条的类型、型号及排数，合理选择传动参数，确定润滑方式，设计链轮等。

4.9.1　链传动的失效形式

由于链条强度不如链轮高，所以一般链传动的失效主要是链条的失效。常见的失效形式有以下几种。

1. 链板疲劳破坏

由于链条松边和紧边的拉力不等，在其反复作用下经过一定的循环次数，链板发生疲劳断裂。在正常的润滑条件下，一般是链板首先发生疲劳断裂，其疲劳强度成为限定链传动承载能力的主要因素。

2. 滚子和套筒的冲击疲劳破坏

链传动在反复起动、制动或反转时产生巨大的惯性冲击，会使滚子和套筒发生冲击疲劳破坏。

3. 链条铰链磨损

链的各元件在工作过程中都会有不同程度的磨损，但主要磨损发生在铰链的销轴与套筒的承压面上。磨损使链条的节距增加，容易产生跳齿和脱链。一般开式传动时极易产生磨损，降低链条寿命。

4. 链条铰链的胶合

当链轮转速达到一定值时，链节啮入时受到的冲击能量增大，工作表面的温度过高，销轴和套筒间的润滑油膜被破坏而产生胶合。胶合限制了链传动的极限转速。

5. 静力拉断

在低速（$v<0.6\text{m/s}$）、重载或严重过载的场合，当载荷超过链条的静力强度时会导致链条被拉断。

4.9.2 链传动的额定功率曲线

为使链传动的设计有可靠的依据，对各种规格的链条进行试验，可得出链传动不失效时所能传递的功率。图 4-21 所示为 A 系列滚子链的额定功率曲线，它是在特定条件下经试验和分析得出的不同规格链条所能传递的额定功率 P_0。其特定条件如下。

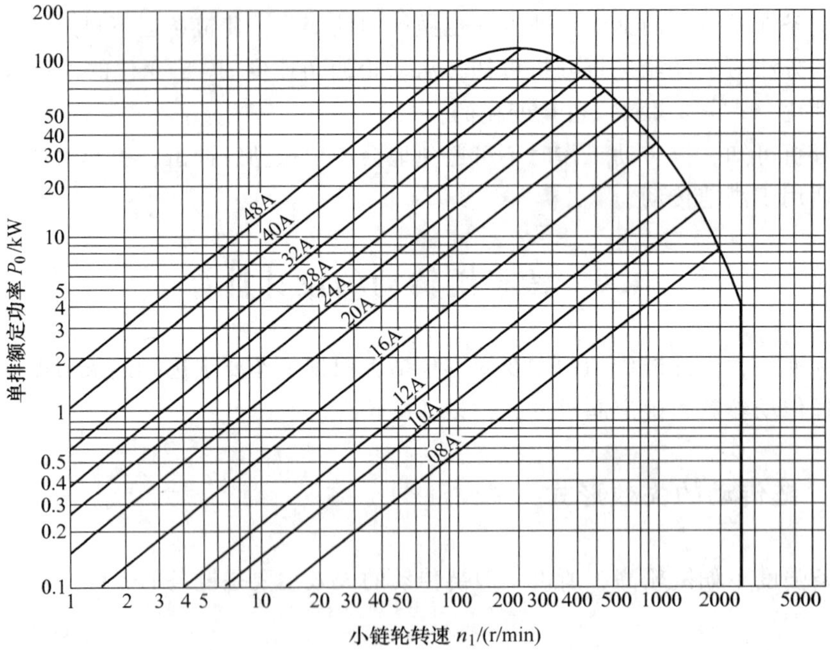

图 4-21 A 系列滚子链的额定功率曲线

1）两链轮轴水平安装，两链轮共面。

2）小链轮齿数 $z_1=19$。

3）传动比 $i=3$。

4）中心距 $a=40p$。

5）载荷平稳。

6）单排链。

7）工作寿命为15000h。

8）按推荐的润滑方式润滑。

设计时，如与上述条件不符，应对其所传递的功率进行修正。

4.9.3 链传动的设计计算准则

1. 中、低速链传动（$v>0.6\text{m/s}$）

对于一般链速 $v>0.6\text{m/s}$ 的链传动，其主要失效形式为疲劳破坏，故设计计算通常以疲劳强度为主并综合考虑其他失效形式的影响。计算准则为：传递的功率值（计算功率值）小于许用功率值，即

$$P_c \leqslant [P]$$

由图4-21查得的 P_0 值是在规定的试验条件下得到的，与实际工作条件往往不一致，所以 P_0 值不能作为［P］，而必须对 P_0 值进行修正，即

$$P_c = K_A P \leqslant K_z K_p P_0$$

$$P_0 \geqslant P \frac{K_A}{K_z K_p} \tag{4-24}$$

式中 P——名义功率（kW）；

K_A——工作情况系数（表4-14）；

K_z——小链轮齿数系数（表4-15）；

K_p——多排链系数（表4-16）。

表4-14 工作情况系数 K_A

载荷种类	原动机	
	电动机或汽轮机	内燃机
载荷平稳	1.0	1.2
中等冲击	1.3	1.4
较大冲击	1.5	1.7

表4-15 小链轮齿数系数 K_z

z_1	9	11	13	15	17	19	21	23	25	27	29	31	33	35	37
K_z	0.446	0.555	0.667	0.775	0.893	1.00	1.12	1.23	1.35	1.46	1.58	1.70	1.81	1.94	2.12

表4-16 多排链系数 K_p

排数	1	2	3	4	5	6
K_p	1.0	1.7	2.5	3.3	4.1	5.0

2. 低速链传动（$v\leqslant 0.6\text{m/s}$）

当链速 $v\leqslant 0.6\text{m/s}$ 时，链传动的主要失效形式为链条的过载拉断，因此应进行静强度计算，校核其静强度安全系数 S，即

$$S = \frac{F_Q m}{K_A F} \leqslant 4 \sim 8 \tag{4-25}$$

式中 F_Q——单排链的极限拉伸载荷（表4-9）；

m——链条排数；

F——链的工作拉力（N），$F=\frac{1000P}{v}$（其中，P 为名义功率，单位为kW；v 为链速，单位为m/s）。

链条作用在链轮轴上的压力 F' 可近似取为

$$F'=(1.2\sim1.3)F \tag{4-26}$$

当有冲击、振动时，式中的系数取大值。

4.9.4 链传动主要参数的选择

1. 链的节距和排数

链节距越大，则链的零件尺寸越大，承载能力越强，但传动时的不平稳性、动载荷和噪声也越大。链的排数越多，则其承载能力增强，传动的轴向尺寸也越大。因此，选择链条时应在满足承载能力要求的前提下，尽量选用较小节距的单排链；当在高速大功率时，可选用小节距的多排链。

2. 链轮齿数和传动比

为保证传动平稳，减少冲击和动载荷，小链轮齿数 z_1 不宜过小（一般应大于17），通常可按表4-17选取。大链轮齿数 $z_2=iz_1$，z_2 不宜过大，齿数过大除了会增大传动的尺寸和链轮质量外，还会出现跳齿和脱链等现象，通常取 $z_2<120$。

表4-17 小链轮齿数与链速 v

链速 v/(m/s)	0.6~3	3~8	>8
z_1	≥17	≥21	≥35

由于链节数常取为偶数，为使链条与链轮的轮齿磨损均匀，链轮齿数一般应取与链节数互为质数的奇数。

滚子链的传动比 i（$i=z_2/z_1$）不宜大于7，一般推荐 $i=2\sim3.5$，只有在低速时 i 才可取大些。i 过大，链条在小链轮上的包角减小，啮合的轮齿数减少，从而加速轮齿的磨损。

3. 中心距和链节数

如果中心距过小，则链条在小链轮上的包角较小，啮合的齿数小，导致磨损加剧，且易产生跳齿、脱链等现象。同时链条的绕转次数增多，加剧了疲劳磨损，从而影响链条的寿命。若中心距过大，则链传动的结构大，且由于链条松边的垂度大而产生抖动。一般中心距取 $a<80p$，大多情况下取 $a=(30\sim50)p$。

链条的长度 L 以链节数 L_p 表示，L_p 可按下式计算

$$L_p=\frac{L}{p}=2\frac{a}{p}+\frac{z_1+z_2}{2}+\left(\frac{z_2-z_1}{2\pi}\right)^2\frac{p}{a} \tag{4-27}$$

由上式计算得到的链节数应圆整为偶数。

由上式可推导出实际中心距的计算公式

$$a=\frac{p}{4}\left[\left(L_p-\frac{z_1+z_2}{2}\right)+\sqrt{\left(L_p-\frac{z_1+z_2}{2}\right)^2-8\left(\frac{z_2-z_1}{2\pi}\right)^2}\right] \tag{4-28}$$

一般情况下中心距设计成可调节的，若中心距不可调节，则实际安装中心距应比计算值小 2~5mm。

4.9.5 链传动的设计计算

一般设计链传动时的已知条件为：传动的用途和工作情况，原动机的类型，需要传递的功率，主动轮的转速，传动比以及外廓安装尺寸等。

链传动的设计计算一般包括：确定滚子链的型号、链节距、链节数，选择链轮的齿数、材料、结构，绘制链轮工作图并确定传动的中心距。

链传动的具体设计计算方法和步骤见本章末的例 4-2。

4.10 链传动的布置、张紧和润滑

4.10.1 链传动的布置

布置链传动时应注意以下几个问题。

1）最好两轮轴线布置在同一水平面内（图 4-22a），或两轮中心连线与水平面成 45°以下的倾斜角（图 4-22b）。

2）应尽量避免垂直传动。两轮轴线在同一铅垂面内时，链条因磨损而垂度增大，使与下链轮啮合的齿数减少或松脱。若必须采用垂直传动，可采用如下措施：①使中心距可调；②设张紧装置；③上下两轮错开 e，使两轮轴线不在同一铅垂面内（图 4-22c）。

3）主动链轮的转向应使传动的紧边在上（图 4-22a、b）。若松边在上方，会由于垂度增大，链条与链轮齿相干扰，而破坏正常啮合，或者引起松边与紧边相碰。

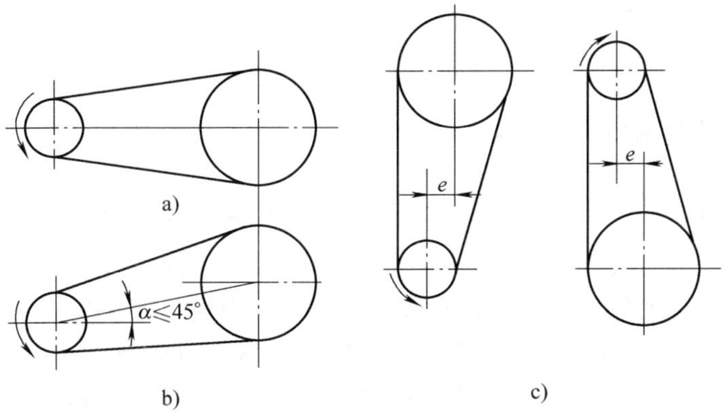

图 4-22 链传动的布置

4.10.2 链传动的张紧

链传动张紧的目的主要在于获得合理的垂度，同时也使链条与链轮的啮合包角增大，提高传动的可靠性。

常用的张紧方法有：①调整中心距以控制链条的张紧程度；②去除 1~2 个链节以恢复链条原有长度；③采用张紧装置。

链传动的张紧装置如图 4-23 所示。用张紧轮张紧时，张紧轮应压在松边靠近小链轮处。张紧轮可以是链轮或无齿的滚轮，其直径应与小链轮直径相近。张紧装置有自动张紧（图 4-23a、b）和定期张紧（图 4-23c）两种，前者多用弹簧、吊重等自动张紧装置，后者可用螺旋、偏心等调整装置。对于大中心距的链传动，宜采用托板来控制垂度（图 4-23d）。

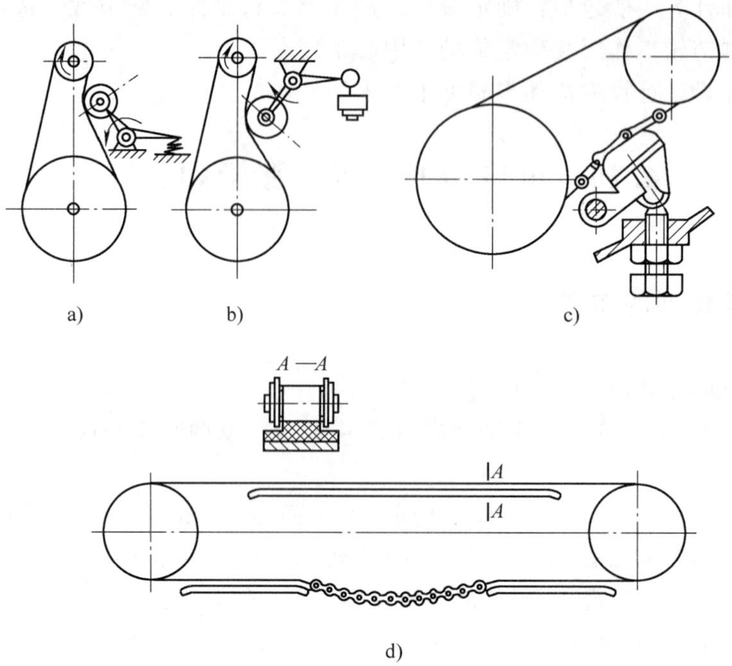

图 4-23 链传动的张紧装置

a）弹簧自动张紧装置 b）吊重自动张紧装置 c）定期张紧 d）托板控制垂度

4.10.3 链传动的润滑

良好的润滑条件对链传动非常重要，润滑不良将加速链条磨损。对于高速、重载的链传动，润滑不良还可能导致胶合失效。开式链传动和不易润滑的链传动，可定期拆下用煤油清洗，干燥后浸入 70~80℃的润滑油中，在铰链间隙中充满油后再安装使用。闭式链传动的润滑方式由图 4-24 确定，具体的润滑方法和要求见表 4-18（图 4-25）。

润滑油推荐选用 L-AN32、L-AN46 和 L-AN68 全损耗系统用油。低温条件下推荐选用 L-AN32 全损耗系统用油。对于开式或低速重载传动，可在润滑油中加入 MoS_2、WS_2 等添加剂。

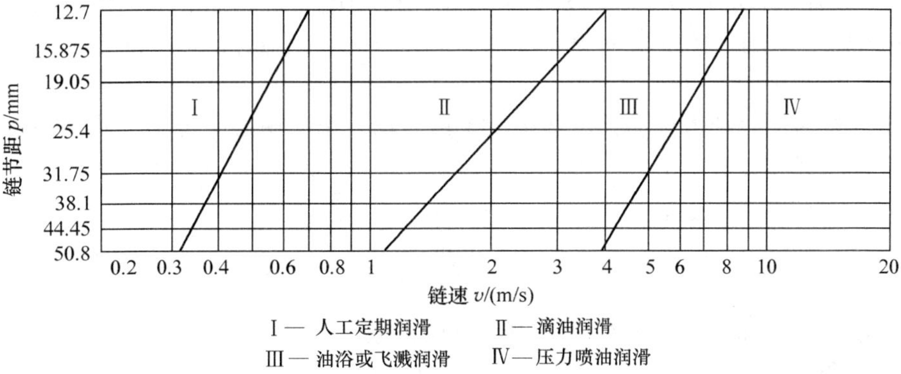

图 4-24　推荐的润滑方式

表 4-18　滚子链的润滑方式和供油量

润滑方式		供油量
人工润滑	定期在链条内、外链板间隙中注油	每班注油一次
滴油润滑	具有简单外壳，用油杯滴油	单排链每分钟供油 5～20 滴，速度高时取大值
油浴润滑	采用密封的外壳，链条从油池中通过	链条浸油深度视链速而定，一般为 6～12mm
飞溅润滑	采用密封的外壳，甩油盘飞溅润滑。甩油盘圆周速度 $v>3$m/s。当链条宽度大于 130mm 时，应在链轮两侧各装一个甩油盘	链条不浸入油池，甩油盘浸油深度为 12～15mm
压力润滑	采用密封的外壳，液压泵供油，循环油可起冷却作用，喷油口设在链条啮入处	每个喷油口供油量可根据链条节距及链条速度的大小查阅有关资料决定

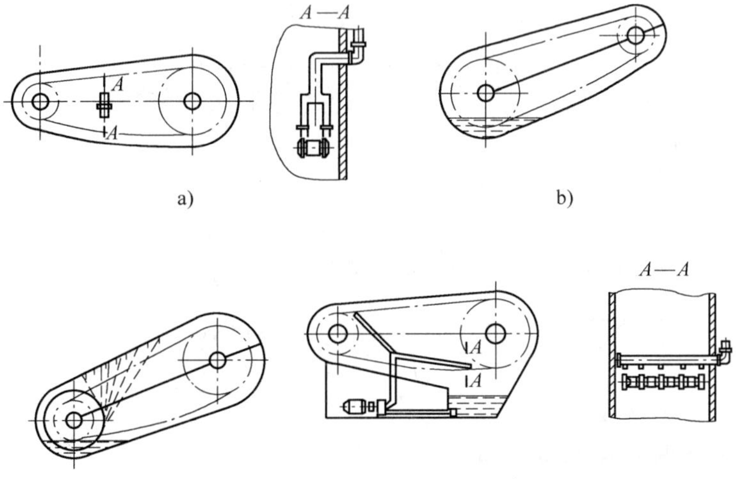

图 4-25　链传动的润滑

a）滴油润滑　b）油浴润滑　c）飞溅润滑　d）压力润滑

例 4-2　设计一多缸往复式压气机的链传动。已知电动机转速 $n_1=970\text{r/min}$，压气机转速 $n_2=330\text{r/min}$，电动机额定功率 $P=10\text{kW}$，传动中心距不超过 650mm，中心距可以调节（水平布置）。

解：压气机为一般动力传动，可选用滚子链传动，由于中心距可调，水平布置，故不设张紧轮。设计步骤和方法如下。

（1）确定链轮齿数 z_1、z_2

传动比
$$i=\frac{n_1}{n_2}=\frac{970}{330}=2.94$$

假定链速 $v=3\sim8\text{m/s}$，由表 4-17 选取小链轮齿数 $z_1=23$。

大链轮齿数
$$z_2=iz_1=2.94\times23=67.62$$
取 $z_2=68$。

（2）确定链条节距 p　由式（4-24）得

$$P_0=\frac{PK_A}{K_zK_p}=\frac{10\times1.3}{1.23\times1.7}\text{kW}=6.22\text{kW}$$

式中，小链轮齿数系数 K_z 由表 4-15 查得，$K_z=1.23$；多排链系数 K_p，按双排链考虑，由表 4-16 查得，$K_p=1.7$；工作情况系数 K_A 由表 4-14 查得，$K_A=1.3$。

根据 $P_0=6.22\text{kW}$，$n_1=970\text{r/min}$，由图 4-21 选定链号为 10A，则节距 $p=15.875\text{mm}$。

（3）由式（4-20）验算链速 v

$$v=\frac{z_1pn_1}{60\times1000}=\frac{23\times15.875\times970}{60\times1000}\text{m/s}=5.90\text{m/s}$$

由表 4-17 知，链速合适；按图 4-24，传动采用油浴润滑。

（4）确定中心距 a 和链条节数 L_p

1）初选中心距 a_0，取 $a_0=40p$（635mm）。

2）由式（4-27）确定链条节数 L_p

$$L_p=\frac{2a_0}{p}+\frac{z_1+z_2}{2}+\frac{p}{a_0}\left(\frac{z_2-z_1}{2\pi}\right)^2$$
$$=\frac{2\times40p}{p}+\frac{23+68}{2}+\frac{p}{40p}\left(\frac{68-23}{2\pi}\right)^2=126.78$$

取链节数 $L_p=126$。

3）按式（4-28）计算实际中心距 a

$$a=\frac{p}{4}\left[\left(L_p-\frac{z_1+z_2}{2}\right)+\sqrt{\left(L_p-\frac{z_1+z_2}{2}\right)^2-8\left(\frac{z_2-z_1}{2\pi}\right)^2}\right]$$
$$=\frac{15.875}{4}\left[\left(126-\frac{23+68}{2}\right)+\sqrt{\left(126-\frac{23+68}{2}\right)^2-8\left(\frac{68-23}{2\pi}\right)^2}\right]\text{mm}$$
$$=628.69\text{mm}$$

考虑安装的初垂度，取 $a=625\text{mm}$。

（5）计算压轴力 F_Q

$$F_Q=\frac{1000P_c}{v}=\frac{1000\times10\times1.3}{5.90}\text{N}=2203\text{N}$$

（6）链轮的主要尺寸　链轮材料选用 45 钢，经热处理后硬度为 40~50HRC。

分度圆直径　$d_1=\frac{p}{\sin(180°/z_1)}=\frac{15.875}{\sin(180°/23)}\text{mm}=116.59\text{mm}$

$d_2=\frac{p}{\sin(180°/z_2)}=\frac{15.875}{\sin(180°/68)}\text{mm}=343.74\text{mm}$

齿顶圆直径　$d_{a1}=p[0.54+\cot(180°/z_1)]=15.875\times[0.54+\cot(180°/23)]\text{mm}$
$=124.07\text{mm}$

$d_{a2}=p[0.54+\cot(180°/z_2)]=15.875\times[0.54+\cot(180°/68)]\text{mm}$
$=351.94\text{mm}$

齿根圆直径　$d_{f1}=d_1-d=(116.59-10.16)\text{mm}=106.43\text{mm}$

$d_{f2}=d_2-d=(343.74-10.16)\text{mm}=333.58\text{mm}$

式中　d——滚子外径，由表 4-9 查得（表中为 d_1），$d=10.16\text{mm}$。

链轮的轴面齿形尺寸可查表 4-10 计算（从略）。

思考与练习题

4-1　带传动的主要类型有哪些？各有什么特点？

4-2　什么是有效拉力？什么是初拉力？它们之间有何关系？

4-3　带传动中的弹性滑动与打滑有何区别？对传动有何影响？影响打滑的因素有哪些，如何避免打滑？

4-4　带传动张紧的目的是什么？张紧的方法有哪些？

4-5　在多根 V 带传动中，当一根带失效时，为什么全部带都要更换？

4-6　V 带界面楔角 $\varphi=40°$，为什么 V 带轮槽角却是 32°、34°、36°、38°？带轮直径越小，楔角是越大还是越小？为什么？

4-7　链传动的主要工作特点有哪些？

4-8　滚子链传动的主要失效形式有哪些？

4-9　链传动的张紧应该如何正确布置？

4-10　设计一用于带式输送机的链传动。已知电动机功率 $P=5.5\text{kW}$，转速 $n_1=960\text{r/min}$，从动轮转速 $n_1=300\text{r/min}$，载荷平稳，中心距可以调节。

4-11　已知带传动功率 $P=5\text{kW}$，$n_1=400\text{r/min}$，$d_1=450\text{mm}$，$d_2=650\text{mm}$，中心距 $a=1.5\text{m}$，当量摩擦因数 $f_v=0.2$，求带速 v、包角 α_1 和初拉力 F_0。

4-12　试设计某车床上电动机和主轴箱间的普通 V 带传动。已知电动机的功率 $P=4\text{kW}$，转速 $n_1=1440\text{r/min}$，从动轴的转速 $n_2=700\text{r/min}$，两班制工作，根据机床结构，要求两带轮的中心距在 950mm 左右。

4-13　已知一型号为 16A 的滚子链，主要轮齿数 $z_1=23$，转数 $n_1=960\text{r/min}$，传动比 $i=2.8$，中心距 $a=800\text{mm}$，油浴润滑，中等冲击，电动机为原动机，试求该链传动所能传递的功率。

Chapter 5

第5章 齿轮传动

目标要求：通过本章的学习，应理解并掌握渐开线齿廓的特性；渐开线齿轮的正确啮合条件；齿轮传动的失效形式以及预防措施；齿轮传动时的受力分析及直齿圆柱齿轮传动的强度计算；齿轮传动主要参数的合理选择和调整；齿轮的结构设计。

5.1 齿轮传动的特点和基本类型

齿轮传动用来传递任意两轴之间的运动和动力，其圆周速度可达到300m/s，传递功率可达10^5kW，齿轮直径可从1mm到15m以上，是现代机械中应用最广的一种机械传动。齿轮传动与摩擦轮和带轮传动相比主要有以下优点：①传递动力大，效率高；②寿命长，工作平稳，可靠性高；③能保证恒定的传动比，能传递成任意夹角两轴间的运动。它的主要缺点有：①制造、安装精度要求较高，因而成本也较高；②不宜做轴间距离过大的传动。

按照一对齿轮传动的角速比是否恒定，可将齿轮传动分为非圆齿轮传动（角速比变化）及圆形齿轮传动（角速比恒定）两大类。本章只研究圆形齿轮传动。齿轮传动的具体分类方法如图5-1和表5-1所示。

齿轮的类型

表5-1　齿轮传动的分类

- 齿轮传动（角速比为常数的圆形齿轮传动）
  - 平面齿轮传动（相对运动为平面运动，传递平行轴间的运动）
    - 直齿圆柱齿轮传动（轮齿与轴平行）
      - 外啮合传动(图5-1a)
      - 内啮合传动(图5-1b)
      - 齿轮齿条传动(图5-1c)
    - 斜齿圆柱齿轮传动（轮齿与轴不平行）
      - 外啮合传动(图5-1d)
      - 内啮合传动
      - 齿轮齿条传动
    - 人字齿轮传动（轮齿呈人字形）(图5-1e)
  - 空间齿轮传动（相对运动为空间运动，传递不平行轴间的运动）
    - 传递相交轴运动（锥齿轮传动）
      - 直齿传动(图5-1f)
      - 斜齿传动(图5-1g)
      - 曲线齿传动(图5-1h)
    - 传递交错轴运动
      - 交错轴斜齿轮传动(图5-1i)
      - 蜗杆蜗轮传动(图5-1j)
      - 准双曲面齿轮传动(图5-1k)

按照轮齿齿廓曲线的不同，齿轮又可分为渐开线齿轮、圆弧齿轮、摆线齿轮等，本章仅讨论制造、安装方便，应用最广的渐开线齿轮。

按照工作条件的不同，齿轮传动又可分为开式齿轮传动和闭式齿轮传动两种。前者轮齿外露，灰尘易落于齿面，后者轮齿封闭在箱体内。

按照齿廓表面的硬度可分为软齿面（硬度≤350HBW）齿轮传动和硬齿面（硬度>350HBW）齿轮传动两种。

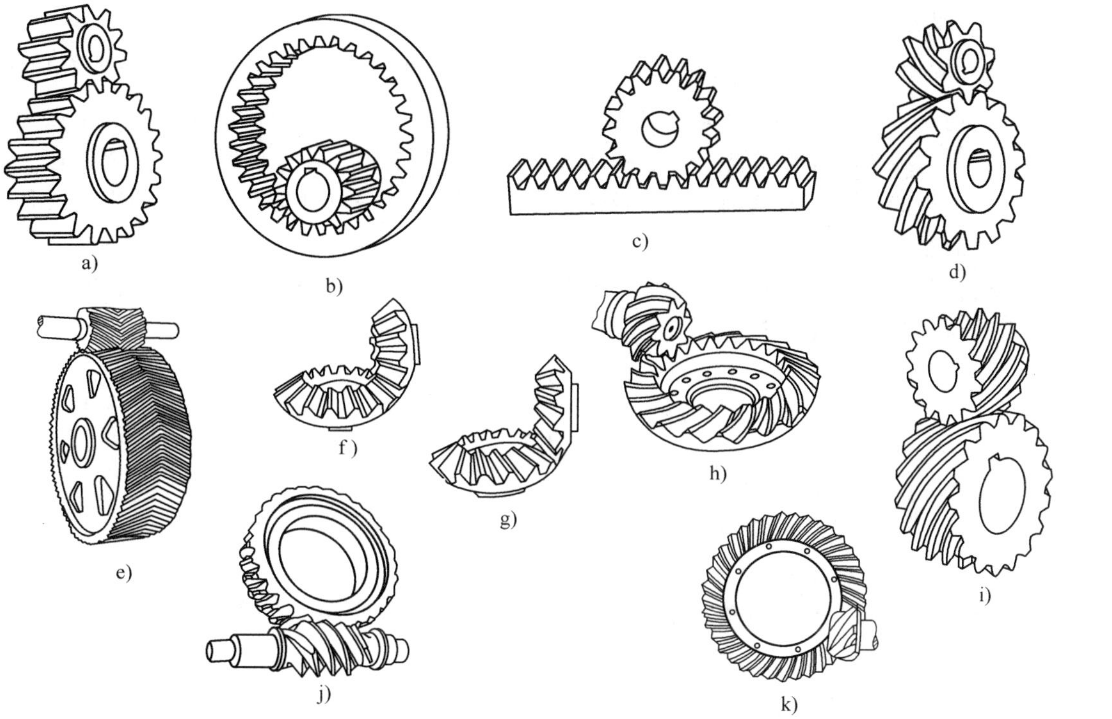

图 5-1　齿轮传动的分类

5.2　渐开线齿廓

齿轮传动在工作过程中应满足两项基本要求：①传动平稳，即要求在传动过程中，瞬时传动比恒定不变，以减少振动、冲击和噪声；②承载能力强，即要求齿轮具有足够的强度和寿命，且尽量做到尺寸小、质量轻。

能满足瞬时传动比恒定不变这一要求的齿廓曲线很多，但考虑到制造、安装、强度等多方面的因素，目前机械传动中普遍采用的是渐开线齿廓、摆线齿廓和圆弧齿廓，其中以渐开线齿廓应用最广。

5.2.1　渐开线的形成

渐开线

如图 5-2 所示，当直线 *NK* 沿一圆做纯滚动时，直线上任意一点 *K* 的轨迹 *AK* 称为该圆的渐开线。这个圆称为渐开线的基圆，其半径和直径分别用 r_b 和 d_b 表示，直线 *NK* 称为渐开线的发生线。

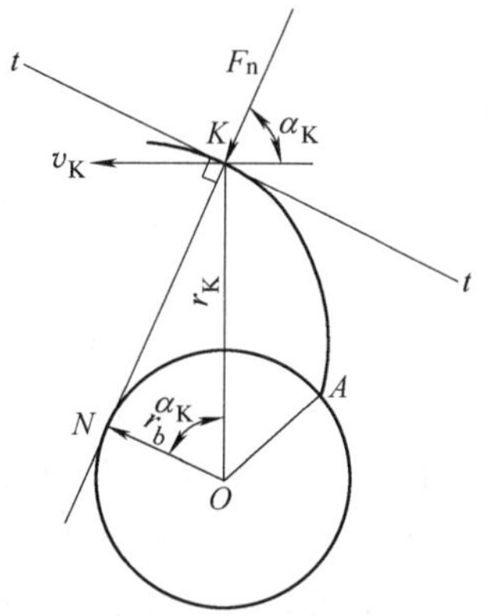

图 5-2　渐开线的形成

5.2.2　渐开线的基本性质

1）发生线沿基圆滚过的长度 $\overline{NK}$ 等于基圆上被滚过的圆

弧长度 $\overset{\frown}{AN}$，即 $\overline{NK}=\overset{\frown}{AN}$。

2）渐开线上任意点的法线必与基圆相切。如图 5-2 所示，发生线在基圆上做纯滚动时，它与基圆的切点 N 是瞬时转动中心，因此，线段 $\overline{NK}$ 为渐开线上 K 点的曲率半径，N 点为其曲率中心，而直线 NK 为渐开线上 K 点的法线。又由于发生线在各个位置均与基圆相切，故渐开线上任意点的法线必与基圆相切；反之，过渐开线上某一点且与基圆相切的直线必是渐开线上该点的法线。

3）渐开线齿廓上任意点的法线（即压力方向线）与该点的速度方向线所夹的锐角 α_K 称为该点的压力角。由图 5-2 可知

$$\cos\alpha_K \frac{\overline{ON}}{\overline{OK}}=\frac{r_b}{r_K} \tag{5-1}$$

式中，r_K 称为向径，为 K 点到圆心 O 的距离。

式（5-1）表明，渐开线上各点的压力角不等，向径 r_K 越大（即 K 点离圆心 O 越远），其压力角越大；反之越小。基圆上的压力角等于零。

4）渐开线的形状取决于基圆的大小。如图 5-3 所示，基圆越小，渐开线越弯曲；基圆越大，渐开线越平直。当基圆半径趋于无穷大时，其渐开线将成为直线，它就是渐开线齿条的齿廓。

5）基圆内无渐开线。

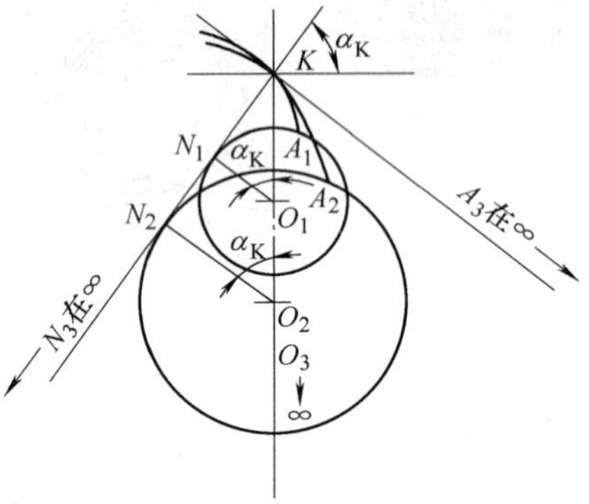

图 5-3　基圆的大小对渐开线的影响

5.2.3　渐开线齿廓的啮合特性

1. 瞬时传动比恒定

如图 5-4 所示，两齿轮上一对相啮合的渐开线齿廓 E_1、E_2 在任意点 K 接触，过 K 点作两齿廓的公法线 N_1N_2，与两齿轮的连心线 O_1O_2 交于 C 点。可以证明，不论齿廓 E_1、E_2 是否是渐开线，相互啮合传动的一对齿廓在任一瞬时的传动比都与两齿轮的连心线被该对啮合齿廓在接触点的公法线所分得的两线段的长度成反比，即 $i=\dfrac{\omega_1}{\omega_2}=\dfrac{\overline{O_2C}}{\overline{O_1C}}$。这一规律称为齿廓啮合基本定律。由这一定律可知，要使一对传动齿轮保持恒定的传动比，则不论齿廓在任何位置接触，过接触点所作的齿廓公法线必须与两齿廓的连心线交于一定点。显然，由渐开线的基本性质可知，公法线 N_1N_2 必同时与两基圆相切，即过两齿廓啮合点所作的公法线就是两基圆的内公切线。在齿轮传动过程中，由于基圆的大小和位置不变，故同一方向的内公切线只有一条，它与两轮连心线的交点位置也是不变的，即交点 C 是连心线上的一个固定点。所以，一对渐开线

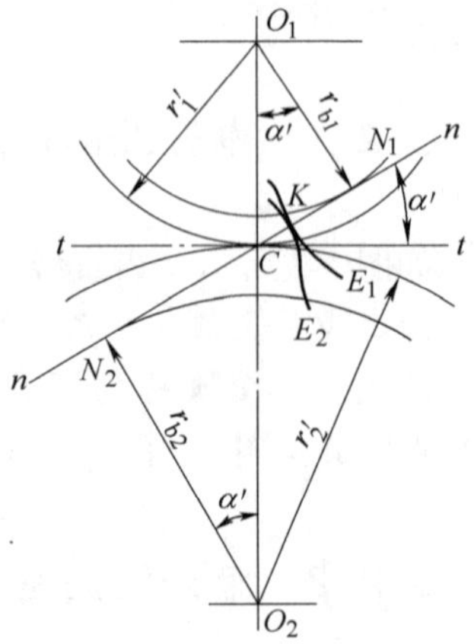

图 5-4　渐开线齿廓的啮合

齿廓的齿轮啮合时，能满足齿廓啮合基本定律，两轮的瞬时传动比是恒定不变的，即

$$i=\frac{\omega_1}{\omega_2}=\frac{\overline{O_2C}}{\overline{O_1C}}=常数 \tag{5-2}$$

定点 C 称为节点。分别以 O_1 与 O_2 为圆心，以 $\overline{O_1C}$、$\overline{O_2C}$ 为半径所作的两个相切的圆称为节圆。一对齿轮传动时，节圆做纯滚动。由图 5-4 可知，$\triangle O_1N_1C \backsim \triangle O_2N_2C$，故两轮的传动比还可写为

$$i=\frac{\omega_1}{\omega_2}=\frac{\overline{O_2C}}{\overline{O_1C}}=\frac{r_2'}{r_1'}=\frac{r_{b2}}{r_{b1}}=常数$$

式中，r_1'、r_2' 和 r_{b1}、r_{b2} 分别为两轮的节圆半径和基圆半径。

2. 中心距可分性

由上述分析可知，渐开线齿轮的传动比取决于基圆半径的大小。当一对齿轮制成后，其基圆半径就已确定，即使由于制造、安装误差以及在运转过程中轴的变形、轴承的磨损等原因，而使两轮的实际中心距与设计中心距之间产生微小的误差，也不会影响两轮的传动比。这种传动比不随中心距的改变而改变的性质称为渐开线齿轮传动的中心距可分性。它给齿轮的制造、安装和使用带来很大的方便，是渐开线齿轮传动的一大优点。

3. 齿廓间作用的压力方向不变

由于渐开线齿廓不论在何处接触，其接触点都在两基圆的内公法线 N_1N_2 上，因此，线 N_1N_2 是两齿廓接触点的轨迹，故将线 N_1N_2 称为渐开线齿轮传动的啮合线。由于啮合线与两齿廓接触点的公法线重合，且在齿轮传动中啮合线 N_1N_2 为一定直线，故知渐开线齿轮在传动过程中，齿廓间作用的压力方向不变；如果齿轮传递的转矩恒定，则轮齿齿廓之间、轴与轴承之间压力的大小和方向均不变。这对齿轮传动的平稳性是很有利的，是渐开线齿轮传动的又一大优点。

5.3 渐开线标准直齿圆柱齿轮的几何尺寸计算

微课：直齿圆柱齿轮的几何尺寸

5.3.1 齿轮各部分的名称

图 5-5 所示为一标准直齿圆柱齿轮的一部分，其各部分名称如下。

（1）齿顶圆　过齿轮所有齿顶端的圆称为齿顶圆，用 d_a 和 r_a 表示其直径和半径。

（2）齿槽宽　齿轮相邻两齿之间的空间称为齿槽；在任意圆周上，齿槽两侧齿廓之间的弧长称为该圆周上的齿槽宽，用 e_K 表示。

（3）齿厚　在任意圆周上，同一轮齿两侧齿廓之间的弧长称为该圆周上的齿厚，用 s_K 表示。

（4）齿距　在任意圆周上，相邻两齿同侧齿廓之间的弧长称为该圆周上的齿距，用 p_K 表示。由图 5-5 可知，在同一圆周上的齿距等于齿厚与齿槽宽之和。即

$$p_K=s_K+e_K$$

（5）齿根圆　过齿轮所有齿槽底的圆称为齿根圆，用 d_f 和 r_f 表示其直径和半径。

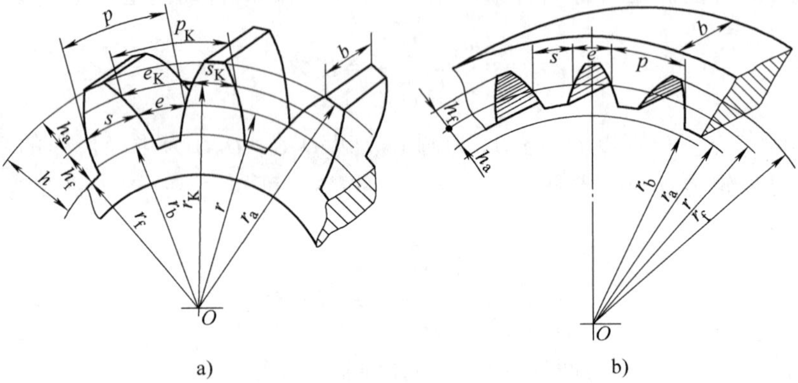

图 5-5 齿轮各部分的名称及代号

a）外齿轮 b）内齿轮

（6）分度圆 在齿顶圆和齿根圆之间，规定一直径为 d、半径为 r 的圆，作为计算齿轮各部分尺寸的基准，并把这个圆称为分度圆。在分度圆上的齿厚、齿槽宽和齿距，即为通常所称的齿厚、齿槽宽和齿距，并分别用 s、e 和 p 表示，且 $p=s+e$。对于标准齿轮，$s=e$。

（7）齿顶高 介于分度圆和齿顶圆之间的部分称为齿顶，其径向高度称为齿顶高，用 h_a 表示。

（8）齿根高 介于分度圆和齿根圆之间的部分称为齿根，其径向高度称为齿根高，用 h_f 表示。

（9）全齿高 轮齿在齿顶圆和齿根圆之间的径向高度称为全齿高，用 h 表示，显然，$h=h_a+h_f$。

（10）齿宽 轮齿的轴向宽度称为齿宽，用 b 表示。

5.3.2 渐开线齿轮的基本参数

（1）齿数 在齿轮整个圆周上轮齿的总数称为该齿轮的齿数，用 z 表示。

（2）模数 由于分度圆的大小是由齿距和齿数决定的，所以分度圆的周长 $\pi d=pz$。由此可得

$$d=\frac{p}{\pi}z$$

式中，π 为无理数，它使计算颇为不便。为了便于确定齿轮的几何尺寸，人们有意识地把 $\frac{p}{\pi}$ 的比值制定成一个简单的有理数列，并把这个比值称为模数，用 m 表示，其单位为 mm，即

$$m=\frac{p}{\pi}$$

于是得

$$d=mz \tag{5-3}$$

模数 m 是齿轮尺寸计算中的重要参数。显然，模数 m 越大，齿距 p 越大，则轮齿的尺寸越大，轮齿所能承受的载荷也越大。

齿轮的模数在我国已经标准化，表 5-2 为我国国家标准中的标准模数系列。在设计齿轮

时，模数必须取标准值。

表 5-2　标准模数系列表（摘自 GB/T 1357—2008）

第一系列	1　1.25　1.5　2　2.5　3　4　5　6　8　10　12　16　20　25　32　40　50
第二系列	1.75　2.25　2.75　(3.25)　3.5　(3.75)　4.5　5.5　(6.5)　7　9　(11)　14　18　22　28　(30)　36　45

注：1. 本标准适用于渐开线圆柱齿轮，对于斜齿轮是指法向模数。
　　2. 优先采用第一系列，括号内的模数尽可能不用。

（3）压力角 α　同一渐开线齿廓在不同的圆周上有不同的压力角。通常所说的齿轮压力角是指分度圆上的压力角，用 α 表示。我国标准规定分度圆上的压力角为标准压力角，其标准值为 $\alpha=20°$（有些国家规定压力角的标准值为 14.5°、15°和 25°）。由式（5-1）可推知

$$\cos\alpha=\frac{r_b}{r}$$

至此，可以给分度圆一个完整的定义：分度圆是齿轮上具有标准模数和标准压力角的圆。由式（5-3）可知，当齿轮的模数 m 和齿数 z 一定时，其分度圆即为一定。所以，任何齿轮都有一个分度圆，而且只有一个分度圆。

（4）齿顶高系数 h_a^*、顶隙系数 c^*　齿顶高和齿根高的标准值可用模数表示为

$$h_a=h_a^* m \tag{5-4}$$

$$h_f=(h_a^*+c^*)m \tag{5-5}$$

以上两式中，h_a^* 为齿顶高系数；c^* 为顶隙系数。这两个系数在国家标准中已规定了标准值，正常齿制：$h_a^*=1$，$c^*=0.25$；短齿制：$h_a^*=0.8$，$c^*=0.3$。

一般机械传动用齿轮均采用正常齿制；对于一些需要轮齿抗弯强度高的齿轮，如拖拉机、坦克用齿轮，才采用短齿制。通常不加说明的齿轮，均为正常齿制。

顶隙 $c=c^*m$，是指一对齿轮啮合时，一个齿轮的齿顶圆到另一个齿轮的齿根圆之间的径向距离。顶隙可存储润滑油，以利于齿轮传动。

标准齿轮是指模数 m、压力角 α、齿顶高系数 h_a^* 和顶隙系数 c^* 均为标准值，且其分度圆上的齿厚等于齿槽宽（即 $s=e$）的齿轮。

渐开线标准直齿圆柱齿轮的几何尺寸计算公式见表 5-3。

表 5-3　渐开线标准直齿圆柱齿轮的几何尺寸计算公式

名称	符号	外齿轮	内齿轮	齿条
模数	m	经设计计算后取表 5-2 中的标准值		
压力角	α	$\alpha=20°$		
顶隙	c	$c=c^*m$		
齿顶高	h_a	$h_a=h_a^*m$		
齿根高	h_f	$h_f=(h_a^*+c^*)m$		
全齿高	h	$h=h_a+h_f$		
齿距	p	$p=\pi m$		
基圆齿距	p_b	$p_b=p\cos\alpha=\pi m\cos\alpha$		

（续）

名称	符号	外齿轮	内齿轮	齿条
齿厚	s	$s=\frac{\pi m}{2}$		
齿槽宽	e	$e=\frac{\pi m}{2}$		
分度圆直径	d	$d=mz$		$d=\infty$
基圆直径	d_b	$d_b=d\cos\alpha$		$d_b=\infty$
齿顶圆直径	d_a	$d_a=d+2h_a$	$d_a=d-2h_a$	$d_a=\infty$
齿根圆直径	d_f	$d_f=d-2h_f$	$d_f=d+2h_f$	$d_f=\infty$
中心距	a	$a=(d_1+d_2)/2$	$a=(d_2-d_1)/2$	$a=\infty$

5.3.3　渐开线直齿圆柱齿轮常用的测量项目

机械工程上，由于无法准确测量弧齿厚，因此，齿轮检验中常用的齿厚测量项目为公法线长度或分度圆弦齿厚。

1. 公法线长度的测量计算

如图5-6所示，当检验直齿轮时，用卡尺的两个卡脚跨越 k 个轮齿切于渐开线齿廓的 A、B 两点，该两点间的距离 AB 称为被测齿轮跨 k 个齿的公法线长度，用 W_k 表示。当 $\alpha=20°$时，标准直齿圆柱齿轮的公法线长度为

$$W_k=m[2.9521(k-0.5)+0.014z] \tag{5-6}$$

式中，m 为模数；z 为齿数；k 为跨齿数。

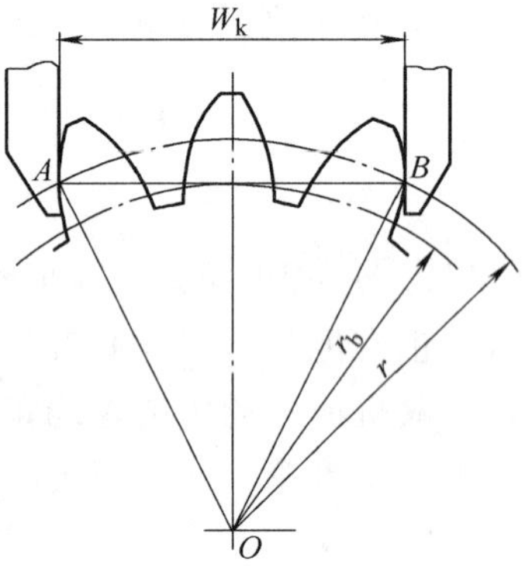

图5-6　公法线长度的测量

在测量公法线长度时，应使卡尺的量脚平面与齿廓在分度圆附近相切，这样测得的才是准确的公法线长度。根据这一要求，对于 $\alpha=20°$时的标准直齿圆柱齿轮，跨齿数的计算公式为

$$k=\frac{1}{9}z+0.5\approx0.111z+0.5 \tag{5-7}$$

实际测量时，跨齿数 k 必为整数，故上式的计算结果必须圆整。

模数 $m=1$mm、压力角 $\alpha=20°$的标准直齿圆柱齿轮的公法线长度 W_k^* 可在《机械设计手册》中查出；若 $m\neq1$mm，只要将表中查得的 W_k^* 值乘以模数 m 即为该直齿圆柱齿轮的公法线长度。表5-4摘录了 W_k^* 的部分数值。

测量公法线长度只需用普通的卡尺或专用的公法线千分尺。由于其测量方便，结果准确，容易掌握，故在齿轮加工中应用广泛。对于标准直齿圆柱齿轮，当 $m\leqslant10$mm 时，用测量公法线长度的方法来检测齿轮。

2. 分度圆弦齿厚的测量

当齿轮的几何尺寸较大，测量公法线长度不方便时，通常测量轮齿的分度圆弦齿厚。对于标准直齿圆柱齿轮，当 $m>10$mm 时，即测量分度圆弦齿厚。

表 5-4 标准直齿圆柱齿轮的跨齿数 k 及公法线长度 W_k^* （$m=1\text{mm}$、$\alpha=20°$）

齿数	跨齿数	公法线长度/mm	齿数	跨齿数	公法线长度/mm	齿数	跨齿数	公法线长度/mm	齿数	跨齿数	公法线长度/mm
16	2	4.6523	36	5	13.7888	56	7	19.9732	76	9	26.1575
17	2	4.6663	37	5	13.8028	57	7	19.9872	77	9	26.1715
18	3	4.6324	38	5	13.8168	58	7	20.0012	78	9	26.1855
19	3	7.6464	39	5	13.8308	59	7	20.0152	79	9	26.1996
20	3	7.6604	40	5	13.8448	60	7	20.0292	80	9	26.2136
21	3	7.6744	41	5	13.8588	61	7	20.0432	81	10	29.1797
22	3	7.6885	42	5	13.8728	62	7	20.0572	82	10	29.1937
23	3	7.7025	43	5	13.8868	63	8	23.0233	83	10	29.2077
24	3	7.7165	44	5	13.9008	64	8	23.0373	84	10	29.2217
25	3	7.7035	45	6	16.867	65	8	23.0513	85	10	29.2357
26	3	7.7445	46	6	16.881	66	8	23.0654	86	10	29.2497
27	4	10.7106	47	6	16.895	67	8	23.0794	87	10	29.2637
28	4	10.7246	48	6	16.909	68	8	23.0934	88	10	29.2777
29	4	10.7386	49	6	16.923	69	8	23.1074	89	10	29.2917
30	4	10.7526	50	6	16.937	70	8	23.1214	90	11	32.2579
31	4	10.7666	51	6	16.951	71	8	23.1354	91	11	32.2719
32	4	10.7806	52	6	16.965	72	9	23.1015	92	11	32.2859
33	4	10.7946	53	6	16.979	73	9	26.1155	93	11	32.2999
34	4	10.8086	54	7	19.9452	74	9	26.1295	94	11	32.3139
35	4	10.8227	55	7	19.9592	75	9	26.1435	95	11	32.3279

如图 5-7 所示，轮齿两侧齿廓与分度圆的两个交点 A、B 间的距离，称为分度圆弦齿厚，用 $\bar{s}$ 表示。齿顶到分度圆弦 AB 间的径向距离，称为分度圆弦齿高，用 $\bar{h}$ 表示。

标准直齿圆柱齿轮的分度圆弦齿厚和分度圆弦齿高的计算公式为

$$\bar{s}=mz\sin\frac{90°}{z} \tag{5-8}$$

$$\bar{h}=m\left[1+\frac{z}{2}\left(1-\cos\frac{90°}{z}\right)\right] \tag{5-9}$$

$\bar{s}$ 和 $\bar{h}$ 的公称值也可在《机械设计手册》中直接查得。

图 5-8 所示为用齿厚游标卡尺测量分度圆弦齿厚的情形。为了保证卡尺测量脚与齿面能

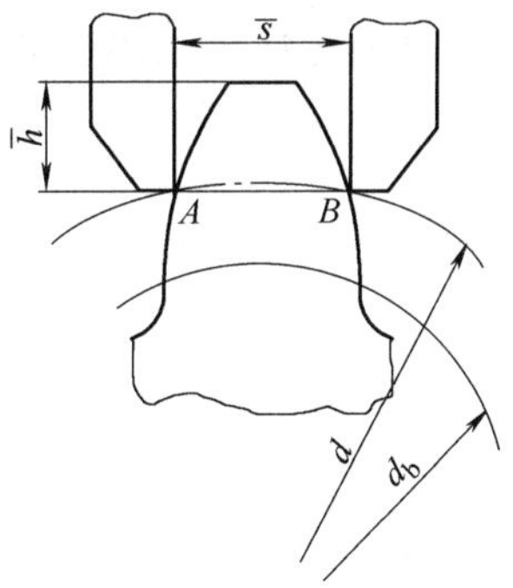

图 5-7 分度圆弦齿厚 $\bar{s}$、弦齿高 $\bar{h}$

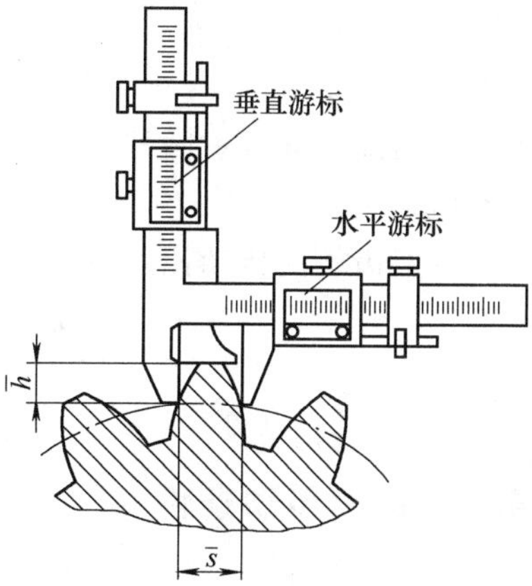

图 5-8 用齿厚游标卡尺测量分度圆弦齿厚

在分度圆处接触，必须利用垂直游标尺控制分度圆弦齿高值 $\bar{h}$。测量时应用齿顶圆作为定位基准，定出弦齿高 $\bar{h}$，再用水平游标尺测出分度圆弦齿厚的实际值 $\bar{s}$，用实际值减去公称值，即为分度圆弦齿厚偏差。

5.4　渐开线标准齿轮的啮合传动

5.4.1　正确啮合条件

一对渐开线齿廓的齿轮可以保证瞬时传动比恒定，但这并不表明任意两个渐开线齿轮都能互相搭配并正确啮合传动。一对渐开线齿轮要正确啮合，必须满足一定的条件，即正确啮合条件。

如前所述，一对渐开线齿轮在传动时，它们齿廓的接触点都应在啮合线 N_1N_2 上。因此，如图 5-9 所示，要使处于啮合线上的各对轮齿都能正确地进入啮合，显然，两齿轮的相邻两齿同侧齿廓间的法线距离应相等，即两齿轮的法向齿距应相等。这样，当前一对轮齿在啮合线上的点 K 啮合时，后一对轮齿就能正确地在啮合线上的点 K' 进入啮合。由此可以得出结论：两齿轮要正确啮合，它们的法向齿距必须相等，即 $p_{n1}=p_{n2}$。由渐开线的基本性质可知，法向齿距 p_n 与基圆齿距 p_b 相等，因此

$$p_{b1}=p_{b2}$$

而

$$p_b=p\cos\alpha=\pi m\cos\alpha$$

故有

$$m_1\cos\alpha_1=m_2\cos\alpha_2 \tag{5-10}$$

式中，m_1、m_2 和 α_1、α_2 分别为两轮的模数和压力角。

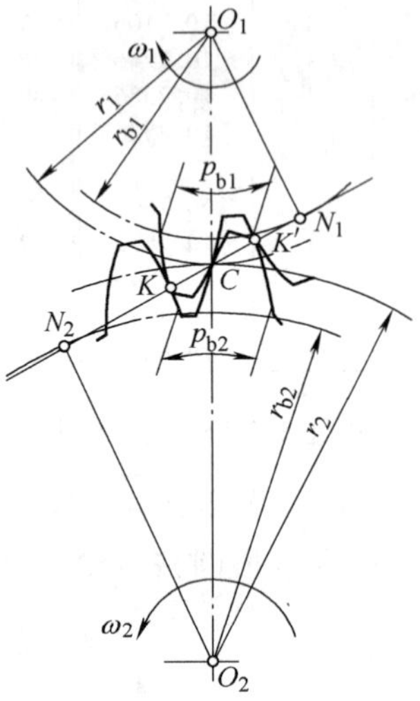

图 5-9　渐开线齿轮的正确啮合条件

由于模数 m 和压力角 α 均已标准化了，所以要满足式 (5-10)，则应使

$$\left.\begin{aligned}m_1=m_2=m\\ \alpha_1=\alpha_2=\alpha\end{aligned}\right\} \tag{5-11}$$

上式表明，一对渐开线直齿圆柱齿轮的正确啮合条件为：两轮的模数和压力角必须分别相等且等于标准值。

由此，一对齿轮的传动比还可以进一步表示为

$$i=\frac{\omega_1}{\omega_2}=\frac{n_1}{n_2}=\frac{d_2'}{d_1'}=\frac{d_{b2}}{d_{b1}}=\frac{d_2}{d_1}=\frac{z_2}{z_1} \tag{5-12}$$

5.4.2　连续传动条件

如图 5-10a 所示，齿轮 1 为主动轮，齿轮 2 为从动轮。当两轮的一对轮齿开始啮合时，

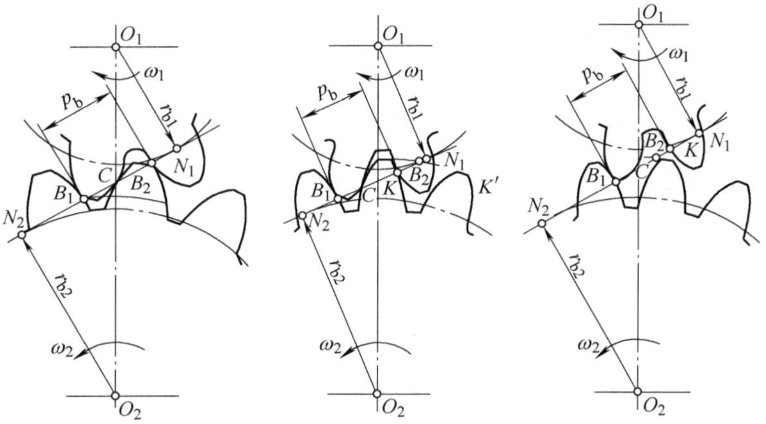

图 5-10　一对渐开线齿轮的啮合传动过程

必为主动轮的齿根推动从动轮的齿顶。因而开始啮合点是从动轮的齿顶圆与啮合线 N_1N_2 的交点 B_2。随着啮合传动的进行，轮齿啮合点沿着 N_1N_2 移动，主动轮轮齿上的啮合点逐渐向齿顶部移动，而从动轮轮齿上的啮合点逐渐向齿根部移动。当啮合传动进行到主动轮的齿顶圆与啮合线 N_1N_2 的交点 B_1 时，两轮齿即将脱离接触，故 B_1 为轮齿的终止啮合点。从一对轮齿的啮合过程来看，啮合点实际走过的轨迹只是啮合线 N_1N_2 上的一段 B_1B_2，故将线段 $\overline{B_1B_2}$ 称为实际啮合线。若将两轮的齿顶圆加大，则 B_1、B_2 两点就更分别接近两轮的啮合极限点 N_1 和 N_2。但基圆内无渐开线，故实际啮合线不可能超过啮合极限点 N_1 和 N_2。因此，线段 $\overline{N_1N_2}$ 是理论上最大的啮合线，称为理论啮合线。

由齿轮啮合的过程可以看出，一对轮齿的啮合只能推动从动轮转过一定的角度，而要使齿轮连续地进行传动，就必须在前一对轮齿尚未退出啮合时，后一对轮齿能及时进入啮合。如图 5-10a 所示，如果 $\overline{B_1B_2}=p_b$，当前一对轮齿即将退出啮合时，后一对正好进入啮合，则表明传动恰好连续，在传动过程中始终只有一对轮齿啮合；如图 5-10b 所示，如果 $\overline{B_1B_2}>p_b$，则表明有时为一对轮齿啮合，有时多于一对轮齿啮合；如图 5-10c 所示，如果 $\overline{B_1B_2}<p_b$，则表明当前一对轮齿在 B_1 退出啮合时，后一对轮齿尚未进入啮合，结果将使传动中断，从而引起轮齿间的冲击，影响传动的平稳性。由此可知，要保证齿轮的连续传动，就必须使两齿轮的实际啮合线段 $\overline{B_1B_2}$ 大于或等于齿轮的基圆齿距 p_b，即 $\overline{B_1B_2}\geqslant p_b$。

$\overline{B_1B_2}$ 与 p_b 的比值称为重合度，用 ε 表示。因此，齿轮连续传动的条件为

$$\varepsilon=\frac{\overline{B_1B_2}}{p_b}\geqslant 1 \tag{5-13}$$

从理论上讲，重合度 $\varepsilon=1$ 就能保证齿轮的连续传动。但在实际中，由于齿轮存在制造、安装误差以及齿轮受载时轮齿的变形，故必须使 $\varepsilon>1$ 才能保证传动的连续。对一般机械中的齿轮，要求 $\varepsilon=1.1\sim1.4$。标准直齿圆柱齿轮传动的重合度都大于 1，均能满足连续传动的条件，故不必验算其重合度。

5.4.3　中心距与啮合角

如图 5-11 所示，过节点 C 作两节圆的公切线，它与啮合线 N_1N_2 之间所夹的锐角称为啮合角，用 α'表示，从图中可以明显地看出它就等于节圆的压力角。

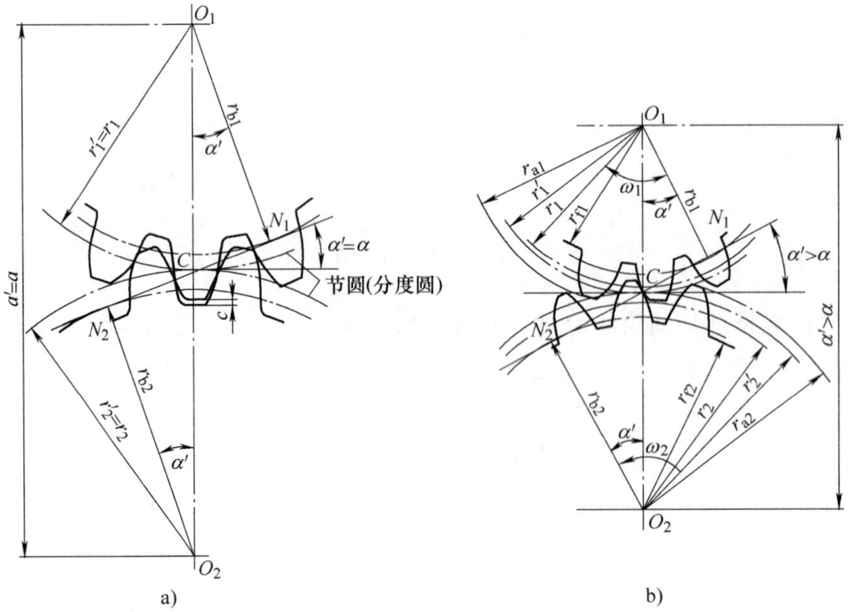

图 5-11　外啮合传动

如图 5-11a 所示，一对标准齿轮安装时，若两轮的分度圆相切，即节圆与分度圆重合，啮合角等于分度圆压力角，这样的安装称为标准安装。标准安装可使两齿轮实现无侧隙啮合，对避免反向传动空程和减少冲击有实际意义。

一对齿轮外啮合时，不论其是否为标准安装，两轮的中心距总是等于两轮节圆半径之和。标准安装时的中心距称为标准中心距，用 a 表示。对于一外啮合标准齿轮传动，其标准中心距为

$$a=r_1'+r_2'=r_1+r_2=\frac{m}{2}(z_1+z_2) \tag{5-14}$$

由于齿轮制造和安装的误差、运转时径向力的作用以及轴承磨损等原因，齿轮的实际中心距 a'往往与标准中心距 a 不一致，而略有变动。如图 5-11b 所示，两轮的分度圆不再相切，这时节圆与分度圆不再重合，两轮的节圆半径大于各自的分度圆半径。不难求出，此时两轮的中心距与啮合角的关系为

$$a\cos\alpha=a'\cos\alpha' \tag{5-15}$$

故当两轮的分度圆相离，即实际中心距 a'大于标准中心距 a 时，啮合角 α'大于分度圆压力角 α。即 $a'>a$，则 $\alpha'>\alpha$。

注意：分度圆和压力角是对单个齿轮而言的，而节圆和啮合角是两个齿轮啮合时才有的。标准齿轮只有在分度圆与节圆重合时，压力角与啮合角才相等；否则，压力角与啮合角

不相等。

5.5 渐开线齿轮的切齿原理和根切现象

5.5.1 渐开线齿轮的切齿原理

渐开线齿轮轮齿的加工方法很多，如铸造法、冲压法、轧制法和切削法等，其中最常用的是切削法。切削法按其原理可分为仿形法和展成法两种。

1. 仿形法

这种方法的特点是所采用的成形刀具在其轴向剖面内，切削刃的形状与被切齿轮齿槽的形状相同。常用的刀具有盘形铣刀和指形铣刀。

图 5-12 所示为用盘形铣刀加工齿轮的情况。切制时，铣刀转动，同时齿轮毛坯随铣床工作台沿平行于齿轮轴线的方向直线移动。切出一个齿槽后，轮坯退回到原来的位置，由分度机构将其转过$\frac{360°}{z}$，再切制下一个齿槽，直至整个齿轮加工结束。

图 5-13 所示为用指形铣刀加工齿轮的情况。加工方法与用盘形铣刀时相似。指形铣刀常用于加工大模数（如 m>20mm）的齿轮，并可用以切制人字齿轮。

齿轮加工方法

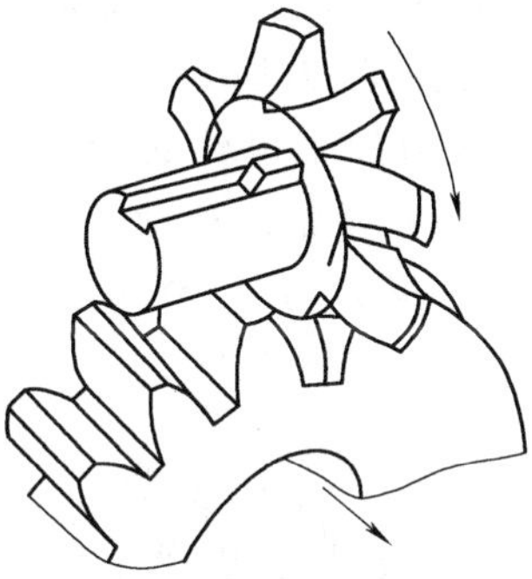

图 5-12 用盘形铣刀加工齿轮

图 5-13 用指形铣刀加工齿轮

仿形法的优点是加工方法简单，不需要专门的齿轮加工设备；缺点是由于铣制相同模数不同齿数的齿轮是用一组有限数目的齿轮铣刀来完成的，因此所选铣刀不可能与要求的齿形准确吻合，加工出的齿形不够准确；轮齿的分度有误差，制造精度较低；由于切削是断续的，因而生产率低。所以仿形法常用于单件、修配或少量生产及齿轮精度要求不高的齿轮加工。

2. 展成法

展成法是目前齿轮加工中最常用的一种方法。它是运用一对相互啮合齿轮的共轭齿廓互为包络的原理来加工齿廓的。用展成法加工齿轮时，常用的刀具有齿轮型刀具（如齿轮插刀）和齿条型刀具（如齿条插刀、滚刀）两大类。

（1）用齿轮插刀加工齿轮　图 5-14a 所示为用齿轮插刀加工齿轮的情况。齿轮插刀是一个具有切削刃的渐开线外齿轮。插齿时，插刀与轮坯严格地按定比传动做展成运动（即啮

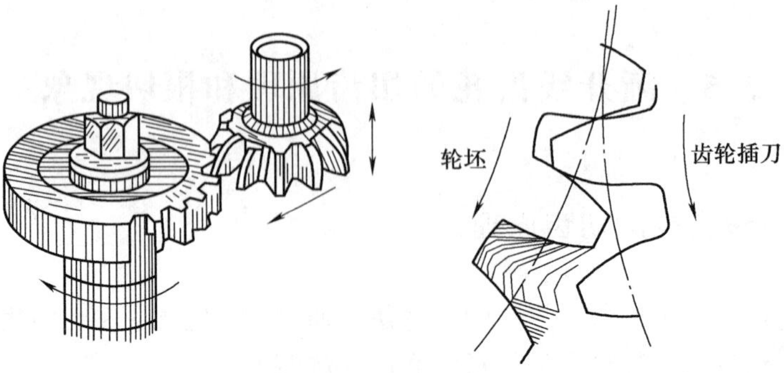

a) b)

图 5-14 用齿轮插刀加工齿轮

合传动，如图 5-14b 所示)，同时插刀沿轮坯轴线方向做上下往复的切削运动。为了防止插刀退刀时擦伤已加工好的齿廓表面，在退刀时，轮坯还须做小距离的让刀运动。另外，为了切出轮齿的整个高度，插刀还需要向轮坯中心移动，做径向进给运动。

（2）用齿条插刀加工齿轮 图 5-15 所示为用齿条插刀加工齿轮的情况。切制齿廓时，刀具与轮坯的展成运动相当于齿条与齿轮的啮合传动，其切齿原理与用齿轮插刀加工齿轮的原理相同。

（3）用齿轮滚刀加工齿轮 不论用齿轮插刀还是齿条插刀加工齿轮，其切削都是不连续的，这样不仅影响了生产率的提高，还限制了加工精度。而用齿轮滚刀加工齿轮接近于连续切削，生产率高，因而应用最为广泛。图 5-16 所示为用齿轮滚刀加工齿轮的情况。滚刀形状像一螺旋，它的轴向剖面为一齿条。当滚刀转动时，相当于齿条做轴向移动，滚刀转一周，齿条移动一个导程的距离。所以用滚刀切制齿轮的原理和齿条插刀切制齿轮的原理基本相同。滚刀除了旋转之外，还沿着轮坯的轴线缓慢地进给，以便切出整个齿宽。

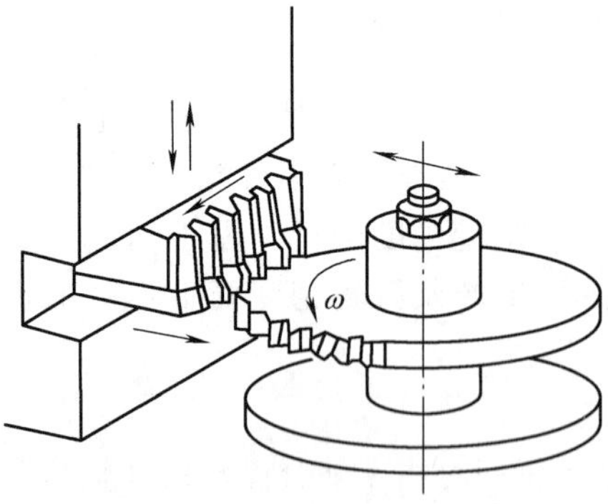

图 5-15 用齿条插刀加工齿轮

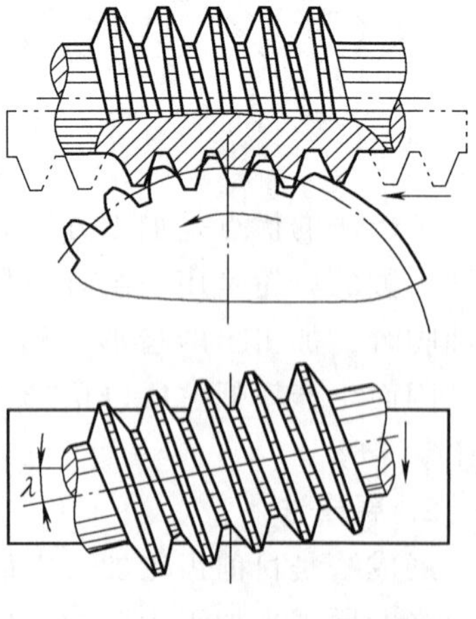

图 5-16 用齿轮滚刀加工齿轮

用展成法加工齿轮时，只要刀具与被加工齿轮的模数 m、压力角 α 相同，则不管被加工齿轮齿数的多少，都可以用同一把齿轮刀具来加工，而且生产率较高，所以在大批生产中多采用展成法。

5.5.2　根切现象和最少齿数

用展成法加工标准齿轮时，有时会出现刀具的顶部切入轮齿的根部，将齿根部分渐开线齿廓切去的现象，称为根切，如图 5-17 所示。

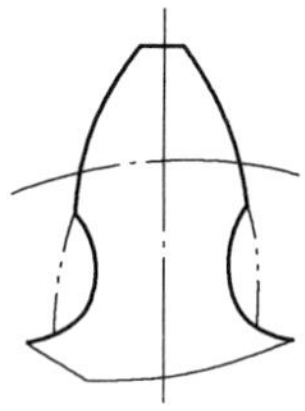

图 5-17　根切现象

根切削弱了轮齿的抗弯强度，且减少了齿廓工作部分的长度，减小了齿轮传动的重合度，影响了传动的平稳性，对传动十分不利。因此，应力求避免根切现象的产生。

现以图 5-18 所示的用齿条插刀加工标准齿轮的情况为例，来分析根切形成的原因。图中齿条插刀的分度线与轮坯的分度圆相切，B_1 点为轮坯齿顶圆与啮合线的交点，而 N_1 点为轮坯基圆与啮合线的切点，即极限啮合点。根据展成法加工齿轮的原理可知：刀具从位置 1 开始切削齿廓的渐开线部分，而当刀具行至位置 2 时，齿廓的渐开线已全部切出。如果刀具的顶线恰好通过 N_1 点，则当展成运动继续进行时，该切削刃即与切好的渐开线齿廓脱离，因而就不会产生根切现象。但若刀具的顶线超过了 N_1 点，当展成运动继续进行时，刀具还将继续切削，超过点 N_1 部分的刀具轮廓线将与已加工完成的齿轮渐开线轮廓线发生干涉（阴影部分），从而导致根切现象的发生。

因此，要避免根切就必须使刀具的顶线不超过极限啮合点 N_1。如图 5-19 所示，当用标准齿条刀具切制标准齿轮时，刀具的分度线应与被切齿轮的分度圆相切。要避免根切，则需要满足的几何条件为

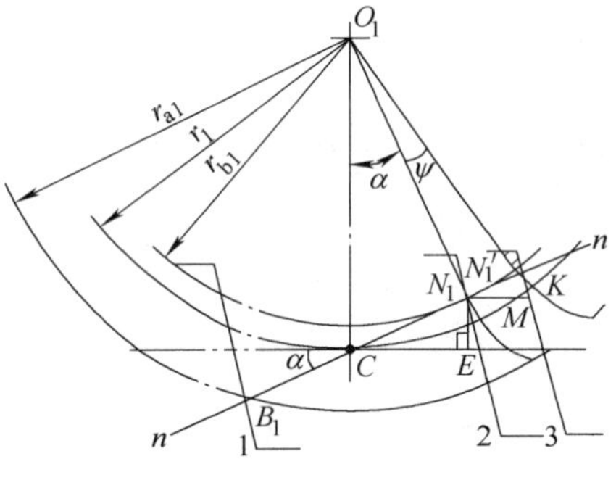

图 5-18　产生根切的原因

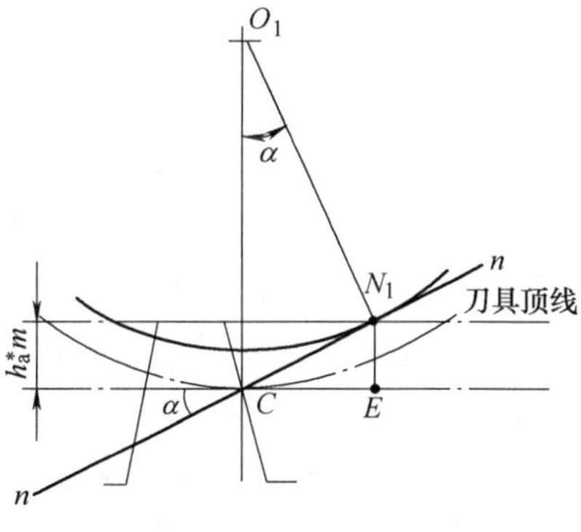

图 5-19　z_{min} 的确定

$$\overline{N_1E} \geqslant h_a^* m$$

式中

$$\overline{N_1E} = \overline{CN_1}\sin\alpha = \overline{O_1C}\sin^2\alpha = \frac{mz}{2}\sin^2\alpha$$

则

$$\frac{mz}{2}\sin^2\alpha \geqslant h_a^* m$$

因此，标准齿轮不产生根切的条件为

$$z \geqslant \frac{2h_a^*}{\sin^2\alpha} \qquad (5\text{-}16)$$

由式（5-16）可知，被切齿轮的齿数越少越容易发生根切。为了不产生根切，齿数不得少于某一数值，这就是最少齿数 $z_{\min}$。

$$z_{\min}=\frac{2h_a^*}{\sin^2\alpha} \tag{5-17}$$

对于 $\alpha=20°$、$h_a^*=1$，即正常齿制的标准直齿圆柱齿轮，$z_{\min}=17$；对于 $\alpha=20°$、$h_a^*=0.8$，即短齿制的标准直齿圆柱齿轮，$z_{\min}=14$。

允许少量根切时，根据经验，正常齿制的标准直齿圆柱齿轮可取 $z_{\min}=14$。

5.6 变位齿轮传动

5.6.1 变位齿轮

前面讨论的都是渐开线标准齿轮，它们设计计算简单，互换性好。但标准齿轮传动仍存在着一些局限性：①受根切限制，齿数不得少于 $z_{\min}$，使传动结构不够紧凑；②不适用于安装中心距 a' 不等于标准中心距 a 的场合。当 $a'<a$ 时无法安装，当 $a'>a$ 时，虽然可以安装，但会产生过大的侧隙而引起冲击振动，影响传动的平衡性；③一对标准齿轮传动时，小齿轮的齿根厚度小而啮合次数又较多，故小齿轮的强度较低，齿根部分磨损也较严重，因此小齿轮容易损坏，同时也限制了大齿轮的承载能力。

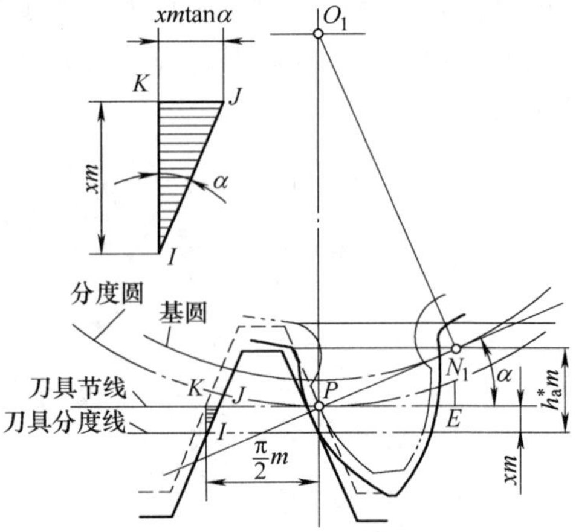

图 5-20　切削变位齿轮

为了改善齿轮传动的性能，出现了变位齿轮。如图 5-20 所示，当齿条插刀按虚线位置安装时，齿顶线超过极限点 N_1，切出来的齿轮产生根切。若将齿条插刀远离轮心 O_1 一段距离（xm）至实线位置，齿顶线不再超过极限点 N_1，则切出来的齿轮不会发生根切，但此时齿条的分度线与齿轮的分度圆不再相切。这种改变刀具与齿坯相对位置后切制出来的齿轮称为变位齿轮，刀具移动的距离 xm 称为变位量，x 称为变位系数。刀具远离轮心的变位称为正变位，此时 $x>0$。刀具移近轮心的变位称为负变位，此时 $x<0$。标准齿轮就是变位系数 $x=0$ 的齿轮。由图 5-20 可知，加工变位齿轮时，齿轮的模数、压力角、齿数以及分度圆、基圆均与标准齿轮相同，所以两者的齿廓曲线是相同的渐开线，只是截取了不同的部位（图 5-21）。由图可知，正变位齿轮齿根部分的齿厚增大，提高了齿轮的抗弯强度，但齿顶减薄；负变位齿轮则与其相反。

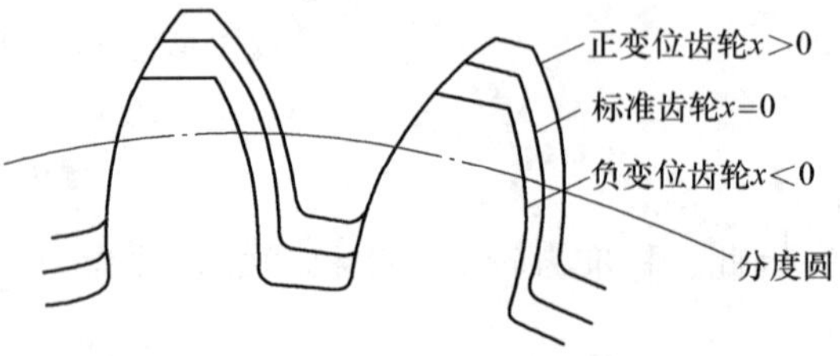

图 5-21　变位齿轮的齿廓

5.6.2 最小变位系数

用展成法切制齿数少于最少齿数的齿轮时，为避免根切必须采用正变位齿轮。当刀具的齿顶线正好通过 N_1 点时，刀具的移动量为最小，此时的变位系数称为最小变位系数，用 x_{min} 来表示。由图 5-20 可知，不发生根切的条件为

$$h_a^* m - xm \leqslant \overline{N_1 E}$$

而
$$\overline{N_1 E} = \overline{PN_1}\sin\alpha = r\sin^2\alpha = \frac{mz}{2}\sin^2\alpha$$

式中，z 为被切齿轮的齿数。联立以上两式得

$$x \geqslant h_a^* - \frac{z}{2}\sin^2\alpha \qquad (5\text{-}18)$$

由式（5-17）可得$\dfrac{\sin^2\alpha}{2} = \dfrac{h_a^*}{z_{min}}$，代入式（5-18）中，整理后可得

$$x \geqslant h_a^* \frac{z_{min} - z}{z_{min}}$$

由此可得最小变位系数为

$$x_{min} = h_a^* \frac{z_{min} - z}{z_{min}} \qquad (5\text{-}19)$$

当 $\alpha = 20°$，$h_a^* = 1$ 时

$$x_{min} = \frac{17 - z}{17} \qquad (5\text{-}20)$$

当 $z < z_{min}$ 时，$x_{min} > 0$，说明此时必须采用正变位方可避免根切；当 $z > z_{min}$ 时，$x_{min} < 0$，说明只要 $x \geqslant x_{min}$，虽采用了负变位齿轮也不会产生根切。

5.6.3 变位齿轮的几何尺寸和传动类型

1. 变位齿轮的几何尺寸

变位齿轮的齿数、模数、压力角都与标准齿轮相同，所以分度圆直径、基圆直径和齿距也都相同，但变位齿轮的齿厚、齿顶高、齿根高等都发生了变化，具体的尺寸计算公式列于表 5-5 中。

表 5-5 外啮合变位直齿轮基本尺寸的计算公式

名称	符号	计算公式
分度圆直径	d	$d = mz$
齿厚	s	$s = \dfrac{\pi m}{2} + 2xm\tan\alpha$
啮合角	α'	$\mathrm{inv}\alpha' = \mathrm{inv}\alpha + \dfrac{2(x_1 + x_2)}{z_1 + z_2}\tan\alpha$ 或 $\cos\alpha' = \dfrac{a}{a'}\cos\alpha$
节圆直径	d'	$d' = d\cos\alpha / \cos\alpha'$

（续）

名称	符号	计算公式
中心距变动系数	y	$y=\dfrac{a'-a}{m}=\dfrac{z_1+z_2}{2}\left(\dfrac{\cos\alpha}{\cos\alpha'}-1\right)$
齿高变动系数	σ	$\sigma=x_1+x_2-y$
齿顶高	h_a	$h_a=(h_a^*+x-\sigma)m$
齿根高	h_f	$h_f=(h_a^*+c^*-x)m$
全齿高	h	$h=(2h_a^*+c^*-\sigma)m$
齿顶圆直径	d_a	$d_a=d+2h_a$
齿根圆直径	d_f	$d_f=d-2h_f$
中心距	a'	$a'=(d_1'+d_2')/2$
公法线长度	W_k	$W_k=m\cos\alpha[(k-0.5)\pi+z\text{inv}\alpha]+2xm\sin\alpha$

2. 变位齿轮传动的类型

根据变位系数之和的不同值，变位齿轮传动可分为 3 种类型（表 5-6），标准齿轮传动可看作是零传动的特例。表 5-6 还列出了各类齿轮传动的性能与特点。

表 5-6　变位齿轮传动的类型及性能比较

传动类型	高变位传动，又称为零传动	角变位传动	
		正传动	负传动
齿数条件	$z_1+z_2\geqslant 2z_{min}$	$z_1+z_2<2z_{min}$	$z_1+z_2>2z_{min}$
变位系数要求	$x_1=-x_2\neq 0, x_1+x_2=0$	$x_1+x_2>0$	$x_1+x_2<0$
传动特点	$a'=a, \alpha'=\alpha$ $y=0, \sigma=0$	$a'>a, \alpha'>\alpha$ $y>0, \sigma>0$	$a'<a, \alpha'<\alpha$ $y<0, \sigma<0$
主要优点	小齿轮取正变位，允许 $z_1<z_{min}$，减少传动尺寸。提高了小齿轮齿根强度，减少了小齿轮齿面磨损，可成对替换标准齿轮	传动机构更加紧凑，提高了抗弯强度和接触强度，提高了耐磨性能，可满足 $a'>a$ 的中心距要求	重合度略有提高，满足 $a'<a$ 的中心距要求
主要缺点	互换性差，小齿轮齿顶易变尖，重合度略有下降	互换性差，齿顶变尖，重合度下降较多	互换性差，抗弯强度和接触强度下降，轮齿磨损加剧

5.7　平行轴斜齿圆柱齿轮传动

5.7.1　斜齿圆柱齿轮传动的特点

前面讨论的直齿圆柱齿轮的齿廓形成及啮合特点，都是就其端面即垂直于齿轮轴线的平面来讨论的。实际上，齿轮是有宽度的。如图 5-22a 所示，直齿圆柱齿轮的齿廓曲面是发生面 S 在基圆柱上做纯滚动时，发生面上与基圆柱轴线平行的直线 KK 展成的渐开线曲面。一对直齿圆柱齿轮相啮合时，两轮齿的瞬时接触线为平行于轴线的直线，如图 5-22b 所示。所以两轮在进入或退出啮合时，总是沿着全齿宽同时进行的；轮齿上的载荷是突然施加和突然消失的。这种接触方式使得直齿圆柱齿轮在传动时容易产生冲击、振动和噪声，一般不适用于高速、重载的传动。

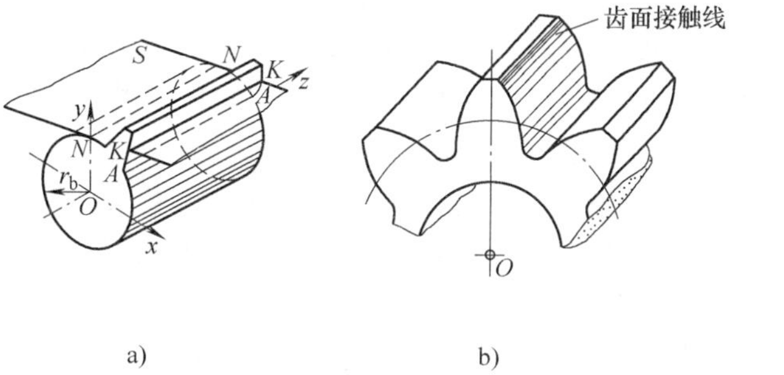

图 5-22 直齿圆柱齿轮齿廓曲面的形成及接触线

斜齿圆柱齿轮齿廓曲面的形成原理与直齿圆柱齿轮相同，只不过发生面上的直线 KK 不平行于轴线，而与它成一个角度 β_b。如图 5-23a 所示，当发生面绕基圆柱做纯滚动时，斜直线 KK 上的任一点的轨迹都是基圆柱的一条渐开线，这些渐开线的集合，就形成了斜齿轮的齿廓曲面。一对斜齿圆柱齿轮相啮合时，两轮齿的瞬时接触线为一斜直线，且其长度随啮合位置而变化，即接触线的长度由短变长，然后又由长变短，直至脱离啮合，如图 5-23b 所示。由于其啮合过程是逐渐进入和逐渐退出啮合的，故减少了传动的冲击、振动和噪声，提高了传动的平稳性，因而适用于高速传动；又由于轮齿是倾斜的，同时啮合的轮齿对数多，故其重合度较大，承载能力强，因而适用于重载机械。

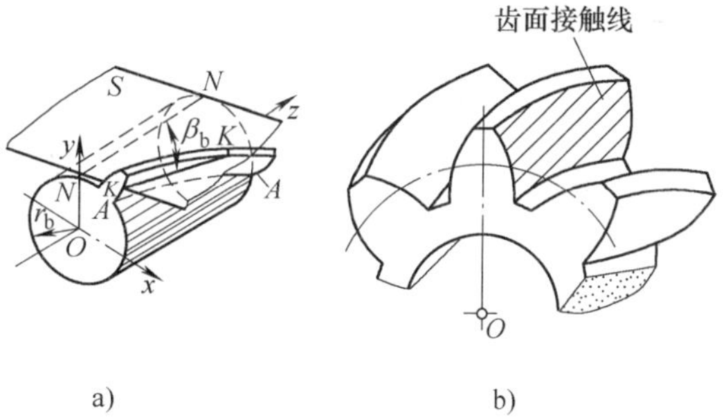

图 5-23 斜齿圆柱齿轮齿廓曲面的形成及接触线

5.7.2 斜齿圆柱齿轮的主要参数和几何尺寸计算

1. 螺旋角 β

螺旋角 β 是反映斜齿轮特征的一个重要参数。通常所说斜齿轮的螺旋角，如不特别注明，即指分度圆柱面上的螺旋角。β 越大，轮齿越倾斜，则重合度 ε 越大，传动的平稳性就越好，但工作时产生的轴向力 F_a 也越大，故 β 的大小应视工作要求和加工精度而定。对于一般机械，推荐 $\beta=8°\sim25°$；对于人字齿轮，因其轴向力可以抵消（图 5-24），常取 $\beta=25°\sim45°$，但其加工较困难，精度较低，一般用于重型机械齿轮传动中；对于噪声有严格要求的齿轮，如小轿车齿轮，β 要大一些，可取 $\beta=35°\sim37°$。

斜齿轮按其齿廓渐开线螺旋面的旋向，可以分为右旋和左旋两种，如图 5-25 所示。

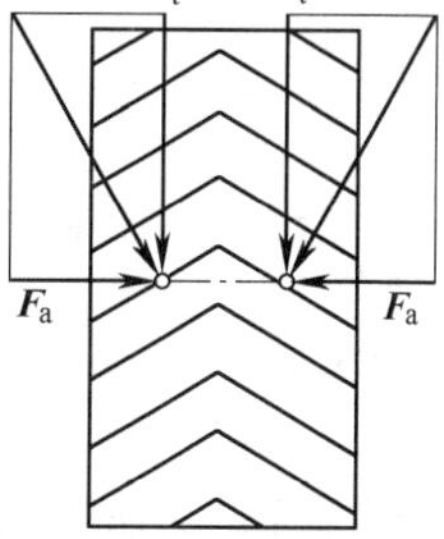

图 5-24 人字齿轮上的轴向力

2. 端面参数和法向参数

垂直于斜齿轮轴线的平面称为端面，其参数用下标 t 表示；与分度圆柱面上的螺旋线垂直的方向称为法向，其参数用下标 n 表示。由于无论用滚刀、斜齿轮插刀或仿形铣刀加工斜齿轮，刀具都是沿着轮齿的螺旋齿槽方向运动的，又由于刀具的齿形参数为标准值，所以斜齿轮的法向参数也为标准值。设计、加工和测量斜齿轮时，均以法向为基准。

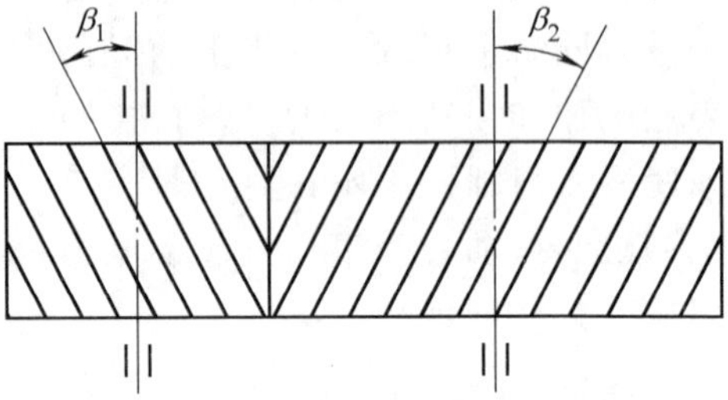

图 5-25 斜齿圆柱齿轮轮齿的旋向

（1）法向模数 m_n 和端面模数 m_t 图 5-26 所示为斜齿圆柱齿轮分度圆柱面的展开图。由图可知，法向齿距 p_n 与端向齿距 p_t 的关系为

$$p_n = p_t \cos\beta \tag{5-21}$$

因 $p_n = \pi m_n$，$p_t = \pi m_t$，所以

$$m_n = m_t \cos\beta \tag{5-22}$$

（2）法向压力角 α_n 和端面压力角 α_t 图 5-27 所示为斜齿条的一个齿，平面 ABD 为端面，平面 ACE 为法面，$\angle ACB = 90°$。在直角三角形 $\triangle ABD$、$\triangle ACE$ 及 $\triangle ACB$ 中，因 $\tan\alpha_t = \dfrac{\overline{AB}}{\overline{BD}}$、$\tan\alpha_n = \dfrac{\overline{AC}}{\overline{CE}}$、$\overline{AC} = \overline{AB}\cos\beta$；又因 $\overline{BD} = \overline{CE}$，故得

$$\tan\alpha_n = \frac{\overline{AC}}{\overline{CE}} = \frac{\overline{AB}\cos\beta}{\overline{BD}} = \tan\alpha_t \cos\beta \tag{5-23}$$

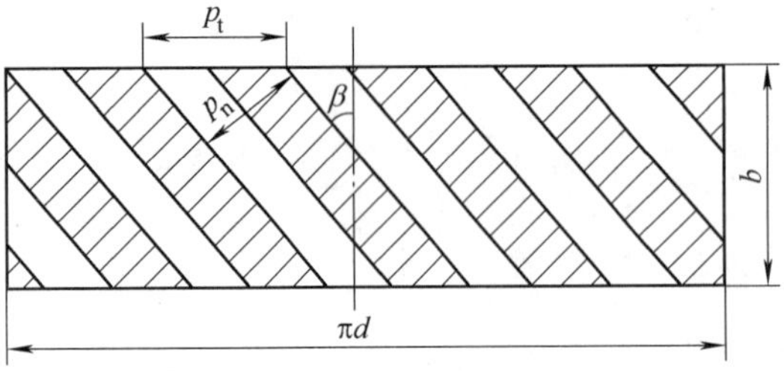

图 5-26 斜齿圆柱齿轮分度圆柱面展开图

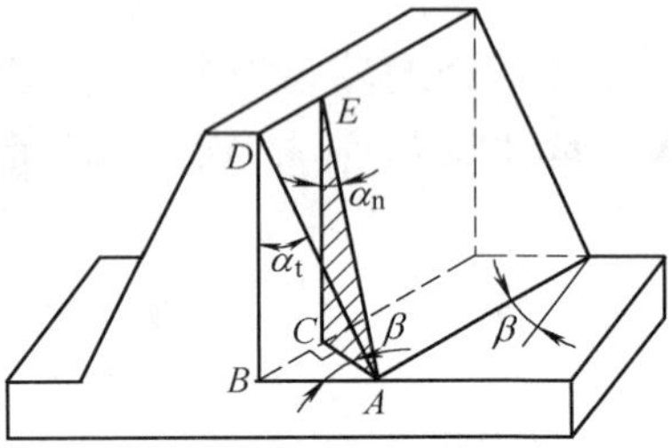

图 5-27 斜齿条上端面压力角与法向压力角的关系

（3）齿顶高系数 h_{an}^* 和 h_{at}^* 及顶隙系数 c_n^* 和 c_t^* 无论从法向或从端面来看，轮齿的齿顶高都是相同的，顶隙也是相同的，即

$$h_{an}^* m_n = h_{at}^* m_t, \qquad c_n^* m_n = c_t^* m_t$$

将式（5-22）代入以上两式，得

$$\left.\begin{aligned} h_{at}^* &= h_{an}^* \cos\beta \\ c_t^* &= c_n^* \cos\beta \end{aligned}\right\} \tag{5-24}$$

由于斜齿轮的法向参数为标准值，故 m_n 按表 5-2 选取，$\alpha_n = 20°$。正常齿制，$h_{an}^* = 1$，$c_n^* = 0.25$；短齿制，$h_{an}^* = 0.8$，$c_n^* = 0.3$。

外啮合标准斜齿圆柱齿轮的几何尺寸计算公式见表 5-7。

例 5-1 一对外啮合正常齿制标准斜齿圆柱齿轮机构，$m_n = 3\text{mm}$，$z_1 = 17$，$z_2 = 55$，$\beta =$

15°8′37″。试求中心距 a。若将中心距 a 的末位数圆整为 0，则 β 应为多少？

表 5-7 外啮合标准斜齿圆柱齿轮的几何尺寸计算公式

名称	符号	公式
齿顶高	h_a	$h_a=h_{an}=h_{an}^*m_n$
齿根高	h_f	$h_f=(h_{an}^*+c_n^*)m_n$
全齿高	h	$h=h_a+h_f=(2h_{an}^*+c_n^*)m_n$
顶隙	c	$c=c_n^*m_n$
分度圆直径	d	$d=\dfrac{m_nz}{\cos\beta}$
齿顶圆直径	d_a	$d_a=d+2h_a$
齿根圆直径	d_f	$d_f=d-2h_f$
基圆直径	d_b	$d_b=d\cos\alpha_t$
中心距	a	$a=\dfrac{1}{2}(d_1+d_2)=\dfrac{m_n}{2\cos\beta}(z_1+z_2)$

解：1）计算中心距

$$a=\frac{m_n(z_1+z_2)}{2\cos\beta}=\frac{3\times(17+55)}{2\cos15°8'37''}\text{mm}\approx112\text{mm}$$

2）若取 $a=110\text{mm}$，计算 β 为

$$\beta=\arccos\frac{m_n(z_1+z_2)}{2a}=\arccos\frac{3\times(17+55)}{2\times110}=10°56'33''$$

本例表明，斜齿圆柱齿轮传动的中心距 a 与螺旋角 β 有关。当一对斜齿轮的模数 m_n、齿数 z 一定时，可通过改变螺旋角 β 的方法调整安装中心距，以利于加工和装配。

5.7.3 斜齿圆柱齿轮传动的正确啮合条件和重合度

1. 正确啮合条件

斜齿轮在端面内的啮合相当于直齿轮的啮合，因此斜齿轮传动的螺旋角大小相等，外啮合时旋向相反（取“-”号），内啮合时旋向相同（取“+”号），又由于斜齿轮的法向参数为标准值，故其正确啮合条件可完整地表达为

$$\left.\begin{aligned}m_{n1}&=m_{n2}=m\\\alpha_{n1}&=\alpha_{n2}=\alpha\\\beta_1&=\pm\beta_2\end{aligned}\right\}\tag{5-25}$$

2. 重合度

斜齿圆柱齿轮传动的重合度 ε 等于端面重合度 ε_α 和纵向重合度 ε_β 之和，即

$$\varepsilon=\varepsilon_\alpha+\varepsilon_\beta\tag{5-26}$$

式中，端面重合度 ε_α 为同等参数条件下的直齿轮重合度；而纵向重合度 $\varepsilon_\beta=b\dfrac{\tan\beta}{\pi m_t}$。

由此可见，斜齿轮传动的重合度 ε 随齿宽 b 和螺旋角 β 的增大而增大，其值比直齿轮传动大得多，这是斜齿轮传动平稳、承载能力较高的主要原因。

5.7.4 斜齿圆柱齿轮的当量齿数

用仿形法加工斜齿圆柱齿轮的轮齿时，需按轮齿的法面齿形来选择刀具，因而必须知道法面齿形；另外，在计算齿轮强度时，由于载荷是作用在轮齿的法面内的，故也必须知道法面齿形。因此，有必要对斜齿圆柱齿轮的法面齿形进行研究。

图 5-28 所示为斜齿轮的分度圆柱，过任一齿齿厚中点 C 作垂直于分度圆柱螺旋线的法面 $n-n$，此法面与分度圆柱的截交线为一椭圆，其长半轴 $a=\dfrac{r}{\cos\beta}$，短半轴 $b=r$。以该椭圆 C 点的曲率半径（$\rho=\dfrac{a^2}{b}=\dfrac{d}{2\cos^2\beta}$）为半径，以斜齿轮的法向模数为模数，以法向压力角为压力角的直齿圆柱齿轮，其齿形就近似于斜齿轮的法面齿形。这个虚拟的直齿圆柱齿轮称为斜齿圆柱齿轮的当量齿轮，其齿数称为当量齿数，用 z_v 表示。当量齿数为

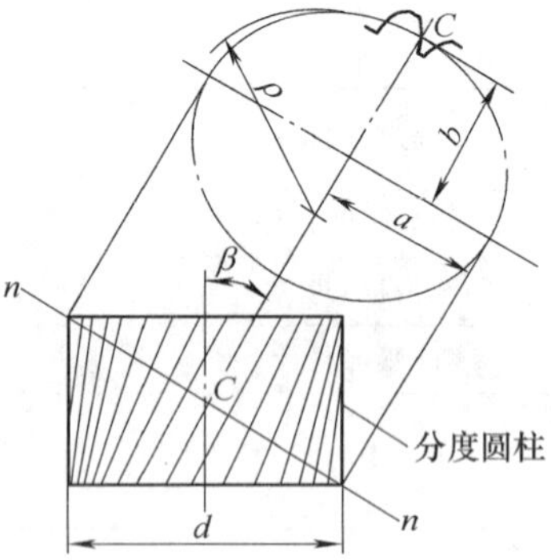

图 5-28 斜齿轮的分度圆柱

$$z_v=\frac{z}{\cos^3\beta} \tag{5-27}$$

式中，z 为斜齿圆柱齿轮的实际齿数。

当量齿数 z_v 不一定为整数，也不必圆整。它除用于斜齿轮弯曲强度计算及选择铣刀型号外，在斜齿轮变位因数的选择及齿厚测量计算等处也有应用。

标准斜齿圆柱齿轮不发生根切的最少齿数为

$$z_{min}=z_v\cos^3\beta \tag{5-28}$$

而正常齿制的标准斜齿圆柱齿轮不发生根切的最少齿数为 $z_{min}=17\cos^3\beta$。

5.8 直齿锥齿轮传动

5.8.1 锥齿轮传动的特点及应用

锥齿轮传动用于传递两相交轴之间的运动和动力。其传动可以看成是两个锥顶共点的圆锥体相互做纯滚动，如图 5-29 所示。两轴线间夹角 $\Sigma=\delta_1+\delta_2$，由传动要求确定，可为任意值，但常用的 $\Sigma=90°$。

锥齿轮的轮齿均匀分布在一个锥体上，从大端到小端逐渐收缩，其轮齿有直齿、曲齿等形式。直齿锥齿轮易于制造，成本低，但承载能力低，工作时振动和噪声都较大，适用于低速、轻载传动。曲齿锥齿轮传动平稳，承载能力高，常用于高速、重载传动，如汽车、坦克和飞机中的锥齿轮机构，但其设计和制造较复杂。本节只讨论轴交角 $\Sigma=90°$的标准直齿锥

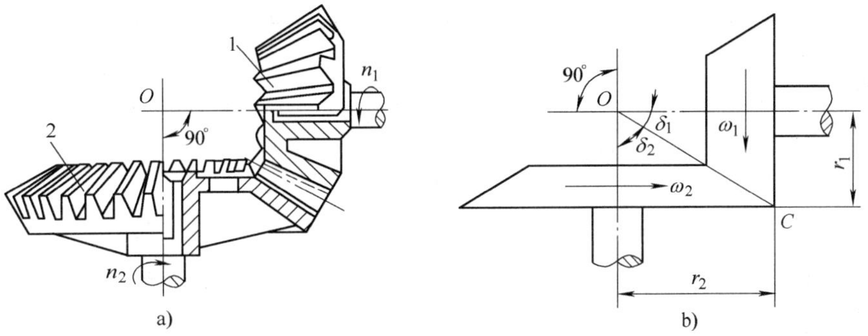

图 5-29　直齿锥齿轮传动

齿轮传动。

和圆柱齿轮相似，锥齿轮有分度圆锥、齿顶圆锥、齿根圆锥和基圆锥。标准直齿锥齿轮传动中，节圆锥与分度圆锥重合。

5.8.2　直齿锥齿轮传动的主要参数和几何尺寸计算

为了制造和测量的方便，直齿锥齿轮的参数和几何尺寸均以大端为标准。主要参数有：大端模数 m（见表 5-8）、大端压力角 $\alpha=20°$、齿顶高系数 $h_a^*=1$，顶隙系数 c^*（当 $m\leqslant$ 1mm 时，$c^*=0.25$；当 $m>1$mm 时，$c^*=0.2$）。

表 5-8　锥齿轮模数（摘自 GB/T 12368—1990）　　（单位：mm）

0.1	0.35	0.9	1.75	3.25	5.5	10	20	36
0.12	0.4	1	2	3.5	6	11	22	40
0.15	0.5	1.125	2.25	3.75	6.5	12	25	45
0.2	0.6	1.25	2.5	4	7	14	28	50
0.25	0.7	1.375	2.75	4.5	8	16	30	—
0.3	0.8	1.5	3	5	9	18	32	—

直齿锥齿轮按顶隙不同可分为不等顶隙收缩齿和等顶隙收缩齿两种，如图 5-30 所示。前者两齿轮啮合时，顶隙由大端到小端逐渐减小；后者两齿轮啮合时，顶隙由大端到小端保持不变。显然，等顶隙收缩齿锥齿轮的齿顶圆锥与分度圆锥的锥顶不再重合，这样可以避免小端齿顶过尖，从而提高小端轮齿的强度；同时，两齿轮啮合时小端顶隙较大，可以改善润滑条件，因此这种齿轮现被广泛推荐使用。标准直齿锥齿轮的几何尺寸计算公式见表 5-9。

表 5-9　标准直齿锥齿轮的几何尺寸计算公式（$\Sigma=90°$）

名称	代号	公　式
分度圆锥角	δ	$\delta_1=\arctan\dfrac{z_1}{z_2}$　$\delta_2=90°-\delta_1$
齿顶高	h_a	$h_a=h_a^* m$
顶隙	c	$c=c^* m$

（续）

名称	代号	公　　式
齿根高	h_f	$h_f=(h_a^*+c^*)m$
分度圆直径	d	$d=zm$
分度圆齿厚	s	$s=\pi m/2$
齿顶圆直径	d_a	$d_a=d+2h_a\cos\delta$
齿根圆直径	d_f	$d_f=d-2h_f\cos\delta$
齿顶角	θ_a	$\theta_a=\arctan\dfrac{h_a}{R}$
齿根角	θ_f	$\theta_f=\arctan\dfrac{h_f}{R}$
顶锥角	δ_a	不等顶隙收缩齿 $\delta_a=\delta+\theta_a$；等顶隙收缩齿 $\delta_a=\delta+\theta_f$
根锥角	δ_f	$\delta_f=\delta-\theta_f$
锥距	R	$R=\dfrac{1}{2}\sqrt{d_1^2+d_2^2}=\dfrac{m}{2}\sqrt{z_1^2+z_2^2}$
齿宽	b	$b=\phi_R R$，$\phi_R=0.25\sim0.3$

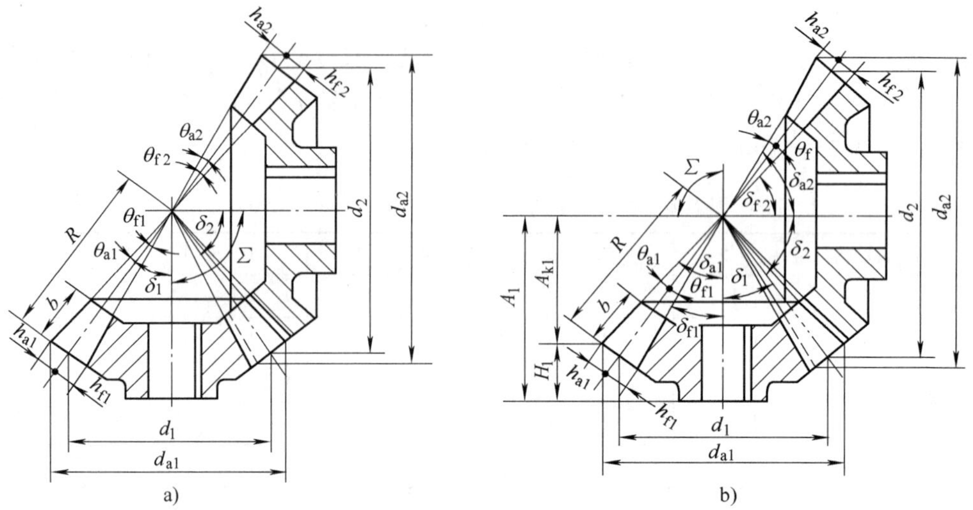

图 5-30　直齿锥齿轮的几何尺寸

a）不等顶隙收缩齿　b）等顶隙收缩齿

在图 5-30 所示轴交角 $\Sigma=90°$的标准直齿锥齿轮机构中，由几何关系可知其传动比为

$$i=\frac{\omega_1}{\omega_2}=\frac{z_2}{z_1}=\frac{d_2}{d_1}=\frac{\sin\delta_2}{\sin\delta_1}=\tan\delta_2=\cot\delta_1 \tag{5-29}$$

5.8.3　直齿锥齿轮传动的正确啮合条件

一对直齿锥齿轮的正确啮合条件为：两轮大端模数和压力角分别相等且等于标准值，即

$$\left.\begin{aligned}m_1=m_2=m\\ \alpha_1=\alpha_2=\alpha\end{aligned}\right\} \tag{5-30}$$

5.8.4　直齿锥齿轮传动的受力分析

图 5-31 所示为直齿锥齿轮传动中轮齿的受力情况。略去摩擦力，作用在平均分度圆上的法向力 $\boldsymbol{F}_n$ 可分解为 3 个相互垂直的分力：切向力 $\boldsymbol{F}_t$、径向力 $\boldsymbol{F}_r$ 和轴向力 $\boldsymbol{F}_a$。各力的大小分别为

$$\left.\begin{aligned} &\text{切向力} \quad && F_{t1}=\frac{2T_1}{d_{m1}}=-F_{t2} \\ &\text{径向力} \quad && F_{r1}=F_{t1}\tan\alpha\cos\delta_1=-F_{a2} \\ &\text{轴向力} \quad && F_{a1}=F_{t1}\tan\alpha\sin\delta_1=-F_{r2} \end{aligned}\right\} \tag{5-31}$$

式中　T_1——主动轮传递的转矩（N·mm）；

d_{m1}——主动轮的平均分度圆直径（mm），$d_{m1}=(1-0.5\phi_R)d_1$；d_1 为主动轮大端分度圆直径（mm）；ϕ_R 为齿宽系数，$\phi_R=\frac{b}{R}$，一般取 $\phi_R=0.25\sim0.30$；b 为齿宽（mm）；R 为锥距（mm）。

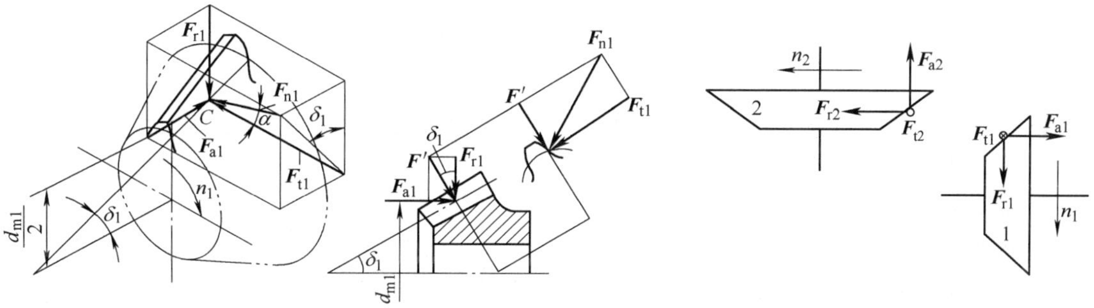

图 5-31　直齿锥齿轮轮齿的受力分析

切向力 $\boldsymbol{F}_t$ 和径向力 $\boldsymbol{F}_r$ 方向的判别方法与直齿圆柱齿轮相同；轴向力 $\boldsymbol{F}_a$ 的方向均由小端指向各自的齿轮大端。

5.9　渐开线圆柱齿轮传动的设计

5.9.1　齿轮传动的失效形式

齿轮传动的失效主要发生在轮齿部分，其主要失效形式有轮齿折断、齿面点蚀、齿面磨损、齿面胶合及塑性变形等几种形式。

1. 轮齿折断

轮齿折断通常有两种情况：一种是在交变载荷作用下，齿根弯曲应力超过允许限度时，

齿根处产生微小裂纹，随后裂纹不断扩展，最终导致轮齿疲劳折断；另一种是由于突然严重过载或冲击载荷作用引起的过载折断。

如图 5-32 所示，齿宽较小的直齿轮往往发生全齿折断，齿宽较大的直齿轮或斜齿轮则容易发生局部折断。

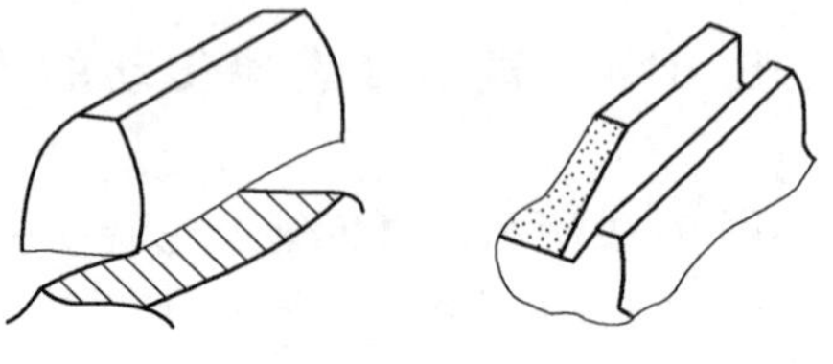
图 5-32 轮齿折断

防止轮齿折断的措施有：选用合适的齿轮参数和几何尺寸；限制轮齿根部弯曲疲劳应力；改善材料的力学性能；增大齿根圆角半径并提高圆角处的表面质量；避免过载或冲击等。

2. 齿面点蚀

轮齿工作时，齿面长时间受交变应力作用，当轮齿表面的接触应力超过允许限度时，先在节线附近的齿根表面产生细微的疲劳裂纹，随着裂纹的扩展，将导致微小的金属剥落而形成一些麻坑，这种现象称为齿面点蚀，如图 5-33 所示。点蚀影响轮齿的正常啮合，引起冲击和噪声，造成传动的不平稳。

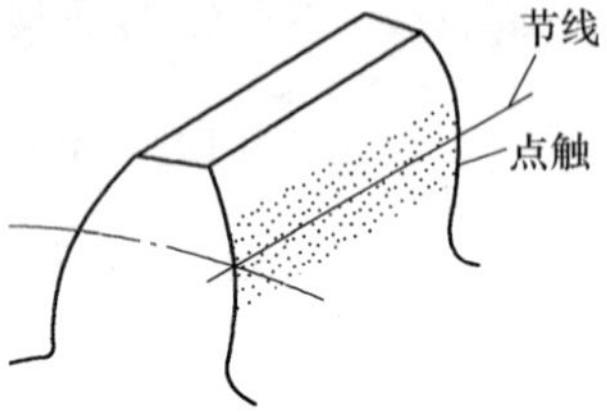

图 5-33 齿面点蚀

齿面点蚀常发生于润滑状态良好、齿面硬度较低（≤350HBW）的闭式传动中。在开式传动中，由于齿面磨损较快，往往点蚀还来不及出现或扩展即被磨掉了，所以看不到点蚀现象。

防止齿面点蚀的措施有：提高齿面硬度；限制齿面接触应力；降低齿面表面粗糙度；采用黏度较高的润滑油以及合理的变位等。

3. 齿面磨损

齿面磨损通常有两种情况：一种是由于灰尘、金属微粒等进入齿面间引起的磨损；另一种是由于齿面间相对滑动摩擦引起的磨损。一般情况下这两种磨损同时发生并相互促进。严重的磨损将使轮齿失去正确的齿形，齿侧间隙增大而产生振动和噪声，甚至由于齿厚磨薄最终导致轮齿折断。

润滑良好、具有一定硬度和表面粗糙度值较小的闭式齿轮传动，一般不会产生显著的磨损。在开式传动中，特别是在粉尘浓度大的场合下，齿面磨损将是主要的失效形式。

防止齿面磨损的措施有：提高齿面硬度；减小齿面表面粗糙度值；改善工作条件；在润滑油中加入减磨剂并保持润滑油的清洁等。

4. 齿面胶合

高速重载传动时，啮合区载荷大且集中，温升高，因而易引起润滑失效；低速重载传动时，油膜不易形成，这两种情况均可致使两齿面金属直接接触而熔黏到一起，随着运动的继续而使软齿面（齿面硬度≤350HBW）上的金属被撕下，在轮齿工作表面上形成与滑动方向一致的沟纹，这种现象称为齿面胶合，如图 5-34 所示。

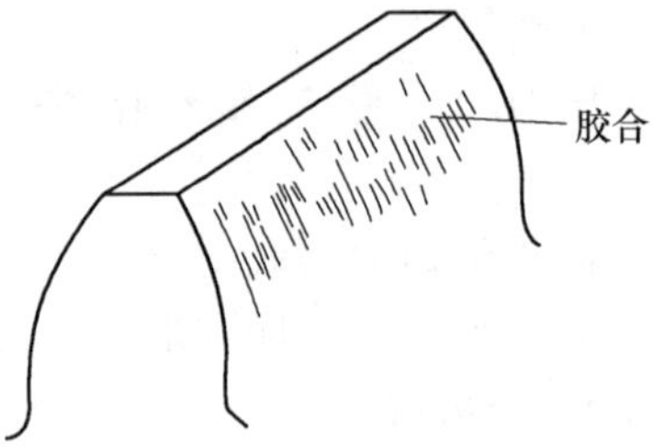

图 5-34 齿面胶合

防止齿面胶合的措施有：提高齿面硬度；减小齿面表面粗糙度值；对于低速传动宜采用黏度高的润滑油，对于高速传动则应采用含有抗胶合添加剂的润滑油。

5. 塑性变形

低速重载传动时，若轮齿齿面硬度较低，当齿面间作用力过大，啮合中的齿面表层材料就会沿摩擦力方向产生塑性流动，这种现象称为塑性变形。在起动和过载频繁的传动中，容易产生齿面塑性变形。

防止塑性变形的措施有：提高齿面硬度；选用屈服强度较高的材料；采用黏度较高的润滑油等。

5.9.2　齿轮材料

对齿轮材料的基本要求是：齿面要有足够的硬度和耐磨性，齿心要有足够的韧性，同时还应具有良好的加工工艺性和热处理工艺性。

常用的齿轮材料为各种牌号的优质碳素结构钢、合金结构钢、铸钢、铸铁和非金属材料等。一般多采用锻件或轧制钢材。钢材经锻造镦粗后，改善了材料内部的纤维组织，其强度较直接采用轧制钢材更好。所以，重要齿轮都采用锻件。

1. 优质碳素结构钢、合金结构钢

软齿面（齿面硬度≤350HBW）齿轮常用材料有35、45、50、40Cr、40MnB、35SiMn钢，经正火或调质处理。为使大、小齿轮的强度和寿命接近，应使小齿轮齿面硬度比大齿轮齿面硬度高30~50HBW。这类齿轮加工方便、成本低、生产率高，常用于中速、中载的齿轮传动。

硬齿面（齿面硬度>350HBW）齿轮一般采用45、40Cr钢，切齿后经表面淬火处理，齿面硬度可达40~55HRC；因热处理后变形不大，不需精加工；可在高速重载的重要传动中应用。如采用20Cr、20CrMnTi等钢，切齿后需经表面渗碳淬火处理，齿面硬度可达50~62HRC，齿面硬度高、心部韧性好；由于热处理后变形大，需经精加工，这类齿轮加工成本高，只在高速、重载、有冲击并要求尺寸小、质量轻的重要传动和精密机械中应用。如采用38CrMoAl等氮化钢，因渗氮淬火后变形很小，可不需精加工，齿面硬度可达56~62HRC，常用于不易磨齿处，但因渗氮淬火后渗氮层较薄，因此不宜在磨损很大或承受冲击载荷的情况下工作。

2. 铸钢

铸钢的强度和耐磨性较好，但应经退火或正火处理，也可进行调质处理。常用于直径大于400~600mm、结构复杂、难以用锻造方法制造的齿轮。常用材料为ZG310—570、ZG340—640等。

3. 铸铁

灰铸铁的铸造性能和切削性能好，抗胶合、抗点蚀能力强，且价廉；但其抗弯强度低，冲击韧度差。常用于低速、轻载、无冲击、大尺寸和开式齿轮传动中。常用灰铸铁为HT150~HT350。

球墨铸铁的力学性能和抗冲击性能远高于灰铸铁，可代替铸钢。常用球墨铸铁为QT500—7、QT600—3等。

4. 非金属材料

在高速、轻载、精度不高的齿轮传动中，为降低噪声，可用非金属材料，如尼龙、塑料、夹布胶木等。

常用齿轮材料及其力学性能见表5-10。

表5-10 常用齿轮材料及其力学性能

材料	热处理方法	强度极限 σ_b/MPa	屈服强度 σ_s/MPa	齿面硬度 HBW	许用接触应力 $[\sigma_H]$/MPa	许用弯曲应力 $[\sigma_{bb}]$①/MPa
HT300		300		198~255	290~347	80~105
QT600—3	正火	600		190~270	436~535	262~315
ZG310—570		580	320	162~197	270~301	171~189
ZG340—640		650	350	179~207	288~306	182~196
45		580	290	162~217	468~513	280~301
ZG340—640	调质	700	380	241~269	468~490	248~259
45		650	360	217~255	513~545	301~315
35SiMn		750	450	217~269	585~648	388~420
40Gr		700	500	241~286	612~675	399~427
45	调质后表面淬火			40~50HRC	972~1053	427~504
40Gr				48~55HRC	1035~1098	483~518
20Gr	渗碳后淬火	650	400	56~62HRC	1350	645
20GrMnTi		1100	850	56~62HRC	1350	645

① $[\sigma_{bb}]$ 为轮齿单向受载的试验条件下得到的，若轮齿的工作条件为双向受载，则应将表中数值乘以0.7。

5.9.3 齿轮传动精度等级的选择

国家标准GB/T 10095.1—2008对渐开线圆柱齿轮和锥齿轮规定了13个精度等级，0级精度最高，12级精度最低。常用的是6~9级。

齿轮每个精度等级的公差根据对运动准确性、传动平稳性和载荷分布均匀性等三方面的要求，划分为三个公差组，即第Ⅰ公差组、第Ⅱ公差组和第Ⅲ公差组。一般情况下，可选三个公差组为同一精度等级，但也允许根据使用要求的不同，选择不同精度等级的公差组组合。表5-11中给出了圆柱齿轮第Ⅱ公差组精度等级与圆周速度的关系，供选择时参考。第Ⅰ公差组和第Ⅲ公差组的精度等级可根据工作要求参照确定。

表5-11 圆柱齿轮第Ⅱ公差组精度与圆周速度的关系

齿的形式	齿面布氏硬度/HBW	第Ⅱ公差组精度等级			
		6	7	8	9
		圆周速度/(m/s)			
直齿	≤350	≤18	≤12	≤6	≤4
	>350	≤15	≤10	≤5	≤3
斜齿	≤350	≤36	≤25	≤12	≤8
	>350	≤30	≤20	≤9	≤6

注：本表不属于国家标准，仅供参考。

齿轮传动的侧隙是指一对齿轮在啮合传动中，工作齿廓相互接触时，在两基圆柱的内公切面上，两个非工作齿廓之间的最小距离 j_n。规定侧隙，可避免因制造、安装误差以及热膨胀或承载变形等原因而导致轮齿卡住。合适的侧隙可通过适当的齿厚极限偏差和中心距极限偏差来保证。

GB/T 10095.1—2008 对单个渐开线圆柱齿轮轮齿同侧齿面的多项齿轮偏差做了较详细的规定，如单个齿距偏差 f_{pt}；齿距累积总偏差 F_p；齿廓总偏差 F_α 等，对应于某一精度等级都有具体的偏差数值。

GB/T 10095.2—2008 对单个渐开线圆柱齿轮径向综合偏差和径向跳动公差的精度也做了较详细的规定，径向综合偏差共分 9 个等级，4 级最高，12 级最低；径向跳动公差分 13 级，0 级最高，12 级最低。具体使用时，可直接查阅国家标准。

5.9.4　直齿圆柱齿轮传动的强度设计

1. 轮齿的受力分析

对轮齿进行受力分析，可为齿轮传动的强度计算以及支承齿轮的轴和轴承的计算提供数据。

图 5-35a 所示为一对标准直齿圆柱齿轮啮合传动时的受力情况。由渐开线齿廓特性可知，若以节点 C 作为计算点且不考虑齿面间摩擦力的影响，轮齿间的总作用力 $\boldsymbol{F}_n$ 将垂直于齿廓，并沿着轮齿啮合点的公法线 N_1N_2 方向，$\boldsymbol{F}_n$ 称为法向力。$\boldsymbol{F}_n$ 在分度圆上可分解为两个互相垂直的分力：切于圆周的切向力 $\boldsymbol{F}_{t1}$ 和沿半径方向并指向轮心的径向力 $\boldsymbol{F}_{r1}$，如图 5-35b 所示。各力的大小分别为

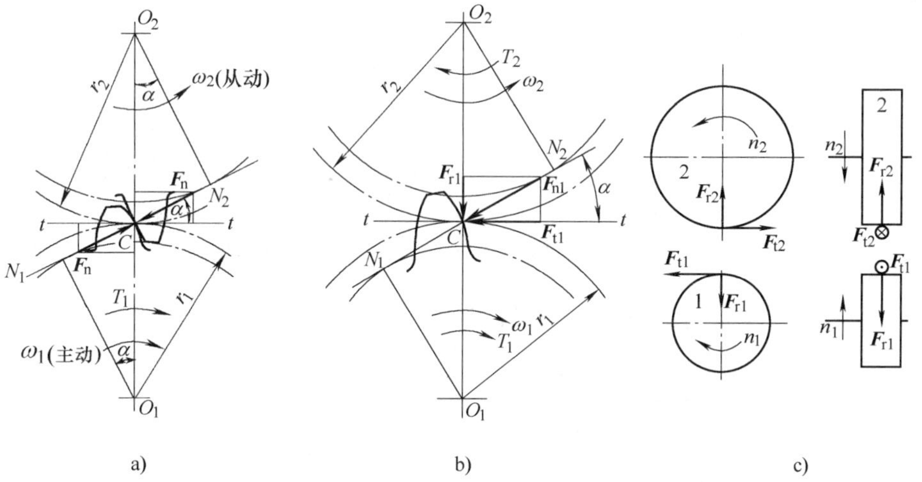

图 5-35　直齿圆柱齿轮轮齿的受力分析

$$\left.\begin{aligned}\text{切向力}\quad F_{t1}&=\frac{2T_1}{d_1}\\ \text{径向力}\quad F_{r1}&=F_{t1}\tan\alpha\end{aligned}\right\}\tag{5-32}$$

式中　T_1——主动轮传递的转矩（N·mm），通常已知主动轮传递的功率 P_1(kW)及转速

n_1(r/min)，则主动轮传递的转矩为 $T_1=9.55\times10^6\dfrac{P_1}{n_1}$；

d_1——主动轮的分度圆直径（mm）；

α——分度圆压力角，$\alpha=20°$。

根据作用力与反作用力原理，$F_{t1}=-F_{t2}$，$F_{r1}=-F_{r2}$。如图 5-35c 所示，切向力的方向在主动轮上与其回转方向相反，在从动轮上与其回转方向相同；两轮的径向力 $\boldsymbol{F}_{r1}$、$\boldsymbol{F}_{r2}$ 的方向均指向各自的轮心。

2. 齿面接触疲劳强度计算

如图 5-36 所示，两齿廓曲面曲率半径为 ρ_1、ρ_2 的两圆柱体接触，在载荷 $\boldsymbol{F}_n$ 的作用下，为保证不产生点蚀，由弹性力学的有关公式推导出钢制标准直齿圆柱齿轮齿面接触疲劳强度的校核公式为

$$\sigma_H=671\sqrt{\frac{KT_1}{\phi_d d_1^3}\frac{u\pm1}{u}}\leqslant[\sigma_H]\quad(5\text{-}33)$$

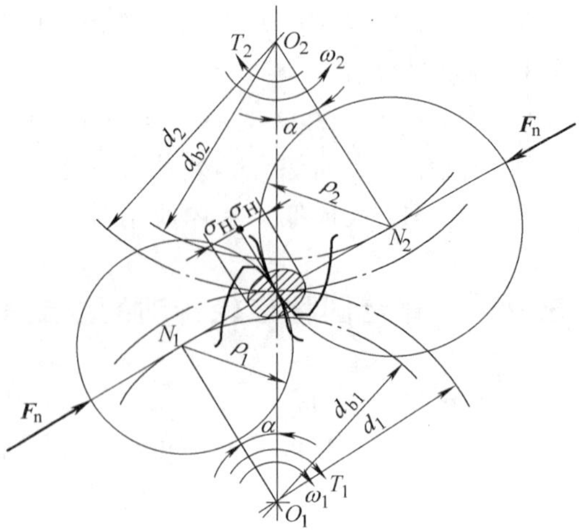

图 5-36　齿面的接触应力

设计公式为

$$d_1\geqslant\sqrt[3]{\left(\frac{671}{[\sigma_H]}\right)^2\frac{KT_1}{\phi_d}\frac{u\pm1}{u}}\quad(5\text{-}34)$$

式中　σ_H——齿面接触应力（MPa）；

K——载荷系数，其值可由表 5-12 查取；

T_1——主动轮传递的转矩（N·mm）；

d_1——主动轮的分度圆直径（mm）；

ϕ_d——齿宽系数，其值可由表 5-13 查取，$\phi_d=\dfrac{b}{d_1}$，其中 b 为齿宽（mm）；

u——齿数比，$u=\dfrac{z_2}{z_1}=\dfrac{d_2}{d_1}$，“+”用于外啮合，“-”用于内啮合；

$[\sigma_H]$——许用接触应力（MPa），其值可由表 5-10 查取。

表 5-12　载荷系数 K

载荷状态	工作机举例	原动机		
		电动机	多缸内燃机	单缸内燃机
平稳轻微冲击	均匀加料的运输机和喂料机、发电机、透平鼓风机和压缩机、机床辅助传动等	1~1.2	1.2~1.6	1.6~1.8
中等冲击	不均匀加料的运输机和喂料机、重型卷扬机、球磨机、多缸往复式压缩机等	1.2~1.6	1.6~1.8	1.8~2.0
较大冲击	压力机、剪床、钻机、轧机、挖掘机、重型给水泵、破碎机、单缸往复式压缩机等	1.6~1.8	1.9~2.1	2.2~2.4

注：斜齿、圆周速度低、传动精度高、齿宽系数小时，取小值；直齿、圆周速度高、传动精度低时，取大值。增速传动时，K 值应增大 1.1 倍。齿轮在轴承间不对称布置时，取大值。

表 5-13 圆柱齿轮齿宽系数 ϕ_d

齿轮相对于轴承的位置	齿面硬度	
	≤350HBW	>350HBW
对称布置	0.8~1.4	0.4~0.9
非对称布置	0.6~1.2	0.3~0.6
悬臂布置	0.3~0.4	0.2~0.25

式（5-33）、式（5-34）仅适用于齿轮材料为钢对钢的情况，对于钢对灰铸铁或灰铸铁对灰铸铁的传动，则要将式中的系数 671 分别乘以 0.85 和 0.76。

注意：一对齿轮啮合时，根据作用力与反作用力原理，两齿面的接触应力是相等的，即 $\sigma_{H1}=\sigma_{H2}$；而两轮的材料或热处理不同，其许用接触应力也不相等，即 $[\sigma_{H1}]\neq[\sigma_{H2}]$，在强度计算时应将 $[\sigma_{H1}]$、$[\sigma_{H2}]$ 中的较小值代入公式计算。

3. 齿根弯曲疲劳强度计算

计算齿根弯曲疲劳强度时，为使问题简化，将轮齿看作一悬臂梁，全部载荷由一对齿承担，且载荷作用于齿顶。轮齿危险截面的位置可由 30°切线法确定：作与轮齿对称中心线成 30°夹角且与齿根过渡圆角相切的两条斜线，两切点的连线即为危险截面的位置，如图 5-37 所示。将作用于齿顶的法向力 $\boldsymbol{F}_n$ 分解为 $\boldsymbol{F}_n\cos\alpha_F$ 和 $\boldsymbol{F}_n\sin\alpha_F$ 两个分力，$\boldsymbol{F}_n\cos\alpha_F$ 产生弯曲应力，$\boldsymbol{F}_n\sin\alpha_F$ 则产生压缩应力。因后者很小，故忽略不计。计入载荷系数，由弯曲正应力公式可推导出齿根弯曲疲劳强度的校核公式为

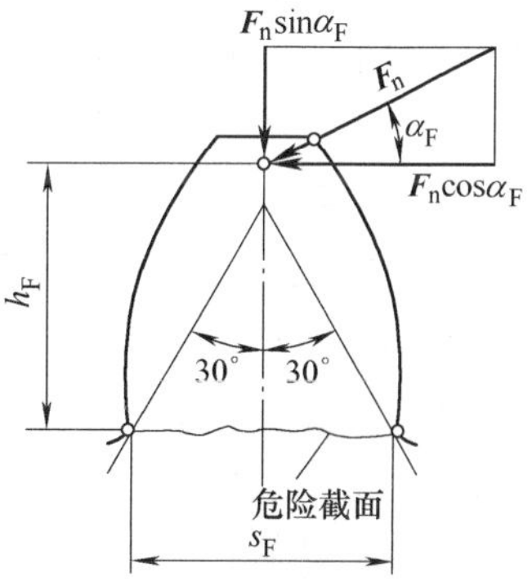

图 5-37 轮齿弯曲应力分析

$$\sigma_{bb1}=\frac{2KT_1}{bmd_1}Y_{FS}=\frac{2KT_1}{\phi_d z_1^2 m^3}Y_{FS}\leqslant[\sigma_{bb1}]$$

$$\sigma_{bb2}=\sigma_{bb1}\frac{Y_{FS2}}{Y_{FS1}}\leqslant[\sigma_{bb2}] \tag{5-35}$$

设计公式为

$$m\geqslant\sqrt[3]{\frac{2KT_1}{z_1^2\phi_d}\left(\frac{Y_{FS}}{[\sigma_{bb}]}\right)} \tag{5-36}$$

式中 σ_{bb}——齿根弯曲应力（MPa）；

z_1——主动轮齿数；

m——齿轮模数（mm）；

Y_{FS}——齿形系数，它只与轮齿形状有关，而与模数无关，其值可由表 5-14 查取；

$[\sigma_{bb}]$——许用弯曲应力（MPa），其值可由表 5-10 查取。

注意：一对齿轮相啮合时，由于大、小齿轮的齿数不同，齿形系数 Y_{FS} 值也不同，即 $Y_{FS1}\neq Y_{FS2}$，所以两齿轮的齿根弯曲应力不相等，即 $\sigma_{bb1}\neq\sigma_{bb2}$；另外，两轮材料的硬度一般不同，故其许用弯曲应力也不相等，即 $[\sigma_{bb1}]\neq[\sigma_{bb2}]$。因此，大、小齿轮的齿根弯曲应

表 5-14 齿形系数 Y_{FS}

$z(z_v)$	17	18	19	20	21	22	23	24	25	26	27	28	29
Y_{FS}	4.51	4.45	4.41	4.36	4.33	4.3	4.27	4.24	4.21	4.19	4.17	4.15	4.13
$z(z_v)$	30	35	40	45	50	60	70	80	90	100	150	200	∞
Y_{FS}	4.12	4.06	4.04	4.02	4.01	4	3.99	3.98	3.97	3.96	4.00	4.03	4.06

注：斜齿轮按当量齿数 z_v 查表。

力应分别计算，并分别与各自的许用弯曲应力比较，使 $\sigma_{bb1} \leqslant [\sigma_{bb1}]$，$\sigma_{bb2} \leqslant [\sigma_{bb2}]$；用设计公式进行设计计算时，应将$\frac{Y_{FS1}}{[\sigma_{bb1}]}$和$\frac{Y_{FS2}}{[\sigma_{bb2}]}$中的较大者代入。

4. 齿轮传动参数的选择

（1）齿数 z 当中心距一定时，增加齿数可以增大传动的重合度，从而有利于提高传动的平稳性。在分度圆直径不变的情况下，增加齿数可以降低模数，降低齿高，减小齿面滑动系数，有利于提高轮齿的抗磨损和抗胶合能力，而且齿高的降低又可以减少切削量，降低齿轮的加工成本。但模数的减小会导致轮齿抗弯强度降低。因此，在满足抗弯强度的条件下，宜取较多的齿数。通常对软齿面的闭式齿轮传动，可取 $z_1=20\sim40$；对硬齿面的闭式齿轮传动或开式传动，主要应保证轮齿的抗弯强度，应适当选取较少的齿数，但要避免发生根切，一般取 $z_1=17\sim20$。

（2）模数 m 如前所述，在满足轮齿弯曲疲劳强度的条件下，宜取小模数。但对传递动力的齿轮，为防止意外断齿，应保证模数 $m \geqslant 2\text{mm}$。

（3）齿宽系数 ϕ_d 当齿宽一定时，增大齿宽系数可减小齿轮直径和传动中心距，降低齿轮的圆周速度。但当齿轮直径一定时，齿宽系数越大，齿宽就越大，则载荷沿齿宽分布就越不均匀。对于一般机械，ϕ_d 可按表 5-13 选取。

将 $b=\phi_d d_1$ 算得的齿宽加以圆整作为大齿轮的齿宽 b_2；为防止两轮因装配后轴向错位而减少啮合宽度，小齿轮齿宽 b_1 应在 b_2 的基础上增大 5~10mm，即 $b_1=b_2+(5\sim10)\text{mm}$。

5. 齿轮传动的设计步骤

1）选择齿轮材料及热处理方法。齿轮材料及热处理方法的选择可参考表 5-10。

2）设计计算。对软齿面的闭式齿轮传动，其主要失效形式为齿面点蚀，故通常按齿面接触疲劳强度确定 d_1，再校核齿根弯曲疲劳强度；对硬齿面的闭式齿轮传动，其主要失效形式为轮齿的弯曲疲劳折断，故通常按齿根弯曲疲劳强度确定模数 m，再校核齿面接触疲劳强度；对开式齿轮传动，其主要失效形式为齿面磨损，但由于磨损的机理比较复杂，到目前为止尚无成熟的设计计算方法，故通常只按齿根弯曲疲劳强度确定模数 m，考虑到磨损对齿轮轮齿的削弱，应将所求得的模数增大 10%~20%。

3）计算齿轮的几何尺寸。按表 5-3 所列公式计算齿轮的几何尺寸。

4）确定齿轮的结构形式和结构尺寸。参看本章 5.10 节的内容。

5）绘制齿轮工作图。

6. 应用举例

例 5-2 设计一带式运输机单级圆柱齿轮减速器中的直齿圆柱齿轮传动。已知传递功率

$P=5\text{kW}$，$n_1=1440\text{r/min}$，$i=4.6$，单向运转，载荷平稳。

解：

—	计算及说明	主要结果
1. 选择材料及热处理方法	所设计的齿轮传动属于闭式传动，通常采用软齿面的钢制齿轮，查表5-10，选用便于制造的材料 小齿轮选用45钢，调质处理，硬度为217~255HBW 大齿轮选用45钢，正火处理，硬度为162~217HBW 本传动为软齿面的闭式齿轮传动，故按齿面接触疲劳强度设计	小齿轮：45钢、调质、217~255HBW 大齿轮：45钢、正火、162~217HBW
2. 按齿面接触疲劳强度设计	$d_1 \geqslant \sqrt[3]{\left(\frac{671}{[\sigma_H]}\right)^2 \frac{KT_1}{\phi_d} \frac{u+1}{u}}$	
(1)载荷系数K	查表5-12，$K=1.1$	$K=1.1$
(2)转矩T_1	$T_1=9.55\times10^6\frac{P_1}{n_1}=9.55\times10^6\times\frac{5}{1440}\text{N}\cdot\text{mm}$	$T_1=33159.7\text{N}\cdot\text{mm}$
(3)许用接触应力$[\sigma_H]$	查表5-10，取$[\sigma_{H1}]=530\text{MPa}$，$[\sigma_{H2}]=490\text{MPa}$	$[\sigma_H]=[\sigma_{H2}]=490\text{MPa}$
(4)齿宽系数ϕ_d	查表5-13，$\phi_d=1.1$	$\phi_d=1.1$
(5)求d_1	$d_1 \geqslant \sqrt[3]{\left(\frac{671}{[\sigma_H]}\right)^2 \frac{KT_1}{\phi_d} \frac{u+1}{u}}=\sqrt[3]{\left(\frac{671}{490}\right)^2 \frac{1.1\times33159.7}{1.1}\times\frac{4.6+1}{4.6}}\text{mm}$	$d_1\geqslant42.30\text{mm}$
3. 确定主要参数，计算主要几何尺寸 (1)齿数	取$z_1=22$ $z_2=z_1 i=22\times4.6=101.2$，取$z_2=101$ 验算传动比误差：$\Delta i=\frac{\frac{101}{22}-4.6}{4.6}\times100\%=-0.2\%$，$-5\%<\Delta i<5\%$，合适	$z_1=22$ $z_2=101$
(2)模数	$m=\frac{d_1}{z_1}=\frac{42.30}{22}\text{mm}=1.92\text{mm}$，查表5-2，取标准模数	$m=2\text{mm}$
(3)分度圆直径	$d_1=mz_1=2\times22\text{mm}=44\text{mm}$ $d_2=mz_2=2\times101\text{mm}=202\text{mm}$	$d_1=44\text{mm}$ $d_2=202\text{mm}$
(4)中心距	$a=\frac{m}{2}(z_1+z_2)=\frac{2}{2}\times(22+101)\text{mm}=123\text{mm}$	$a=123\text{mm}$
(5)齿宽	$b=\phi_d d_1=1.1\times44\text{mm}=48.4\text{mm}$ 取$b_2=50\text{mm}$，$b_1=b_2+(5\sim10\text{mm})=55\text{mm}$	$b_1=55\text{mm}$ $b_2=50\text{mm}$
4. 校核弯曲疲劳强度 (1)齿形系数Y_{FS}	查表5-14，$Y_{FS1}=4.3$，$Y_{FS2}=3.96$	$Y_{FS1}=4.30$ $Y_{FS2}=3.96$
(2)许用弯曲应力$[\sigma_{bb}]$	查表5-10，取$[\sigma_{bb1}]=310\text{MPa}$，$[\sigma_{bb2}]=295\text{MPa}$	$[\sigma_{bb1}]=310\text{MPa}$ $[\sigma_{bb2}]=295\text{MPa}$
(3)校核计算	$\sigma_{bb1}=\frac{2KT_1}{\phi_d z_1^2 m^3}Y_{FS1}=\frac{2\times1.1\times33159.7}{1.1\times22^2\times2^3}\times4.30\text{MPa}=73.65\text{MPa}$ $\sigma_{bb2}=\sigma_{bb1}\frac{Y_{FS2}}{Y_{FS1}}=73.65\times\frac{3.96}{4.30}\text{MPa}=67.83\text{MPa}$	$\sigma_{bb1}=73.65\text{MPa}$ $\sigma_{bb2}=67.83\text{MPa}$ 弯曲疲劳强度足够
5. 结构设计	略	
6. 齿轮零件工作图	略	

5.9.5 斜齿圆柱齿轮传动的强度设计

1. 轮齿的受力分析

图 5-38 所示为平行轴斜齿圆柱齿轮传动中轮齿的受力情况。作用在轮齿分度圆周上的法向力 $\boldsymbol{F}_n$ 可分解为三个相互垂直的分力：切向力 $\boldsymbol{F}_t$、径向力 $\boldsymbol{F}_r$ 和轴向力 $\boldsymbol{F}_a$。各力的大小分别为

$$\left.\begin{aligned}&\text{切向力}\quad F_{t1}=\frac{2T_1}{d_1}=-F_{t2}\\&\text{径向力}\quad F_{r1}=F_{t1}\frac{\tan\alpha_n}{\cos\beta}=-F_{r2}\\&\text{轴向力}\quad F_{a1}=F_{t1}\tan\beta=-F_{a2}\end{aligned}\right\}\tag{5-37}$$

式中 α_n——法面压力角，$\alpha_n=20°$；

β——螺旋角（°）。

其他各符号代表的意义、单位及确定方法均与直齿圆柱齿轮相同。

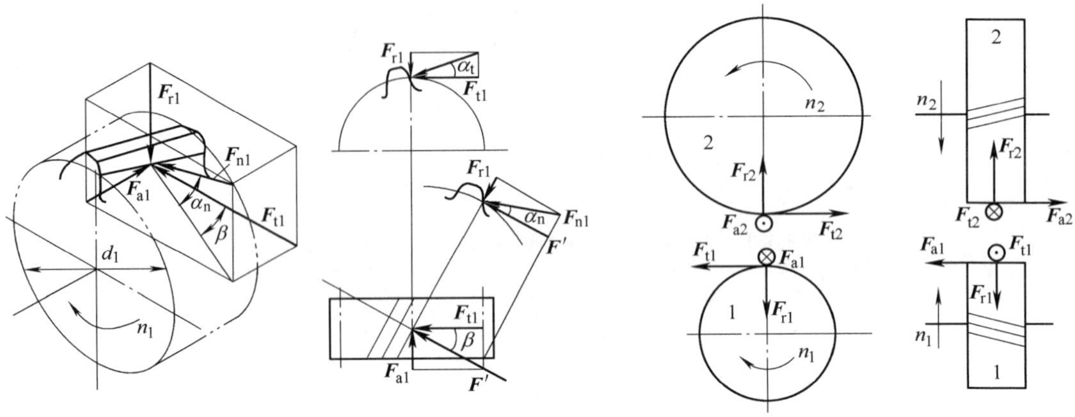

图 5-38 平行轴斜齿圆柱齿轮轮齿的受力分析

切向力 $\boldsymbol{F}_t$ 和径向力 $\boldsymbol{F}_r$ 方向的判别方法与直齿圆柱齿轮相同。轴向力 $\boldsymbol{F}_a$ 沿齿轮轴线方向，主动轮轴向力的方向用“左、右手螺旋定则”来判断，即主动轮左旋时用左手握齿轮的轴线，右旋时用右手，四指的弯向表示转向，伸直的大拇指的指向即为其轴向力的方向；从动轮上轴向力的方向与之相反。

2. 齿面接触疲劳强度计算

对于钢制标准斜齿圆柱齿轮，其齿面接触疲劳强度的校核公式和设计公式分别为

$$\sigma_H=590\sqrt{\frac{KT_1}{bd_1^2}\frac{u\pm1}{u}}=590\sqrt{\frac{KT_1}{\phi_d d_1^3}\frac{u\pm1}{u}}\leqslant[\sigma_H]\tag{5-38}$$

$$d_1\geqslant\sqrt[3]{\left(\frac{590}{[\sigma_H]}\right)^2\frac{KT_1\ (u\pm1)}{\phi_d u}}\tag{5-39}$$

3. 齿根弯曲疲劳强度计算

校核公式

$$\sigma_{bb}=\frac{1.6KT_1Y_{FS}\cos\beta}{bm_n^2z_1}\leqslant[\sigma_{bb}] \tag{5-40}$$

设计公式

$$m_n\geqslant\sqrt[3]{\frac{1.6KT_1Y_{FS}\cos^2\beta}{\phi_d z_1^2\quad[\sigma_{bb}]}} \tag{5-41}$$

式（5-38）至式（5-41）中，Y_{FS} 为齿形系数，按当量齿数 $z_v=\frac{z}{\cos^3\beta}$ 由表 5-14 查取；其他各符号代表的意义、单位及确定方法均与直齿圆柱齿轮相同。

5.10　齿轮的结构设计及齿轮传动的润滑和效率

5.10.1　齿轮的结构设计

齿轮的结构设计主要包括选择合理适用的结构形式，依据经验公式确定齿轮的轮毂、轮辐、轮缘等各部分的尺寸及绘制齿轮的零件工作图等。

常用的齿轮结构形式有以下几种。

1. 齿轮轴

当圆柱齿轮的齿根圆至键槽底部的距离 $x\leqslant(2\sim2.5)m$，或当锥齿轮小端的齿根圆至键槽底部的距离 $x\leqslant(1.6\sim2)m$ 时，应将齿轮与轴制成一体，称为齿轮轴，如图 5-39 所示。

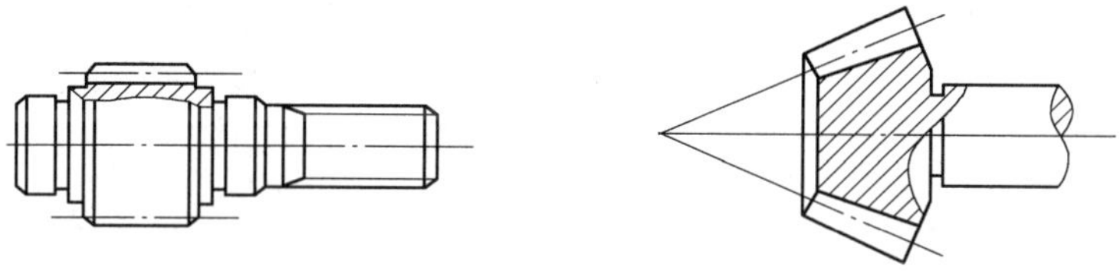

a)　　　b)

图 5-39　齿轮轴

2. 实心式齿轮

当齿轮的齿顶圆直径 $d_a\leqslant$ 200mm 时，可采用实心式结构，如图 5-40 所示。这种结构形式的齿轮常用锻钢制造。

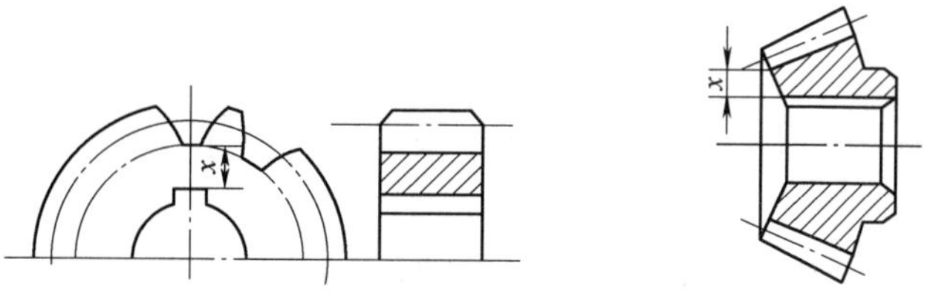

a)　　　b)

图 5-40　实心式齿轮

3. 腹板式齿轮

当齿轮的齿顶圆直径 d_a = 200~500mm 时，可采用腹板式结构，如图 5-41 所示。这种结构的齿轮一般多用锻钢制造，其各部分尺寸由图中经验公式确定。

4. 轮辐式齿轮

当齿轮的齿顶圆直径 d_a>500mm 时，可采用轮辐式结构，如图 5-42 所示。这种结构的

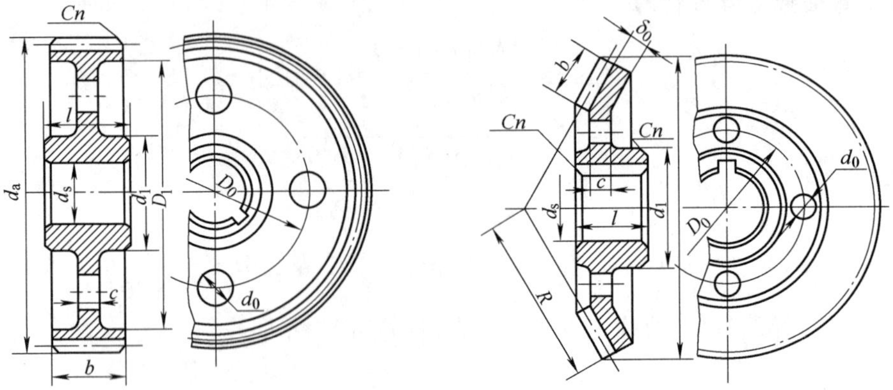

$d_1=1.6d_s$(d_s为轴径)

$D_0=\frac{1}{2}(D_1+d_1)$

$D_1=d_a-(10\sim12)m$

$d_0=0.25(D_1-d_1)$

$c=0.3b$

$l=(1.2\sim1.3)d_s\geqslant b$

$n=0.5m$

$d_1=1.6d_s$(铸钢)

$d_1=1.8d_s$(铸铁)

$l=(1\sim1.2)d_s$

$c=(0.1\sim0.17)l>10$ mm

$\delta_0=(3\sim4)m>10$ mm

D_0和d_0根据结构确定

图 5-41 腹板式圆柱、锥齿轮

$d_1=1.6d_s$(铸钢)

$d_1=1.8d_s$(铸铁)

$D_1=d_a-(10\sim12)m_n$

$h=0.8d_s$

$h_1=0.8h$

$c_1=0.2h$

$s=\frac{h}{6}$(不小于10mm)

$l=(1.2\sim1.5)d_s$

$n=0.5m_n$

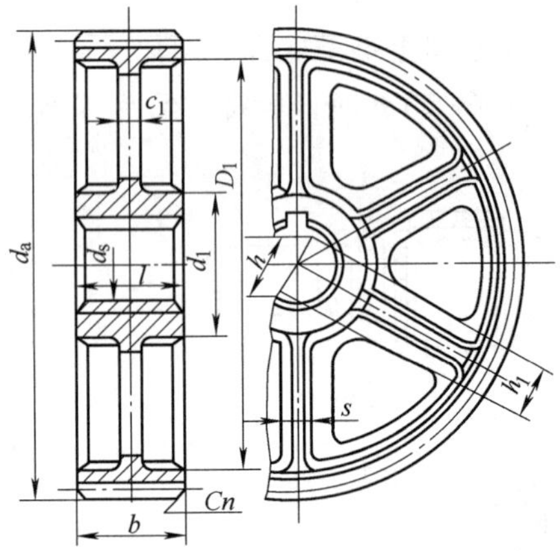

图 5-42 铸造轮辐式圆柱齿轮

齿轮常采用铸钢或铸铁制造，其各部分尺寸按图中经验公式确定。

5.10.2 齿轮传动的润滑

润滑对于齿轮传动十分重要。润滑不仅可以减小摩擦、减轻磨损，还可以起到冷却、缓蚀、降低噪声、改善齿轮的工作状况、延缓轮齿失效和延长齿轮的使用寿命等作用。

1. 润滑方式

闭式齿轮传动的润滑方式有浸油润滑和喷油润滑两种，一般根据齿轮的圆周速度确定采用哪一种方式。

（1）浸油润滑　当齿轮的圆周速度 $v<12\text{m/s}$ 时，通常将大齿轮浸入油池中进行润滑，如图 5-43a 所示。齿轮浸入油中的深度至少为 10mm，转速低时可浸深一些，但浸入过深则会增大运动阻力并使油温升高。在多级齿轮传动中，对于未浸入油池内的齿轮，可采用带油轮将油带到未浸入油池内的齿轮齿面上，如图 5-43b 所示。浸油齿轮可将油甩到齿轮箱壁上，有利于散热。

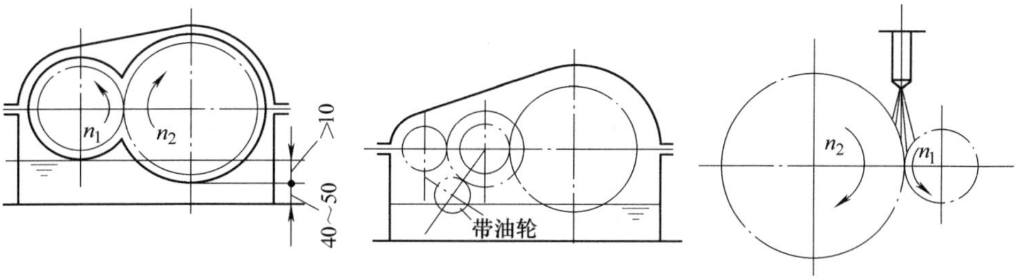

a)　　b)　　c)

图 5-43　齿轮润滑

（2）喷油润滑　当齿轮的圆周速度 $v>12\text{m/s}$ 时，由于圆周速度大，齿轮搅油剧烈，且黏附在齿廓面上的油易被甩掉，因此不宜采用浸油润滑，而应采用喷油润滑，即用油泵将具有一定压力的润滑油经喷嘴喷到啮合的齿面上，如图 5-43c 所示。

对于开式齿轮传动，由于其传动速度较低，通常采用人工定期加油润滑的方式。

2. 润滑油的选择

选择润滑油时，先根据齿轮的工作条件以及圆周速度由表 5-15 查得运动黏度值，再根据选定的黏度确定润滑油的牌号。

表 5-15　齿轮传动润滑油黏度荐用值

齿轮材料	强度极限 σ_b/MPa	圆周速度 v/(m/s)						
		<0.5	0.5～1	1～2.5	2.5～5	5～12.5	12.5～25	>25
		运动黏度 $\upsilon_{50℃}$($\upsilon_{100℃}$)/(mm^2/s)						
塑料、青铜、铸铁	—	180(23)	120(1.5)	85	60	45	34	—
钢	450～1000	270(34)	180(23)	120(15)	85	60	45	34
	1000～1250	270(34)	270(34)	180(23)	120(15)	85	60	45
渗碳或表面淬火钢	1250～1580	450(53)	270(34)	270(34)	180(23)	12(15)	85	60

注：1. 多级齿轮传动按各级所选润滑油黏度的平均值来确定润滑油。
2. 对于 $\sigma_b>800\text{MPa}$ 的镍铬钢制齿轮（不渗碳），润滑油黏度取高一档的数值。

必须经常检查齿轮传动润滑系统的状况（如润滑油的油面高度等）。油面过低则润滑不良，油面过高会增加搅油功率的损失。对于压力喷油润滑系统还需检查油压状况，油压过低会造成供油不足，油压过高则可能是因为油路不畅通，需及时调整油压。

5.10.3　齿轮传动的效率

齿轮传动中的功率损失主要包括啮合中的摩擦损失、轴承中的摩擦损失和搅动润滑油的功率损失。进行有关齿轮的计算时通常使用的是齿轮传动的平均效率。

当齿轮轴上装有滚动轴承，并在满载状态下运转时，传动的平均总效率 η 见表 5-16，供设计传动系统时参考。

表 5-16 装有滚动轴承的齿轮传动的平均总效率

传动形式	圆柱齿轮传动	锥齿轮传动
6 级或 7 级精度的闭式传动	0.98	0.97
8 级精度的闭式传动	0.97	0.96
开式传动	0.95	0.94

思考与练习题

5-1 要使一对渐开线直齿圆柱齿轮能进行啮合传动，则必须满足什么条件？

5-2 什么是标准齿轮？渐开线标准直齿圆柱齿轮的五个基本参数是哪些？

5-3 齿轮的失效形式有哪些？采取什么措施可减缓失效？

5-4 分度圆与节圆的意义是什么？两者有什么不同？在什么情况下两者相等（即两者重合）？

5-5 在不改变材料和尺寸的情况下，如何提高轮齿的抗折断能力？

5-6 什么是变位齿轮？为何用变位齿轮？

5-7 斜齿圆柱齿轮、直齿锥齿轮分别以什么（端）面的参数为标准值？

5-8 硬齿面与软齿面如何划分？其热处理方式有何不同？

5-9 二级圆柱齿轮减速器，其中一级为直齿轮，另一级为斜齿轮。试问斜齿轮传动应置于高速级还是低速级？为什么？若为直齿锥齿轮和圆柱齿轮组成的减速器，则锥齿轮传动应置于高速级还是低速级？为什么？

5-10 某机修车间只能加工 $m=3$mm、4mm、5mm 三种模数的齿轮。现准备在外啮合齿轮机构中心距 $a=180$mm 不变的条件下，选配一对传动比 $i=3$ 的正常齿制标准直齿圆柱齿轮机构。试求能在此车间加工的齿轮的模数 m 和小齿轮齿数 z_1。

5-11 一对直齿圆柱齿轮，传动比 $i_{12}=3$，压力角 $\alpha=20°$，模数 $m=4$mm，安装中心距为 320mm，试设计这对齿轮传动。

5-12 一闭式直齿圆柱齿轮传动，已知：传递功率 $P=4.5$kW，转速 $n_1=960$r/min，模数 $m=3$mm，齿数 $z_1=25$，$z_2=75$，齿宽 $b_1=75$mm，$b_2=70$mm。小齿轮材料为 45 钢调质，大齿轮材料为 ZG310—570 正火。载荷平稳，电动机驱动，单向转动。试问这对齿轮传动能否满足强度要求而安全工作。

Chapter 6

第6章

蜗杆传动

目标要求： 熟悉蜗杆传动的类型、主要参数、几何尺寸计算、失效形式、常用材料、结构形式；掌握蜗杆传动的受力分析、设计计算；了解蜗杆传动的效率、润滑、热平衡计算。

6.1 蜗杆传动的特点和类型

微课：蜗杆传动的特点与类型

如图 6-1 所示，蜗杆传动由蜗杆、蜗轮和机架所组成，可用来传递空间交错轴之间的运动和动力，广泛应用于机器和仪器设备中。

6.1.1 蜗杆传动的特点

1. 蜗杆传动的主要优点

1）传动比大，结构紧凑。传递动力时，一般 $i_{12}=8\sim100$，传递运动或在分度机构中 i_{12} 可达 1000。

2）传动平稳。蜗杆传动相当于螺旋传动，为多齿啮合传动，故传动平稳，振动小、噪声低。

3）具有自锁性。当蜗杆的导程角小于当量摩擦角时，可实现反向自锁，即蜗杆只能带动蜗轮运动，而蜗轮不能带动蜗杆运动。如手动葫芦、铸工车间使用的浇注机械等，均是使用蜗杆传动来保证自锁的。

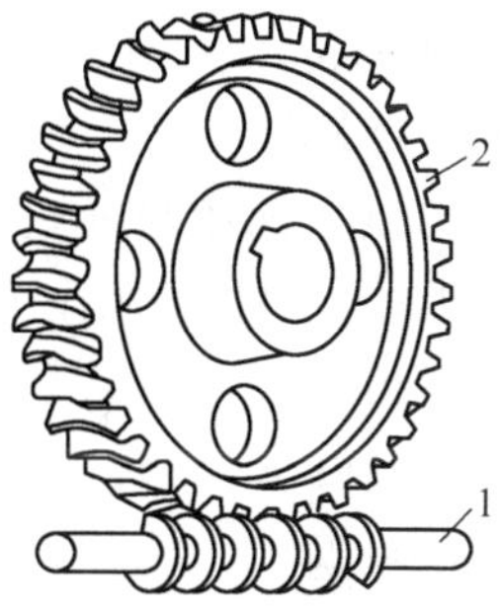

图 6-1 蜗杆传动

1—蜗杆 2—蜗轮

2. 蜗杆传动的主要缺点

1）传动效率低，不宜用于大功率传动。因传动时啮合齿面间相对滑动速度大，故摩擦损失大，发热量大，效率低。如散热不良，则不能持续工作。一般效率 $\eta=0.7\sim0.9$；具有自锁性时，其效率 $\eta<0.5$，仅为 0.4 左右。

2）成本高。为减轻齿面的磨损及防止胶合，蜗轮一般使用贵重的减摩材料，如青铜等。

3）由于对制造和安装误差很敏感，安装时对中心距的尺寸精度要求较高。

因此，蜗杆传动常用于传动功率在 50kW 以下，滑动速度小于 15m/s 的机器设备中。

6.1.2 蜗杆传动的类型

蜗杆传动按蜗杆形状的不同可分为圆柱蜗杆、环面蜗杆和锥蜗杆传动三种类型，如图 6-2 所示。圆柱蜗杆制造简单，应用广泛；环面蜗杆便于润滑，效率高，但制造困难，用于大功率传动。

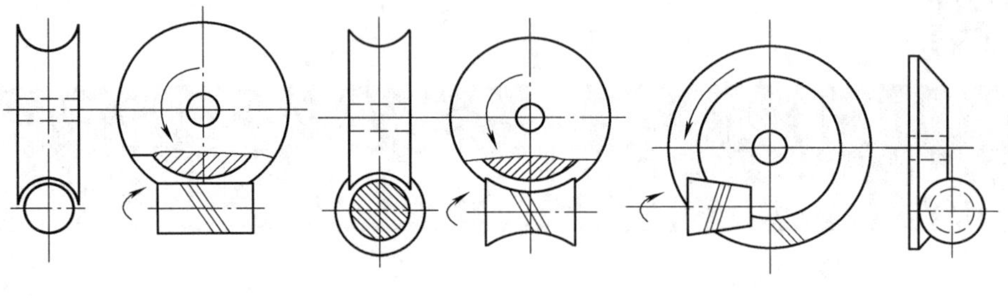

a)　　b)　　c)

圆柱蜗杆

图 6-2　蜗杆传动的类型

a）圆柱蜗杆　b）环面蜗杆　c）锥蜗杆

环面蜗杆

锥蜗杆

本章仅介绍应用较多的圆柱蜗杆传动。

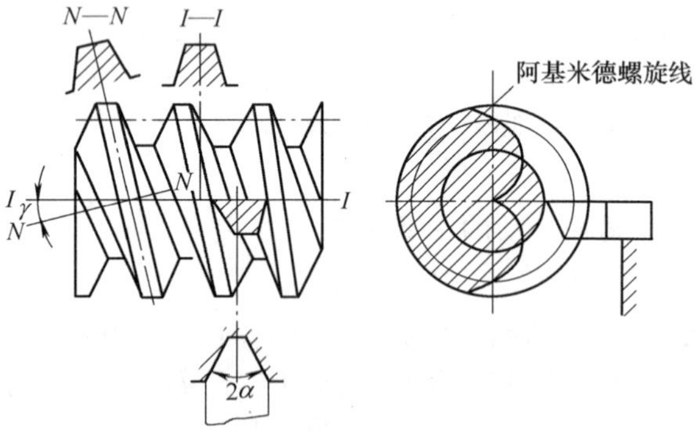

图 6-3　阿基米德蜗杆

圆柱蜗杆传动按其螺旋面的形状可分为阿基米德蜗杆传动（ZA 蜗杆）和渐开线蜗杆传动（ZI 蜗杆）。机械中常用阿基米德蜗杆传动。在制造此蜗杆时，使切削刃顶平面始终通过蜗杆轴线，如图 6-3 所示。该蜗杆在轴向剖面 *I—I* 内具有梯形齿条形的直齿廓，而在法向剖面 *N—N* 内齿廓外凸，在垂直于轴线的截面（端面）上，齿廓曲线为阿基米德螺旋线。该蜗杆齿形称为齿形 A，故称为阿基米德蜗杆（ZA 蜗杆）。因其加工和测量较方便，故在导程角 γ 较小（一般 $\gamma \leqslant 15°$）和无磨削加工情况下应用广泛。

6.2　蜗杆传动的主要参数和几何尺寸

6.2.1　蜗杆传动的主要参数及正确啮合条件

1. 蜗杆蜗轮机构的形成

蜗杆蜗轮机构是由交错轴斜齿轮机构演化而来的，通常其交错角 $\Sigma = 90°$。如图 6-4 所示，如果将交错轴斜齿轮机构中小齿轮 1 的齿数 z_1 和分度圆直径 d_1 减小，而增大螺旋角 β_1 和齿宽 b_1，则轮齿在分度圆上形成完整的螺旋线，此小齿轮就如一螺杆，称为蜗杆。与之相啮合的齿轮 2 则称为蜗轮。此时其啮合状态仍为点接触，为了克服这一缺点，采用与蜗杆相似，但增加一个顶隙 c 的蜗轮滚刀，按展成法切制蜗轮，将蜗轮圆柱表面的直母线切制成圆弧形，部分地包住蜗杆（图 6-2a），使该机构的啮合状态为线接触，从而提高其承载能力。

蜗杆的齿数称为头数，用 z_1 表示，通常 $z_1 \leq 6$，其中单头蜗杆（$z_1=1$）使用最广。与螺杆类似，蜗杆分度圆柱面上螺旋线的升角为其导程角，用 γ 表示，且它与螺旋角 β_1 的关系为

$$\gamma = 90° - \beta_1$$

蜗杆按旋向可分为右旋和左旋两种，常用右旋。

2. 蜗杆传动的正确啮合条件

中间平面是指通过蜗杆轴线且与蜗轮轴线垂直的平面。

阿基米德圆柱蜗杆与蜗轮的啮合情况如图 6-5 所示。在中间平面内，蜗杆与蜗轮的啮合相当于直齿廓齿条与渐开线齿轮的啮合。故蜗杆与蜗轮的正确啮合条件为：中间平面内蜗杆与蜗轮的模数和压力角分别相等。即蜗杆的轴面模数 m_{a1} 和轴面压力角 α_{a1} 与蜗轮的端面模数 m_{t2} 和端面压力角 α_{t2} 分别相等，且为标准值，即

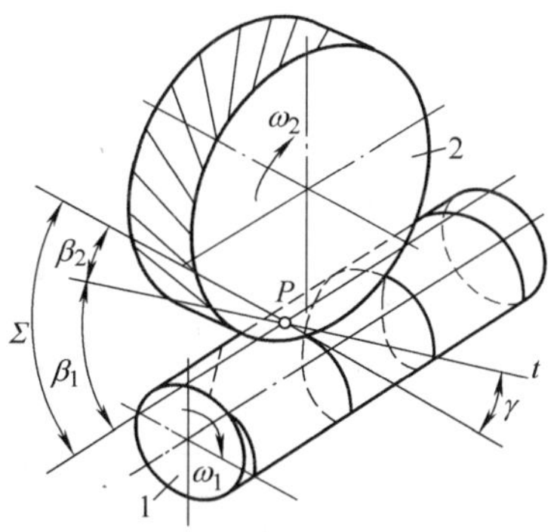

图 6-4　蜗杆蜗轮机构的形成
1—小齿轮　2—齿轮

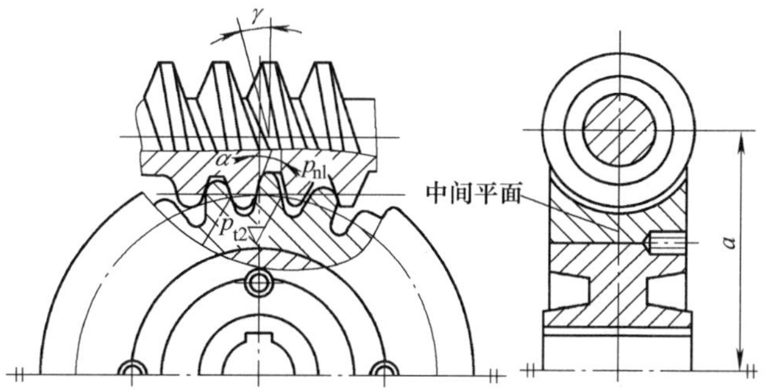

图 6-5　蜗杆传动的正确啮合条件

$$\left.\begin{aligned} m_{a1} &= m_{t2} = m \\ \alpha_{a1} &= \alpha_{t2} = \alpha \end{aligned}\right\} \tag{6-1}$$

蜗杆和蜗轮常用的标准模数见表 6-1，压力角的标准值 $\alpha = 20°$。因常用 $\Sigma = \beta_1 + \beta_2 = 90°$，故还应满足 $\gamma = \beta_2$，且蜗杆与蜗轮螺旋线的旋向相同。

3. 蜗杆传动的主要参数

在蜗杆传动中，正确选择和匹配参数是设计的首要任务，并将直接关系到传动的承载能力和经济性。

国标中规定蜗杆传动在中间平面内的参数为标准参数。因此，传动的参数、主要几何尺寸及强度计算等均以中间平面为准。

蜗杆蜗轮机构的主要参数有：模数 m、压力角 α，蜗杆分度圆直径 d_1、蜗杆直径系数 q、蜗杆导程角 γ、蜗杆头数 z_1、蜗轮齿数 z_2、传动比 i、齿顶高系数 h_a^*（$h_a^* = 1.0$）、顶隙系数 c^*（$c^* = 0.2$）及螺旋角 β_1、β_2 等。有关参数的取值见表 6-1。

（1）蜗杆的导程角 γ　设蜗杆头数为 z_1，分度圆直径为 d_1，轴向齿距为 p_{a1}，导程为 p_z，则有 $p_z = z_1 p_{a1} = \pi m z_1$。若将蜗杆分度圆柱面展开如图 6-6 所示，且用 γ 表示该圆柱面上螺旋线升角，即导程角。由图可得

表 6-1　蜗杆基本参数（$\Sigma=90°$）（摘自 GB/T 10085—2018）

模数 m/mm	分度圆直径 d_1/mm	蜗杆头数 z_1	直径系数 q	m^2d_1 /mm^3
1	**18**	1	18.000	18
1.25	20	1	16.000	31.25
	22.4	1	17.920	35
1.6	20	1,2,4	12.500	512
	28	1	17.500	71.68
2	(18)	1,2,4	9.000	72
	22.4	1,2,4,6	11.200	89.6
	(28)	1,2,4	14.000	112
	35.5	1	17.750	142
2.5	(22.4)	1,2,4	8.960	140
	28	1,2,4,6	11.200	175
	(35.5)	1,2,4	14.200	221.9
	45	1	18.000	281
3.15	(28)	1,2,4	8.889	278
	35.5	1,2,4,6	11.270	352
	(45)	1,2,4	14.286	447.5
	56	1	17.778	556
4	(31.5)	1,2,4	7.875	504
	40	1,2,4,6	10.000	640
	(50)	1,2,4	12.500	800
	71	1	17.750	1136
5	(40)	1,2,4	8.000	1000
	50	1,2,4,6	10.000	1250
	(63)	1,2,4	12.600	1575
	90	1	18.000	2250
6.3	(50)	1,2,4	7.936	1985
	63	1,2,4,6	10.000	2500
6.3	(80)	1,2,4	12.698	3175
	112	1	17.778	4445
8	(63)	1,2,4	7.785	4032
	80	1,2,4,6	10.000	5376
	(100)	1,2,4	12.500	6400
	140	1	17.500	8960
10	(71)	1,2,4	7.100	7100
	90	1,2,4,6	9.000	9000
	(112)	1,2,4	11.200	11200
	160	1	16.000	16000
12.5	(90)	1,2,4	7.200	14062
	112	1,2,4	8.960	17500
	(140)	1,2,4	11.200	21875
	200	1	16.000	31250
16	(112)	1,2,4	7.000	28672
	140	1,2,4	8.750	35840
	(180)	1,2,4	11.250	46080
	250	1	15.625	64000
20	(140)	1,2,4	7.000	56000
	160	1,2,4	8.000	64000
	(224)	1,2,4	11.200	89600
	315	1	15.750	126000
25	(180)	1,2,4	7.200	125000
	200	1,2,4	8.000	125000
	(280)	1,2,4	11.200	175000
	400	1	16.000	250000

注：1. 表中模数均为第一系列，$m<1$mm 的未列入，$m>25$mm 的还有 31.5mm、40mm 两种。属于第二系列的模数有：**1.5**mm、**3**mm、**3.5**mm、**4.5**mm、**5.5**mm、**6**mm、**7**mm、**12**mm、**14**mm。

2. 表中分度圆直径 d_1 均属第一系列，$d_1<18$mm 的未列入，此外还有 **335**mm。属于第二系列的有：**30**mm、**38**mm、**48**mm、**53**mm、**60**mm、**67**mm、**75**mm、**85**mm、**95**mm、**106**mm、**118**mm、**132**mm、**144**mm、**170**mm、**190**mm、**300**mm。

3. 模数和分度圆直径均应优先选用第一系列。括号中的值尽可能不采用。

4. 表中 d_1 值为黑体的蜗杆为 $\gamma<3°30'$的自锁蜗杆。

$$\tan\gamma=\frac{p_z}{\pi d_1}=\frac{\pi m z_1}{\pi d_1}=\frac{m z_1}{d_1} \tag{6-2}$$

导程角直接影响传动效率和加工工艺性。导程角大，则效率高，但加工较困难；导程角小，效率低，但加工方便。当 $\gamma>28°$，加大导程角来提高效率的效果不明显；而当 $\gamma \leqslant 3.5°$ 时，具有反向自锁性，但若有冲击和振动时，自锁仍不太可靠，故应另加制动装置。常用导程角 $\gamma=3.5°\sim27°$。

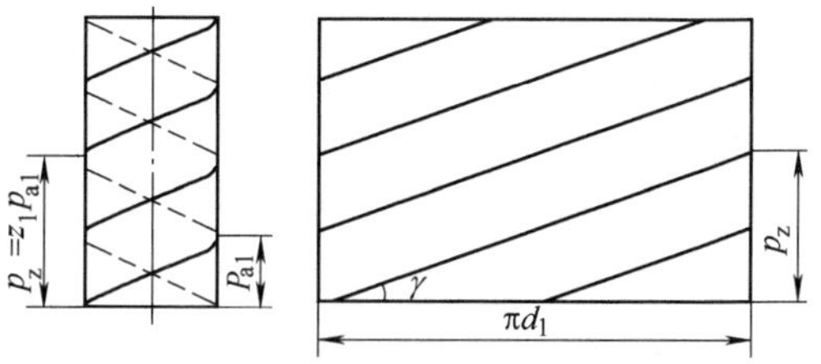

图 6-6 双头蜗杆分度圆柱面及展开

（2）蜗杆的分度圆直径 d_1 和直径系数 q

切制蜗轮的滚刀尺寸及齿形与该蜗轮相配合的蜗杆相比，除外径大 $2c^*m$ 外，其余完全相同。而由式（6-2）可知，蜗杆分度圆直径 d_1 将随 m、z_1、γ 的变化而变化，这就意味着所需蜗轮滚刀的规格极多，这既不经济也不可能。为了减少刀具型号以利于刀具标准化，GB/T 10085—2018 制定了蜗杆分度圆直径 d_1 的标准系列（见表 6-1）。

为使计算方便，令

$$q=\frac{z_1}{\tan\gamma} \tag{6-3}$$

则由式（6-2）可得

$$d_1=mq \tag{6-4}$$

由上式可知，在 m 一定时，d_1 值越大，q 也越大，蜗杆刚度越高。再由式（6-3）可知，在 z_1 一定时，q 值越大，则 γ 越小，而 γ 值越小，蜗杆传动的效率就越低。在动力蜗杆传动的设计下，必须考虑传动效率和蜗杆刚度等问题。

（3）蜗杆头数 z_1 和蜗轮齿数 z_2　蜗杆为主动件时，蜗杆传动的传动比为

$$i_{12}=\frac{n_1}{n_2}=\frac{z_2}{z_1} \tag{6-5}$$

一般圆柱蜗杆传动减速装置的传动比公称值应按下列数值选取：5、7.5、10、12.5、15、20、25、30、40、50、60、70 、80。其中，10、20、40 和 80 为基本传动比，应优先采用。

蜗杆头数 z_1 主要根据传动比和效率两个因素来选定。一般取 $z_1=1\sim6$，自锁蜗杆传动或分度机构因要求自锁或大传动比，多采用单头蜗杆，而传递动力的蜗杆传动，为了提高效率，可取 $z_1=2\sim6$，常取偶数，便于分度。此外，头数越多，制造蜗杆及蜗轮滚刀时，分度误差越大，加工精度越难保证。

蜗轮齿数 $z_2=iz_1$，一般取 $z_2=28\sim80$。$z_2<28$，加工蜗轮时易使轮齿产生根切和干涉，影响传动的平稳性；$z_2>80$，当蜗轮直径一定时，模数会很小，削弱了弯曲强度；而当模数一定时，z_2 取值过大会导致蜗杆过长，刚度降低。故蜗杆头数 z_1 和蜗轮齿数 z_2 的取值可参考表 6-2 选用。

表 6-2　蜗杆头数 z_1 和蜗轮齿数 z_2 的荐用值

$i=z_2/z_1$	z_1	z_2	$i=z_2/z_1$	z_1	z_2
7~8	4	28~32	25~27	2~3	50~81
9~13	3~4	27~52	28~40	1~2	28~80
14~24	2~3	28~52	≥40	1	≥40

6.2.2　蜗杆传动的几何尺寸计算

蜗轮的分度圆直径 d_2 为

$$d_2 = m_{t2} z_2 = m z_2 \tag{6-6}$$

由图 6-7 可知，蜗杆传动的标准中心距 a 为

$$a = \frac{1}{2}(d_1 + d_2) = \frac{m}{2}(q + z_2) \tag{6-7}$$

一般圆柱蜗杆传动减速装置的中心距 a 应按下列数值选取：40mm、50mm、63mm、80mm、100mm、125mm、160mm、200mm、250mm、315mm、400mm、500mm。

阿基米德蜗杆传动的主要几何尺寸参数如图 6-7 所示，其计算公式见表 6-3。

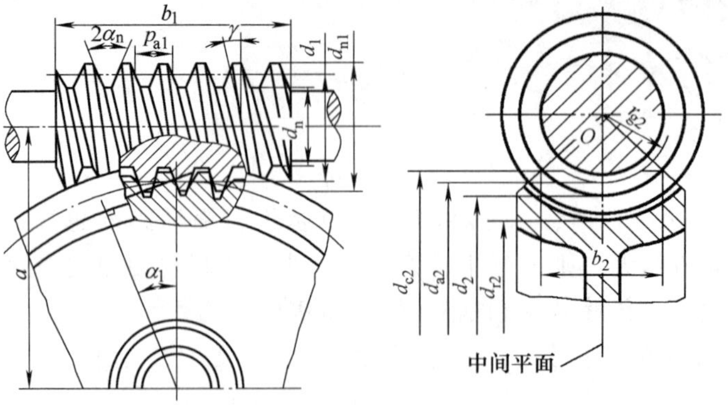

图 6-7　阿基米德蜗杆传动的主要几何尺寸参数

表 6-3　阿基米德蜗杆传动主要几何尺寸参数及计算公式

名称	代号	公　　式
蜗杆轴面模数或蜗轮端面模数	m	由强度条件确定，取标准值（表 6-1）
中心距	a	$a=\frac{m}{2}(q+z_2)$
传动比	i	$i=z_2/z_1$
蜗杆轴向齿距	p_{a1}	$p_{a1}=\pi m$
蜗杆导程	p_z	$p_z=z_1 p_{a1}$
蜗杆分度圆导程角	γ	$\tan\gamma=z_1/q$
蜗杆分度圆直径	d_1	$d_1=mq$
蜗杆轴面压力角	α	$\alpha_{a1}=20°$（阿基米德蜗杆），其余 $\alpha_n=20°$
蜗杆齿顶高	h_{a1}	$h_{a1}=h_a^* m$
蜗杆齿根高	h_{f1}	$h_{f1}=(h_a^*+c^*)m$
蜗杆全齿高	h_1	$h_1=h_{a1}+h_{f1}=(2h_a^*+c^*)m$
齿顶高系数	h_a^*	一般 $h_a^*=1$，短齿 $h_a^*=0.8$

（续）

名称	代号	公　　式
顶隙系数	c^*	一般 $c^*=0.2$
蜗杆齿顶圆直径	d_{a1}	$d_{a1}=d_1+2h_{a1}=d_1+2h_a^*m$
蜗杆齿根圆直径	d_{f1}	$d_{f1}=d_1-2h_{f1}=d_1-2(h_a^*+c^*)m$
蜗杆螺纹部分长度	b_1	当 $z_1=1$、2 时，$b_1\geqslant(11+0.06z_2)m$ 当 $z_1=3$、4 时，$b_1\geqslant(12.5+0.09z_2)m$ 磨削蜗杆加长量：当 $m<10$mm 时，$\Delta b_1=15\sim25$mm 当 $m<10\sim14$mm 时，$\Delta b_1=35$mm 当 $m\geqslant16$mm 时，$\Delta b_1=50$mm
蜗轮分度圆直径	d_2	$d_2=mz_2$
蜗轮齿顶高	h_{a2}	$h_{a2}=h_a^*m$
蜗轮齿根高	h_{f2}	$h_{f2}=(h_a^*+c^*)m$
蜗轮齿顶圆直径	d_{a2}	$d_{a2}=d_2+2h_a^*m$
蜗轮齿根圆直径	d_{f2}	$d_{f2}=d_2-2(h_a^*+c^*)m$
蜗轮外圆直径	d_{e2}	当 $z_1=1$ 时，$d_{e2}=d_{a2}+2m$ 当 $z_1=2\sim3$ 时，$d_{e2}=d_{a2}+1.5m$ 当 $z_1=4\sim6$ 时，$d_{e2}=d_{a2}+m$ 或按结构设计
蜗轮齿宽	b_2	当 $z_1\leqslant3$ 时，$b_2\leqslant0.75d_{a1}$ 当 $z_1\leqslant4\sim6$ 时，$b_2\leqslant0.67d_{a1}$
蜗轮齿宽角	θ	$\sin(\theta/2)=b_2/d_1$
蜗轮咽喉母圆半径	r_{g2}	$r_{g2}=a-d_{a2}/2$

6.2.3　圆柱蜗杆、蜗轮及传动尺寸规格的标记方法

蜗杆的标记内容包括：蜗杆的类型（ZA、ZI 等）、模数 m、分度圆直径 d_1、螺旋方向（R—右旋，L—左旋）、头数 z_1。蜗轮的标记内容包括：相配蜗杆的类型、模数 m、齿数 z_2。蜗杆传动的标记方法用分式表示，其中分子为蜗杆的代号，分母为蜗轮齿数。

例如，齿形为 A、压力角 α_0 为 20°、模数为 10mm、分度圆直径为 90mm、头数为 2 的右旋圆柱蜗杆，齿数为 80 的蜗轮以及由它们组成的圆柱蜗杆传动的标记如下。

蜗杆标记为：蜗杆 ZA10×90R2；蜗轮标记为：蜗轮 ZA10×80。

蜗杆传动标记为：$\dfrac{\text{ZA10×90R2}}{80}$或 ZA10×90R2/80。

6.3　蜗杆传动的失效形式、材料和结构

6.3.1　蜗杆传动的滑动速度

在蜗杆传动中，蜗杆蜗轮的啮合齿面间会产生很大的相对滑动速度 v_s，如图 6-8 所示。

$$v_s = \frac{v_1}{\cos\gamma} = \frac{v_2}{\sin\gamma} \tag{6-8}$$

式中 v_1、v_2——蜗杆和蜗轮分度圆上的圆周速度（m/s）。

滑动速度对承载能力影响很大。当润滑不良时，v_s 的增大将加剧磨损和胶合。当润滑良好时，v_s 的增大又有利于润滑油膜的形成，可以减小摩擦。

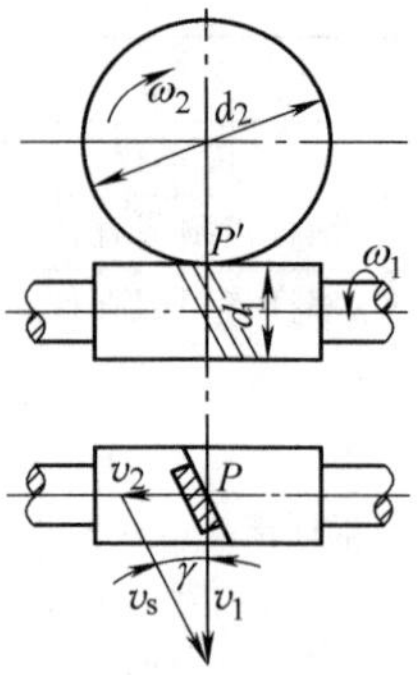

图 6-8 蜗杆传动的滑动速度

6.3.2 蜗杆传动的失效形式和设计准则

蜗杆传动的失效形式与齿轮传动基本相同，主要有点蚀、弯曲折断、磨损及胶合等。由于啮合齿面间的相对滑动速度大，效率低，发热量大，故更易发生磨损和胶合失效。而蜗轮无论在材料的强度或结构方面均较蜗杆弱，所以失效多发生在蜗轮轮齿上，设计时一般只需对蜗轮进行承载能力计算。

由于胶合和磨损的计算目前尚无较完善的方法和数据，而滑动速度及接触应力的增大将会加剧胶合和磨损，故为了防止胶合并减缓磨损，除选用减磨性好的配对材料和保证良好的润滑外，还应限制其接触应力。

蜗杆传动的设计准则为：开式蜗杆传动以保证蜗轮齿根弯曲疲劳强度进行设计；闭式蜗杆传动以保证齿面接触疲劳强度进行设计，校核齿根弯曲疲劳强度；此外，因闭式蜗杆传动散热较困难，故需进行热平衡计算；而当蜗杆轴细长且支承跨距较大时，还应进行蜗杆轴的刚度计算。

6.3.3 蜗杆、蜗轮的材料和结构

1. 蜗杆、蜗轮的材料

根据蜗杆传动的失效形式可知，蜗杆与蜗轮的材料首先应具有足够的强度，更重要的还应具有良好的跑合性、减摩性、耐磨性和抗胶合能力。

蜗杆一般用碳钢或合金钢制造，常用材料见表 6-4。

表 6-4 蜗杆常用材料

材料牌号	热处理	齿面硬度	齿面表面粗糙度 Ra/μm
45 钢、40Cr、42SiMn、38SiMnMo	表面淬火	45~55HRC	0.8~0.4
20Cr、20MnVB、20SiMnVB、20CrMnTi	渗碳淬火	58~63HRC	0.8~0.4
45 钢	调质	<270HBW	3.2~1.6

蜗轮材料多采用青铜，滑动速度很低时，也可采用灰铸铁，如 HT150、HT200 等。蜗轮常用材料及其许用接触应力见表 6-5。

表 6-5　蜗轮常用材料及其许用接触应力

蜗轮材料	铸造方法	适用的滑动速度 v_s/m · s^{-1}	蜗杆齿面硬度	
			≤350HBW	≥45HRC
			[σ_H]/MPa	
ZQSn10-1	砂型	≤12	118	131
	金属型	≤25	131	145
ZQSn6-6-3	砂型	≤10	72	82
	金属型	≤12	88	98

蜗轮材料	蜗杆材料	滑动速度 v_s/m · s^{-1}							
		0.25	0.5	1	2	3	4	6	8
		[σ_H]/MPa							
ZQA19-4	钢(淬火)	—	245	226	206	117	157	118	88.3
ZHMn58-2-2	钢(淬火)	—	211	196	177	147	132	98.2	73.6
HT150/HT200	渗碳钢	157	127	113	88.3	—	—	—	—
HT150	钢(调质或正火)	137	108	88.3	68.7	—	—	—	—

注：1. 锡青铜的许用应力为长期使用时的数值。
　　2. 蜗杆未经淬火时，表中的许用应力数值要降低 20%。

2. 蜗杆、蜗轮的结构

蜗杆常与轴制成一体，这种整体式蜗杆有车制蜗杆和铣制蜗杆两种，如图 6-9 所示。

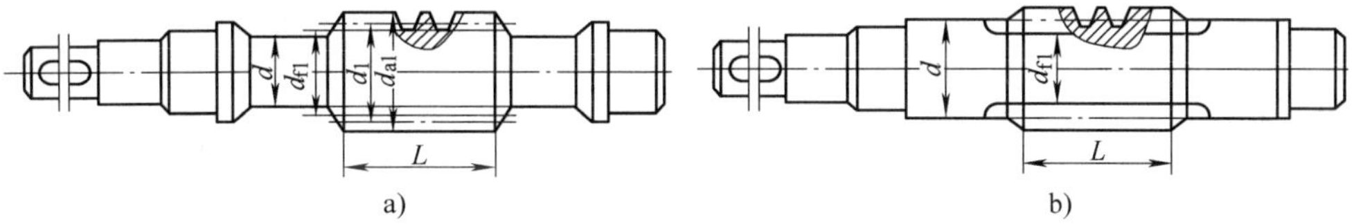

图 6-9　蜗杆的结构

a）车制蜗杆，$d=d_{f1}-(2\sim4)$mm　b）铣制蜗杆，允许 $d_{f1}<d$

直径较小的蜗轮和铸铁蜗轮常采用整体式结构，如图 6-10a 所示；对于直径较大的蜗

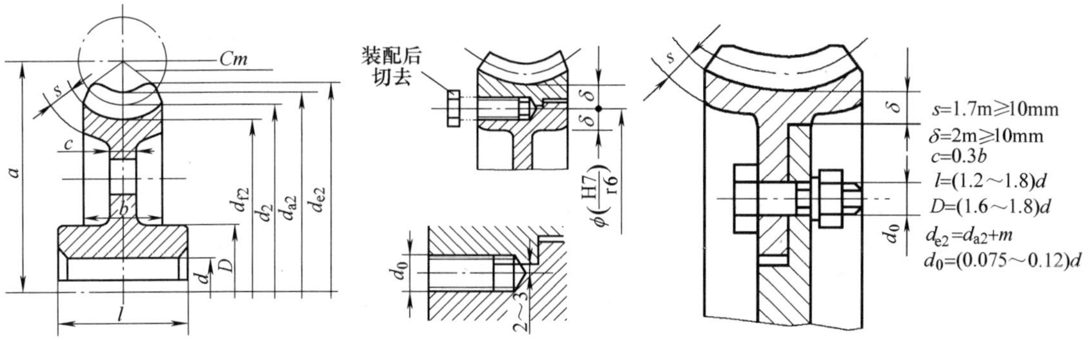

图 6-10　蜗轮的结构

a）整体式　b）齿圈压配式　c）螺栓联接式

轮，为了节约有色金属，常采用将齿圈装在铸铁轮芯上的结构，如图 6-10b 所示；齿圈与轮芯的配合可用 H7/r6 或 H7/m6，为了增加联接的可靠性，在接缝处再拧入 4~6 个螺钉；对于直径再大些的蜗轮，可用铰制孔用螺栓来联接，如图 6-10c 所示。

6.4 蜗杆传动的受力分析和强度计算

6.4.1 蜗杆传动的受力分析

蜗杆传动的受力分析目的是为其强度计算及轴、轴承的设计计算准备条件。由于传动的啮合摩擦损失大，故进行受力分析时必须计入这种损失，但为简化分析，实际进行力分析时暂时忽略摩擦力，最后则以效率 η_1 近似考虑上述摩擦损失。

蜗杆传动的受力分析和斜齿圆柱齿轮传动受力分析相似。蜗杆齿轮啮合时，作用在齿面上的法向力 $\boldsymbol{F}_n$ 可分解为三个互相垂直的分力：圆周力 $\boldsymbol{F}_t$、径向力 $\boldsymbol{F}_r$ 和轴向力 $\boldsymbol{F}_x$，如图 6-11 所示。由于蜗杆轴和蜗轮轴在空间交错成 90°，所以作用在蜗杆上的轴向力和蜗轮上的圆周力、蜗杆上的圆周力和蜗轮上的轴向力、蜗杆上的径向力和蜗轮上的径向力大小相等而方向相反。各分力的大小为

$$\left.\begin{aligned}F_{t1}&=\frac{2T_1}{d_1}=F_{x2}\\F_{x1}&=\frac{2T_2}{d_2}=F_{t2}\\F_{r1}&=F_{x1}\tan\alpha=F_{r2}\\\frac{T_2}{T_1}&=i\eta\end{aligned}\right\}\tag{6-9}$$

式中 T_1，T_2——蜗杆、蜗轮轴上的转矩（N·mm）；

d_1，d_2——蜗杆、蜗轮的分度圆直径（mm）；

α——蜗杆的轴面压力角，$\alpha=20°$；

i——传动比；

η——蜗杆传动的效率，$\eta\approx(100-3.5\sqrt{i})\%$。

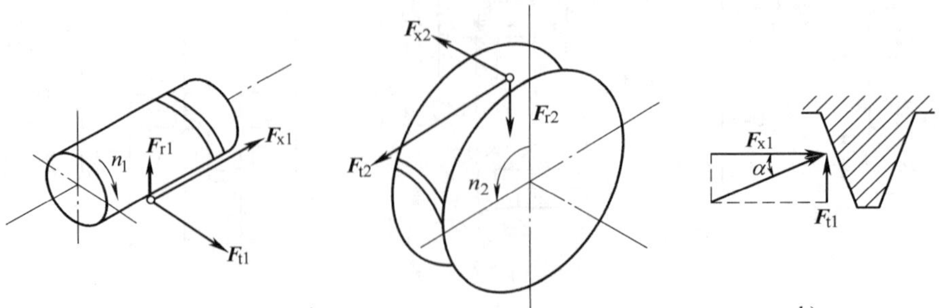

图 6-11 蜗杆传动的受力分析

蜗杆蜗轮受力方向的判别方法与斜齿轮相同。当蜗杆为主动件时，圆周力 $\boldsymbol{F}_{t1}$ 与转向相反；径向力 $\boldsymbol{F}_{r1}$ 的方向由啮合点指向蜗杆中心；轴向力 $\boldsymbol{F}_{x1}$ 的方向取决于螺旋线的旋向和蜗杆的转向，按“主动轮左（右）手法则”来确定。作用于蜗轮上的力可根据作用力与反作用力原理来确定。

6.4.2 蜗杆传动的强度计算

在蜗杆传动中，由于蜗杆材料的强度比蜗轮的高得多，而蜗轮轮齿疲劳折断又很少发生，故不必进行齿根的抗弯强度计算。由于蜗轮轮齿的主要失效形式为胶合和点蚀，目前尚无成熟的胶合计算方法，所以一般按齿面接触强度计算，在选择许用应力时适当考虑胶合和磨损的影响。

蜗杆传动接触强度校核公式为

$$\sigma_H = Z_E\sqrt{\frac{9KT_2}{m^2 d_1 z_2^2}} \leqslant [\sigma_H] \tag{6-10}$$

设计公式为

$$m^2 d_1 \geqslant 9KT_2\left(\frac{Z_E}{z_2[\sigma_H]}\right)^2 \tag{6-11}$$

$$T_2 = 9.55\times10^6\frac{p_2}{n_2} = 9.55\times10^6\frac{P_1\eta}{n_2} \tag{6-12}$$

式中 Z_E——弹性系数，青铜或铸铁蜗轮与钢蜗杆配对时取 $Z_E = 160\sqrt{\text{MPa}}$；

T_2——蜗轮上的转矩（N·mm）；

K——载荷系数，一般可取 $K=1.1\sim1.6$，加工装配良好、蜗杆刚性好、经过跑合、载荷平稳时取最小值，反之取最大值；

$[\sigma_H]$——蜗轮材料的许用应力（MPa），见表6-5。

当蜗轮的材料为铝铁青铜、锰黄铜或铸铁等强度较高的材料时，齿轮的失效形式主要是胶合，而胶合不仅与接触应力的大小有关，而且还与齿面的相对滑动速度 v_s 有关。

例6-1 设计输送装置中的蜗杆传动。已知蜗轮轴输出的转矩为 $T_2=1200\text{N}\cdot\text{m}$，转速 $n_2=35\text{r/min}$，载荷平稳，现若采用 $n_1=960\text{r/min}$ 的电动机，试确定电动机功率 P_1，并设计此蜗杆传动（断续工作）。

解：1）计算输出功率 P_2。

$$P_2=\frac{T_2 n_2}{9.55\times10^6}=\frac{1200\times10^3\times35}{9.55\times10^6}\text{kW}=4.4\text{kW}$$

2）计算传动比 i，估计效率 η 并求出电动机功率 P_1。

$$i=\frac{n_1}{n_2}=\frac{960}{35}=27.43$$

$$\eta\approx(100-3.5\sqrt{i})\%=(100-3.5\times\sqrt{27.43})\%=82\%$$

则

$$P_1 = \frac{P_2}{\eta} = \frac{4.4}{0.82}\text{kW} = 5.37\text{kW}$$

3）选择材料，确定许用应力 $[\sigma_H]$。

蜗杆用 20Cr 渗碳后淬火，其齿面硬度为 58～63HRC。

蜗轮用 ZQSn10-1 青铜，砂模铸造，因 n_1 不太高，估计滑动速度 $v_s<12\text{m/s}$，按表 6-5 取 $[\sigma_H]=131\text{MPa}$。

4）确定蜗杆头数 z_1 和蜗轮齿数 z_2。

由 $i=27.43$ 查表 6-2，取 $z_1=2$，$z_2=iz_1=54.86$，取 $z_2=55$。

5）确定模数 m 和蜗杆直径系数 q。

取 $K=1.2$（考虑载荷平稳、加工良好），代入式（6-11）得

$$m^2 d_1 \geqslant 9KT_2\left(\frac{Z_E}{z_2[\sigma_H]}\right)^2 = 9\times1.2\times1200\times10^3\times\left(\frac{160}{55\times131}\right)^2 \text{mm}^3 = 6391\text{mm}^3$$

查表 6-1，取 $m=8\text{mm}$，$q=17.5$，$m^2d_1=8960\text{mm}^3>6391\text{mm}^3$。

6）主要尺寸计算如下：

$$d_1 = mq = 8\times17.5\text{mm} = 140\text{mm}$$

$$d_2 = mz_2 = 8\times55\text{mm} = 440\text{mm}$$

$$a = \frac{1}{2}(d_1+d_2) = \frac{1}{2}(140+440)\text{mm} = 290\text{mm}$$

7）其他结构尺寸（略）。

6.5 蜗杆传动的效率、润滑和热平衡计算

6.5.1 蜗杆传动的效率

闭式蜗杆传动的功率损耗包括：啮合摩擦损耗、轴承摩擦损耗及搅油损耗三部分。因此其总效率为

$$\eta = \eta_1\eta_2\eta_3 \tag{6-13}$$

式中 η_1、η_2、η_3——啮合效率、轴承效率、搅油效率。

因为轴承效率、搅油效率为 0.98～0.99，故对于设计正确的蜗杆传动，可认为 $\eta\approx\eta_1$。蜗杆传动类似于螺旋传动，当蜗杆主动时

$$\eta_1 = \frac{\tan\gamma}{\tan(\gamma+\varphi_v)} \tag{6-14}$$

式中 γ——蜗杆导程角，它是影响啮合效率的主要因素；

φ_v——当量摩擦角，$\varphi_v=\arctan f_v$，与蜗杆、蜗轮的材料及滑动速度有关。良好的润滑条件下，滑动速度高有助于润滑油膜的形成，从而降低当量摩擦因数 f_v，提高效率。当量摩擦系数和当量摩擦角的值见表 6-6。

综上所述，蜗杆传动的效率主要取决于啮合效率，而影响啮合效率的主要因素是蜗杆的导程角 γ，其次是传动的匹配材料、润滑状态及接触表面的表面粗糙度。

表 6-6 蜗杆传动的当量摩擦系数和当量摩擦角

蜗轮材料	锡青铜				铅青铜		灰铸铁			
蜗杆齿面硬度	≥45HRC		其他		≥45HRC		≥45HRC		其他	
滑动速度 v_s/(m/s)	f_v^*	φ_v^*	f_v^*	φ_v^*	f_v^*	φ_v^*	f_v^*	φ_v^*	f_v^*	φ_v^*
0.01	0.110	6°17′	0.120	6°15′	0.180	10°12′	0.180	10°12′	0.190	10°45′
0.05	0.090	5°09′	0.100	5°43′	0.140	7°58′	0.140	7°58′	0.160	9°05′
0.10	0.080	4°34′	0.090	5°09′	0.130	7°24′	0.130	7°24′	0.140	7°58′
0.25	0.065	3°43′	0.075	4°17′	0.100	5°43′	0.100	5°43′	0.120	6°51′
0.50	0.055	3°09′	0.065	3°43′	0.090	5°09′	0.090	5°09′	0.100	5°43′
1.0	0.045	2°35′	0.055	3°09′	0.070	4°00′	0.070	4°00′	0.090	5°09′
1.5	0.040	2°17′	0.050	2°52′	0.065	3°43′	0.065	3°43′	0.080	4°34′
2.0	0.035	2°00′	0.045	2°35′	0.055	3°09′	0.055	3°09′	0.070	4°00′
2.4	0.030	1°43′	0.040	2°17′	0.50	2°52′				
3.0	0.028	1°36′	0.035	2°00′	0.045	2°35′				
4	0.024	1°22′	0.031	1°47′	0.040	2°17′				
5	0.022	1°16′	0.029	1°40′	0.035	2°00′				
8	0.015	1°02′	0.026	1°29′	0.030	1°43′				
10	0.016	0°5′	0.024	1°22′						
15	0.014	0°48′	0.020	1°09′						
24	0.013	0°45′								

注：蜗杆齿面表面粗糙度轮廓算术平均偏差 Ra 为 1.6~0.4μm，经过仔细跑合，正确安装，并采用黏度合适的润滑油进行充分润滑。

在设计初始，必须先估取 η 以便近似求出蜗轮轴上的转矩 T_2，以下为 η 的经验数据：

蜗杆头数 z_1	1	2	3	4
总效率 η	0.7	0.8	0.85	0.9

自锁时 $\eta<0.5$

6.5.2 蜗杆传动的润滑

对蜗杆传动进行良好的润滑是十分重要的。充分润滑可以降低齿面的工作温度，减少磨损并避免胶合失效。蜗杆传动常采用黏度大的矿物油进行润滑，为了提高其抗胶合能力，必要时可加入油性添加剂以提高油膜的黏度。但青铜蜗轮不允许采用活性大的油性添加剂，以免被腐蚀。

润滑油的黏度和润滑方法一般根据载荷类型和相对滑动速度的大小选用，见表 6-7。

表 6-7 蜗杆传动的润滑油黏度及润滑方法（荐用）

滑动速度 v_s/(m/s)	<1	<2.5	<5	>5~10	>10~15	>15~25	>25
工作条件	重载	重载	中载	—	—	—	—
运动黏度(40℃)/(mm^2/s)	1000	680	320	220	150	100	68
润滑方法	浸油			浸油或喷油润滑	喷油润滑，油压		
					0.07	0.2	0.3

当采用油池润滑，$v_s \leqslant 5\text{m/s}$ 时，常用蜗杆下置式，如图 6-12a、b 所示，浸油深度约为一个齿高，但油面不得超过蜗杆轴承的最低滚动体中心；当 $v_s > 5\text{m/s}$ 时，搅油阻力太大，可采用蜗杆上置式，如图 6-12c 所示，油面允许达到蜗轮半径的 1/3 处。

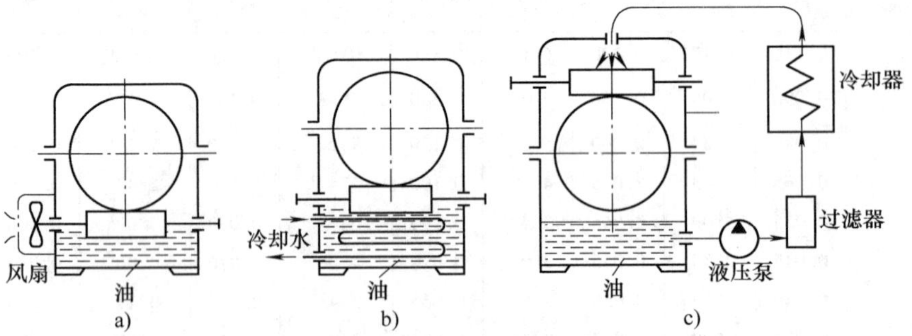

图 6-12　蜗杆减速器的散热方法

6.5.3　蜗杆传动的热平衡计算

闭式蜗杆传动工作时会产生大量的摩擦热，如果不及时散热，将导致润滑油温度过高，黏度下降，破坏传动的润滑条件，引起剧烈磨损，严重时发生胶合失效。故应进行热平衡计算，将润滑油的工作温度控制在许可范围内。

热平衡状态下，单位时间内的发热量和散热量相等，即

$$\left.\begin{aligned} 1000P_1(1-\eta) &= K_S A(t_1-t_0) \\ t_1 &= \frac{1000P_1(1-\eta)}{K_S A}+t_0 \end{aligned}\right\} \tag{6-15}$$

式中　P_1——蜗杆轴传递的功率（kW）；

K_S——箱体表面散热系数 [W/(m² · ℃)]，$K_S = 8.5 \sim 17.5\text{W/(m}^2 \cdot ℃)$，环境通风良好时取大值；

t_0——周围空气的温度，通常取 $t_0 = 20℃$；

t_1——热平衡时的油温，$t_1 \leqslant 70 \sim 80℃$，一般限制在 65℃ 左右为宜；

A——有效散热面积（m²）。有效散热面积是指内表面被油浸到（或飞溅到），而外表面直接与空气接触的箱体表面积。如带散热片，则有效散热面积按原面积的 1.5 倍估算，或者用近似公式 $A = 0.33 \times \left(\dfrac{a}{100}\right)^{1.75}$ 估算，a 为传动的中心距（mm）。

当 t_1 超过允许值，或 A 不足时，可采用以下方法提高散热能力：在箱体外加散热片；在蜗杆轴端装风扇通风，可使 K_S 达 $25 \sim 35\text{W/(m}^2 \cdot ℃)$，转速高时取大值；在箱体内装冷却水管；采用压力喷油润滑。图 6-12 给出了上述后三种散热方法的结构示意图。

思考与练习题

6-1　试述蜗杆传动的正确啮合条件。

6-2　已知一圆柱蜗杆传动的模数 $m=5\mathrm{mm}$，蜗杆分度圆直径 $d_1=50\mathrm{mm}$，蜗杆头数 $z_1=2$，传动比 $i=25$，试计算该蜗杆传动的主要几何尺寸。

6-3　为什么连续传动的闭式蜗杆传动必须要进行热平衡计算？

6-4　蜗杆传动的效率为何比齿轮传动的效率低得多？

6-5　常用的蜗轮、蜗杆材料组合有哪些？设计时如何选择？

6-6　在图 6-13 所示的一级蜗杆传动中，蜗杆为主动件，蜗轮的螺旋线方向和转动方向如图所示。请在图 6-13a 上标明蜗杆的螺旋线方向和轴向力、蜗轮的圆周力和径向力；在图 6-13b 上标明蜗杆的转动方向及圆周力和径向力、蜗轮的轴向力。

6-7　设计运输机的闭式蜗杆传动。已知电动机功率 $P=3\mathrm{kW}$，转速 $n=960\mathrm{r/min}$，蜗杆传动比 $i=40$，工作载荷平稳，单向连续运转。

6-8　设计起重设备用闭式蜗杆传动。蜗杆轴的输入功率 $P_1=7.5\mathrm{kW}$，蜗杆转速 $n_1=960\mathrm{r/min}$，蜗轮转速 $n_2=48\mathrm{r/min}$，间歇工作。

6-9　图 6-14 所示为蜗杆—斜齿轮传动，为使轴Ⅱ上的轴向力抵消一部分，斜齿轮 3 的旋向应如何？画出蜗轮及斜齿轮 3 上轴向力的方向。

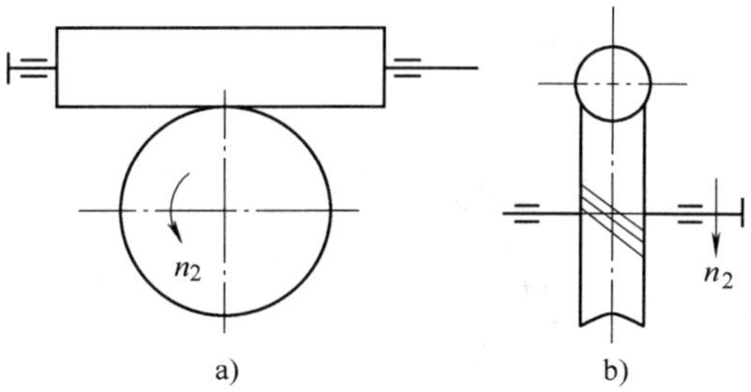

图 6-13　题 6-6 图

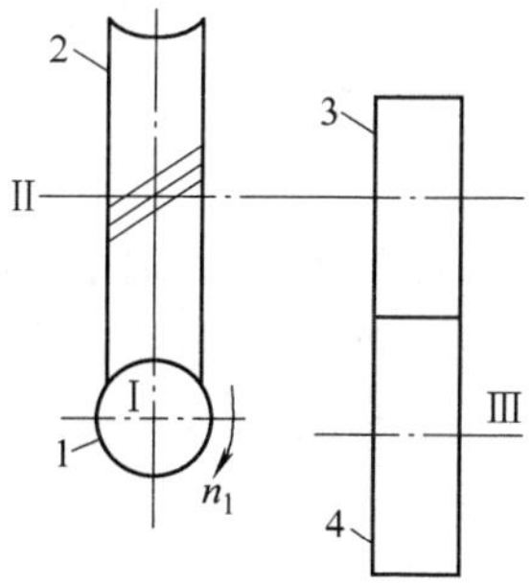

图 6-14　题 6-9 图

Chapter 7

第7章 齿轮系和减速器

目标要求： 了解轮系的功用，正确分析轮系的类型及组成；掌握定轴轮系、周转轮系、复合轮系传动比的计算；掌握减速器的类型、特点、结构、润滑和标准。

7.1 齿轮系概述

在实际机械中，经常采用一系列互相啮合的齿轮组成的传动系统，称为齿轮系，简称轮系。轮系可以用作变速、变向，获得大传动比、多传动比，也可用来分解或合成运动，应用广泛。

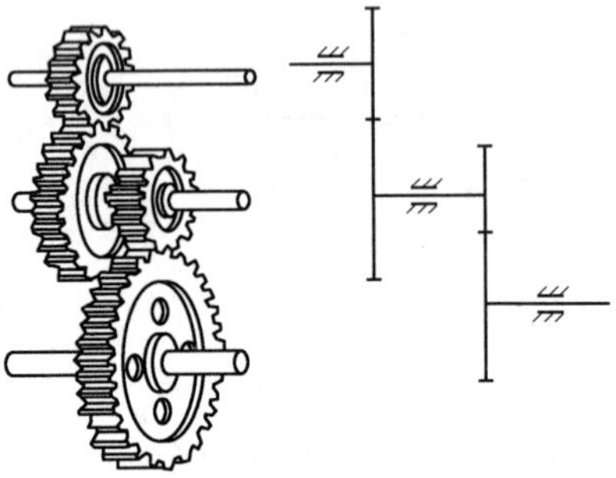

图 7-1 定轴轮系

按照轮系传动时各齿轮的轴线位置是否固定，轮系可分为定轴轮系和行星轮系两大类。

(1) 定轴轮系 轮系在传动时，若各齿轮的轴线位置均固定不动，则称该轮系为定轴轮系或普通轮系，如图 7-1 所示。

(2) 行星轮系 轮系在传动时，若轮系中至少有一个齿轮的轴线绕另一个齿轮的固定轴线转动，则称该轮系为行星轮系，如图 7-2 所示。

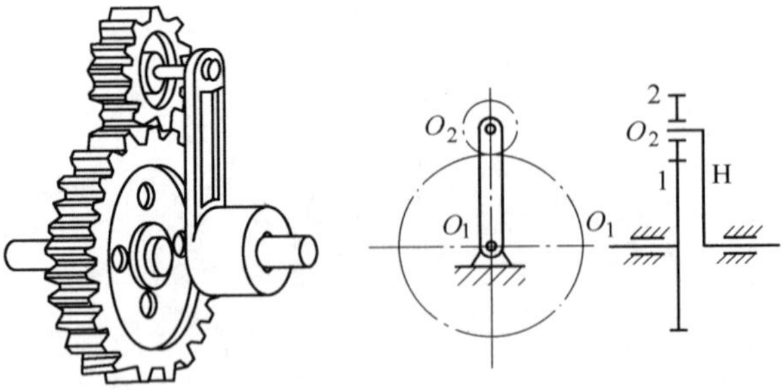

图 7-2 行星轮系

定轴轮系

行星轮系

组合轮系

由定轴轮系和行星轮系或由两个以上的行星轮系组成的轮系，称为组合轮系。

7.2　定轴轮系的传动比及其计算

微课：定轴轮系传动比计算

7.2.1　一对齿轮啮合的传动比

先来讨论一对平行轴圆柱齿轮的传动比。设主动轮 1 的转速和齿数分别为 n_1 和 z_1，从动轮 2 的转速和齿数分别为 n_2 和 z_2，则传动比为

$$i_{12}=\frac{n_1}{n_2}=\pm\frac{z_2}{z_1} \tag{7-1}$$

式中，“+”号表示一对内啮合圆柱齿轮传动时，从动轮转向与主动轮转向相同，如图 7-3a 所示；“-”号表示一对外啮合齿轮传动时，从动轮转向与主动轮转向相反，如图 7-3b 所示。两轮的转向也可以用画箭头的方法在图中表示。

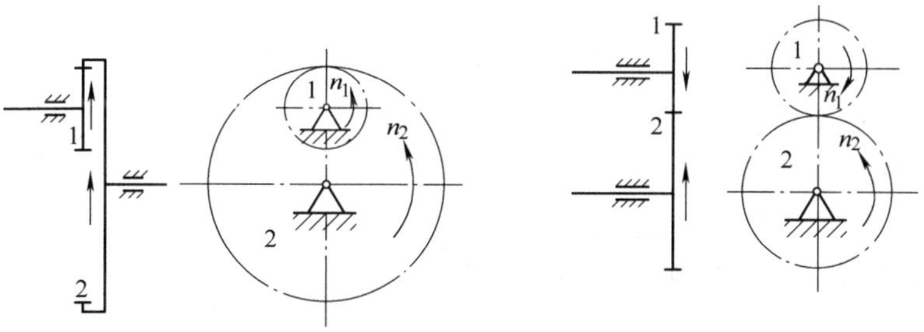

a)　　b)

图 7-3　齿轮传动

a）内啮合齿轮传动图　b）外啮合齿轮传动图

对于非平行轴传动（锥齿轮传动或蜗杆传动），式（7-1）同样适用，但正负号已无意义，齿轮的转向关系只能用画箭头的方法表示，如图 7-4 所示。

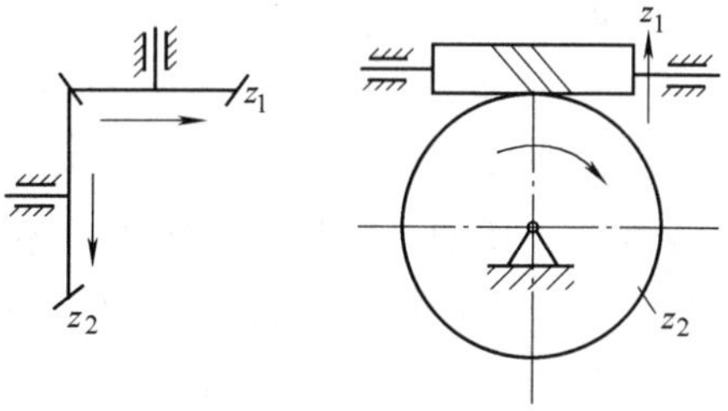

a)　　b)

图 7-4　非平行轴传动

a）锥齿轮传动　b）蜗杆传动

7.2.2　定轴轮系的传动比

轮系中首末两轮的转速之比称为轮系的传动比。图 7-5 所示为由圆柱齿轮组成的平行轴定轴轮系，齿轮 1 为首轮（主动轮），齿轮 5 为末轮（从动轮），设轮系中各齿轮的齿数分别为 z_1、z_2、z_2'、z_3、z_4、z_4'、z_5，转速分别为 n_1、n_2、$n_2'(n_2'=n_2)$、n_3、n_4、$n_4'(n_4'=n_4)$、n_5，则轮系的传动比为

$$i_{15}=\frac{n_1}{n_5}$$

根据式（7-1）可以得到

$$i_{12}=\frac{n_1}{n_2}=-\frac{z_2}{z_1}$$

$$i_{2'3}=\frac{n_2'}{n_3'}=\frac{n_2}{n_3}=-\frac{z_3}{z_2'}$$

$$i_{34}=\frac{n_3}{n_4}=-\frac{z_4}{z_3}$$

$$i_{4'5}=\frac{n_4'}{n_5}=\frac{n_4}{n_5}=+\frac{z_5}{z_4'}$$

由此可得

$$i_{12}i_{2'3}i_{34}i_{4'5}=\frac{n_1}{n_2}\cdot\frac{n_2'}{n_3}\cdot\frac{n_3}{n_4}\cdot\frac{n_4'}{n_5}=\left(-\frac{z_2}{z_1}\right)\left(-\frac{z_3}{z_2'}\right)\left(-\frac{z_4}{z_3}\right)\left(+\frac{z_5}{z_4'}\right)$$

$$=(-1)^3\frac{z_2z_3z_4z_5}{z_1z_2'z_3z_4'}$$

$$i_{15}=\frac{n_1}{n_5}=i_{12}i_{2'3}i_{34}i_{4'5}=(-1)^3\frac{z_2z_4z_5}{z_1z_2'z_4'}$$

由上式可知，该定轴轮系的传动比等于各对啮合齿轮的传动比的连乘积，也等于轮系中所有从动轮齿数的乘积与所有主动轮齿数的乘积之比，传动比的正负号取决于外啮合齿轮的对数，外啮合齿轮为奇数对时取负号，表示首末两齿轮转向相反；偶数对时取正号，表示首末两齿轮转向相同。图 7-5 中有三对外啮合齿轮，故取负号。

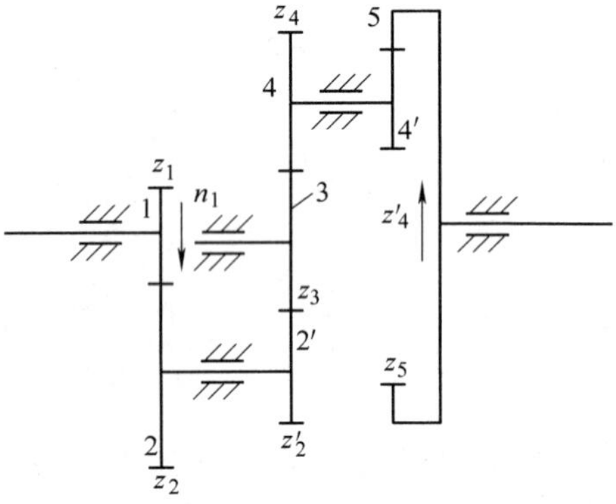

图 7-5　平行轴定轴轮系的传动比

图 7-5 中，齿轮 3 分别与齿轮 2′和齿轮 4 相啮合，它既是从动轮，又是主动轮，称为惰轮或介轮。上式中等式右边的分子、分母中都已消去齿数 z_3，说明 z_3 并不影响轮系传动比的大小，但会改变传动比的正负号。应用惰轮不仅可以改变从动轴的转向，还可以起到增大两轴间距的作用。对于一般情况，若用 1、K 表示首末两轮，则定轴轮系的传动比为

$$i_{1K}=\frac{n_1}{n_K}=i_{12}i_{2'3}i_{3'4}\cdots i_{(K-1)'K}=(-1)^m\frac{z_2z_3z_4\cdots z_K}{z_1z_2'z_3'\cdots z_{(K-1)}'} \tag{7-2}$$

$$=(-1)^m\frac{\text{所有各对齿轮的从动轮齿轮数连乘积}}{\text{所有各对齿轮的主动轮齿轮数连乘积}}$$

式中，m 为轮系中外啮合齿轮的对数。用 $(-1)^m$ 来判断平行轴定轴轮系的转向。若轮系中包含锥齿轮传动或蜗杆传动，其传动比的数值仍用式（7-2）计算，但转向不再用 $(-1)^m$ 来判断，而需用画箭头的方法表示各轮的转向。

例 7-1　如图 7-5 所示，已知首轮的转速（$n_1=1440\text{r/min}$）和转向，各齿轮的齿数分别为 $z_1=z_2'=z_4'=18$，$z_2=27$，$z_3=z_4=24$，$z_5=81$，试求齿轮 5 的转速 n_5，并在图上注明其转向。

解：由图 7-5 可知，轮系中外啮合圆柱齿轮的对数 $m=3$，齿轮 3 为惰轮，根据式（7-2）可得

$$i_{15}=\frac{n_1}{n_5}=(-1)^m\frac{z_2z_4z_5}{z_1z_2'z_4'}=(-1)^3\frac{27\times24\times81}{18\times18\times18}=-9$$

故
$$n_5=\frac{n_1}{i_{15}}=\frac{1440}{-9}\text{r/min}=-160\text{r/min}$$

因传动比为负号，所以齿轮 5 的转向与主动轮 1 转向相反，如图 7-5 所示。

例 7-2　在图 7-6 所示的轮系中，已知首轮的转速（$n_1=800\text{r/min}$）和转向，$z_1=16$，$z_2=32$，$z_2'=20$，$z_3=40$，$z_3'=2$（右旋），$z_4=40$，求蜗轮的转速 n_4 及各轮的转向。

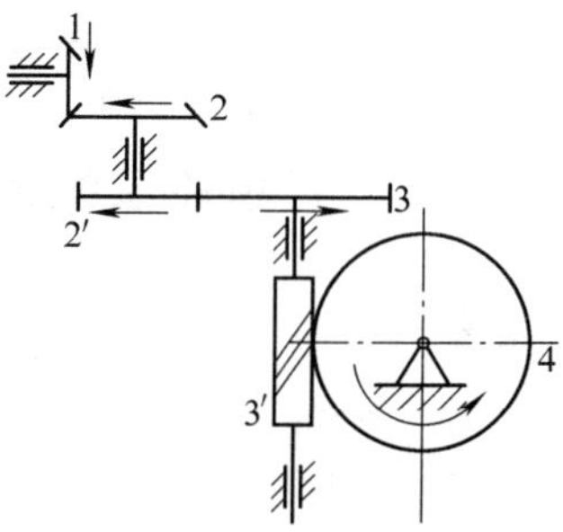

图 7-6　轮系中各轮的转向

解：由式（7-2）可得

$$i_{14}=\frac{n_1}{n_4}=\frac{z_2z_3z_4}{z_1z_2'z_3'}=\frac{32\times40\times40}{16\times20\times2}=80$$

故
$$n_4=\frac{n_1}{i_{14}}=\frac{800}{80}\text{r/min}=10\text{r/min}$$

各轮转向如图 7-6 中箭头所示。

7.3　行星轮系的传动比及其计算

7.3.1　行星轮系的组成

在图 7-7 所示的轮系中，轴线位置固定的齿轮 1、3 称为太阳轮，既绕 O_2 自转又绕 O_H 轴公转的齿轮 2 称为行星轮；支持行星轮的构件 H 称为行星架（或系杆），它绕固定几何轴 O_H 转动。O_1、O_3、O_H 必须重合，否则行星轮系不能转动。

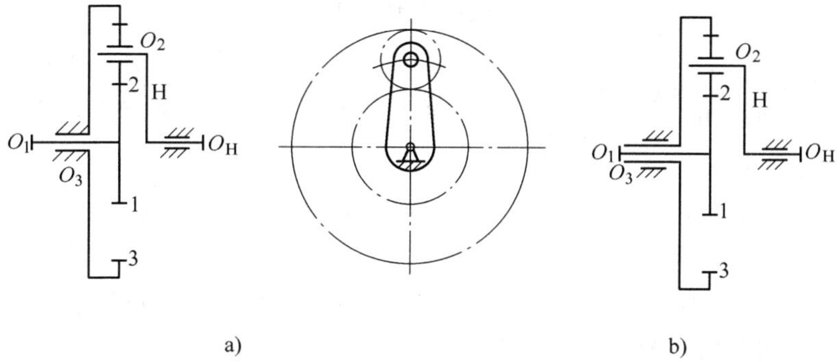

图 7-7　行星轮系及其分析

行星轮系可分为如下两类。

（1）简单行星轮系　如图 7-7a 所示，若齿轮 3 固定不动，即 $n_3=0$，则轮系的运动是确定的，这种轮系称为简单行星轮系（若齿轮 1 固定，也是简单行星轮系）。

（2）差动轮系　如图 7-7b 所示，若两个太阳轮都能转动，则必须有两个主动件，轮系的运动才能确定，这种轮系称为差动轮系。

7.3.2　行星轮系的传动比

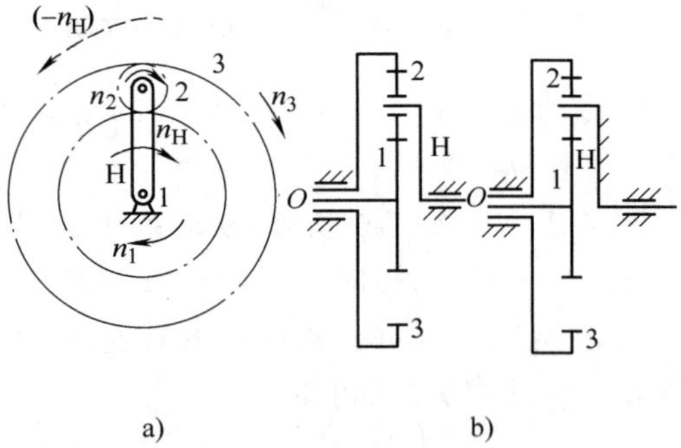

图 7-8　行星轮系及其转化轮系

a）行星轮系　b）转化轮系

在图 7-8a 所示的行星轮系中，由于行星轮的运动不是绕固定轴线转动，故其传动比的计算不能直接应用定轴轮系传动比的公式。根据相对运动原理，若假想给整个行星轮系加上一个与行星架 H 的转速 n_H 大小相等、方向相反的公共转速（$-n_H$），则行星架 H 静止不动，而各构件间的相对运动关系不发生改变，这时原来的行星轮系就可以转化为定轴轮系。该假想定轴轮系称为原行星轮系的转化轮系，如图 7-8b 所示。转化轮系中各构件相对行星架 H 的转速分别用 n_1^H、n_2^H、n_3^H、n_H^H 表示，各构件转化前后的转速见表 7-1。

表 7-1　转化前后轮系中各构件的转速

构件	行星轮系中的转速	转化轮系中的转速	构件	行星轮系中的转速	转化轮系中的转速
太阳轮 1	n_1	$n_1^H=n_1-n_H$	太阳轮 3	n_3	$n_3^H=n_3-n_H$
行星轮 2	n_2	$n_2^H=n_2-n_H$	行星架 H	n_H	$n_H^H=n_H-n_H=0$

在转化轮系中，由于行星架是固定的，1、3 两轮的传动比可用定轴轮系计算传动比的方法求得，即

$$i_{13}^H=\frac{n_1^H}{n_3^H}=\frac{n_1-n_H}{n_3-n_H}=(-1)^m\frac{z_2z_3}{z_1z_2}=-\frac{z_3}{z_1}$$

对一般情况，若用 1、K 表示首末两轮，则转化轮系的传动比为

$$i_{1K}^H=\frac{n_1-n_H}{n_K-n_H}=(-1)^m\frac{\text{从齿轮 1 至 K 间所有从动轮齿轮数的乘积}}{\text{从齿轮 1 至 K 间所有主动轮齿轮数的乘积}} \tag{7-3}$$

使用上式时应注意：

1）将 n_1、n_2、n_H 的已知值代入上式时，必须连同转速的正负号代入。若假设某一转向为正，其相反的转向则为负。

2）若轮系中有锥齿轮和蜗杆传动，且首末轮的轴线平行，则传动比的大小仍用式（7-3）计算，而转向要用画箭头的方法确定。

3）$i_{1K}^H\neq i_{1K}$，i_{1K}^H 为转化轮系中 1、K 两轮的转速比（即 n_1^H/n_K^H），而 i_{1K} 是行星轮系中 1、K 两轮的绝对转速之比（即 n_1/n_K），其大小和符号必须按式（7-3）经计算后求出。

例 7-3　图 7-9 所示为一个大传动比的减速器，已知各轮齿数为 $z_1=100$，$z_2=101$，$z_2'=$

100，$z_3=99$。求主动件 H 对从动件 1 的传动比 i_{H1}。

解： 由式（7-3）得，转化轮系的传动比为

$$i_{13}^{H}=\frac{n_1-n_H}{n_3-n_H}=(-1)^2\frac{z_2z_3}{z_1z_2'}$$

$$\frac{n_1-n_H}{0-n_H}=\frac{101\times99}{100\times100}$$

故
$$i_{H1}=\frac{n_H}{n_1}=10000$$

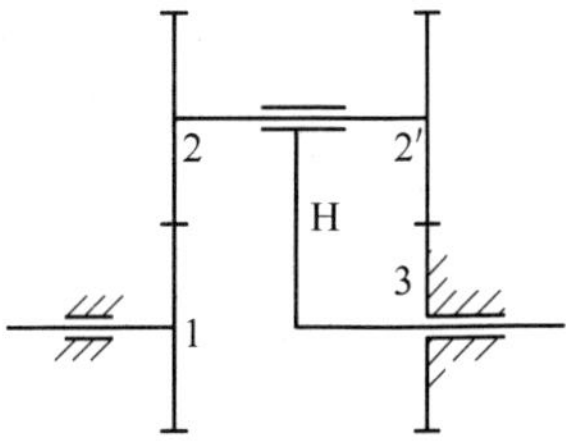

图 7-9　大传动比的减速器

本例说明，行星轮系可以用少数齿轮得到很大的传动比，故结构紧凑。但要注意此轮系效率很低，且当构件 1 为主动件时，将发生自锁（即无论给构件 1 加上多大的力矩，机构也不能动）。这种行星轮系可在仪表中用来测量高速转动或作为精密的微调机构。

7.4　组合轮系的传动比

组合轮系是由定轴轮系和行星轮系或由两个以上的行星轮系组合而成的，如图 7-10 所示。

计算组合轮系的传动比时，必须首先将该轮系分解为几个单一的基本轮系，再分别按相应的传动比计算公式列出方程式，最后联立解出所求的传动比。

解决此类问题的关键是在轮系中先找出单一的行星轮系。即先找出行星轮，再找出支持行星轮的行星架以及与行星轮相啮合的太阳轮，这样就确定了行星轮系。

例 7-4　在图 7-11 所示的轮系中，已知各轮齿数分别为 z_1、z_2、z_2'、z_3、z_3'、z_4、z_5。求传动比 i_{1H}。

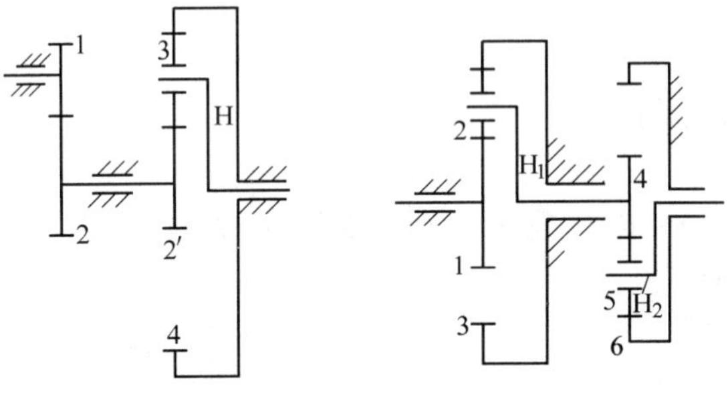

图 7-10　组合轮系

a）定轴轮系与行星轮系组合　b）两个行星轮系组合

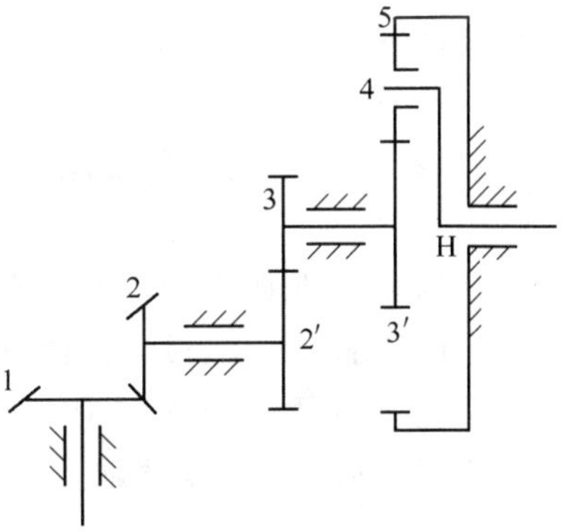

图 7-11　轮系的传动比

解： 1）先找出轮系中的行星轮 4，行星架 H，太阳轮 3′、5，组成了行星轮系，即 3′-4-5-H 部分，余下的部分 1-2-2′-3 为定轴轮系。

2）定轴轮系 1-2-2′-3 部分，其传动比为

$$i_{13}=\frac{n_1}{n_3}=\frac{z_2z_3}{z_1z_2'}$$

$$n_1=\frac{z_2z_3}{z_1z_2'}n_3 \tag{7-4}$$

3）行星轮系 3′-4-5-H 部分，其传动比为

$$i_{3'5}^{H}=\frac{n_3'-n_H}{n_5-n_H}=-\frac{z_5}{z_3'}$$

因为轮 5 固定不动，即 $n_5=0$，故

$$\frac{n_3'-n_H}{0-n_H}=-\frac{z_5}{z_3'}$$

即

$$1-\frac{n_3'}{n_H}=-\frac{z_5}{z_3'}$$

$$\frac{n_3'}{n_H}=1+\frac{z_5}{z_3'}$$

$$n_3'=\left(1+\frac{z_5}{z_3'}\right)n_H=n_3 \tag{7-5}$$

将式（7-5）代入式（7-4）中，得

$$n_1=n_H\left(1+\frac{z_5}{z_3'}\right)\left(\frac{z_2z_3}{z_1z_2'}\right)$$

$$i_{1H}=\frac{n_1}{n_H}=\left(1+\frac{z_5}{z_3'}\right)\left(\frac{z_2z_3}{z_1z_2'}\right)$$

7.5　轮系的功用

轮系广泛应用于各种机械中，它的主要功用如下。

7.5.1　实现相距较远的二轴之间的传动

主动轴和从动轴间的距离较远时，如果仅用一对齿轮来传动，如图 7-12 中的双点画线圆所示，齿轮的尺寸就很大，既占空间又费材料，安装也不方便。若改用轮系来传动，如图中点画线圆所示，便无上述缺点。

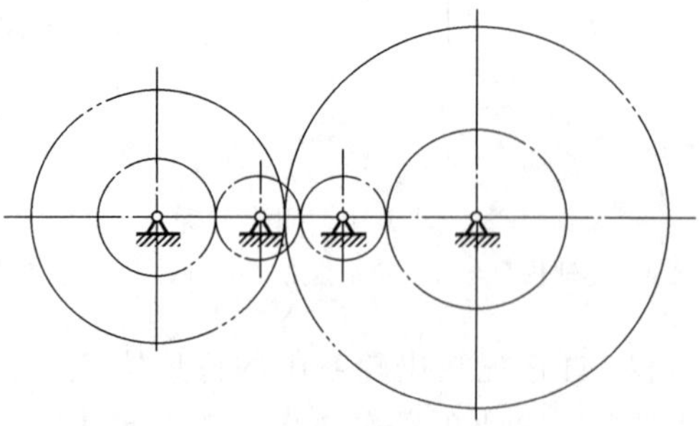

图 7-12　相距较远的二轴传动

7.5.2　实现大传动比传动

当两轴之间需要较大的传动比时，如果还是用一对齿轮来传动，则大小齿轮直径相差悬殊，如图 7-13 中双点画线圆所示，必使机构外廓尺寸庞大，小齿轮易磨损，大齿轮的工作能力不能充分发挥。如采用图 7-13 中点画线圆所示轮系，则可避免上述缺点，而且使机构较

为紧凑。

7.5.3 实现变速传动

主动轴转速不变时，利用轮系可使从动轴获得多种工作转速。汽车、机床、起重设备等都需要这种变速传动。

图 7-14 所示为汽车的变速器。图中的轴 I 为动力输入轴，轴 II 为动力输出轴，4、6 为滑移齿轮，A、B 为牙嵌式离合器。该变速器可使输出轴得到四档转速。

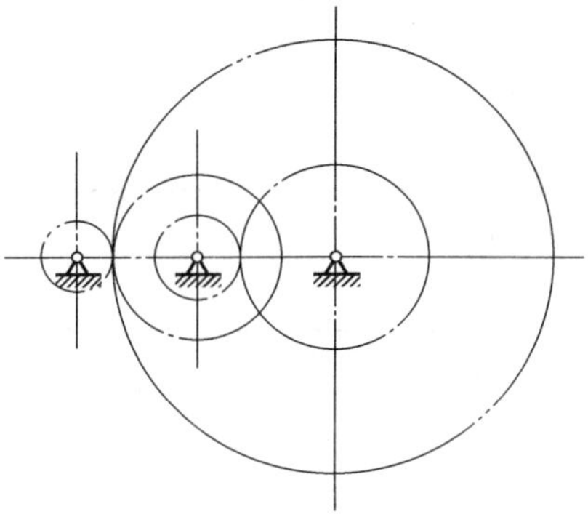

图 7-13 实现大传动比传动

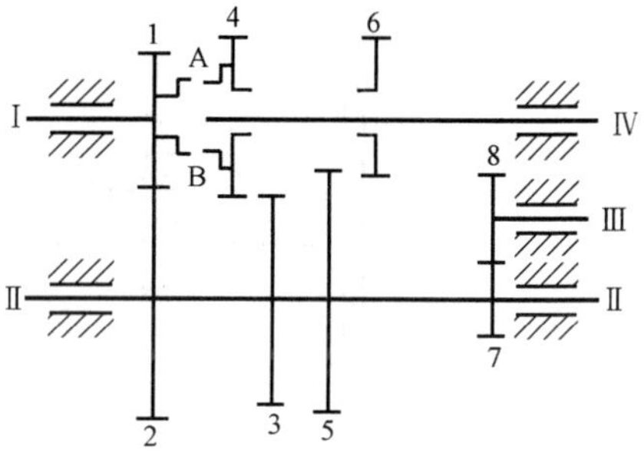

图 7-14 汽车变速器传动简图

第一档：齿轮 5、6 相啮合而齿轮 3、4 和离合器 A、B 均脱离。

第二档：齿轮 3、4 相啮合而齿轮 5、6 和离合器 A、B 均脱离。

第三档：离合器 A、B 相嵌而齿轮 3、4 和 5、6 均脱离。

倒退档：齿轮 6、8 相啮合而齿轮 3、4 和 5、6 以及离合器 A、B 均脱离。此时，由于惰轮 8 的作用，输出轴 II 反转。

7.5.4 实现运动的合成与分解

将两个或两个以上的独立输入运动合成为一个输出运动称为运动的合成，将一个输入运动分解为两个或两个以上输出运动称为运动的分解。如图 7-15 所示，把两个独立的运动合成了一个运动的差动轮系。

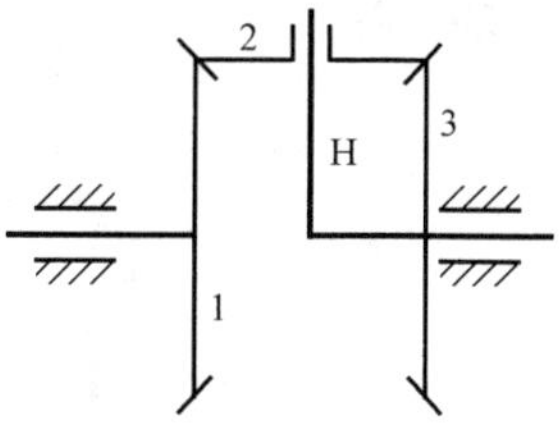

图 7-15 差动轮系

利用差动轮系进行运动的合成，在机床、计算机构和补偿装置中得到了广泛的应用。

图 7-16 所示的汽车差速器是运动分解的实例。当汽车直线行驶时，两后轮转速相同，行星轮不自转，齿轮 1、2、3 及 H 如同一个整体，一起随齿轮 4 转动，此时 $n_1 = n_3 = n_4(n_H)$，差速器起到联轴器的作用。

当汽车转弯时，左右两轮的转弯半径不同，两轮行走的距离也不相同，为保证两轮与地面做纯滚动，要求两轮的转速也不相同。此时，因左右轮的阻力不同使行星轮自转，造成左右半轴齿轮 1 和 3 连同车轮一起产生转速差，从而适应了转弯的要求。差速器此时起到了一定的分解作用。

7.5.5 实现结构紧凑的大功率传动

如图 7-17 所示，采用内啮合行星轮系传递动力时，为了使行星轮受载情况良好，常采用几个行星轮进行工作，且均匀分布，行星轮公转产生的离心惯性力与齿廓啮合处的径向力相平衡。输入轴和输出轴共线，机构尺寸非常紧凑。与普通定轴轮系相比，采用行星轮系或组合轮系能做到机构尺寸更小，传递的功率更大。

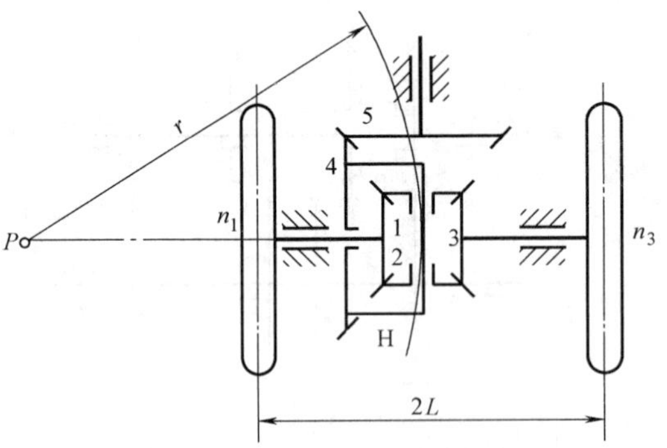

图 7-16 汽车后桥上的差速器

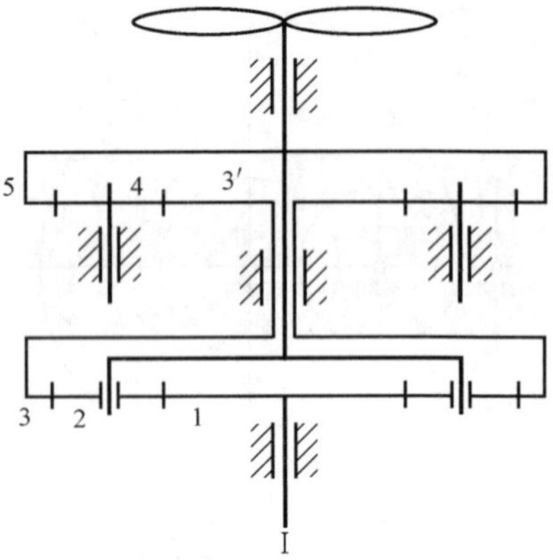

图 7-17 实现结构紧凑的大功率传动

7.6 减 速 器

减速器是主动机和工作机之间独立的闭式传动装置，其主要功用是降低转速和增大转矩，以满足工作需要。图 7-18 所示的电动绞车即为减速器应用的一个实例。

减速器

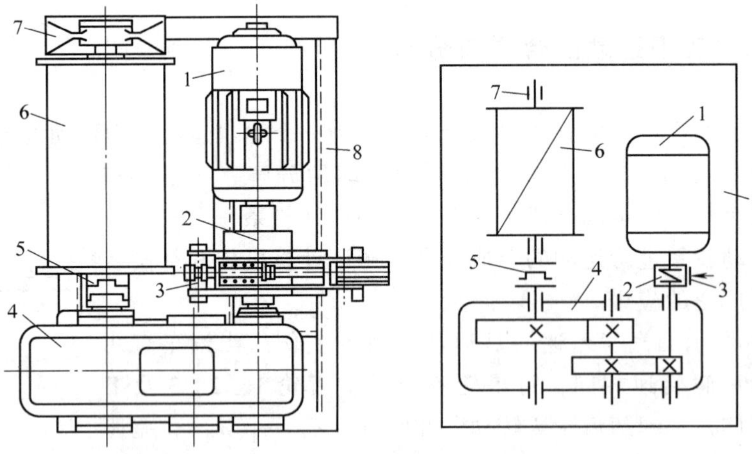

a)　　b)

图 7-18 电动绞车

a）外观图 b）机构简图

1—电动机 2、5—联轴器 3—制动器 4—减速器 6—卷筒 7—轴承 8—机架

为了缩短设计和生产周期，提高产品质量，降低成本，以满足工程中的大量需求，国家和行业已制定了一些减速器标准和系列并进行专门化生产。学习本节的任务主要是学会正确、合理地选用、使用和维护减速器，必要时才自行设计与制造减速器。

7.6.1 减速器的类型、特点和应用

减速器的种类很多，按照传动类型可分为齿轮减速器、蜗杆减速器、行星减速器以及它们相互组合起来的减速器；按照传动的级数可分为单级和多级减速器；按照齿轮形状可分为圆柱齿轮减速器、锥齿轮减速器和圆锥-圆柱齿轮减速器；按照传动轴的布置形式又可分为展开式、分流式和同轴式；按照轴在空间的位置还可分为水平轴和立轴两种情况。常用减速器的类型、特点和应用见表 7-2。

表 7-2 常用减速器的类型、特点及应用

名称		简图	传动比范围		特点及应用
			一般	最大值	
一级圆柱齿轮减速器		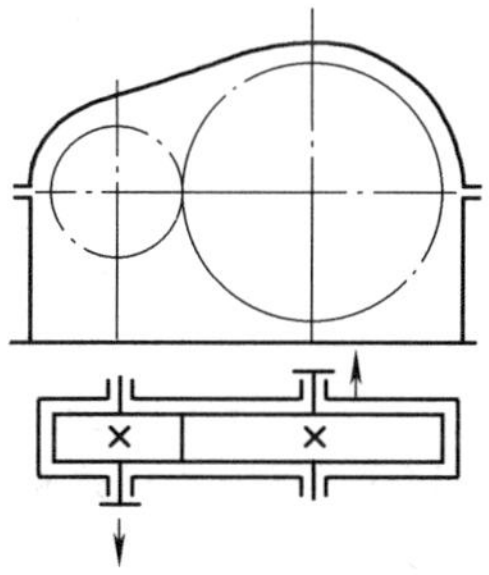	≤5	10	结构简单，工作可靠，寿命较长，效率高(0.96~0.99)，齿轮可做成直齿、斜齿或人字齿 直齿用于速度较低或载荷较轻的传动；斜齿或人字齿用于速度较高或载荷较重的传动
二级圆柱齿轮减速器	展开式	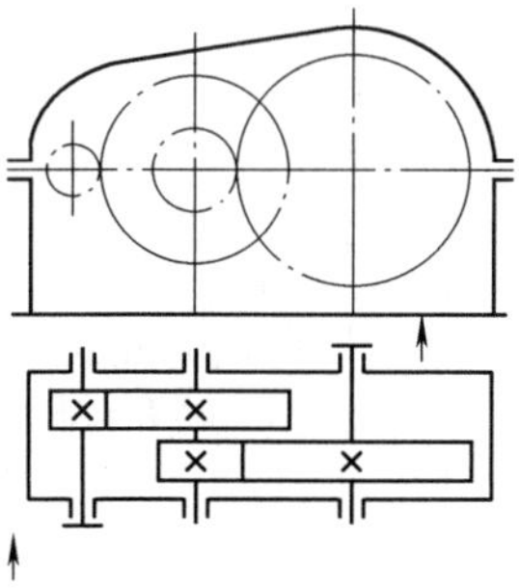	8~40	60	结构简单，但齿轮相对轴承的位置不对称，因此轴应具有较大的刚度。高速级齿轮布置在远离转矩输入端，这样，轴在转矩作用下产生的扭转变形将能减小轴在弯矩作用下产生的弯曲变形所引起的载荷沿齿宽分布不均匀的程度 用于载荷较平稳的场合，轮齿可做成直齿、斜齿或人字齿。效率为 0.92~0.98，应用广泛
	同轴式	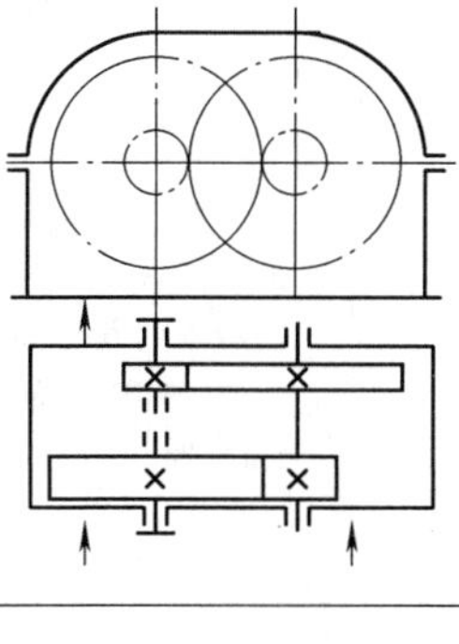	8~40	60	长度较短，但轴向尺寸及质量较大，两对齿轮浸入油中深度大致相等。高速级齿轮的承载能力难以充分利用；中间轴承润滑困难；中间轴较长、刚性差，载荷沿齿宽分布不均匀 效率为 0.91~0.97

（续）

名称		简图	传动比范围		特点及应用
			一般	最大值	
二级圆柱齿轮减速器	分流式	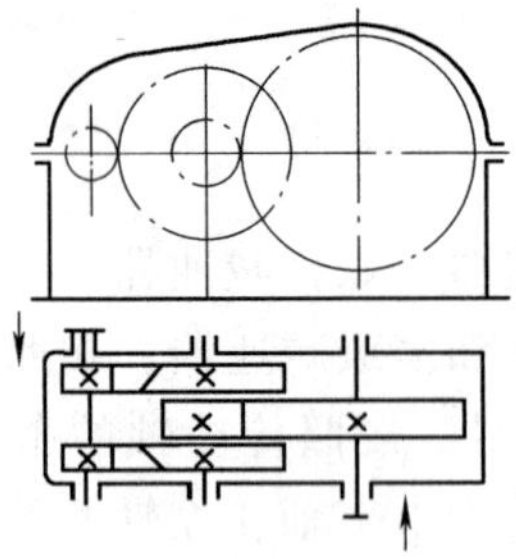	8~40	60	高速级可做成斜齿，低速级可做成人字齿或直齿。结构较复杂，但齿轮对于轴承对称布置，载荷沿齿宽分布均匀，轴承受载均匀，中间轴的转矩相当于轴所传递转矩的1/2 多用于变载荷或大功率场合。效率为0.90~0.97
一级锥齿轮减速器		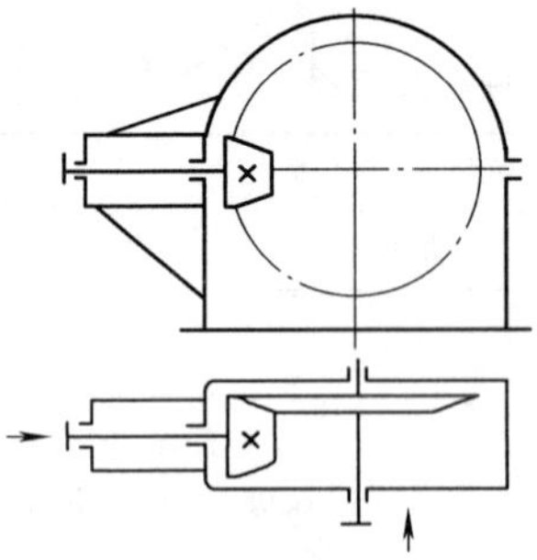	≤3	6	用于输入轴与输出轴线相交的传动，输出轴可做成卧式或立式。齿轮可做成直齿、斜齿。效率为0.94~0.98
二级圆锥圆柱齿轮减速器		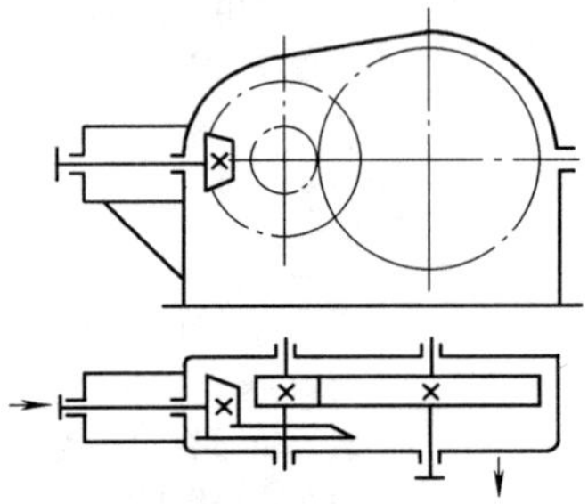	8~15	圆锥直齿22、圆锥斜齿40	锥齿轮布置在高速级，以便使其尺寸不至过大，造成加工困难。锥齿轮可做成直齿、斜齿或曲齿，圆柱齿轮可做成直齿或斜齿 效率为0.90~0.97，多用于相交轴传动
蜗杆减速器	蜗杆下置式	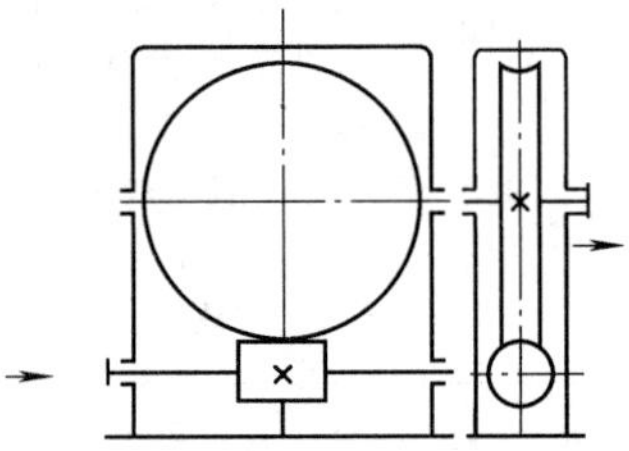	10~40	80	体积小、传动比大、运转平稳，但效率低（一般为0.70~0.92），蜗杆与蜗轮啮合处的冷却和润滑都较好，同时蜗杆轴承的润滑也较方便。但当蜗杆圆周速度太大时，搅油损失大 一般用于蜗杆圆周速度 $v \leqslant 4 \sim 5$m/s时，多用于中小功率、交错轴传动
	蜗杆上置式	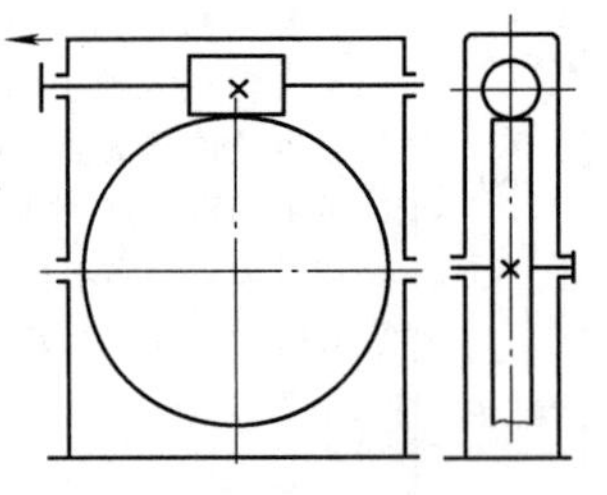	10~40	80	与蜗杆下置式相比，装拆方便，蜗杆的圆周速度允许高一些，但蜗杆轴承的润滑不太方便，需采取特殊的结构措施 一般用于蜗杆圆周速度 $v > 4 \sim 5$m/s时

（续）

名称		简图	传动比范围		特点及应用
			一般	最大值	
行星减速器	渐开线行星齿轮减速器	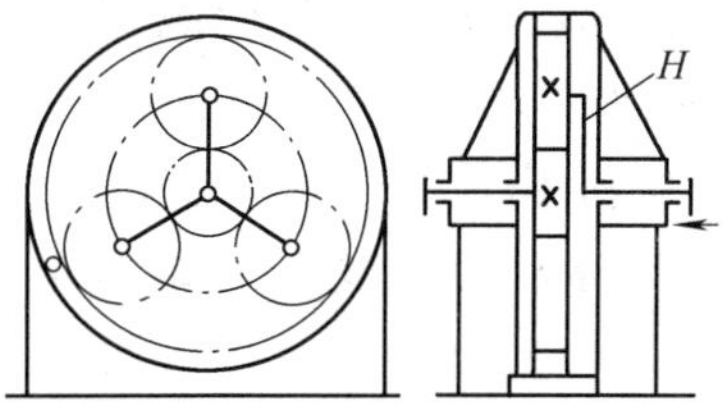	2.7~13（单级）	135（单级）	传动比大、体积小，结构紧凑，质量轻，加工方便，效率高（0.8~0.94），但承载能力不太高 在起重、轻化工、仪器仪表行业中多见

7.6.2 减速器的结构和附件

减速器的结构因其类型、用途不同而异。但无论何种类型的减速器，其基本结构都是由轴系部件、箱体及附件三大部分组成的，如图 7-19 和图 7-20 所示。

1. 轴系部件

轴系部件包括传动零件、轴和轴承组合。轴系部件的主要功能是实现回转零件要求的回转运动，保证各零件有确定的轴向位置。

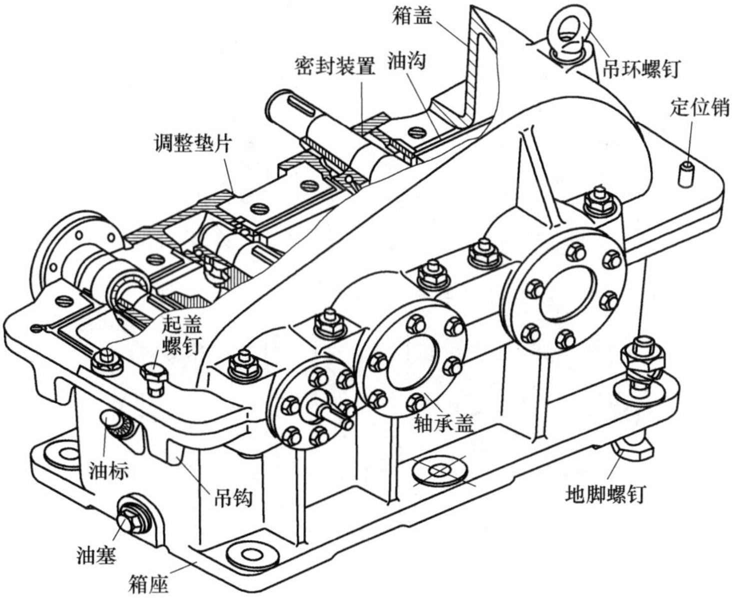

图 7-19　二级圆柱齿轮减速器

（1）传动零件　减速器箱外传动零件有链轮、带轮等；箱内传动零件有圆柱齿轮、锥齿轮、蜗杆、蜗轮等。传动零件决定减速器的技术特性。通常根据传动零件的种类命名减速器。

（2）轴　减速器多采用阶梯轴。传动零件与轴多以平键联接。

(3) 轴承组合 包括轴承、轴承盖、密封装置以及调整垫片等。

2. 箱体

箱体是减速器的一个重要零件，它用来支承和固定轴系零件，保证传动零件的正确啮合，使箱内零件具有良好的润滑和密封。箱体的结构对减速器的工作性能、加工工艺、材料消耗、质量及成本等有很大影响，设计时必须全面考虑。

箱体按制造方式的不同可分为铸造箱体（图 7-19 和图 7-20）和焊接箱体。铸造箱体材料一般多用铸铁（HT150、HT200）。铸造箱体较易获得合理和复杂的结构形状，刚度好，易进行切削加工，但制造周期长，质量较大，因而多用于成批生产。焊接箱体比铸造箱体壁薄，质量轻 1/4~1/2，生产周期短，多用于单件小批量生产。

箱体按其结构形式不同分为剖分式和整体式。减速器箱体多采用剖分式结构（图 7-19 和图 7-20），剖分面与减速器内的传动零件轴心线平面重合，这有利于轴系部件的安装与拆卸。在大型立式减速器中，为了便于制造和加工，也有采用两个剖分面的。剖分式机体增加了联接面凸缘和联接螺栓，使机体质量增大。整体式箱体质量轻、零件少、机体加工量也少，但轴系装配较复杂。

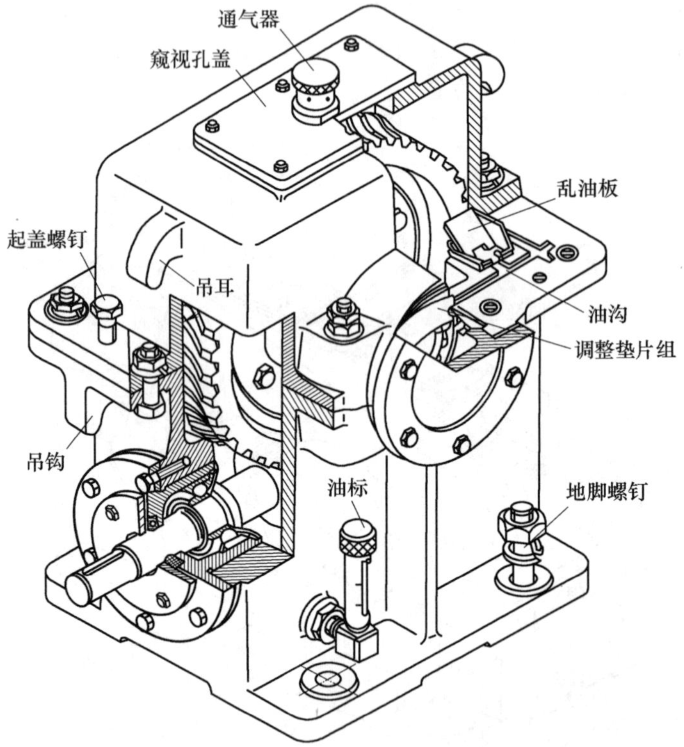

图 7-20 蜗杆减速器

3. 附件

为了保证减速器的正常工作，减速器箱体上通常设置一些附加装置或零件，以便于减速器的注油、排油、通气、吊运、油面高度检查、传动件啮合情况检查、加工精度保证和装拆方便等。减速器的附件一般有窥视孔盖、通气器、油标尺、定位销、起盖螺钉、吊钩和油塞等。

思考与练习题

7-1　如何计算定轴轮系的传动比？怎样确定它们的转向？

7-2　如何计算行星轮系的传动比？i_{1K}^{H} 和 i_{1K} 各表示什么？i_{1K}^{H} 的正负号是否表示齿轮 1、K 的实际转向？为什么？

7-3　什么叫惰轮？它对轮系传动比的计算有何影响？

7-4　在图 7-21 所示的齿轮系中，已知各齿轮齿数（括号内为齿数），3′为单头右旋蜗杆，求传动比 i_{15}。

7-5　图 7-22 为车床溜板箱手动操纵机构。已知齿轮 1、2 的齿数 $z_1=16$，$z_2=80$，齿轮 3 的齿数 $z_3=13$，模数 $m=2.5$mm，与齿轮 3 啮合的齿条被固定在床身上。试求当溜板箱移动速度为 1m/min 时的手轮转速。

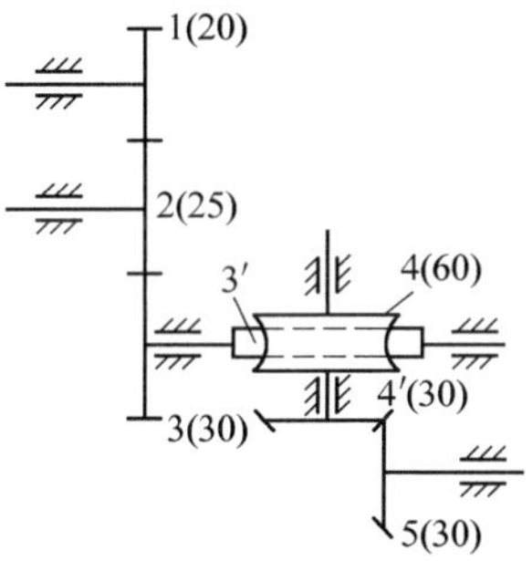

图 7-21　题 7-4 图

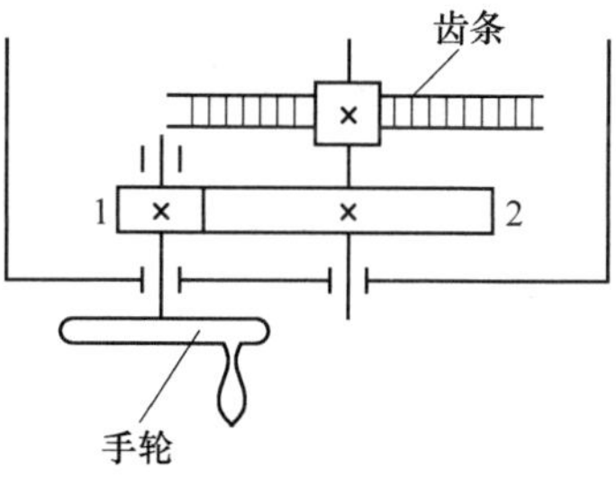

图 7-22　题 7-5 图

7-6　在图 7-23 所示轮系中，已知 $z_1=2$，$z_2=60$，$z_2'=20$，$z_3=56$，$z_3'=18$，$z_4=20$，$z_5=18$，求：

1）传动比 i_{15}。

2）当 $n_1=500$r/min 时，齿轮 5 的转速。

7-7　图 7-24 为手摇提升装置，已知 $z_1=20$，$z_2=50$，$z_2'=15$，$z_3=30$，$z_3'=1$，$z_4=40$，$z_4'=18$，$z_5=52$。求传动比 i_{15}，并指出提升重物 G 时手柄的转向。

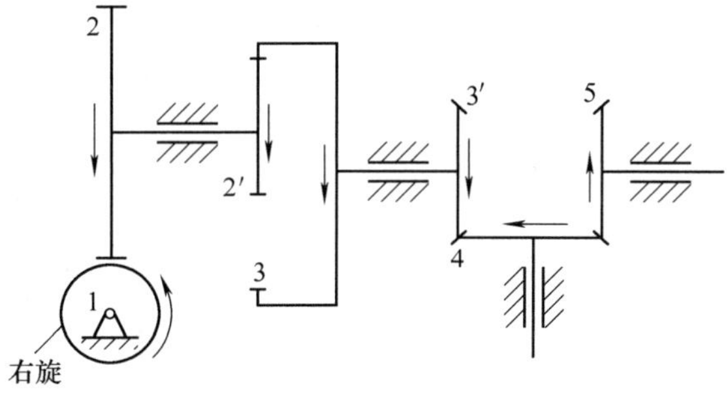

图 7-23　题 7-6 图

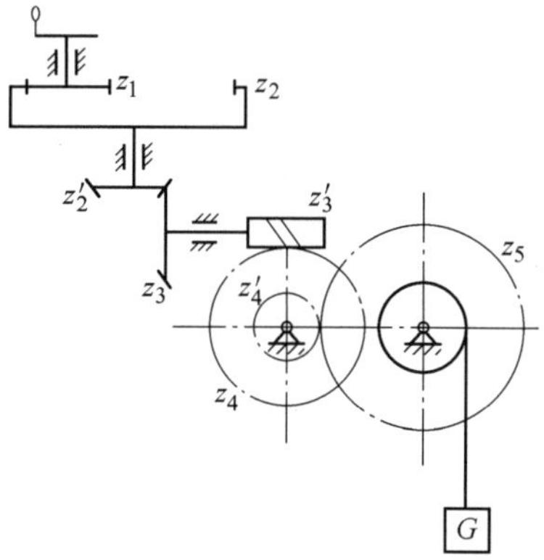

图 7-24　题 7-7 图

7-8　在图 7-25 所示的差速器中，已知 $z_1=48$，$z_2=42$，$z_2'=18$，$z_3=21$，$n_1=100\mathrm{r/min}$，$n_3=80\mathrm{r/min}$，其转向如图所示，求 n_H。

7-9　在图 7-26 所示轮系中，$z_1=15$，$z_2=15$，$z'_2=15$，$z_3=60$，$n_1=200\mathrm{r/min}$，$n_2=50\mathrm{r/min}$，试求行星架 H 的转速 n_H。

7-10　举例说明减速器的主要功用。

7-11　查阅有关减速器的标准。

7-12　到有关部门（企业、公司、经销部等）调查减速器的现状。

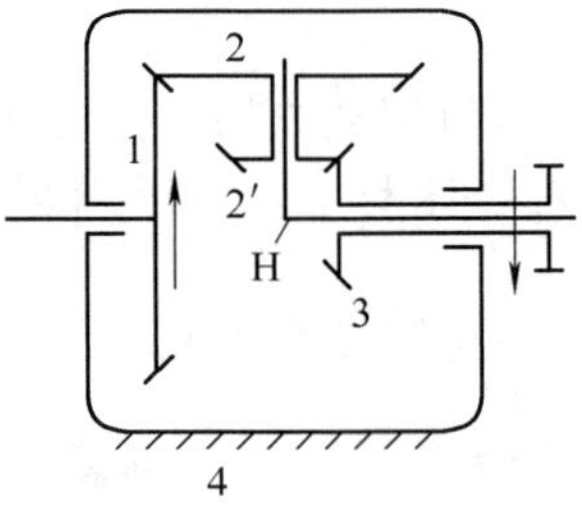

图 7-25　题 7-8 图

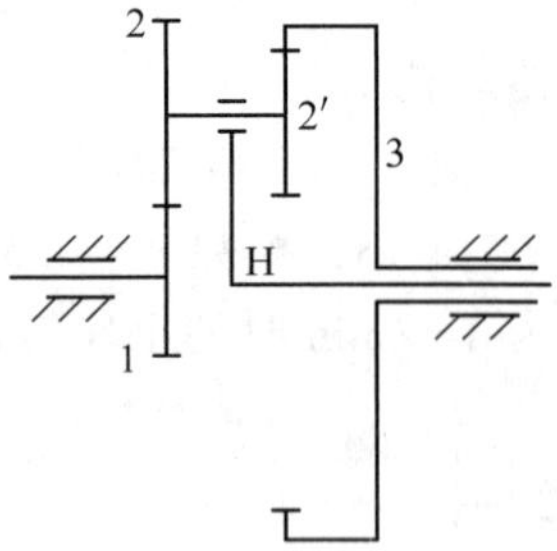

图 7-26　题 7-9 图

Chapter 8

第8章 联 接

目标要求： 了解螺纹的形成、特点；掌握螺纹联接的类型、防松措施；掌握键联接的类型、特点及强度计算；能够进行较为简单的螺栓联接强度计算。

在机器和设备中各零部件之间广泛采用各种联接。联接是将两个或两个以上的零部件连成一体的结构。联接按拆卸性质可分为两类：可拆联接和不可拆联接。

可拆联接是不损坏联接中的任一零件就可将被联接件拆开的联接，如螺纹联接、键联接及销联接等。这种联接经多次装拆而不影响其使用性能。螺纹联接是利用螺纹零件构成的可拆联接，其结构简单，装拆方便，成本低廉，广泛应用于各类机械设备中。

不可拆联接是必须破坏或损伤联接件或被联接件才能拆开的联接，如焊接、铆接及粘接等。

8.1 机械制造中常用的螺纹

微课：螺纹的认识

8.1.1 螺纹的形成

如图 8-1 所示，将一底边长为 πd_2 的直角三角形 abc 绕在直径为 d_2 的圆柱体表面上，则三角形的斜边 amc 在圆柱体表面形成一条螺旋线 am_1c_1。在圆柱体表面上用不同形状的刀具沿着螺旋线切制出的沟槽称为螺纹。

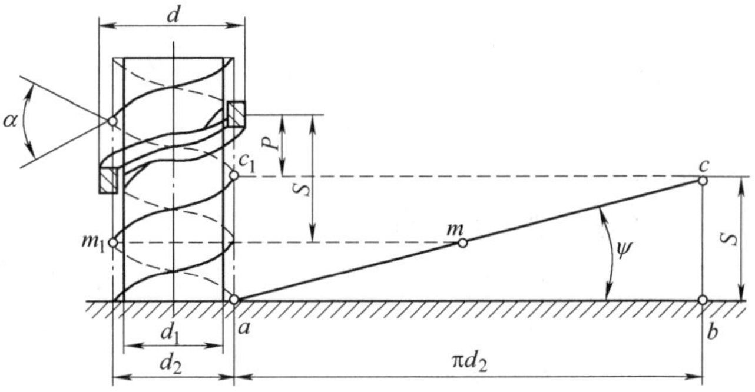

图 8-1 螺纹的形成

8.1.2 螺纹的主要参数

如图 8-2 所示，螺纹副由外螺纹和内螺纹相互旋合组成。现以圆柱普通螺纹为例说明螺纹的主要几何参数。

1. 大径（d、D）

螺纹的最大直径，标准中规定为螺纹的公称直径。外螺纹大径记为 d，内螺纹大径记

为 D。

2. **小径**（d_1、D_1）

螺纹的最小直径，计算螺杆强度时的危险截面的直径。外螺纹小径记为 d_1，内螺纹小径记为 D_1。

3. **中径**（d_2、D_2）

它是一个假想圆柱的直径，该圆柱母线上的螺纹牙厚等于牙间宽。外螺纹中径记为 d_2，内螺纹中径记为 D_2。

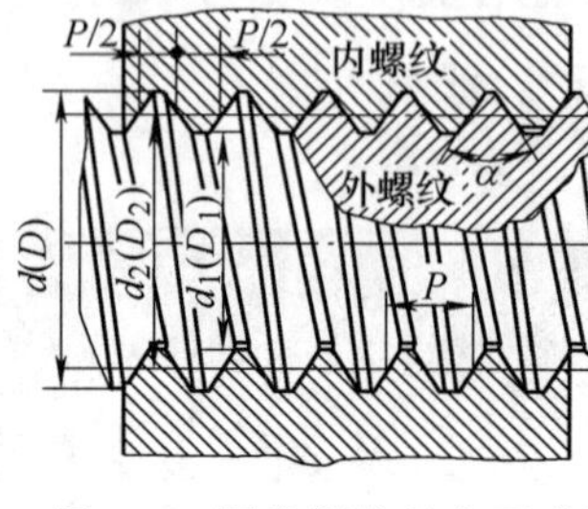

图 8-2　圆柱螺纹的主要参数

4. **螺距 P**

相邻两牙在中径线上对应两点间的轴向距离。

5. **线数 n**

螺纹的螺旋线数。沿一条螺旋线形成的螺纹称为单线螺纹，沿 n 条等距螺旋线形成的螺纹称为 n 线螺纹。

6. **导程 P_h**

同一条螺旋线上相邻两牙在中径线上对应点之间的轴向距离。导程、螺距和线数的关系为

$$P_h = nP$$

7. **导程角 ϕ**

在中径圆柱上，螺旋线的切线与垂直于螺纹轴线平面的夹角，也称为升角，用来表示螺旋线倾斜的程度，且有

$$\phi = \arctan\frac{P_h}{\pi d_2} = \arctan\frac{nP}{\pi d_2}$$

8. **牙型角 α**

在轴向剖面内螺纹牙两侧边的夹角。三角形螺纹的牙型角 $\alpha = 60°$。根据螺纹轴向剖面的形状，常用的螺纹牙型有三角形、矩形、梯形和锯齿形等。

8.1.3　螺纹的类型、特点及应用

根据螺旋线绕行的方向，螺纹可分为右旋螺纹和左旋螺纹，如图 8-3 所示。工程中常用右旋螺纹，特殊需要时采用左旋螺纹，如煤气管道阀门。

按螺纹的线数，螺纹可分为单线螺纹（图 8-3a）、双线螺纹（图 8-3b）和多线螺纹。由于加工制造的原因，多线螺纹的线数一般不超过 4。

按照螺纹牙形状的不同，常用螺纹的类型主要有三角形螺纹、管螺纹、矩形螺纹、梯形螺纹、锯齿形螺纹和圆弧螺纹。除矩形螺纹和圆弧螺纹外，其他螺纹都已标准化。我国除管螺纹为英制

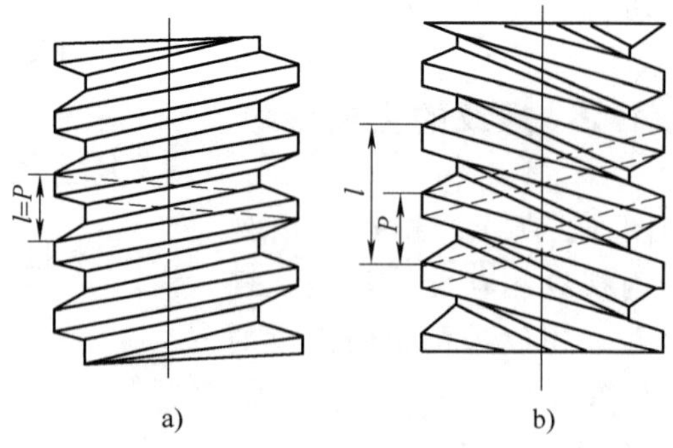

图 8-3　螺纹的旋向和线数

a）右旋螺纹（单线）　b）左旋螺纹（双线）

外，其他各类螺纹多为米制。三角形螺纹、管螺纹和圆弧螺纹主要用作螺纹联接，其余三种主要用于传动。常用螺纹的牙型、特点和应用见表 8-1。

表 8-1 常用螺纹的牙型、特点和应用

种类		牙型图	特点及应用
普通螺纹		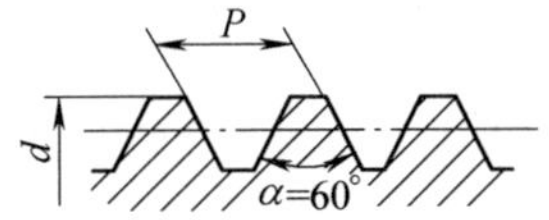	牙型角 $\alpha=60°$，同一直径按其螺距不同，分为粗牙与细牙两种，细牙的自锁性能较好，螺纹零件的强度削弱少，但易滑扣 一般联接多用粗牙螺纹。细牙螺纹多用于薄壁、细小零件或受变载、冲击和振动的联接中，还可用作轻载和精密的微调机构中的螺纹副
管螺纹	55°非密封管螺纹	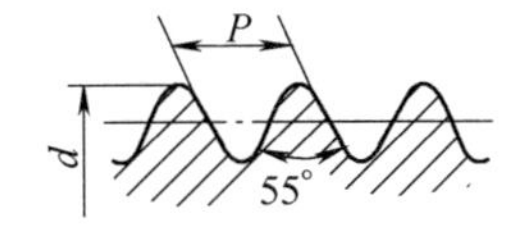	牙型角 $\alpha=55°$。公称直径近似为管子内径，内外螺纹公称牙型间没有间隙，螺纹副本身不具有密封性，当要求联接后有一定的密封性能时，可压紧被联接件螺纹副外的密封面，也可在密封面间添加密封物 多用于压强为 1.56MPa 以下的水、煤气管路、润滑和电线管路系统
	55°密封管螺纹	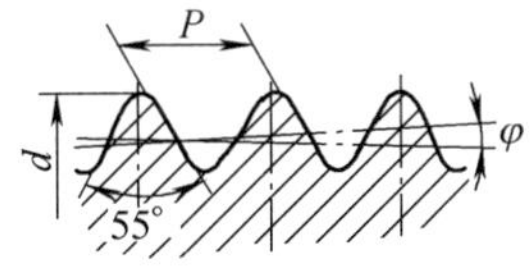	牙型角 $\alpha=55°$。公称直径近似为管子内径，螺纹分布在 1∶16 的圆锥管壁上，内外螺纹公称牙型间没有间隙，不用填料即可保证螺纹联接的不渗漏性。当与 55°圆柱管螺纹配用（内螺纹为圆柱管螺纹）时，在 1MPa 压力下，可保证足够的紧密性，必要时，允许在螺纹副内添加密封物保证密封 通常用于高温、高压系统，如管子、管接头、旋塞、阀门及其他附件
	60°圆锥管螺纹	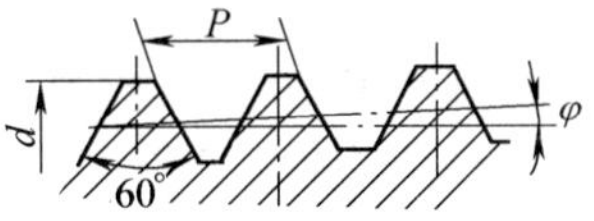	牙型角 $\alpha=60°$，螺纹副本身具有密封性。为保证螺纹联接的密封性，也可在螺纹副内加入密封物 适用于一般用管螺纹的密封及机械联接
梯形螺纹		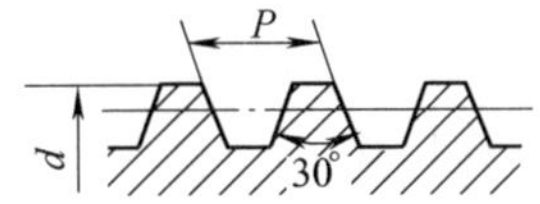	牙型角 $\alpha=30°$，牙根强度高，工艺性好，螺纹副对中性好，采用部分螺母时可以调整间隙，传动效率略低于矩形螺纹 用于传动，如机床丝杠等
矩形螺纹		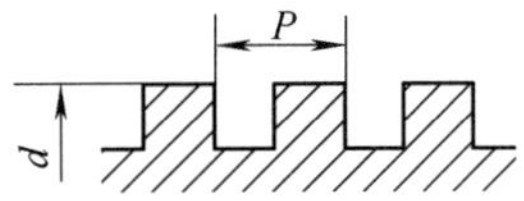	牙型为正方形，传动效率高于其他螺纹，牙厚是牙距的一半，强度较低（螺距相同时比较），精确制造困难，对中精度低 用于传力螺纹，如千斤顶、小型压力机等
锯齿形螺纹		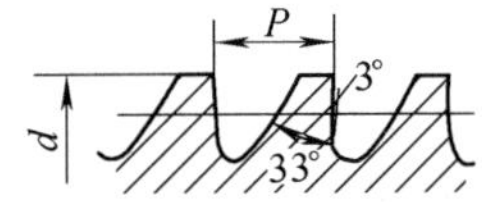	牙型角 $\alpha=33°$，牙的工作面倾斜 3°，牙的非工作面倾斜 30°。传动效率和强度都比梯形螺纹高，外螺纹的牙底有相当大的圆角，能减小应力集中。螺纹副的大径处无间隙，对中性良好 用于单向受力的传动螺纹，如轧钢机的压下螺旋、螺旋压力机等
圆弧螺纹		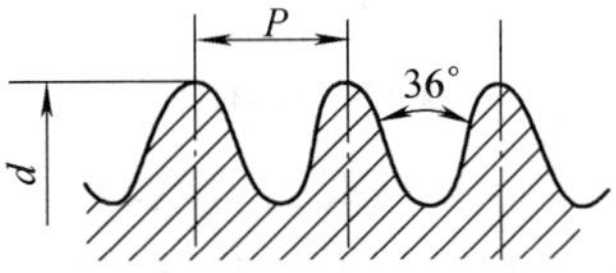	牙型角 $\alpha=36°$，牙粗，圆角大，螺纹不易碰损，积聚在螺纹凹处的尘垢和铁锈易消除 用于经常和污物接触和易生锈的场合，如水管闸门的螺旋导轴等

三角形螺纹也称为普通螺纹。普通螺纹同一公称直径可以有好几种螺距，其中螺距最大的称为粗牙螺纹，其余为细牙螺纹。细牙螺纹螺杆强度高，但螺纹牙的强度较粗牙螺纹低。公称直径相同时，细牙螺纹的螺距小、导程角小、自锁性好，适用于受冲击、振动及薄壁零件的联接，但细牙螺纹有易滑扣的缺点。一般联接多用粗牙螺纹，粗牙普通螺纹的基本尺寸见表 8-2。

表 8-2 粗牙普通螺纹的基本尺寸 （单位：mm）

公称直径 d	螺距 P	中径 d_2	小径 d_1	公称直径 d	螺距 P	中径 d_2	小径 d_1
6	1	5.35	4.92	20	2.5	18.38	17.29
8	1.25	7.19	6.65	(22)	2.5	20.38	19.29
10	1.5	9.03	8.38	24	3	22.05	20.75
12	1.75	10.86	10.11	(27)	3	25.05	23.75
(14)	2	12.70	11.84	30	3.5	27.73	26.21
16	2	14.70	13.84	(33)	3.5	30.73	29.21
(18)	2.5	16.83	15.29	36	4	33.40	31.67

注：1. 本表摘抄自 GB/T 196—2003。
2. 带括号者为第二系列，应优先选用第一系列。

8.2 普通螺纹联接

8.2.1 普通螺纹联接的基本类型及应用

1. 螺栓联接

螺栓联接是将螺栓穿过被联接件上的光孔后用螺母锁紧。这种联接结构简单、装拆方便、应用广泛，主要用于两联接件较薄的场合。根据联接的要求不同，螺栓联接分为普通螺栓联接和铰制孔螺栓联接。

图 8-4a 所示为普通螺栓联接，其结构特点是螺栓杆与被联接件通孔壁之间有间隙，工作载荷使螺栓受拉伸，因通孔加工精度较低，故应用广泛。

图 8-4b 所示为铰制孔螺栓联接，被联接件上的铰制孔和螺栓的光杆部分多采用基孔制过渡配合，螺栓杆受剪切和挤压。

2. 双头螺柱联接

图 8-5 所示为双头螺柱联接。这种联接用于被联接件之一较厚而不宜制成通孔，且需经常拆卸的场合。拆卸时，只需拧下螺母而不必从螺孔中拧出螺柱即可将被联接件分开。

3. 螺钉联接

图 8-6 所示为螺钉联接。这种联接不需用螺母，适用于一个被联接件较厚，不便钻成通孔，且受力不大，不需经常拆卸的场合。螺钉联接受载荷后的变形为轴向拉伸。

H、l_1、l_2、l_3 值同图 8-4、图 8-5。

4. 紧定螺钉联接

图 8-7 所示为紧定螺钉联接。将紧定螺钉旋入一零件的螺孔中，并用螺钉端部顶住或顶入另一个零件，以固定两个零件的相对位置，并可传递不大的力或转矩。紧定螺钉的端部形状有平端、锥端和柱端等。紧定螺钉联接受载荷后的变形为轴向压缩。

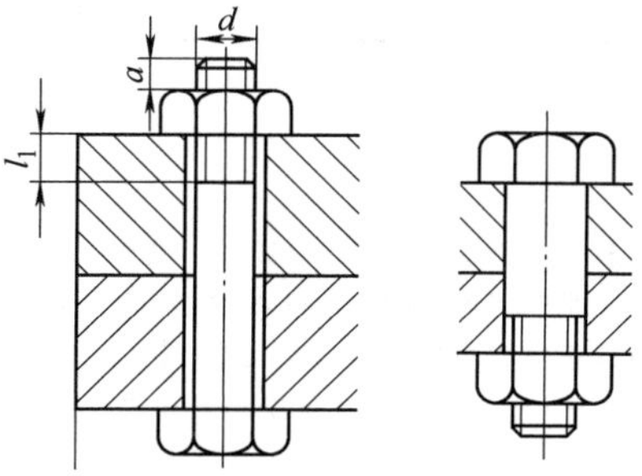

a) b)

图 8-4 螺栓联接

螺纹余留长度 l_1

静载荷时 $l_1 \geq (0.3 \sim 0.5)d$

变载荷时 $l_1 \geq 0.75d$

螺纹伸出长度 $a \approx (0.2 \sim 0.3)d$

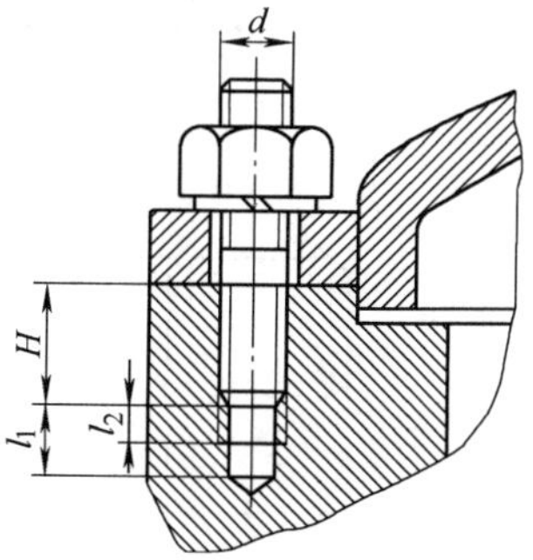

图 8-5 双头螺柱联接

不同螺孔材料的拧入深度 H

钢或青铜 $H \approx d$

铸铁 $H = (1.25 \sim 1.5)d$

铝合金 $H = (1.5 \sim 2)d$

$l_2 = (2 \sim 2.5)d$

$l_1 = (0.7 \sim 1.2)d$

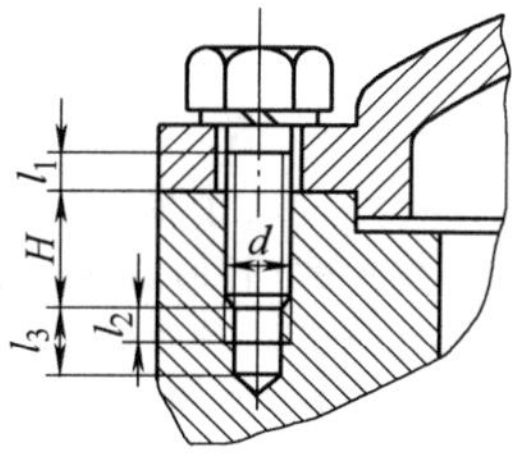

图 8-6 螺钉联接

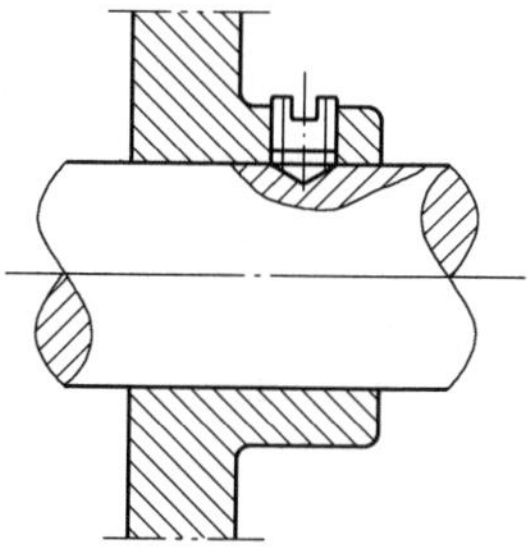

图 8-7 紧定螺钉联接

8.2.2 常用螺纹联接件

螺纹联接件的类型很多，在机械制造中常用的螺纹联接件有螺栓、双头螺柱、螺钉、紧定螺钉、螺母和垫圈等，这些零件的结构和尺寸都已标准化，设计时可根据有关标准选用。常用标准螺纹联接件的结构特点和应用情况参见表 8-3。

表 8-3 常用标准螺纹联接件的结构特点和应用情况

类型	图例	结构特点及应用
六角头螺栓	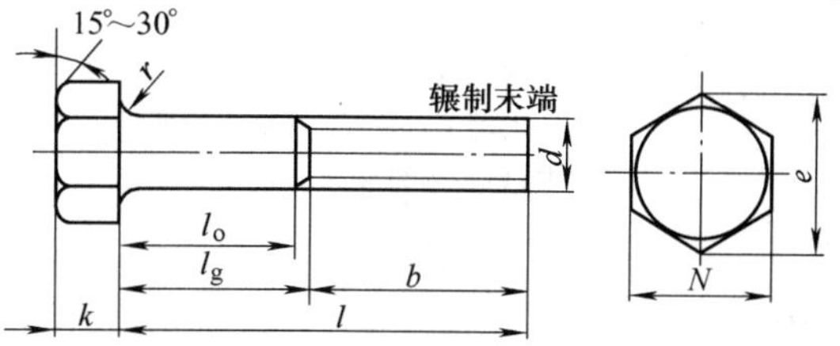	种类很多,应用最广,分为 A、B、C 共三级,通用机械中多用 C 级。螺栓杆部可制出一段螺纹或全螺纹,螺纹可用粗牙或细牙(A、B 级)

（续）

类型	图例	结构特点及应用
双头螺柱	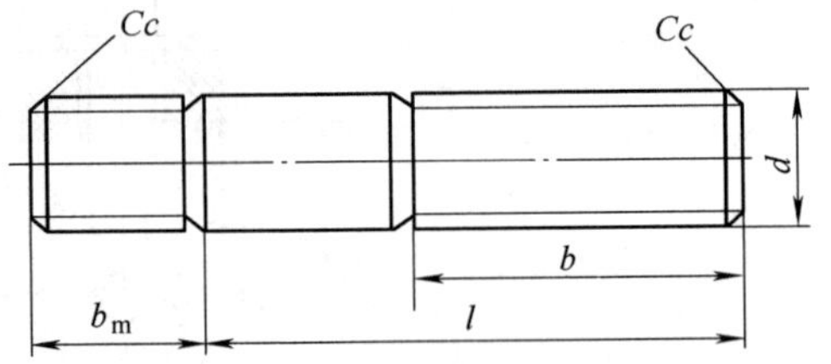	螺柱两端都有螺纹，两端螺纹可相同或不同。螺柱可带退刀槽或制成全螺纹，螺柱的一端常用于旋入铸铁或有色金属的螺孔中，旋入后即不拆卸；另一端则用于安装螺母以固定其他零件
螺钉	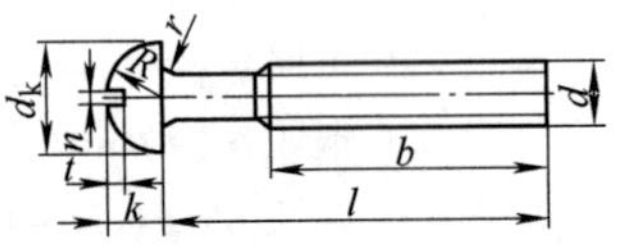  十字槽盘头 六角头 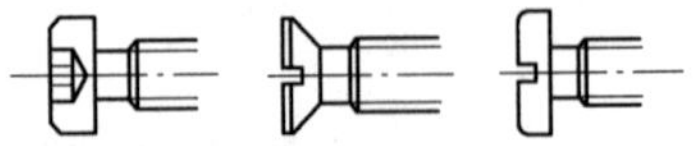 内六角侧柱头 一字开槽沉头 一字开槽圆头	螺钉头部形状有六角头、圆柱头、圆头、盘头和沉头等，头部旋具槽有一字槽、十字槽和内六角孔等形式。十字槽螺钉头部强度高，对中性好，易于实现自动化装配；内六角孔螺钉能承受较大的扳手力矩，联接强度高，可代替六角头螺栓，用于要求结构紧凑的场合
紧定螺钉	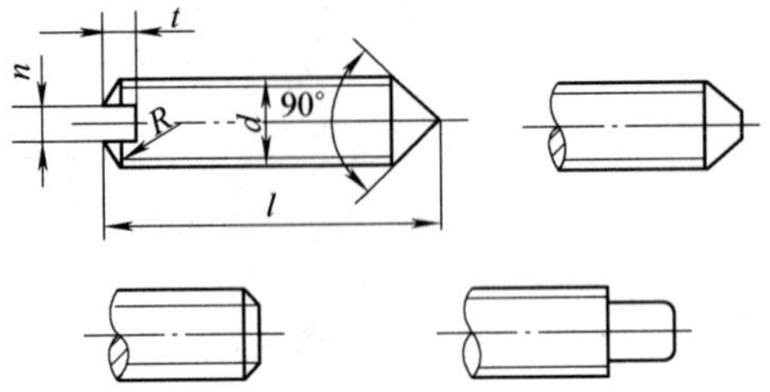	紧定螺钉常用的末端形状有锥端、平端和圆柱端。锥端适用于被顶紧零件的表面硬度较低或不经常拆卸的场合；平端接触面积大，不伤零件表面，常用于顶紧硬度较大的平面或经常拆卸的场合；圆柱端压入轴上的零件位置
六角螺母	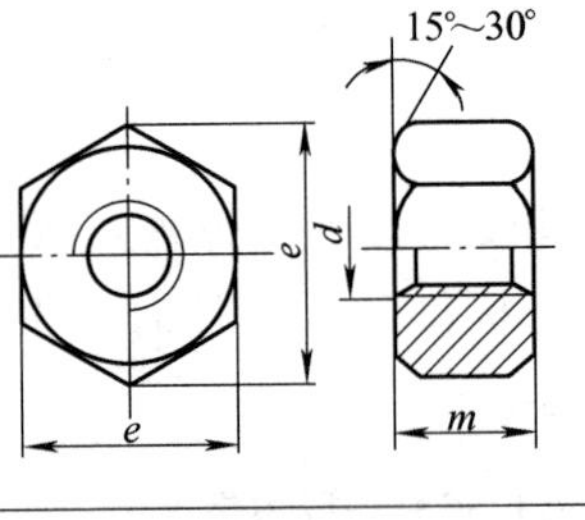	根据六角螺母厚度的不同，分为标准、厚、薄三种。六角螺母的制造精度和螺栓相同，共分为A、B、C三级，分别与相同级别的螺栓配用
圆螺母	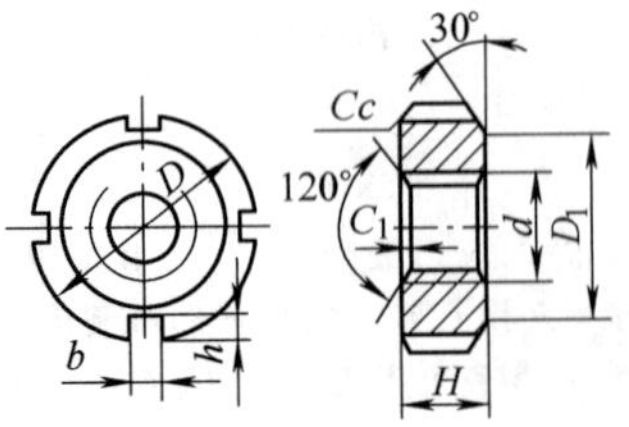 圆螺母 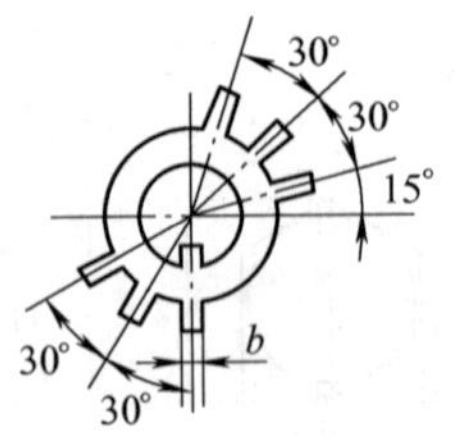 止动片	圆螺母常与止动垫圈配用，装配时将垫圈内舌插入轴上的内槽，将垫圈的外舌嵌入圆螺母的槽内，螺母即被锁紧。常用于轴上零件的轴向固定

（续）

类型	图 例	结构特点及应用
垫圈	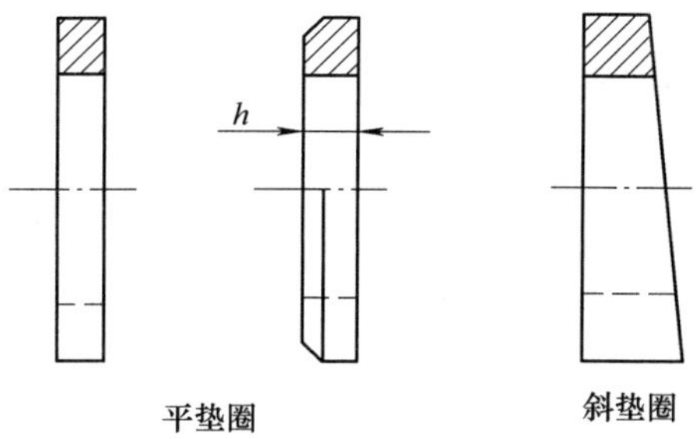	垫圈是螺纹联接中不可缺少的零件，常放置在螺母和被联接件之间，起保护支承面等作用。平垫圈按加工精度分为 A 级和 C 级两种。用于同一螺纹直径的垫圈又分为特大、大、普通和小四种规格，特大垫圈主要在铁木结构上使用，斜垫圈用于倾斜的支承面上

8.3 螺纹副的受力分析、自锁条件及效率

8.3.1 螺纹副的受力分析

根据螺纹的形成原理，将图 8-8a 所示的矩形螺纹螺纹副沿螺纹中径展开，即得图 8-8b、c 所示的斜面机构。图中滑块沿斜面等速上升或下降，相当于螺母在螺杆上等速旋转，滑块上的载荷 $\boldsymbol{Q}$ 相当于作用在螺母中径上的总轴向力，水平推力 $\boldsymbol{F}$ 相当于拧动螺母时加于螺纹中径上的圆周力。这样螺纹副的受力分析就变成斜面机构的受力分析了。

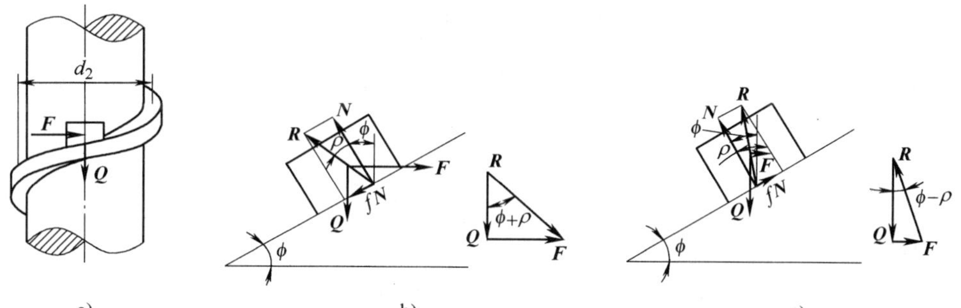

图 8-8 矩形螺纹螺纹副受力分析

当滑块沿斜面等速上升时，作用在滑块上的摩擦力 fN 沿斜面向下，如图 8-8b 所示，根据力的平衡条件可得

$$F = Q\tan(\phi+\rho) \tag{8-1}$$

式中 ρ——摩擦角（全反力 R 与正压力 N 间的夹角），$\tan\rho = fN/N = f$；

f——摩擦因数。

当滑块沿斜面等速下降时，作用在滑块上的摩擦力 fN 沿斜面向上，如图 8-8c 所示，根据力的平衡条件可得

$$F = Q\tan(\phi-\rho) \tag{8-2}$$

以上分析的是矩形螺纹的受力情况。对于三角形螺纹，当拧紧螺母时，则可视为楔形重

物 $\boldsymbol{Q}$ 沿槽形斜面运动，如图 8-9a、b 所示。若作用在重物上的摩擦力为 $\boldsymbol{F}'$，由图 8-9c 可知

$$F'=2N'f=N\frac{f}{\cos(\alpha/2)}=Nf_v \tag{8-3}$$

式中　f_v——当量摩擦因数，$f_v=\dfrac{f}{\cos(\alpha/2)}$，与当量摩擦因数 f_v 所对应的摩擦角 ρ_v 称为当量摩擦角，且 $\rho_v=\arctan f_v$。

由图 8-9b 可知，只要把矩形螺纹受力分析时所导出的公式中的 f 和 ρ 相应地改为当量摩擦因数 f_v 和当量摩擦角 ρ_v，就可得到三角形螺纹副中力的关系为

$$F=Q\tan(\phi+\rho_v) \tag{8-4}$$

$$F=Q\tan(\phi-\rho_v) \tag{8-5}$$

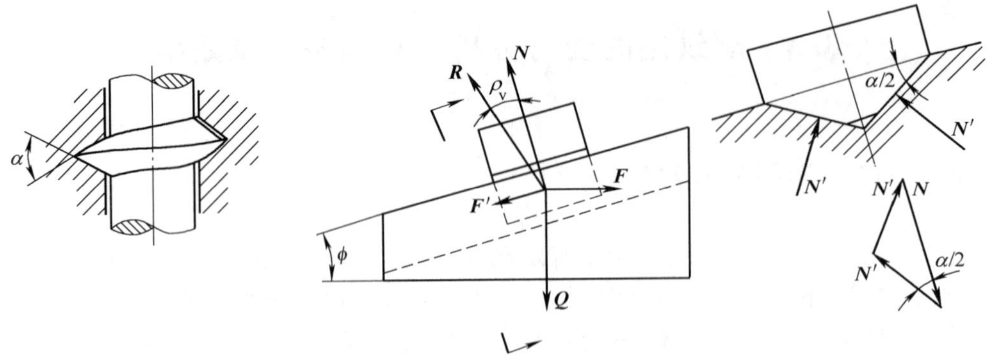

a)　　b)　　c)

图 8-9　三角形螺纹受力分析

式（8-4）和式（8-5）同样可用于梯形螺纹中，各种不同螺纹的当量摩擦因数的值如下：

矩形螺纹	$\alpha=0°$	$f_v=f$
梯形螺纹	$\alpha=30°$	$f_v=1.035f$
三角形螺纹	$\alpha=60°$	$f_v=1.155f$
锯齿形螺纹	$\alpha=3°$	$f_v=1.001f$

8.3.2　自锁条件

由式（8-5）可知，当 $\phi\leqslant\rho_v$ 时，$F\leqslant0$，这时必须加反方向的作用力 $\boldsymbol{F}$，才会使重物下滑。也就是说，重物在没有外力作用时，依靠自重（即轴向力）是不会自行下滑的，这种现象称为自锁。所以，螺纹副实现自锁的条件是

$$\phi\leqslant\rho_v \tag{8-6}$$

8.3.3　螺纹副的效率

效率是衡量机械对能量的有效利用程度的指标。它等于机械的输出功和输入功的比

值，即

$$\eta=\frac{输出功}{输入功}$$

如图 8-10 所示，在旋紧螺母推动重物 $\boldsymbol{Q}$ 上升时，螺母旋转一周，推力 $\boldsymbol{F}$ 所做的功为

$$W_1=F\pi d_2=Q\tan(\phi+\rho_v)\pi d_2$$

这时重物上升的距离为 s，其有效功为

$$W_2=Qs=Q\pi d_2\tan\phi$$

所以，旋紧螺母时的效率为

$$\eta=\frac{A_2}{A_1}=\frac{Q\pi d_2\tan\phi}{Q\pi d_2\tan(\phi+\rho_v)}=\frac{\tan\phi}{\tan(\phi+\rho_v)} \tag{8-7}$$

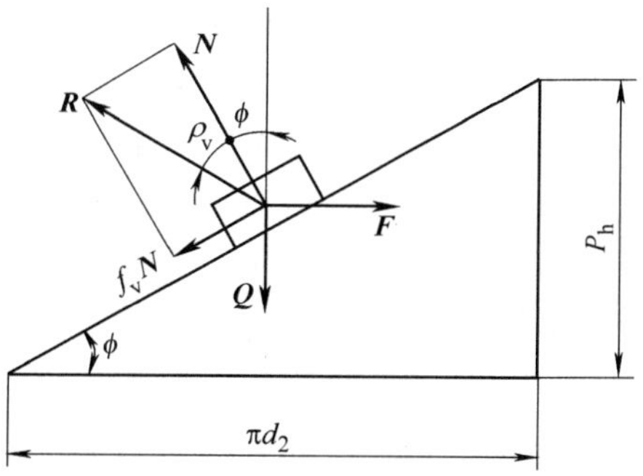

图 8-10 螺纹副传动效率分析

分析式（8-6）和式（8-7）可知：导程角 ϕ 越小或当量摩擦角 ρ_v 越大（即牙型角 α 越大），螺纹的自锁越可靠，而效率也就越低。因此，单线三角形螺纹适用于联接，矩形和梯形螺纹适用于传动。

8.4 螺纹联接的预紧、防松及结构设计

8.4.1 螺纹联接的预紧

对于大多数螺纹联接，在安装时都需要拧紧，通常称为预紧。联接在工作前因预紧所受到的力称为预紧力，用 $\boldsymbol{F}_0$ 表示。预紧的目的在于增强联接的可靠性和紧密性，防止受载后被联接件间出现缝隙或发生相对移动。

预紧力 $\boldsymbol{F}_0$ 的大小由螺栓联接的要求决定。一般情况下，螺栓联接的预紧力规定为

合金钢螺栓 $$F_0\leqslant(0.5\sim0.6)R_{eL}A_1 \tag{8-8}$$

碳素钢螺栓 $$F_0\leqslant(0.6\sim0.7)R_{eL}A_1 \tag{8-9}$$

式中 R_{eL}——螺栓材料下屈服强度（MPa）；

A_1——螺栓杆最小横截面（按螺纹小径计算）的面积（mm^2）。

对一般螺纹联接的预紧，可凭经验控制；对重要螺纹联接，通常借助测力矩扳手或定力矩扳手来控制预紧力的大小。对于 M10～M68 的粗牙普通螺纹，拧紧力矩 T 的经验公式为

$$T\approx0.2F_0d \tag{8-10}$$

式中 F_0——预紧力（N）；

d——螺纹公称直径（mm）。

由于摩擦力不稳定和加在扳手上的力难以准确控制，有时可能拧得过紧而使螺杆被拧断，因此在重要的联接中如果不能严格控制预紧力的大小，宜使用大于 M12 的螺栓。

8.4.2 螺纹联接的防松

联接用的三角形螺纹，在静载荷和工作温度变化不大的情况下，能满足自锁条件，一般

不会自动松脱。但在振动、冲击、变载荷或当温度变化很大时，联接就有可能松开，使联接失效，导致机器不能正常工作，甚至发生严重事故。因此，在设计螺纹联接时必须考虑防松措施。

防松的实质就是防止螺纹联接件间的相对转动。按防松装置的工作原理可分为摩擦防松、机械防松和破坏螺纹副防松。

摩擦防松是在螺纹副中产生摩擦力矩来阻止其相对转动。此方法简单，但可靠性差，只应用在不很重要的联接和平稳、低速的场合。

机械防松是利用金属元件直接约束螺纹联接件，限制其相对转动。此方法效果可靠，常用于冲击、振动和重要的场合。

破坏螺纹副防松是利用焊接、冲点等方法将螺纹副转变成非运动副，从而排除螺纹联接件相对运动的可能。此方法只用于装配后不再拆卸的场合。

此外，还可在螺纹副间涂上金属黏合剂，硬化固着后防松效果好并能起到密封的作用。

螺纹联接常用的防松方法见表 8-4。

表 8-4　螺纹联接常用的防松方法

类型		图例	结构特点及应用
摩擦防松	对顶螺母	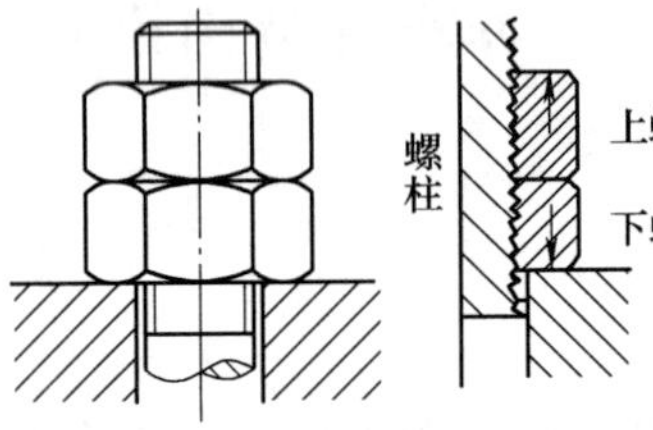	两螺母对顶拧紧后使旋合螺纹间始终受到附加的压力和摩擦力，从而起到防松作用 该方式结构简单，适用于平稳、低速和重载的固定装置上的联接，但轴向尺寸较大
	弹簧垫圈	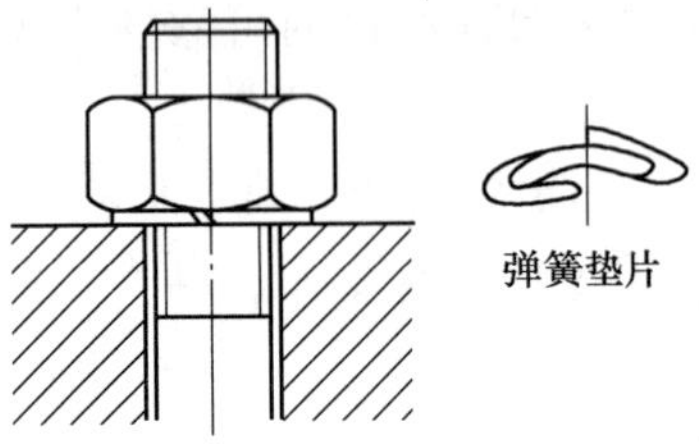	螺母拧紧后，靠弹簧垫圈压平而产生的弹性反力使旋合螺纹间压紧，同时垫圈外口的尖端抵住螺母与被联接件的支承面也有防松作用 该方式结构简单，使用方便。但在冲击振动的工作条件下，其防松效果较差，一般用于不太重要的联接
	自锁螺母	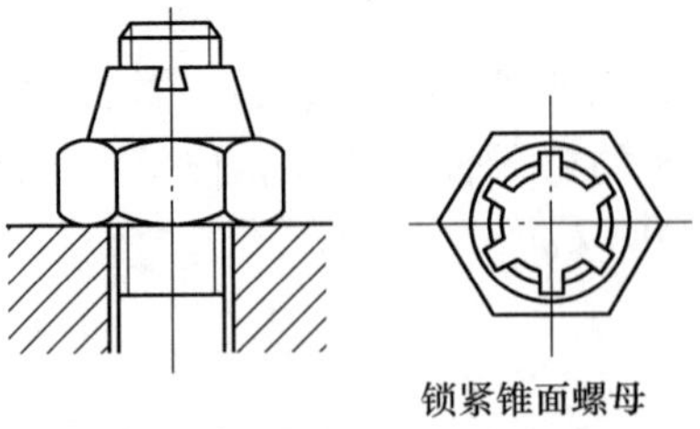	螺母一端制成非圆形收口或开缝后径向收口。当螺母拧紧后收口胀开，利用收口的弹力使旋合螺纹压紧 该方式结构简单、防松可靠，可多次装拆而不降低防松能力
机械防松	开口销与六角槽螺母防松	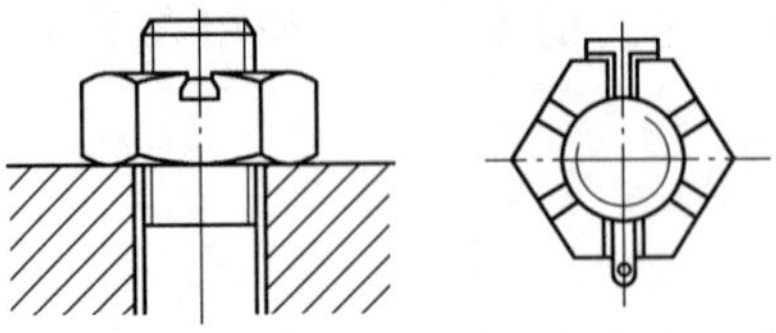	将开口销穿入螺栓尾部小孔和螺母槽内，并将开口销尾部掰开与螺母侧面贴紧，靠开口销阻止螺栓与螺母相对转动以防松 该方式适用于冲击和振动较大的高速机械中

（续）

类型		图例	结构特点及应用
机械防松	带翅垫圈	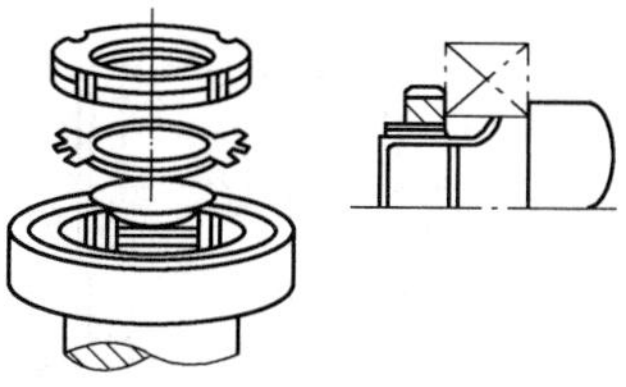	带翅垫圈具有几个外翅和一个内翅，将内翅嵌入螺栓（或轴）的轴向槽内，旋紧螺母，将一个外翅弯入螺母的槽内，螺母即被锁住 该方式结构简单、使用方便、防松可靠
	串联钢丝	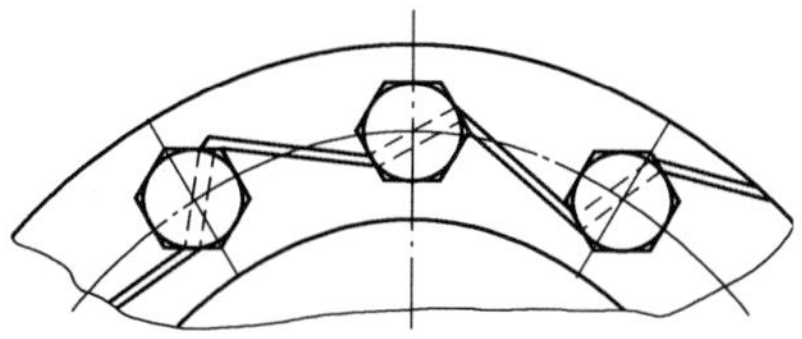	用低碳钢丝穿入各螺钉头部的孔内，将各螺钉串联起来使其相互制约。使用时必须注意钢丝的穿入方向 该方式适用于螺钉组联接。其防松可靠，但装拆不方便
其他方法防松	黏合	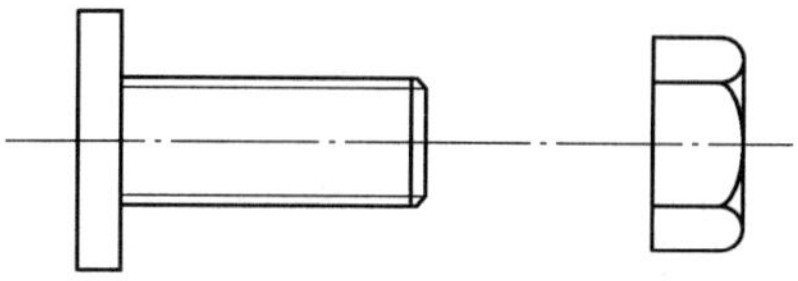	用黏合剂涂于螺纹旋合表面，拧紧螺母后黏合剂能自行固化，防松效果良好，但不便拆卸
	冲点	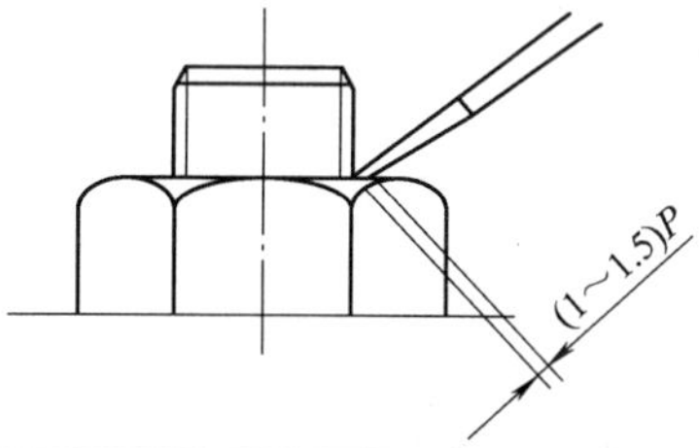	在螺纹件旋合好后，用冲头在旋合缝处或在端面冲点防松。这种防松效果很好，但此时螺纹联接变成不可拆联接

8.4.3 螺栓组联接的结构设计要点

机械设备中螺栓联接通常是成组使用，怎样使各个螺栓均匀地承受载荷，是设计、安装螺栓联接时的主要问题。

螺栓组联接的结构设计主要是选择合适的联接接合面的几何形状和螺栓的布置形式，确定螺栓的数目，选用防松装置等。布置同组内各个螺栓的位置时，应考虑以下几个方面的问题。

1）螺栓组的布置应尽可能对称，使接合面受力尽量均匀。一般将接合面设计成对称的几何形状，并使螺栓组的对称中心与接合面的几何形心重合，如图 8-11 所示。

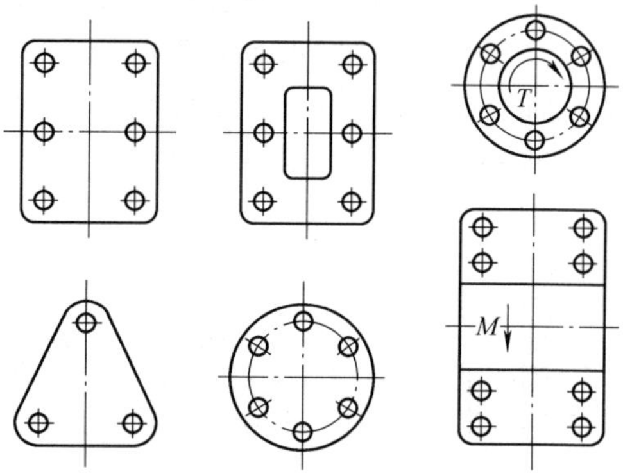

图 8-11　螺栓的布置

2）当螺栓联接承受弯矩或转矩时，应将螺栓尽可能地布置在接合面的边缘处，减少螺栓所承受的载荷。如果普通螺栓联接受较大横向载荷作用，则可用键、套筒、销等零件来分担横向载荷，这样可减小螺栓的预紧力和结构尺寸，如图 8-12 所示。

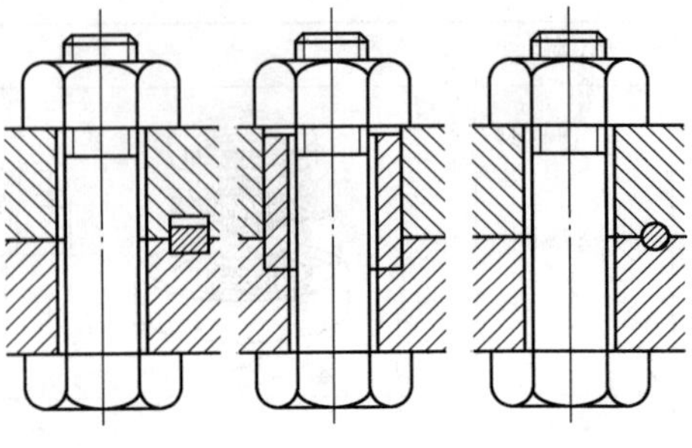

图 8-12　减载装置

3）同一圆周上的螺栓数应取 3、4、6、8 等易于等分的数以便于加工。

4）为了安装方便，同一组螺栓中不论其受力大小，应采用同样的材料、螺栓直径和长度。

5）螺栓布置应有合理的间距和边距，要留有合适的扳手空间，如图 8-13 所示。螺栓中心线与机体壁之间、螺栓相互之间的距离，要根据扳手活动所需的空间大小来决定。扳手空间可查有关机械零件手册。对于压力容器等紧密性要求高的重要联接，螺栓的间距 t 不得大于表 8-5 所给出的数值。

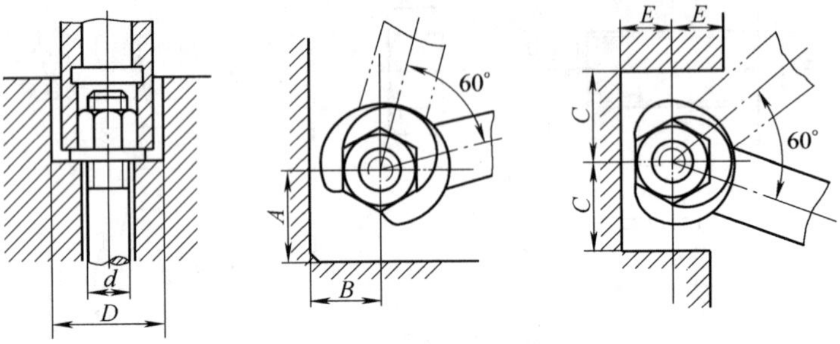

图 8-13　扳手空间

表 8-5　有紧密性要求的螺栓间距

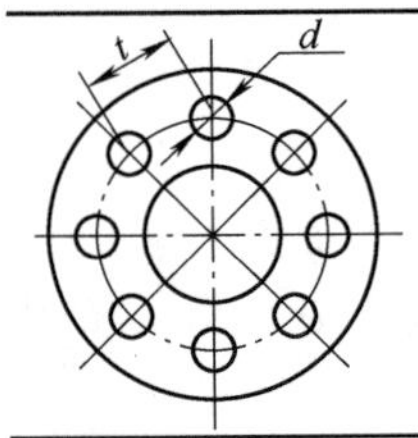	工作压力/MPa					
	≤1.6	1.6~4	4~10	10~16	16~20	20~30
	t					
	7d	4.5d	4.5d	4d	3.5d	3d

注：表中 d 为螺纹公称直径。

6）避免承受附加弯曲应力。制造、安装的误差及被联接件的变形等因素会引起附加弯曲应力，螺栓、螺母支承面不平或倾斜，也可能引起附加弯曲应力，故支承面必须加工。为了减小加工面，常将支承面做成凸台、凹坑。对特殊的支承面（如倾斜支承面、球面等），可采用斜垫圈、球面垫圈等，如图 8-14 所示。

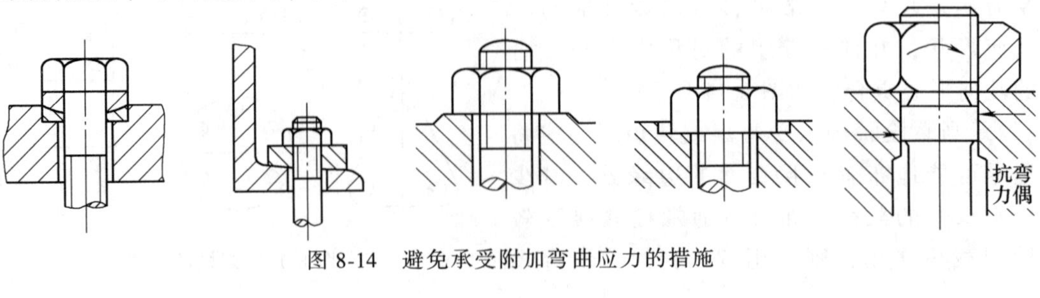

图 8-14　避免承受附加弯曲应力的措施

8.5 螺栓联接的强度计算

螺栓联接的主要失效形式有受拉螺栓的螺纹部分断裂，受剪螺栓的螺杆与孔壁配合面的压溃或螺杆被剪断，因经常拆卸使螺纹牙间相互磨损而发生滑扣等。螺栓联接的强度计算主要是确定或验算最危险截面的尺寸（一般是螺纹小径 d_1），其他尺寸按标准选择。与螺栓相配的螺母、垫圈等的结构尺寸是按等强度原则确定的，一般直接按螺栓的公称尺寸由标准选取。

确定螺栓直径时，需要先通过受力分析，找出螺栓组中受力最大的螺栓，然后按单个螺栓进行强度计算。

螺栓联接按螺栓在装配时是否预紧分为松螺栓联接和紧螺栓联接。

8.5.1 松螺栓联接的强度计算

松螺栓联接在装配时螺母无须拧紧，螺栓只在工作时才受到拉力的作用。如拉杆、起重机吊钩等的螺纹联接，如图 8-15 所示。这类螺栓工作时受轴向力 $\boldsymbol{F}$ 的作用，螺栓的强度条件为

$$\sigma=\frac{F}{A}=\frac{F}{\pi d_1^2/4}\leqslant[\sigma] \tag{8-11}$$

式中 d_1——螺纹小径（mm）；

$[\sigma]$——松螺栓联接的许用应力（MPa），$[\sigma]=\frac{R_{eL}}{1.2\sim1.7}$，$R_{eL}$ 见表 8-6。

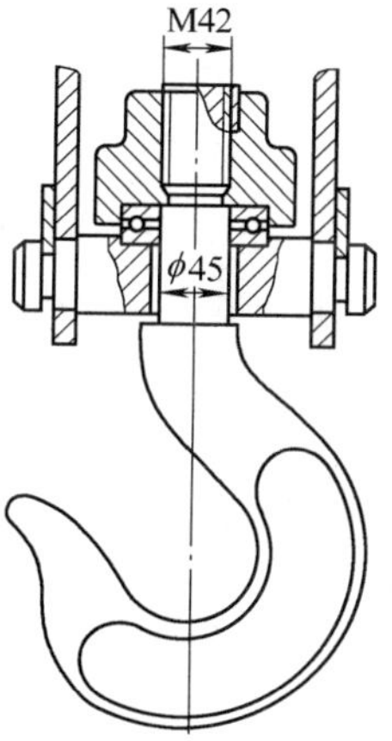

图 8-15 起重机吊钩

由式（8-11）可得设计公式

$$d_1\geqslant\sqrt{\frac{4F}{\pi[\sigma]}} \tag{8-12}$$

求出 d_1 后，再由表 8-2 中查出螺栓的公称直径。

表 8-6 螺纹联接件常用材料的力学性能

钢号	抗拉强度 R_m/MPa	下屈服强度 R_{eL}/MPa	疲劳极限	
			弯曲 σ_{-1}/MPa	抗拉 σ_{-1}/MPa
Q215	340~420	220		
Q235	410~470	240	170~220	120~160
35	540	320	220~300	170~220
45	610	360	250~340	190~250
40Cr	750~1000	650~900	320~440	240~340

8.5.2 紧螺栓联接的强度计算

紧螺栓联接就是在承受工作载荷之前必须把螺母拧紧的联接。拧紧螺母时，螺栓一方面

受到拉伸，另一方面又因螺纹中阻力矩的作用而受到扭转，因而，危险截面上既有拉应力 σ，又有扭转切应力 τ。在计算时，可按抗拉强度来计算，但需将所受的拉力增大 30%来考虑扭转切应力的影响，即

$$F=1.3F_0 \tag{8-13}$$

式中 F_0——预紧力（N）；

F——计算载荷（N）。

所以，紧螺栓联接的强度条件为

$$\sigma=\frac{F}{A}=\frac{1.3F_0}{\pi d_1^2/4}\leqslant[\sigma] \tag{8-14}$$

由式（8-14）可得设计公式

$$d_1\geqslant\sqrt{\frac{5.2F_0}{\pi[\sigma]}} \tag{8-15}$$

式中 $[\sigma]$——紧螺栓联接的许用应力（MPa），其值按式（8-21）计算。

在螺纹联接的计算中，预紧力 F_0 的大小应根据外载荷的情况而定。

1. 受横向载荷的紧螺栓联接

工作载荷与螺栓轴线垂直时，称为横向载荷，用 $\boldsymbol{F}_{\mathrm{R}}$ 表示，如图 8-16 所示。

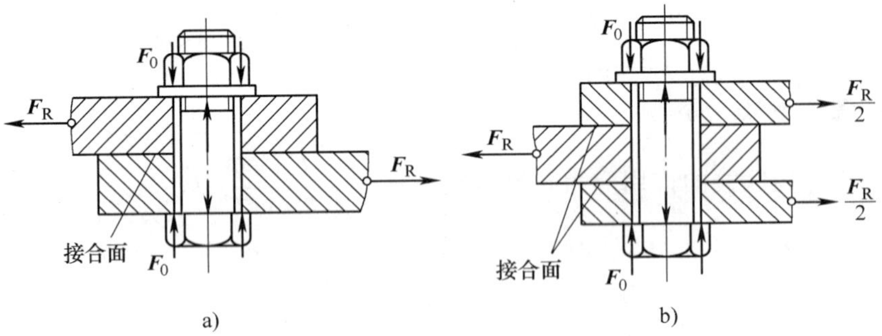

图 8-16 受横向载荷的紧螺栓联接

（1）采用普通螺栓 用普通螺栓联接，螺栓杆与被联接件的孔壁之间有间隙，故螺栓不直接承受横向载荷 $\boldsymbol{F}_{\mathrm{R}}$，而是预先拧紧螺栓，使被联接件表面间产生压力 $\boldsymbol{F}_0$，并在接合面间产生摩擦力以平衡横向载荷。当最大静摩擦力之和大于或等于横向载荷 $\boldsymbol{F}_{\mathrm{R}}$ 时，被联接件间不会产生滑移，即可达到联接的目的。

每个螺栓的预紧力 $\boldsymbol{F}_0$ 即为每个螺栓作用于被联接件的压力，其大小为

$$F_0\geqslant\frac{KF_{\mathrm{R}}}{fn} \tag{8-16}$$

式中 F_{R}——单个螺栓所承受的横向载荷；

F_0——单个螺栓的预紧力；

f——被联接件接合面的摩擦因数，通常取 $f=0.15\sim0.2$；

n——接合面数；

K——可靠性系数，通常取 $K=1.1\sim1.3$。

根据 $\boldsymbol{F}_0$ 的大小，由式（8-15）求出螺栓小径 d_1。

（2）采用铰制孔螺栓　当 $f=0.2$，$n=1$，$K=1.2$ 时，由式（8-16）得 $F_0=6F_R$，即联接所需的预紧力是横向载荷的 6 倍，因此所需螺栓的尺寸较大。为了避免这一缺点，可采用铰制孔螺栓联接，如图 8-17 所示。在这种联接中，横向载荷 $\boldsymbol{F}_R$ 靠螺栓的剪切和挤压作用来平衡。因此，应按剪切和挤压强度进行计算。

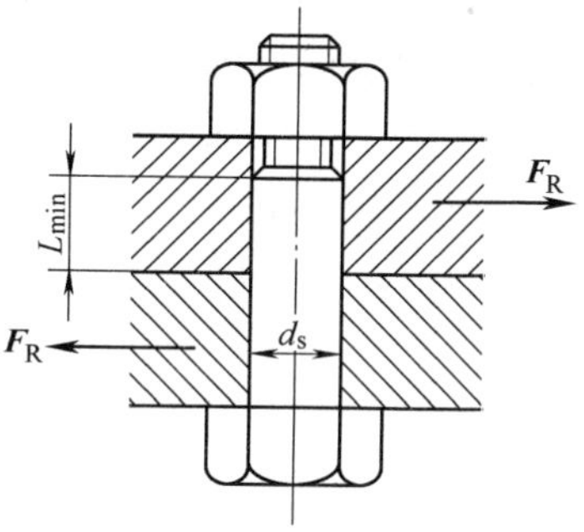

图 8-17　铰制孔螺栓联接

螺栓杆的抗剪强度条件为

$$\tau=\frac{F_R}{n\pi d_s^2/4}\leqslant[\tau] \tag{8-17}$$

设计公式为

$$d_s=\sqrt{\frac{4F_R}{n\pi[\tau]}} \tag{8-18}$$

螺栓杆与孔壁接触面的挤压强度条件为

$$\sigma_p=\frac{F_R}{d_s L_{min}}\leqslant[\sigma_p] \tag{8-19}$$

式中　F_R——单个螺栓所承受的横向载荷（N）；
d_s——螺杆直径（mm）；
$[\tau]$——许用剪切应力（MPa），见表 8-8；
$[\sigma_p]$——许用挤压应力（MPa），见表 8-8；
L_{min}——螺栓杆与孔壁接触表面的最小长度（mm），设计时应取 $L_{min}=1.25d$；
n——受剪面数目。

2. 受轴向载荷的紧螺栓联接

如图 8-18 所示的压力容器端盖螺栓联接是承受轴向载荷的典型实例。这类螺栓联接除应有足够的强度外，还应保证联接的紧密性。因此，在轴向载荷 $\boldsymbol{F}$ 作用前，先要拧紧螺母，使螺栓和被联接件都受到预紧力 $\boldsymbol{F}_0$ 的作用，螺栓受拉伸，被联接件受压缩。当螺栓受到容器内液体或气体的压力作用承受轴向载荷 $\boldsymbol{F}$ 时，螺栓再次被拉伸，预紧力由 $\boldsymbol{F}_0$ 减少到 $\boldsymbol{F}'$，$\boldsymbol{F}'$称为残余预紧力。所以工作时螺栓受到的总拉力为

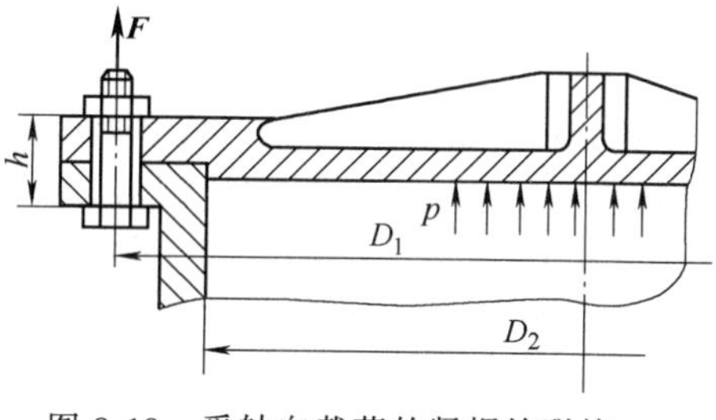

图 8-18　受轴向载荷的紧螺栓联接

$$F_\Sigma=F+F' \tag{8-20}$$

为了保证联接的紧密性，残余预紧力 $\boldsymbol{F}'$必须保持一定的数值。F'的取值范围是：静载时，$F'=(0.2\sim0.6)F$；动载时，$F'=(0.6\sim1.0)F$；对于紧密压力容器（如气缸、液压缸等），$F'=(1.5\sim1.8)F$。

8.5.3　螺纹联接件常用材料及许用应力

1. 螺纹联接件常用材料

螺纹联接件的常用材料为 Q215、Q235、35 和 45 钢，对于重要或特殊用途的螺纹联接

件，可采用 15Cr、40Cr、15MnVB 等合金钢。螺纹联接件常用材料的力学性能见表 8-6。

2. 螺纹联接材料的许用应力

螺纹联接材料的许用应力与联接是否拧紧、是否控制预紧力、受力性质（静载荷、动载荷）等因素有关。

紧螺栓联接材料的许用应力为

$$[\sigma]=R_{eL}/S \tag{8-21}$$

式中 R_{eL}——下屈服强度（MPa），见表 8-6；

S——安全系数，见表 8-7。

表 8-7 紧螺栓联接的安全系数

<table>
<tr><td>控制预紧力</td><td colspan="6">1.2~1.5</td></tr>
<tr><td rowspan="4">不控制预紧力</td><td rowspan="2">材料</td><td colspan="3">静载荷</td><td colspan="2">动载荷</td></tr>
<tr><td>M6~M16</td><td>M16~M30</td><td>M30~M60</td><td>M6~M16</td><td>M16~M30</td></tr>
<tr><td>碳钢</td><td>4~3</td><td>3~2</td><td>2~1.3</td><td>10~6.5</td><td>6.5</td></tr>
<tr><td>合金钢</td><td>5~4</td><td>4~2.5</td><td>2.5</td><td>7.5~5</td><td>5</td></tr>
</table>

铰制孔螺栓联接材料的许用应力由被联接件的材料决定，其值见表 8-8。

表 8-8 铰制孔螺栓联接材料的许用应力

<table>
<tr><td rowspan="2">载荷</td><td rowspan="2">被联接件材料</td><td colspan="2">剪切</td><td colspan="2">挤压</td></tr>
<tr><td>许用应力</td><td>安全系数 S</td><td>许用应力</td><td>安全系数 S</td></tr>
<tr><td rowspan="2">静载荷</td><td>钢</td><td rowspan="2">$[\tau]=R_{eL}/S$</td><td rowspan="2">2.5</td><td>$[\sigma_p]=R_{eL}/S$</td><td>1.25</td></tr>
<tr><td>铸铁</td><td>$[\sigma_p]=R_m/S$</td><td>2~2.5</td></tr>
<tr><td>动载荷</td><td>钢、铸铁</td><td>$[\tau]=R_{eL}/S$</td><td>3.5~5</td><td colspan="2">$[\sigma_p]$按静载荷取值的 70%~80%计</td></tr>
</table>

例 8-1 图 8-19 所示为凸缘联轴器，传递的最大转矩 $T=1.5\text{kN}\cdot\text{m}$，载荷平稳，用 4 个材料为 Q235 钢的 M16 螺栓联接，螺栓均匀分布在直径 $D_0=155\text{mm}$ 的圆周上，联轴器材料为 HT300，$R_m=300\text{MPa}$，凸缘厚 $h=23\text{mm}$。试分别校核用普通螺栓联接和用铰制孔螺栓联接时螺栓的强度。

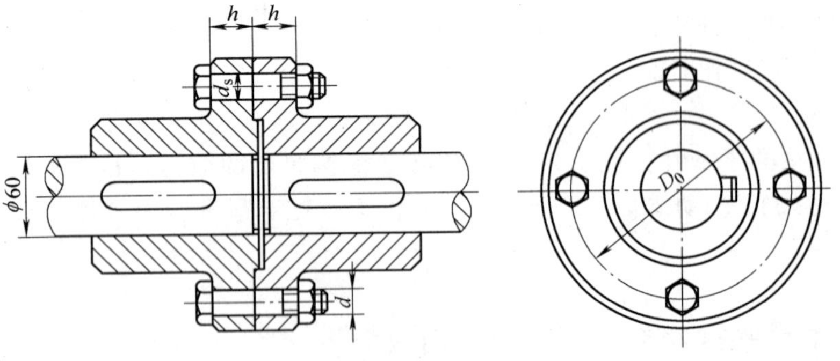

图 8-19 凸缘联轴器

解：（1）采用普通螺栓联接 螺栓与孔壁间有间隙，必须拧紧螺母，使两接触面间产

生足够的摩擦力来传递转矩。当联轴器传递转矩 T 时，每个螺栓受到的横向载荷为

$$T=4F_{\mathrm{R}}\frac{D_0}{2}$$

$$F_{\mathrm{R}}=\frac{T}{2D_0}=\frac{1.5\times10^6}{2\times155}\mathrm{N}=4839\mathrm{N}$$

取 $K=1.2$，$f=0.2$，$n=1$，则

$$F_0=\frac{KF_{\mathrm{R}}}{fn}=\frac{1.2\times4839}{0.2\times1}\mathrm{N}=29034\mathrm{N}$$

查表 8-6、表 8-7，当螺栓材料为 Q235、直径为 16mm 时，$R_{\mathrm{eL}}=240\mathrm{MPa}$，$S=3$，则

$$[\sigma]=\frac{R_{\mathrm{eL}}}{S}=\frac{240\mathrm{MPa}}{3}=80\mathrm{MPa}$$

查表 8-2，M16 螺栓的小径 $d_1=13.84\mathrm{mm}$，螺栓的拉应力为

$$\sigma=\frac{1.3F_0}{\pi d_1^2/4}=\frac{4\times1.3\times29034}{\pi\times13.84^2}\mathrm{MPa}=251\mathrm{MPa}>[\sigma]$$

结果表明，采用普通螺栓联接时，M16 螺栓的强度不足。

（2）采用铰制孔螺栓联接　由手册查得 M16 铰制孔螺栓的 $d_{\mathrm{s}}=17\mathrm{mm}$，查表 8-6 得：Q235 钢的 $R_{\mathrm{eL}}=240\mathrm{MPa}$，HT300 的 $R_{\mathrm{m}}=300\mathrm{MPa}$。由表 8-8 得

$$[\tau]=\frac{R_{\mathrm{eL}}}{2.5}=\frac{240}{2.5}\mathrm{MPa}=96\mathrm{MPa}$$

$$[\sigma_{\mathrm{p}}]=\frac{R_{\mathrm{m}}}{2}=\frac{300}{2}\mathrm{MPa}=150\mathrm{MPa}$$

当螺栓受到的横向载荷为 4839N 时，螺栓的剪切应力为

$$\tau=\frac{F_{\mathrm{R}}}{\pi d_{\mathrm{s}}^2/4}=\frac{4\times4839}{\pi\times17^2}\mathrm{MPa}=21.3\mathrm{MPa}<[\tau]$$

联轴器的挤压应力为

$$\sigma_{\mathrm{p}}=\frac{F_{\mathrm{R}}}{d_{\mathrm{s}}L_{\min}}=\frac{4839}{17\times23}\mathrm{MPa}=12.4\mathrm{MPa}<[\sigma_{\mathrm{p}}]$$

计算结果表明，采用铰制孔螺栓联接，抗剪强度和挤压强度都足够。由此可见，采用铰制孔螺栓联接可以大大减小螺栓联接的尺寸或使联轴器传递更大的转矩。

8.6　滑动螺旋传动简介

螺旋传动是利用由螺杆和螺母组成的螺纹副来实现传动要求的。它主要用于将回转运动变为直线运动，同时传递运动和动力的场合。

8.6.1　螺旋传动的类型

根据螺杆和螺母的相对运动关系，将常用螺旋传动的运动形式分为两种：图 8-20a 所示

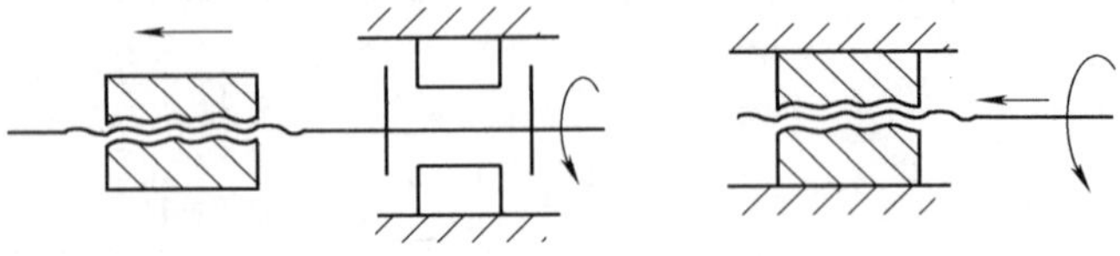

图 8-20 螺旋传动的运动形式

的螺旋传动为螺杆转动、螺母移动，多用于机床的进给机构中；图 8-20b 所示的螺旋传动为螺母固定、螺杆转动并移动，多用于螺旋起重器或螺旋压力机中。

螺旋传动按其用途可分为三种类型。

(1) 传力螺旋 以传递动力为主，要求以较小的转矩产生较大的轴向力。这种螺旋传动一般为间歇性工作，工作速度不高，且要求具有自锁性，广泛应用于各种起重或加压装置中，如图 8-21a 所示的螺旋千斤顶。

螺旋传动

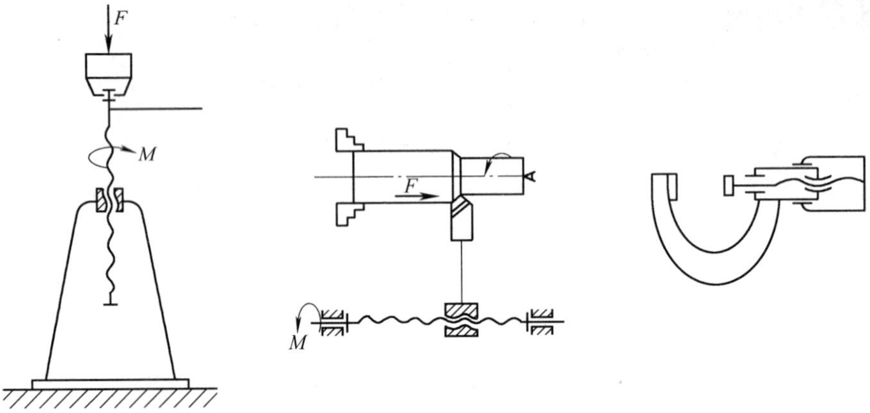

图 8-21 螺旋机构

a) 螺旋千斤顶 b) 机床刀架进给机构 c) 量具的测量螺旋

(2) 传动螺旋 以传递运动为主，要求具有较高的传动精度，有时也承受较大的轴向力。一般需在较长时间内连续工作，且工作速度较高，如机床刀架进给机构中的螺旋（图 8-21b）等。

(3) 调整螺旋 用以调整并固定零件或部件之间的相对位置。调整螺旋不经常转动，一般在空载下进行调整，如机床、仪器及测试装置中微调机构的螺旋，如图 8-21c 所示量具的测量螺旋。

螺旋传动按其螺纹副的摩擦性质不同可分为滑动螺旋、滚动螺旋和静压螺旋。滑动螺旋结构简单，便于制造，易于自锁，但其摩擦阻力大，传动效率低，磨损大，传动精度低。滚动螺旋和静压螺旋的摩擦阻力小，传动效率高，但结构复杂，在高精度、高效率的重要传动中采用。

8.6.2 滑动螺旋的结构及材料

1. 螺母结构

(1) 整体螺母 如图 8-22 所示，不能调整间隙，只能用在轻载且精度要求较低的场合。

（2）组合螺母　如图 8-23 所示，通过拧紧调整螺钉 2 驱使调整楔块 3 将其两侧螺母拧紧，以便减小间隙，提高传动精度。

（3）对开螺母　如图 8-24 所示，这种螺母便于操作，一般用于车床溜板箱的螺旋传动中。

2. 螺杆结构

传动螺旋通常采用牙型为矩形、梯形或锯齿形的右旋螺纹。特殊情况下也采用左旋螺纹，如为了符合操作习惯，车床横向进给丝杠螺纹即采用左旋螺纹。

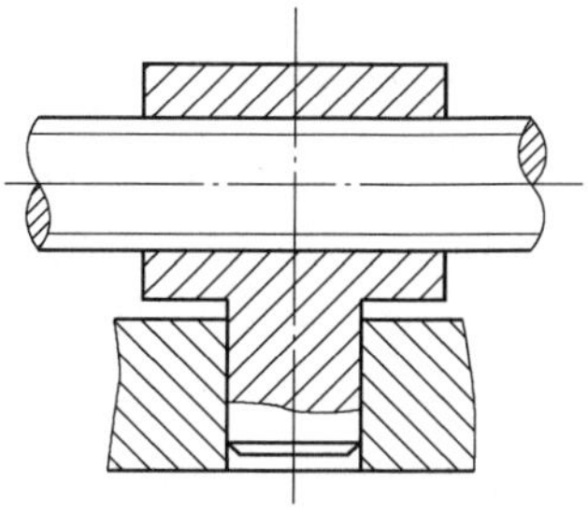

图 8-22　整体螺母

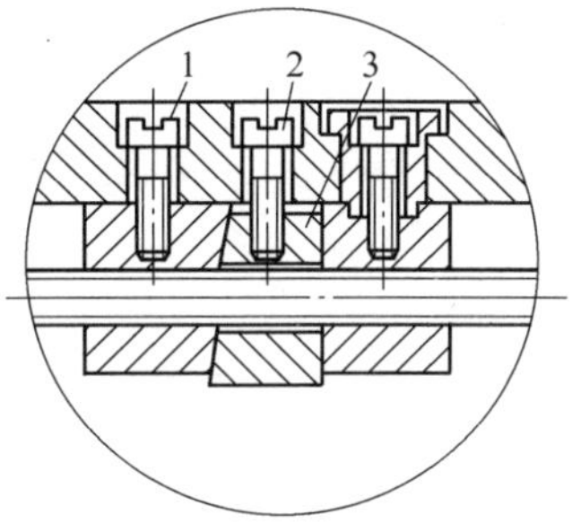

图 8-23　组合螺母

1—固定螺钉　2—调整螺钉　3—调整楔块

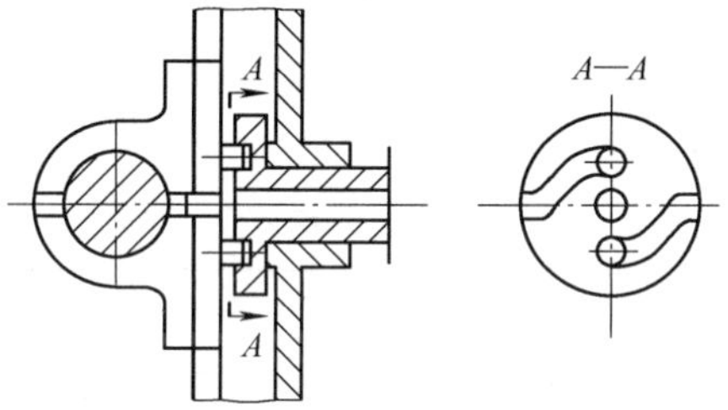

图 8-24　对开螺母

3. 材料

由于滑动螺旋传动中的摩擦较严重，故要求螺旋传动材料的耐磨性能、抗弯性能都要好。一般螺杆材料的选用原则如下。

1）高精度传动时多选碳素工具钢。

2）需要较高硬度，如 50～56HRC 时，可采用铬锰合金钢；当需要硬度为 35～45HRC 时，可采用 65Mn 钢。

3）一般情况（如普通机床丝杠）可用 45、50 钢。

螺母材料可用铸造锡青铜，重载低速的场合可选用强度高的铸造铝铁青铜，而轻载低速时也可选用耐磨铸铁。

8.7　键　联　接

键联接在机械中应用极为广泛，主要用于轴与轴上零件（如齿轮、带轮）的周向固定并传递运动和转矩，其中有些还可以实现轴上零件的轴向固定或用作动联接。由于键已标准化，因此通常先根据工作特点选择键的类型，再根据轴径和轮毂长度确定键的尺寸，必要时还应对键联接进行强度计算。

8.7.1　键联接的类型、标准及应用

键联接

根据装配时是否需要施加外力，键联接分为较松键联接和较紧键联

接两大类型。

1. 较松键联接

较松键联接可分为平键联接和半圆键联接两类。

（1）平键联接　平键联接具有结构简单、装拆方便、对中性好等优点，故应用最广。平键又可分为普通平键、导向平键和滑键。

普通平键联接的结构形式如图 8-25 所示，键的两侧面为工作面，工作时靠键的剪切与挤压传递运动和转矩。平键的顶面为非工作面，与轮毂键槽表面留有间隙。

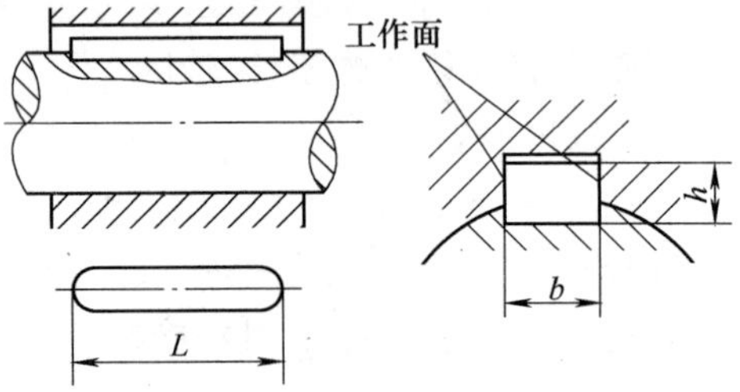

图 8-25　普通平键联接

普通平键用于静联接，按键的端部形状可分为 A 型（圆头）、B 型（方头）、C 型（半圆头）三类，如图 8-26 所示。平键联接的尺寸见表 8-9。

表 8-9　平键联接的尺寸（摘自 GB/T 1096—2003）　　（单位：mm）

轴	键	键槽 b						
公称直径 d	公称尺寸 $B\times h$	一般键联接		轴 t		毂 t_1		半径 r
		轴 N9	毂 Js9	公称尺寸	极限偏差	公称尺寸	极限偏差	
自 6~8	2×2	−0.004 −0.029	±0.0125	1.2	+0.1	1	+0.1	0.08~0.16
>8~10	3×3			1.8		1.4		
>10~12	4×4	0 −0.030	±0.015	2.5		1.8		
>12~17	5×5			3.0		2.3		0.16~0.25
>17~22	6×6			3.5		2.8		
>22~30	8×7	0 −0.036	±0.018	4.0	+0.2	3.3	0.2	
>30~38	10×8			5.0		3.3		0.25~0.4
>38~44	12×8	0 −0.043	±0.0215	5.0		3.3		
>44~50	14×9			5.5		3.8		
>50~58	16×10			6.0		4.3		
>58~65	18×11			7.0		4.4		
>65~75	20×12	0 −0.052	±0.026	7.5		4.9		0.4~0.6
>75~85	22×14			9.0		5.4		
键的长度系列	6,8,10,12,14,16,18,20,22,25,28,32,36,40,45,50,56,63,70,80,90,100,110,125,140,160,180,200,220,250,280,320,360							

注：1. 在工作图中，轴槽深用 $d-t$ 标注，其公差为上偏差 0、下偏差为负值；毂深用 $d+t$。

2. 键标记示例：键 B16×100 GB/T 1096—2003 表示普通平键 B 型、$b=16$mm、$L=100$mm。A 型键可省略字母 A。

使用圆头普通平键或单圆头普通平键时，轴上的键槽用指形铣刀加工，如图 8-27a 所示。键放置于与之形状相同的键槽中，因此键的轴向固定好、应用最广泛，但键槽会使轴产生应力集中。使用方头普通平键时，轴上键槽用盘形铣刀加工，如图 8-27b 所示，此时应力集中较小，但键在键槽中的固定不好，常用螺钉紧定。A、B 型键用于轴的中部，C 型键用

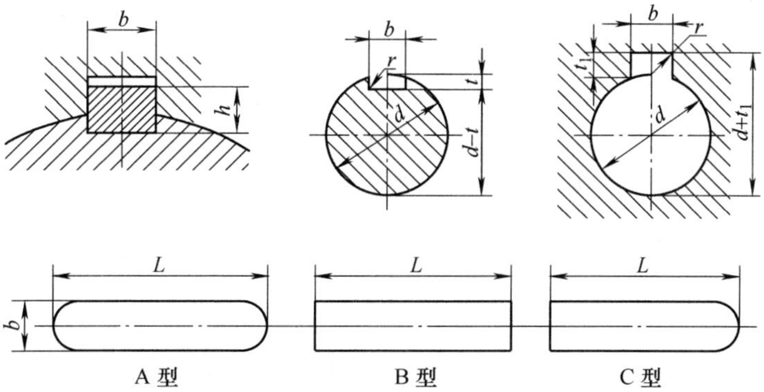

图 8-26　普通平键

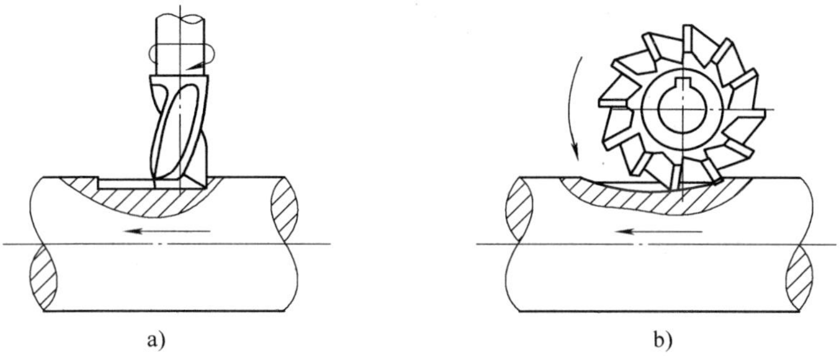

图 8-27　键槽的加工

于轴端联接。不论采用哪类键联接，轮毂上的键槽都是用插刀或拉刀加工，因此都是开通的。

导向平键和滑键用于动联接。当轮毂与轴之间有轴向相对移动时，可采用导向平键或滑键。如图 8-28 所示，导向平键是一种较长的平键，需用螺钉固定在轴槽中，轮毂可沿键做轴向移动。当轴上零件做较大的轴向移动时，宜采用滑键。如图 8-29 所示，滑键固定在轮毂上，轮毂带动滑键在轴槽中做轴向移动，因而需要在轴上加工长的键槽。

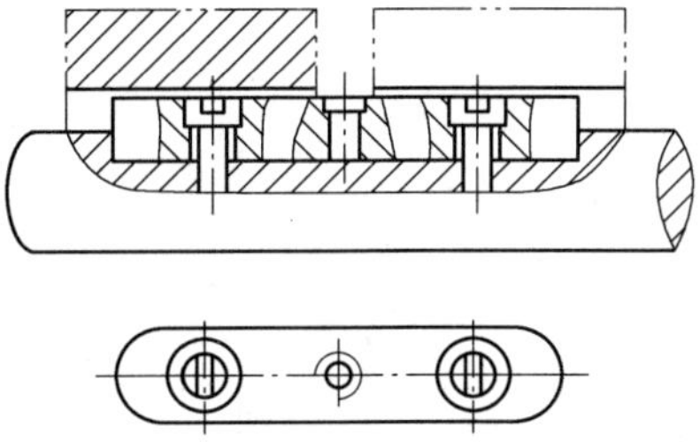
图 8-28　导向平键

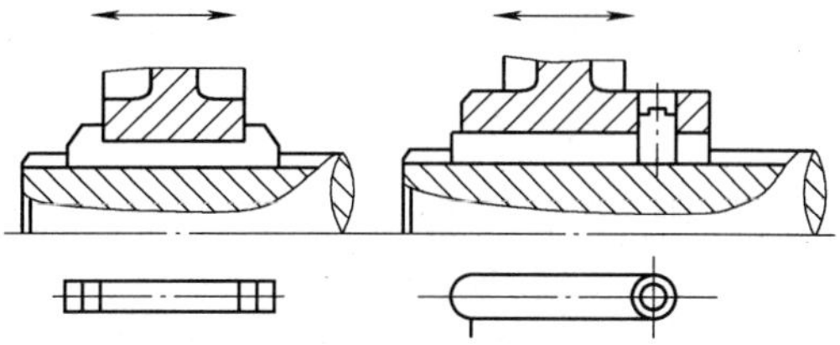
图 8-29　滑键

（2）半圆键联接　如图 8-30 所示，半圆键联接用于静联接，键的侧面为工作面。这种联接的优点是工艺性较好，装配方便；缺点是轴上键槽较深，对轴的强度削弱较大，故主要用于轻载和锥形轴端的联接。半圆键轴上键槽用半径与键相同的盘形铣刀铣出，因而键在槽中能摆动以适应轮毂键槽的斜度。

2. 较紧键联接

较紧键联接有楔键联接和切向键联接两种。

(1) 楔键联接 楔键联接用于静联接。图8-31所示为楔键联接的结构形式，楔键的上表面和轮毂键槽的底面均有1∶100的斜度。装配后，键的上、下表面与轮毂和轴的键槽底面压紧，键的上、下表面为工作面。工作时，靠键、轴、轮毂之间产生的摩擦力传递转矩，并可以承受单向的轴向力。这类键由于装配楔键时破坏了轴与轮毂的对中性，因此主要用于定心精度要求不高、载荷平稳、速度较低的场合。

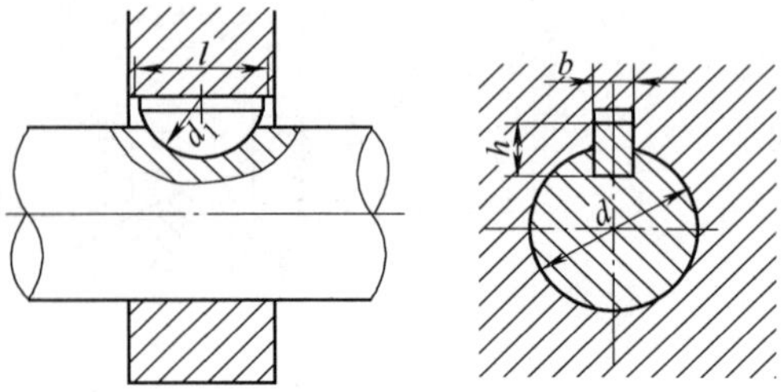

图8-30 半圆键联接

楔键分为普通楔键和钩头楔键两种，如图8-31a、b所示。普通楔键又分圆头和方头两类。钩头楔键便于拆装，用于轴端，为了安全起见，应加防护罩。

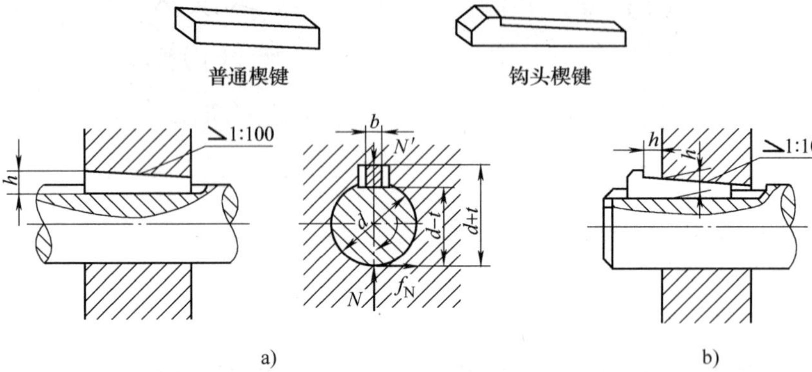

图8-31 楔键联接

(2) 切向键联接 切向键联接用于静联接。切向键联接的结构如图8-32a所示，由两个斜度为1∶100的普通楔键组成。装配时，把一对楔键从轮毂的两端打入，其斜面相互贴紧，共同楔紧在轴毂间。切向键的上下两面为工作面，工作时靠上下面的挤压和轴毂间的摩擦力传递运动和转矩。一组切向键只能传递单向转矩，若要传递双向转矩，需用两组切向键，并互呈120°~130°布置，如图8-32b所示。

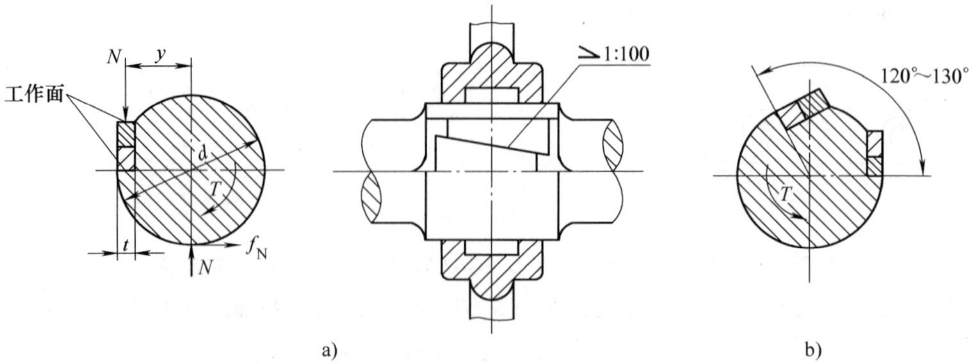

图8-32 切向键联接

切向键联接对轴的强度削弱较大，轴与轮毂的对中性不好，故主要用于轴径大于 100mm，对中性要求不高、载荷较大的重型机械，如矿山用大型绞车的卷筒、齿轮与轴的联接等。

8.7.2　平键联接的尺寸选择和强度计算

键属于标准件，在设计平键联接时，可按以下步骤进行。

1. 平键的尺寸选择

（1）键的类型选择　选择键的类型时应考虑以下因素：对中性要求，传递转矩的大小，轮毂是否需要沿轴向移动及移动距离的大小，键的位置是在轴的中部或端部等。

（2）键的尺寸选择　在标准中，根据轴的直径可查出键的剖面尺寸 $b\times h$，键的长度 L 根据轮毂的宽度确定，一般键长 L 比轮毂宽度小 5~10mm，并符合键的长度系列。

2. 平键的强度计算

键联接的失效形式有压溃、磨损和剪断。由于键为标准件，其剪切强度足够，因此用于静联接的普通平键主要失效形式是工作面的压溃；对于滑键、导向平键的动联接，主要失效形式是工作面的磨损。因此，通常只按工作面的最大挤压应力 σ_p（动联接用最大压强 p）进行强度计算。如图 8-33 所示，由平键联接受力分析可知

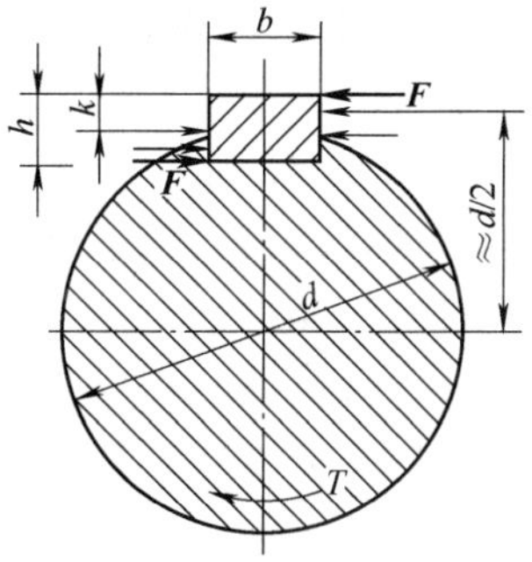

图 8-33　平键受力分析

静联接　$$\sigma_p=\frac{4T}{dhl}\leq[\sigma_p] \tag{8-22}$$

动联接　$$p=\frac{4T}{dhl}\leq[p] \tag{8-23}$$

式中　d——轴的直径（mm）；

h——键的高度（mm）；

l——键的工作长度（mm），对于 A 型键，$l=L-b$；B 型键，$l=L$；C 型键，$l=L-b/2$；

T——转矩（N·mm）；

$[\sigma_p]$——许用挤压应力（MPa），见表 8-10；

$[p]$——许用压强（MPa），见表 8-10。

表 8-10　键联接的许用应力和压强　（单位：MPa）

许用值	联接方式	联接中薄弱零件的材料	载荷性质		
			静载荷	轻微冲击	较大冲击
$[\sigma_p]$	静联接	铸铁	70~80	50~60	30~45
		钢	125~150	100~120	60~90
$[p]$	动联接	钢	50	40	30

如果键联接计算不能满足强度要求，可采用以下措施。

1）适当增加轮毂及键的长度。

2）采用相隔 180°的双平键联接（图 8-34）。由于双平键联接载荷分布不均匀，计算强度时，按 1.5 个键计算。

3）可将 A 型键换成 B 型键或与过盈联接配合使用。

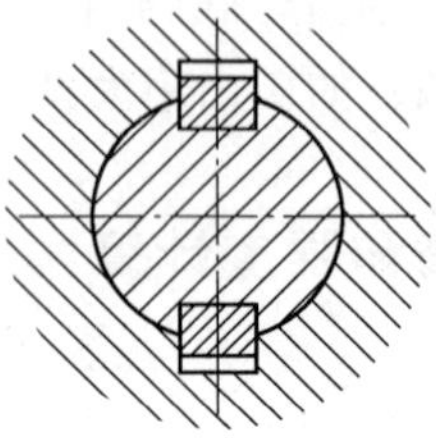

图 8-34　双平键联接

8.8　花键和销联接

8.8.1　花键联接

如图 8-35a 所示，花键联接是由周向均布多个键齿的花键轴和带有相应键槽的轮毂相配合构成的动联接。与平键联接相比，由于键齿与轴为一体，故承载能力高，轴上零件和轴的对中性好、导向性好，齿根应力集中小，对轴的强度削弱小，因此适用于载荷较大和对定心精度要求较高的联接，尤其是在飞机、汽车、拖拉机、机床及农业机械中应用较广。其缺点是加工时需要专用设备，精度要求较高，制造成本高。

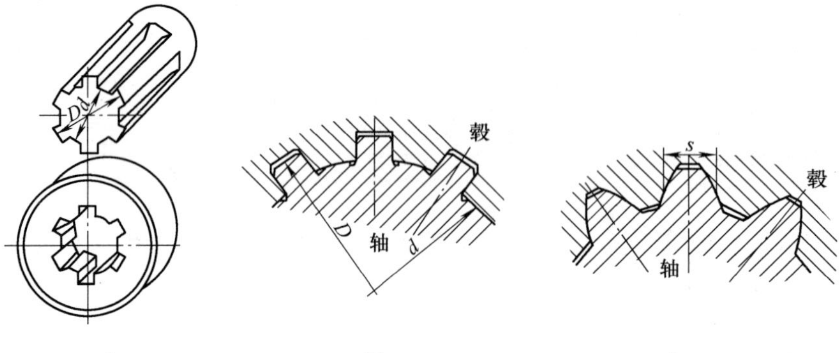

a)　　b)　　c)

图 8-35　花键联接

1. 花键联接的类型和特点

花键已标准化，按其剖面齿形分为矩形花键、渐开线花键等。

(1) 矩形花键　如图 8-35b 所示，矩形花键的齿侧为直线，加工方便。通常用热处理后磨削过的小径定心，定心精度高，稳定性好，因此应用广泛。

(2) 渐开线花键　如图 8-35c 所示，渐开线花键的两侧齿形为渐开线，分度圆压力角有 30°和 45°两种。渐开线花键齿根较厚，强度高，可利用加工齿轮的方法加工渐开线花键，故工艺性好，易获得较高的加工精度，适用于重载、轴径较大的联接。

2. 花键联接的强度计算

花键联接与平键联接相类似，主要失效形式是工作面的压溃（静联接）、磨损（动联接）。因此，花键联接一般只进行挤压和耐磨性的条件性计算。

8.8.2　销联接

如图 8-36 所示，销联接主要用于定位，即固定零件之间的相互位置，是组合加工和装配时的主要辅助零件；也可用于轴与轮毂或其他零件的联接，传递不大的载荷；还可作为安全装置。

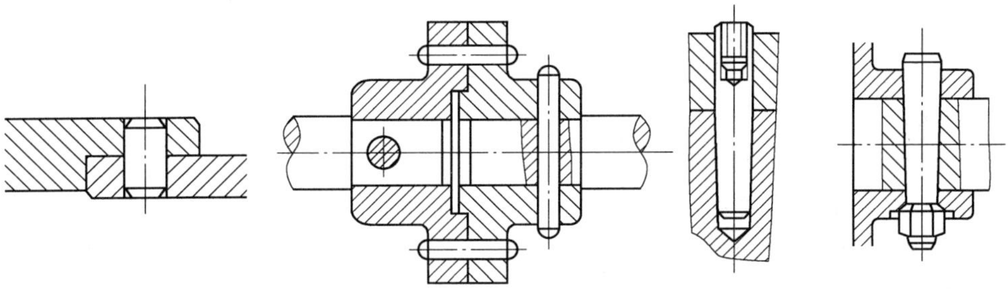

图 8-36　销联接

销联接

销按其外形可分为圆柱销、圆锥销、异形销等。圆柱销和圆锥销都是标准件，与圆锥销、圆柱销相配的被联接件孔均需铰制。对于圆柱销联接，因有微量过盈，多次装拆后会降低定位精度和联接的紧固性，故用于传递转矩不大且不经常拆装的场合。圆锥销联接的销和孔均制有 1∶50 的锥度，装拆方便，多次装拆对定位精度影响较小，故可用于需经常装拆的场合。圆锥销的小端直径为公称直径。

其他特殊结构形式的销统称为异形销。常见的异形销有：带有内螺纹或外螺纹的圆锥销，用弹簧钢滚压或模锻而成的槽销，用于防松、锁紧的开口销等，其结构和特点可查阅相关的机械设计手册。

销的类型可根据工作要求选定。用于联接的销，其直径可根据联接的结构特点按经验或规范确定，必要时再进行强度校核，一般按剪切和挤压强度条件计算。定位销通常不受载荷或只受很小的载荷，其直径可按结构确定。销在每一被联接件内的长度为销直径的 1~2 倍。安全销的直径按过载时被剪断的条件确定，为避免安全销在剪断时损坏孔壁，可在销孔内加销套。

思考与练习题

8-1　常用螺纹的种类有哪些？各用于什么场合？

8-2　螺纹的导程和螺距有何区别？螺纹的导程 P_h 和螺距 P、螺纹线数 n 有何关系？

8-3　螺纹联接的基本形式有哪几种？各适用于何种场合？

8-4　联接螺纹能满足自锁条件，为什么还要考虑防松？根据防松原理，防松分哪几类？

8-5　键联接有哪些类型？各有什么特点？适用于什么场合？

8-6 简述销联接的类型、特点和应用。

8-7 气缸盖用普通螺栓联接组中（图 8-37），已知气缸内气体工作压强 p 在 0~1.5MPa 之间变化，气缸内径 D = 200mm，螺栓分布圆直径 D_0 = 280mm，缸盖与缸体均为钢制，采用橡胶石棉垫密封。试设计此螺栓联接。

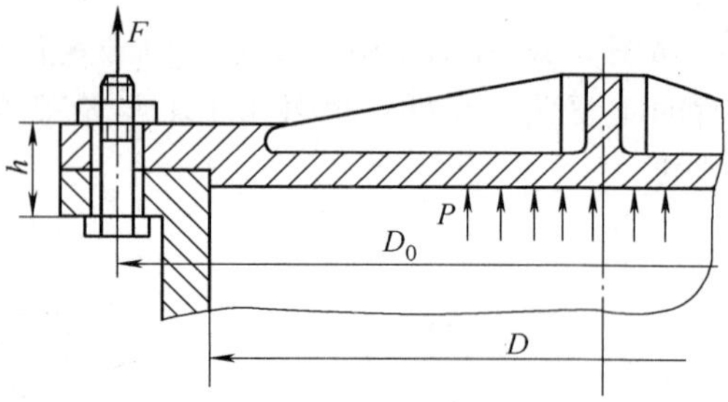

图 8-37 题 8-7 图

8-8 选择某车床中电动机与皮带轮间的平键联接。已知电动机的功率 P = 7.5kW，转速 n = 1450r/min，轴的直径 d = 50mm，铸铁带轮轮毂宽度 b = 85mm，载荷有轻微冲击。

8-9 起重滑轮松螺栓联接如图 8-38 所示。已知作用在螺栓上的工作载荷 F_Q = 50kN，螺栓材料为 Q235，试确定螺栓的直径。

8-10 图 8-39 所示为普通螺栓联接，采用两个 M10 的螺栓，螺栓的许用应力 [σ] = 160MPa，被联接件接合面间的摩擦因数 f = 0.2，若取摩擦传力可靠性指数 K_f = 1.2，试计算该联接允许传递的最大静载荷 F_R。

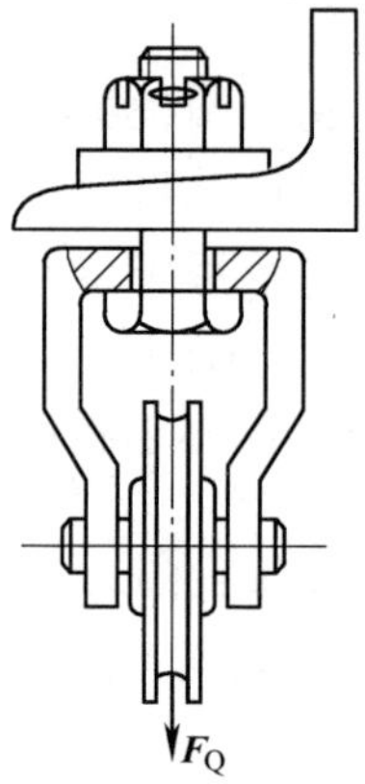

图 8-38 题 8-9 图

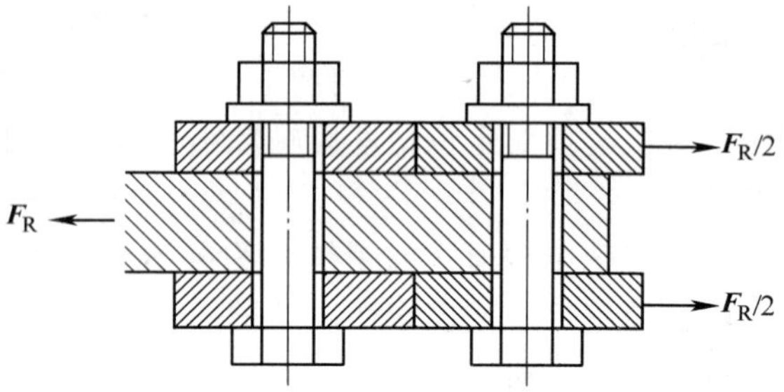

图 8-39 题 8-10 图

Chapter 9

第9章

轴和轴承

目标要求：了解轴的基本知识；初步掌握轴的结构设计；掌握轴的工作图绘制；掌握最小轴径估算和轴的强度校核。了解滑动轴承的结构、轴承座和轴瓦的结构、轴瓦的材料、润滑装置和润滑剂。了解滚动轴承的类型、特点、应用、代号、润滑和密封；掌握滚动轴承类型和尺寸的选择方法及组合设计。

轴是组成机器的重要零件，用来支承旋转的机械零件（如齿轮、蜗轮等），并传递运动和动力。一切做回转运动的传动零件都必须安装在轴上才能进行运动和动力的传递。

9.1 轴的分类及材料选择

微课：轴的分类

9.1.1 轴的分类

1. 按工作时承受载荷的不同分

根据轴工作时承受载荷的不同，轴分为心轴、转轴和传动轴三类。

（1）心轴　只承受弯矩而不传递转矩的轴称为心轴。它又可分为固定心轴和转动心轴两类。不随传动件一起旋转的轴称为固定心轴（图 9-1）；随转动零件一起转动的轴称为转动心轴，如火车车厢的支撑轴（图 9-2）。

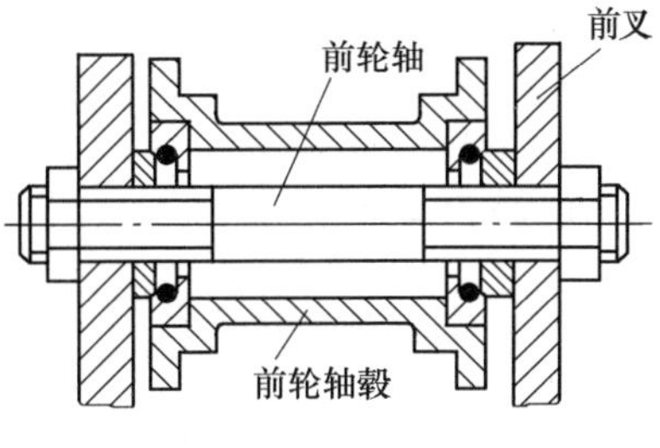

图 9-1　固定心轴

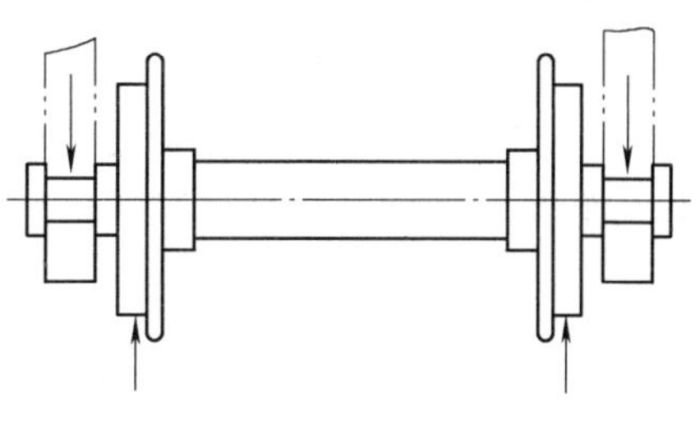
图 9-2　转动心轴

（2）传动轴　只传递转矩，不承受弯矩或弯矩很小的轴。如汽车变速器与后桥的传动轴（图 9-3），直升机中将动力传至尾桨的轴（图 9-4）。

（3）转轴　工作时既承受弯矩又承受转矩的轴。它是机器中最常见的一种轴，如减速

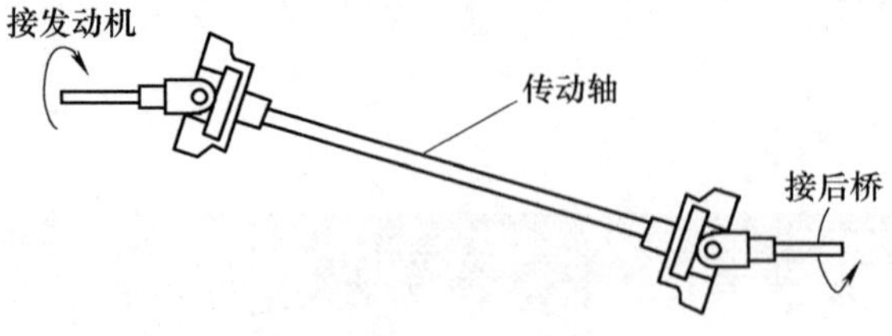

图 9-3　传动轴

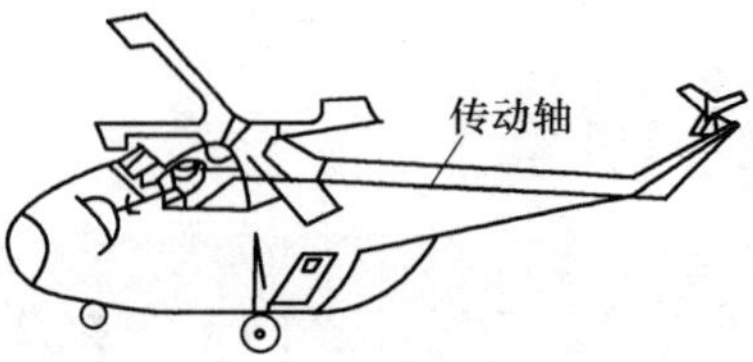

图 9-4　直升机传动轴

器的齿轮轴（图 9-5）。

2. 按轴线形状不同分

根据轴线形状不同，轴分为曲轴、直轴和软轴三类。

（1）曲轴　曲轴用于活塞式动力机械、曲轴压力机、空气压缩机等机械中，是一种专用零件（图 9-6）。

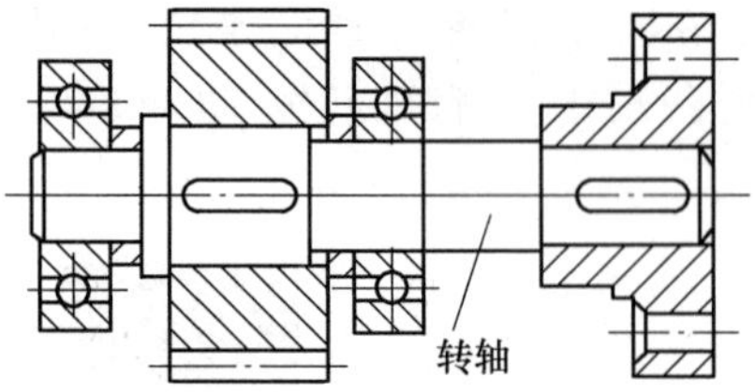

图 9-5　齿轮轴

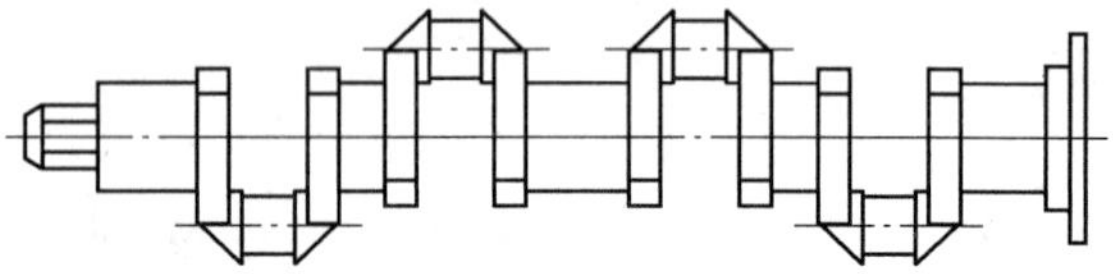
图 9-6　曲轴

（2）直轴　直轴根据外形可分为光轴（图 9-7a）和阶梯轴（图 9-7b）两种。光轴制造简单，但不便在轴上安装零件，而阶梯轴各截面的直径不等，轴上零件容易定位，便于装拆，且各截面接近相等强度，故机械中常用。另外直轴又可分为实心轴和空心轴。空心轴（图 9-8）往往是大直径轴，空心轴可以减轻轴的质量，且相同质量下，空心轴比实心轴的刚度高，空心轴的内孔还可以输送液体或工件等。

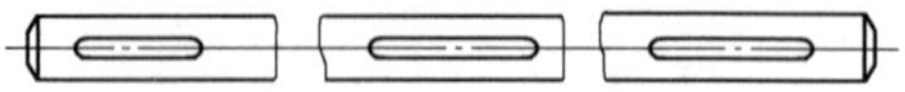
a)

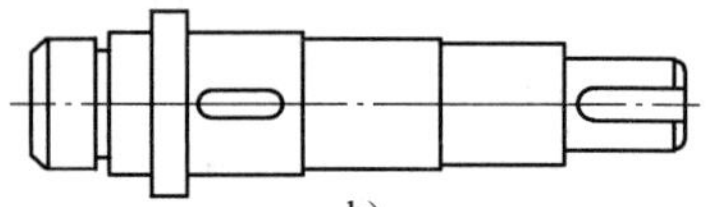
b)

图 9-7　直轴
a）光轴　b）阶梯轴

（3）软轴　软轴又称钢丝挠性轴，通常是由几层紧贴在一起的钢丝层构成的（图 9-9），可以把转矩和运动灵活地传到任何位置。软轴常用于振捣器和医疗设备中。

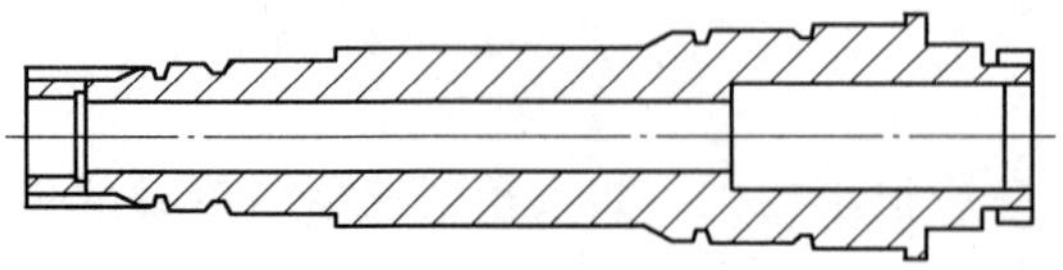
图 9-8　空心轴

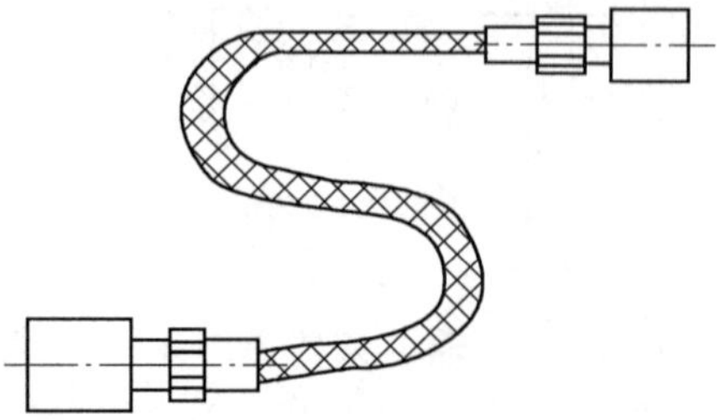
图 9-9　软轴

9.1.2　轴的设计应考虑的问题和一般设计步骤

1. 轴的设计应考虑的问题

1）为保证轴能正常工作，要求轴有足够的强度和刚度。

2）具有合理的结构和良好的工艺性，以满足轴上零件轴向定位和周向定位的要求。

3）具有良好的振动稳定性和耐磨性等。

2. 轴的一般设计步骤

1）根据工作要求选择材料。

2）初步估算轴的最小直径。

3）进行轴的结构设计。

4）进行轴的强度校核。

5）进行轴的刚度校核。

6）绘制轴的工作图。

9.1.3　轴的材料及选择

轴的材料主要是碳素钢和合金钢。常用的碳素钢为45钢，一般应进行正火或调质处理，以改善其力学性能。

对于承受较大载荷、要求强度高、结构紧凑或耐磨性较好的轴，可采用合金钢。常用的合金钢有40Cr、20Cr、35SiMn等。应当指出：当尺寸相同时，采用合金钢不能提高轴的刚度，因为在一般情况下各种钢的弹性模量相差不多；合金钢对应力集中的敏感性较高，因此轴的结构设计更要注意减少应力集中的影响；采用合金钢时必须进行相应的热处理，以便更好地发挥材料的性能。

轴的常用材料及其力学性能见表9-1。

表9-1　轴的常用材料及其力学性能

材料牌号	热处理类型	毛坯直径/mm	硬度HBW	力学性能/MPa			应用
				抗拉强度 σ_b	屈服强度 σ_s	弯曲疲劳强度 σ_{-1}	
Q235		≤20		440	235	200	受载较小或不重要的轴
Q275		≤40		580	275	230	
35	正火	≤100	143~187	530	315	210	一般轴
45	正火	≤100	170~217	600	355	275	要求强度高、韧性中等的轴。用途最广
45	调质	≤200	217~255	650	360	300	
20Cr	渗碳	≤60	表面56~62HRC	650	400	280	要求强度和韧性均较高的轴
	淬火	≤60					
	回火	≤60					
35SiMn 42SiMn	调质	≤100	229~286	785	510	350	代替40Cr,用作中小型轴
		>100~300	217~269	736	441	318	

（续）

材料牌号	热处理类型	毛坯直径/mm	硬度 HBW	力学性能/MPa			应用
				抗拉强度 σ_b	屈服强度 σ_s	弯曲疲劳强度 σ_{-1}	
40CrMnMo	调质	≤100	229~286	736	588	358	用于重载的轴
		>100~300	217~269	686	539	331	
40Cr	调质	≤100	241~286	736	539	344	用于载荷大且无很大冲击的重要轴
QT400-15			156~197	400	380	180	制造形状复杂的轴
QT600-3			197~269	600	420	215	

9.2 轴的设计

9.2.1 最小轴径的估算

设计时，由于轴上零件的位置、轴的支承点未确定，无法求出弯矩。一般先按转矩来估算轴径，将许用扭转切应力降低，以考虑弯矩的影响。待轴结构设计完毕后再用弯矩和转矩来校核。

轴的扭转切应力为

$$\tau=\frac{T}{W}=\frac{9.55\times10^6P}{0.2d^3n}\leqslant[\tau] \tag{9-1}$$

式中 τ——轴的扭转切应力（MPa）；

T——轴传递的转矩（N · mm）；

P——轴传动的功率（kW）；

W——抗扭截面系数（mm^3）；

$[\tau]$——轴的许用扭转切应力（MPa）；

n——轴的转速（r/min）；

d——轴径（mm）。

对于转轴，开始设计时应考虑弯矩对轴的强度影响，可将［τ］适当降低。改写式（9-1），得设计公式为

$$d\geqslant\sqrt[3]{\frac{9.55\times10^6}{0.2[\tau]}}\sqrt[3]{\frac{P}{n}}=C\sqrt[3]{\frac{P}{n}} \tag{9-2}$$

式中，C 为由材料和承载情况决定的常数，见表 9-2。

最小轴径确定时，可结合整体设计将由式（9-2）所得直径圆整为标准直径或与相配合零件（如联轴器、带轮等）的孔径相吻合。

表 9-2 常用材料的 [τ] 和 C 值

轴的材料	Q235,Q275,20	35	45	40Cr,35SiMn,40CrMnMo,20CrMnTi
[τ]/MPa	12~20	20~30	30~40	40~52
C	135~160	118~135	107~118	98~107

注：1. 轴上所受弯矩较小或只受转矩时，C 取较小值，否则取较大值。
2. 用 Q235、Q275、35SiMn 材料时，C 取较大值。
3. 轴上开一个键槽时，C 值增大 4%~5%；开两个键槽时，C 值增大 7%~10%。

9.2.2 轴的结构设计

1. 轴的结构设计要求

轴的结构设计目的是确定轴的结构形状和尺寸，主要考虑以下几个方面的问题。

1）轴和轴上零件要有准确的工作位置（轴向和周向定位与固定）。

2）轴上零件要便于拆装和调整。

3）合理布局轴的受力位置，提高轴的刚度和强度。

4）轴应有良好的加工工艺性。

5）与轴承配合的轴颈必须符合滚动轴承内径系列。

图 9-10 所示为一阶梯转轴的结构简图，它一般由轴身、轴颈、轴肩、轴环、轴头等部分组成。

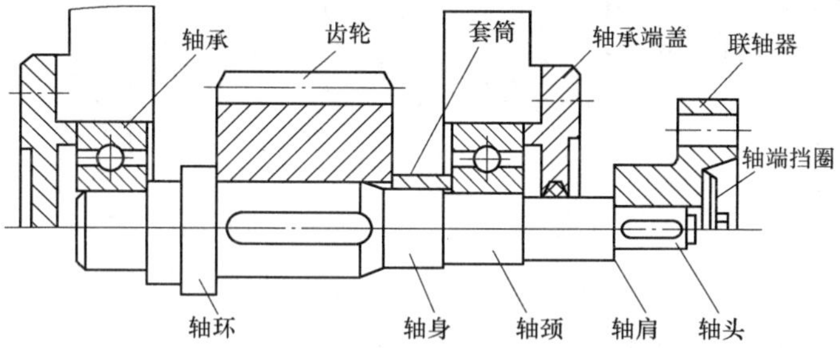

图 9-10 阶梯转轴的结构简图

2. 轴的结构设计步骤

（1）拟定轴上零件的装配方案　根据传动简图画出轴上零件布置图，如图 9-11a 所示。不同的装配方案可以得出不同的轴结构形式，因此必须拟定几种不同的装配方案，以便进行比较与选择。如图 9-11a 所示，轴上圆柱齿轮可从右端装入，也可从左端装入，考虑轴上零件的固定和定位，设计不同的轴径和轴段长。图 9-11b 所示为输出轴的装配方案之一，按此方案装配时，圆柱齿轮、套筒、左端轴承、轴承端盖和联轴器依次从左端装入，右端轴承从右端装入。图 9-11c 所示为输出轴的另一装配方案，短套筒、左端轴承、轴承端盖和联轴器从轴的左端装入；圆柱齿轮、长套筒和右端轴承则从轴的右端装入。两个方案中，后者较前者增加了一个作为轴向定位的长套筒，使机器零件增多，且质量增大，故前一个方案较合理。

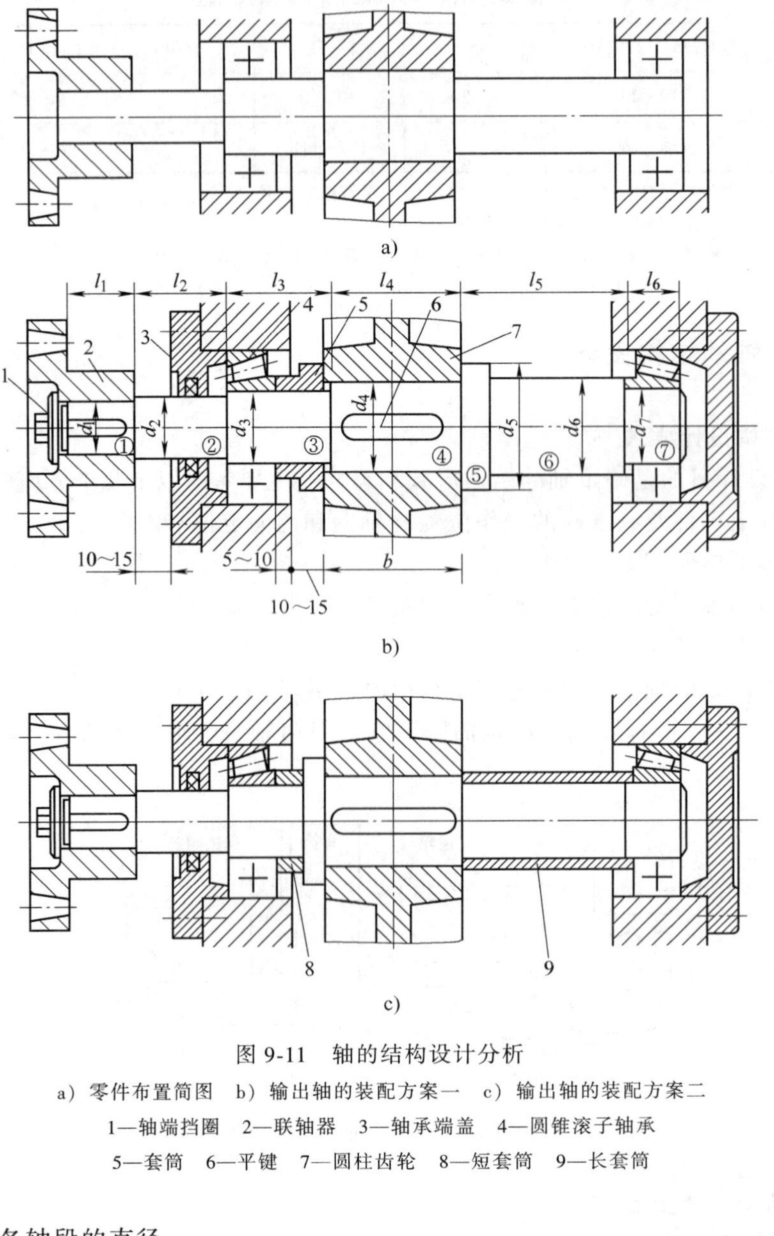

图 9-11　轴的结构设计分析

a）零件布置简图　b）输出轴的装配方案一　c）输出轴的装配方案二

1—轴端挡圈　2—联轴器　3—轴承端盖　4—圆锥滚子轴承

5—套筒　6—平键　7—圆柱齿轮　8—短套筒　9—长套筒

（2）确定各轴段的直径

1）由最小轴径估算求得 $d_{1\min}$，如图 9-11b 所示的轴外伸端装联轴器处的直径。

2）轴段②处的直径 d_2 应大于 d_1，如图 9-11b 所示，以便形成轴肩，使联轴器定位。

3）装滚动轴承处的轴颈③的直径 d_3 应大于 d_2，如图 9-11b 所示，以便拆装轴承。该轴段加工精度要求高，且应符合轴承内径。

4）装齿轮④处的直径 d_4 要大于 d_3，如图 9-11b 所示，可使齿轮方便装拆，并避免划伤轴颈表面。齿轮定位靠右端轴环，轴环直径 d_5 应大于 d_4，保证定位可靠。

5）为装拆方便，同一轴上两端轴承采用同一型号，故右端轴承⑦处的轴径 $d_7=d_3$，如图 9-11b 所示。

6）轴段⑥处的直径 d_6，除要满足右端轴承的定位要求外，还应保证轴承的拆装方便，如图 9-11b 所示。

（3）确定各段的长度

1）为使套筒、轴端挡圈、圆螺母等能可靠地压紧在轴上的端面，轴段④的长度 l_4 通常比轮毂宽度 b 小 1～3mm。

2）轴颈处的轴段③、⑦的长度 l_3、l_7 应与轴承宽度相匹配。

3）回转件与箱体内壁的距离为 10～15mm；轴承端面距箱体内壁为 5～10mm；联轴器或带轮与轴承端盖间的距离通常取 10～15mm。

4）轴段长度 l_1、l_2、l_5、l_6 应根据结构、拆装要求确定。

9.2.3 轴上零件的固定

1. 轴上零件的周向固定

为了保证轴可靠地传递动力和运动，轴上零件常用平键联接、花键联接、销联接、过渡配合、成形联接等实现周向固定，如图 9-12 所示。采用何种周向固定方式，要根据载荷的性质和大小、轮毂与轴的对中性要求和重要性等因素来决定。齿轮与轴通常采用过渡配合与键联接；滚动轴承的内圈与轴采用较紧的过渡配合；受力小或光轴上的零件可采用紧定螺钉固定；受力大且要求零件做轴向移动时采用花键联接。

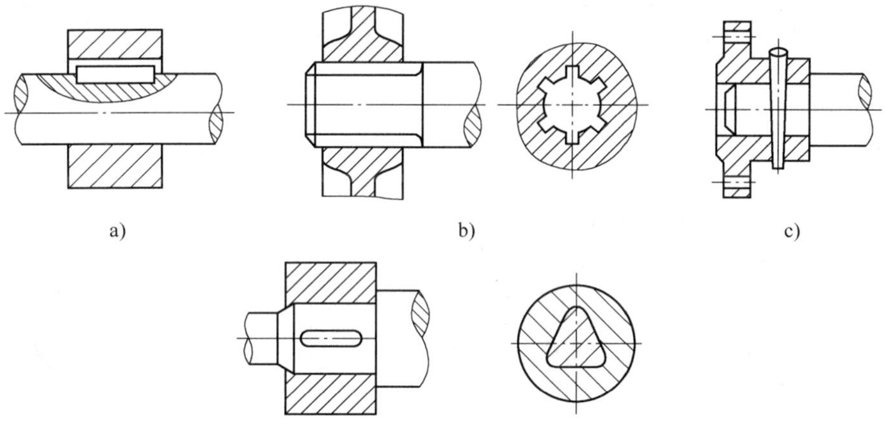

a） b） c）

d） e）

图 9-12 轴的周向固定

a）平键联接 b）花键联接 c）销联接 d）过渡配合 e）成形联接

2. 轴上零件的轴向固定

轴上零件的轴向固定是为了保证其有准确的工作位置，有轴肩和轴环固定，能承受较大的轴向力（图 9-13）；套筒可做双向固定，但两零件相距不能太远（图 9-14a）；轴端挡圈用于外伸处零件的固定（图 9-14b）；圆螺母固定可实现轴上零件的位置调整，但在轴上需车制螺纹（图 9-14c）；弹性挡圈固定拆装方便，但受力较小（图 9-14d）；紧定螺钉固定能承受的轴向力不大，但对轴向和周向都能起固定作用（图 9-14e）。

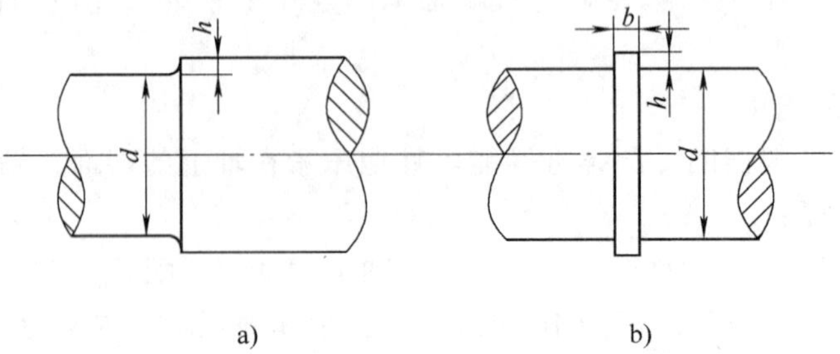

图 9-13 轴肩和轴环
a）轴肩 b）轴环

3. 轴上零件的定位

定位是为了保证轴上零件有准确的安装位置。轴上零件定位多用轴肩和轴环，为了保证定位可靠，轴肩或轴环处的圆角半径必须小于轮毂的圆角 R 或倒角 C_1（图 9-15）。定位轴肩的高度 $h=(2\sim3)C_1$ 或 $h=(0.07\sim0.1)d$（d 配合轴径），非定位轴肩高取 $h=1\sim2\text{mm}$。轴环宽度取 $b\approx1.4h$（图 9-13）。安装轴承处的轴肩高 h 应小于或等于轴承内圈高度 h_1（h_1 详见滚动轴承的安装尺寸）。

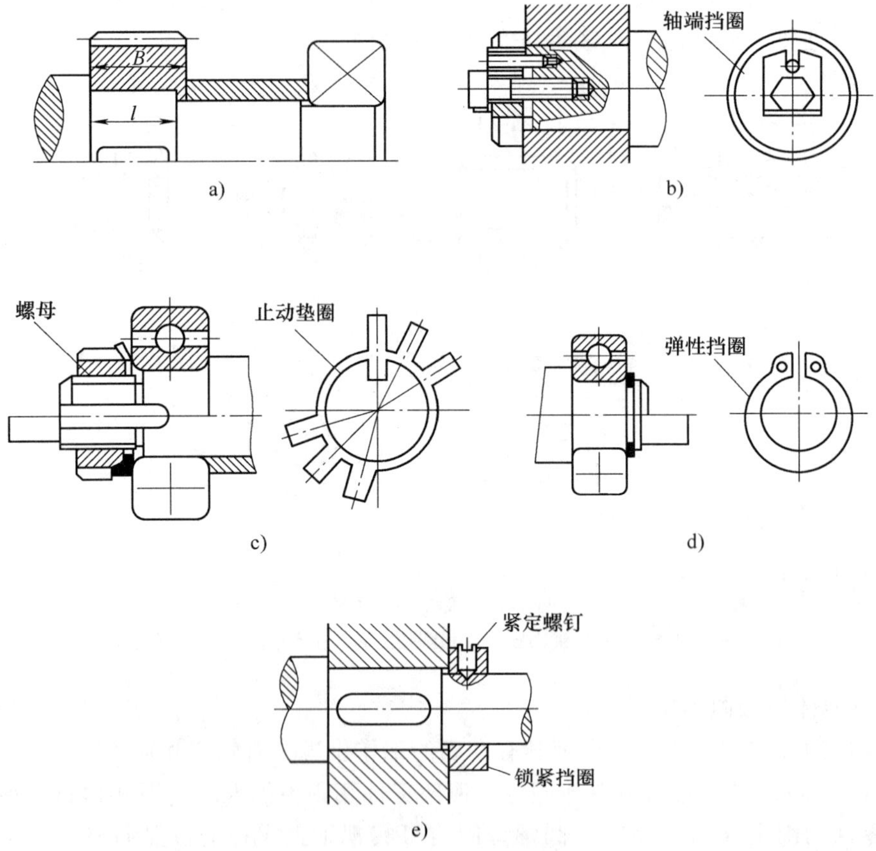

图 9-14 零件的轴向固定
a）套筒固定 b）轴端挡圈固定 c）圆螺母固定 d）弹性挡圈固定 e）紧定螺钉固定

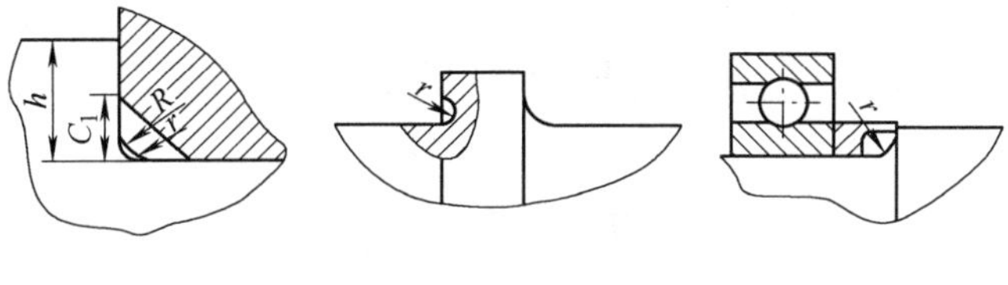

图 9-15　轴肩和轴环的倒角和圆角

a）圆角半径　b）内凹圆角　c）加装隔离环

9.2.4　轴的工艺性

在进行轴的紧固设计时，考虑到轴的结构工艺性，应注意以下问题。

1）在满足装配要求的前提下，阶梯轴的阶梯应尽量少，以减少加工过程中的刀具调整量，提高加工效率，且减小轴上的应力集中。

2）车削螺纹和磨削加工时，为保证加工质量，应留有退刀槽（图 9-16）和砂轮越程槽（图 9-17），槽的宽度 b 可查有关手册。

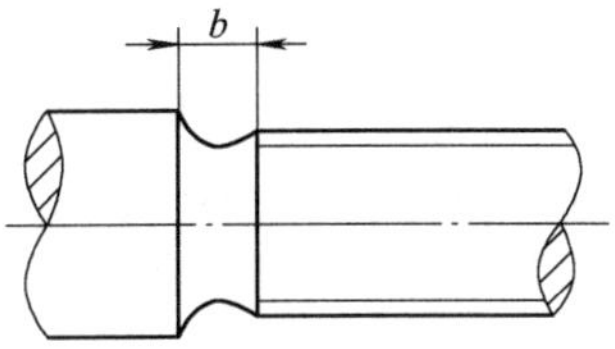

图 9-16　退刀槽

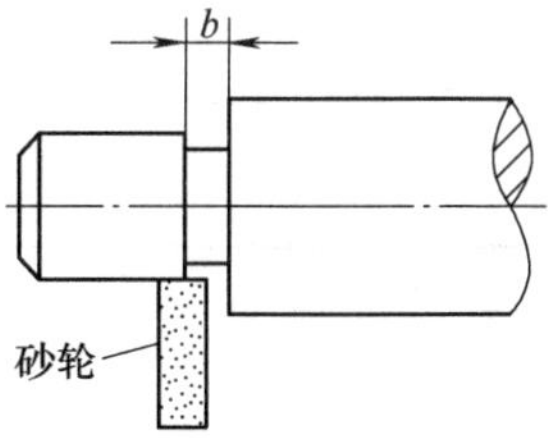

图 9-17　砂轮越程槽

3）不同轴段开设键槽时，应使键槽沿同一母线布置。在同一轴段开设几个键槽时，各键槽应对称布置。

4）轴端应倒角。直径相近处的倒角、圆角、退刀槽、越程槽和键槽尺寸应尽量相同，以减少加工过程中的刀具调整量，提高加工效率。

9.3　轴的强度计算

9.3.1　按弯扭强度计算

轴的结构设计后，轴上零件位置即已确定，支点位置及轴各截面的载荷大小、方向、作用点也已确定，须再按弯扭组合强度进行校核。

轴的强度计算应首先画出受力简图，然后作出水平面弯矩图、垂直面弯矩图、合成弯矩图、转矩图，按弯扭组合强度校核轴的强度。

对一般钢制的圆轴（实心），可按工程力学理论求出危险截面的当量应力，其强度条

件为

$$\sigma=\frac{10\sqrt{M^2+(\alpha T)^2}}{d^3}\leqslant[\sigma_{-1}] \tag{9-3}$$

$$M=\sqrt{M_H^2+M_V^2}$$

式中　d——轴的直径（mm）；

M——合成弯矩（N·mm），$\sqrt{M^2+(\alpha T)^2}$表示当量弯矩；

M_H——水平面的弯矩（N·mm）；

M_V——垂直面的弯矩（N·mm）；

T——轴传递的转矩（N·mm）；

$[\sigma_{-1}]$——许用弯曲应力（MPa），见表9-3；

α——根据转矩性质而定的折合因数，对于不变的转矩$\alpha=\frac{[\sigma_{-1}]}{\sigma_0}\approx 0.3$，对于脉动循环的转矩$\alpha=\frac{[\sigma_{-1}]}{\sigma_0}\approx 0.6$，对于对称循环的转矩$\alpha=1$。

计算轴径时可将式（9-3）写成

$$d\geqslant\sqrt[3]{\frac{10\sqrt{M^2+(\alpha T)^2}}{[\sigma_{-1}]}} \tag{9-4}$$

表9-3　轴的许用弯曲应力　　（单位：MPa）

材料	抗拉强度 σ_b	许用弯曲静应力 $[\sigma_{+1}]$	脉动循环许用弯曲应力 $[\sigma_0]$	对称循环许用弯曲应力 $[\sigma_{-1}]$
碳钢	400	130	70	40
	500	170	75	45
	600	200	95	55
	700	230	110	65
合金钢	800	270	130	75
	900	300	140	80
	1000	330	150	90
	1200	400	180	110
铸钢	400	100	50	30
	500	120	70	40

注：若计算的截面处开有键槽，应将求得的轴径增大3%～7%。计算出的轴径还应与结构设计中初选的轴径进行比较，若小于或等于原定轴径，则说明原定结构强度足够；反之，表示轴的强度不够，需要重新设计轴段尺寸。

9.3.2　轴的刚度校核

轴在承受载荷F后都会发生变形，如果轴的刚度不够，工作中产生过大的变形会影响轴上零件的正常工作。例如轴的变形会使轴上的齿轮啮合时产生偏载（沿齿宽方向接触不良），造成过大的载荷集中，或使滑动轴承产生不均匀的磨损，或使滚动轴承内、外圈相对偏斜太大而转动不灵，也会影响机床的加工精度。故轴必须有足够的刚度。设计重要轴时，须对轴的刚度进行校核。

轴的刚度分为弯曲刚度和扭转刚度两种。弯曲刚度用轴的挠度 y 和截面转角 θ 表示（图 9-18）；扭转刚度用轴的扭转角 φ 来表示（图 9-19，其中 T 表示转矩）。一般机器上的轴，可按材料力学中的计算方法来计算变形量。表 9-4 列出了轴的允许变形量，供设计参考。

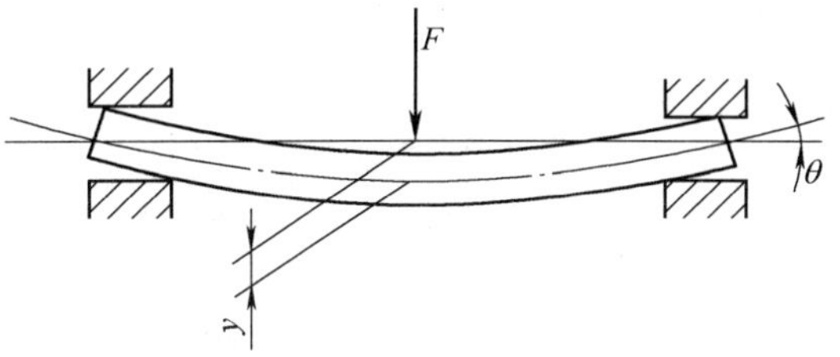

图 9-18 轴的挠度和截面转角

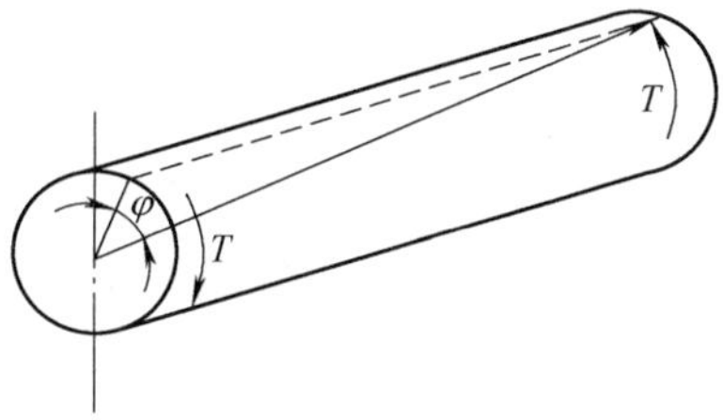

图 9-19 轴的扭转角

表 9-4 轴的允许变形量

变形		名称	变形允许量
弯曲变形	挠度 y	一般用途的转轴	$y_p=(0.0003\sim0.0005)L$
		需较高刚度的转轴	$y_p=0.0002L$
		安装齿轮的轴	$y_p=(0.01\sim0.03)m$
		安装蜗轮的轴	$y_p=(0.02\sim0.05)m$
	转角 θ/rad	安装齿轮处	$\theta_p=0.001\sim0.002$
		滑动轴承处	$\theta_p=0.001$
		深沟球轴承处	$\theta_p=0.005$
		短滚子轴承处	$\theta_p=0.0025$
		圆锥滚子轴承处	$\theta_p=0.0016$
		调心球轴承处	$\theta_p=0.05$
扭转变形	扭转角 φ/(°/m)	一般传动轴	$\varphi_p=0.5\sim1$
		精密传动轴	$\varphi_p=0.25\sim0.5$

注：L 为轴的跨距（两轴承间的距离）；m 为齿轮或蜗轮的模数。

9.4 轴的设计举例

例 9-1 图 9-20 所示是单级斜齿轮减速器的传动简图和从动轴的结构简图，已知从动轴传递的功率 $P=4\text{kW}$，转速 $n=130\text{r/min}$，齿轮宽度 $b=90\text{mm}$，齿数 $z=60$，模数 $m=5\text{mm}$，螺旋角 $\beta=12°$。试确定该轴主要结构尺寸，并校核该轴的强度。

解： 计算项目及结果见表 9-5。

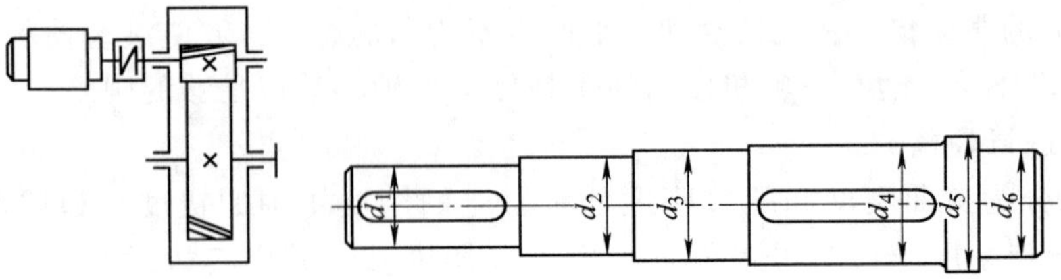

a) b)

图 9-20 单级斜齿轮减速器和从动轴的结构简图

a) 单级斜齿轮减速器 b) 从动轴的结构简图

表 9-5 例 9-1 的计算项目及结果

计 算 项 目	主 要 结 果
1. 选择轴的材料,确定许用应力 选用轴的材料为 45 钢,调质处理,查表 9-1 可知,$\sigma_b = 650\text{MPa}$,用插值法查表 9-3 可知$[\sigma_{-1}] = 60\text{MPa}$	$\sigma_b = 650\text{MPa}$ $[\sigma_{-1}] = 60\text{MPa}$
2. 按抗扭强度估算轴的最小直径 图示减速器低速轴为转轴,从结构看与联轴器相接的输出端轴径应最小。最小轴径为 $\sqrt[3]{\dfrac{9.55\times10^6}{0.2[\tau]}}\sqrt[3]{\dfrac{P}{n}} = C\sqrt[3]{\dfrac{P}{n}}$ 查表 9-2 可得,45 钢 $C = 118$,则 $d \geqslant 118\times\sqrt[3]{\dfrac{4}{130}}\text{mm} = 36.78\text{mm}$ 同时考虑键槽的影响,取 $d = 40\text{mm}$	$d = 40\text{mm}$
3. 齿轮上作用力的计算 齿轮所受的转矩为 $T = 9.55\times10^6\ \dfrac{P}{n} = 9.55\times10^6\times\dfrac{4}{130}\text{N}\cdot\text{mm} = 294\times10^3\text{N}\cdot\text{mm}$	$T = 294\times10^3\text{N}\cdot\text{mm}$
齿轮作用力为 圆周力 $F_t = \dfrac{2T}{d} = \dfrac{2\times294\times10^3}{300}\text{N} = 1960\text{N}$ 径向力 $F_r = \dfrac{F_t\tan\alpha_n}{\cos\beta} = \dfrac{1960\tan20°\text{N}}{\cos12°} = 729\text{N}$ 轴向力 $F_a = F_t\tan12° = 1960\tan12°\text{N} = 417\text{N}$	$F_t = 1960\text{N}$ $F_r = 729\text{N}$ $F_a = 417\text{N}$
4. 轴的结构设计 轴结构设计时需要考虑轴系中相配零件的尺寸及轴上零件的固定方式,按比例绘制轴系结构草图 (1)联轴器选用 可采用弹性柱销联轴器,具体可查有关手册 (2)轴上零件位置和固定方式 1)单级齿轮减速器应将齿轮布置在箱体内壁的中央,轴承对称分布 2)齿轮靠轴肩和套筒实现轴向定位和固定,靠平键和过渡配合实现周向固定;左端轴承靠套筒实现轴向定位,右端轴承靠轴肩实现轴向定位,两轴承靠过渡配合实现周向固定;轴通过两端轴承端盖实现周向定位;联轴器靠轴肩、平键和过渡配合实现轴向定位和周向固定 (3)确定各端轴径 将估算轴径作为外伸端直径 d_1,与联轴器相配,第二段直径取 $d_2 = 45\text{mm}$,轴肩考虑联轴器定位;齿轮和左端轴承从左侧装入,考虑拆装和	$d_1 = 40\text{mm}$ $d_2 = 45\text{mm}$ $d_3 = 50\text{mm}$

（续）

计 算 项 目	主 要 结 果
零件固定要求，同时滚动轴承直径系列，取轴承轴颈处 $d_3=50\text{mm}$；为便于齿轮拆装，取与齿轮配合处轴径 $d_4=52\text{mm}$，齿轮左端用套筒固定，右端用轴肩定位，轴环处轴径为 $d_5=60\text{mm}$，该轴环同时还要满足右端轴承的定位需求；右端轴承型号与左端相同，取 $d_6=50\text{mm}$	$d_4=52\text{mm}$ $d_5=60\text{mm}$ $d_6=50\text{mm}$
（4）选择轴承　初选轴承型号为深沟球轴承，代号为 6310。查有关手册可知：轴承宽度 $B=27\text{mm}$，轴承安装尺寸 $d_a=60\text{mm}$，故取轴环直径 $d_5=60\text{mm}$	轴承 6310
（5）确定各段轴的长度　综合考虑轴上零件的尺寸及与减速器箱体尺寸的关系，确定各段轴的长度	
5. 校核轴的强度	
（1）计算支反力和弯矩　确定轴承支点跨距，由此可画出轴的受力简图，如图 9-21 所示	
水平面支反力　$F_{RBx}=F_{RDx}=\dfrac{1}{2}\times1960\text{N}=980\text{N}$	$F_{RBx}=F_{RDx}=980\text{N}$
水平面弯矩 $M_{CH}=F_{RBx}\times73.5\text{mm}=980\times73.5\text{N}\cdot\text{mm}=72030\text{N}\cdot\text{mm}$	$M_{CH}=72030\text{N}\cdot\text{mm}$
垂直面支反力由静力学方程求得 $F_{RBz}=790\text{N}$，　$F_{RDz}=-61\text{N}$	$F_{RBz}=790\text{N}$　$F_{RDz}=-61\text{N}$
垂直面的弯矩 $M_{CV}^{-}=F_{RBz}\times73.5\text{mm}=790\times73.5\text{N}\cdot\text{mm}=58065\text{N}\cdot\text{mm}$ $M_{CV}^{+}=F_{RDz}\times73.5\text{mm}=-61\times73.5\text{N}\cdot\text{mm}=-4485\text{N}\cdot\text{mm}$	$M_{CV}^{-}=58065\text{N}\cdot\text{mm}$ $M_{CV}^{+}=-4485\text{N}\cdot\text{mm}$
合成弯矩 $M_C^{-}=\sqrt{M_{CH}^2+(M_{CV}^{-})^2}=92520\text{N}\cdot\text{mm}$ $M_C^{+}=\sqrt{M_{CH}^2+(M_{CV}^{+})^2}=72169\text{N}\cdot\text{mm}$	$M_C^{-}=92520\text{N}\cdot\text{mm}$ $M_C^{+}=72169\text{N}\cdot\text{mm}$
画出各平面弯矩图和转矩图，如图 9-21 所示	
（2）计算当量弯矩　转矩按脉动循环考虑，应力折合系数为 $\alpha=\dfrac{[\sigma_{-1}]}{[\sigma_0]}\approx0.6$	
断面 C 处最大当量弯矩为 $M_{eC}^{-}=\sqrt{(M_C^{-})^2+(\alpha T)^2}=\sqrt{92520^2+(0.6\times294000)^2}\text{N}\cdot\text{mm}=199190\text{N}\cdot\text{mm}$	$M_{eC}^{-}=199190\text{N}\cdot\text{mm}$
画出当量弯矩图，如图 9-21 所示	
（3）校核轴径　由当量弯矩图可知，断面 C 上当量弯矩最大，为危险截面，校核该截面直径 $d\geqslant\sqrt[3]{\dfrac{M_{eC}^{-}}{0.1[\sigma_{-1}]}}=\sqrt[3]{\dfrac{199190}{0.1\times60}}\text{mm}=32\text{mm}$	
考虑该截面键槽的影响，直径增加 5% $d_c=32\times1.05\text{mm}=33.92\text{mm}$	$d_c=33.92\text{mm}$
结构设计确定为 52mm，所以强度足够	
6. 绘制轴的零件工作图（略）	

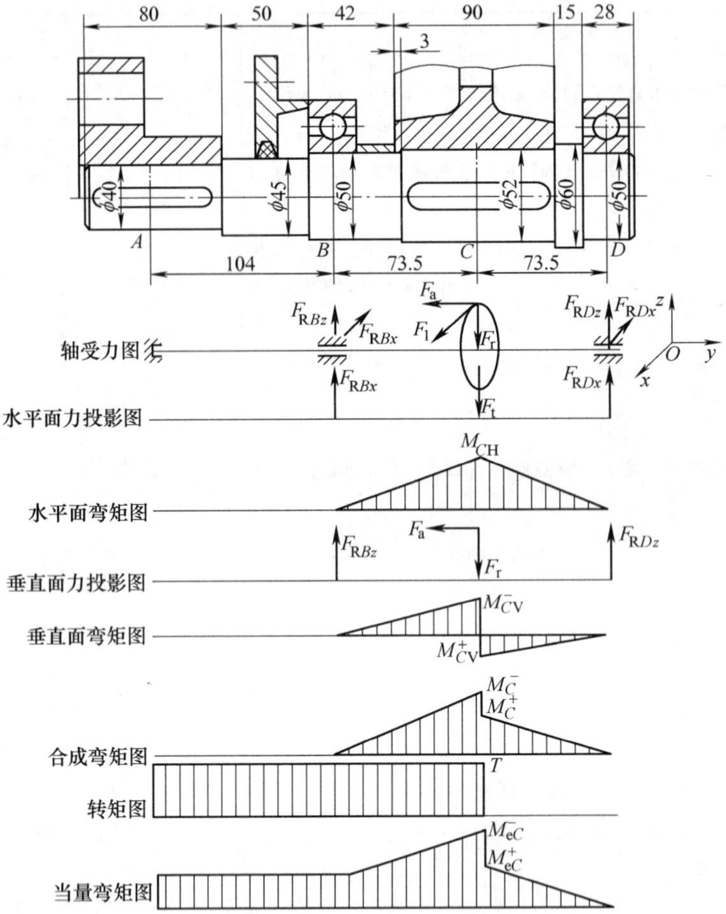

图 9-21 轴系受力及弯矩、转矩图

9.5 滚动轴承的基本知识

9.5.1 滚动轴承的构造

滚动轴承一般由外圈 1、内圈 2、滚动体 3 和保持架 4 四个部分组成，如图 9-22 所示。内圈、外圈分别与轴颈、轴承座孔装配在一起，通常内圈随轴一起转动，外圈固定不动。内、外圈上一般都有凹槽，称为滚道，它起着限制滚动体沿轴向移动和降低滚动体与内、外圈之间接触应力的作用。

滚动体是形成滚动摩擦不可缺少的零件，它沿滚道滚动。滚动体有多种形式，以适应不同类型滚动轴承的结构要求。常见的滚动体形状如图 9-23 所示。

保持架把滚动体均匀隔开，避免滚动体相互接触，以减少摩擦与磨损，并改善轴承内部的载荷分配。

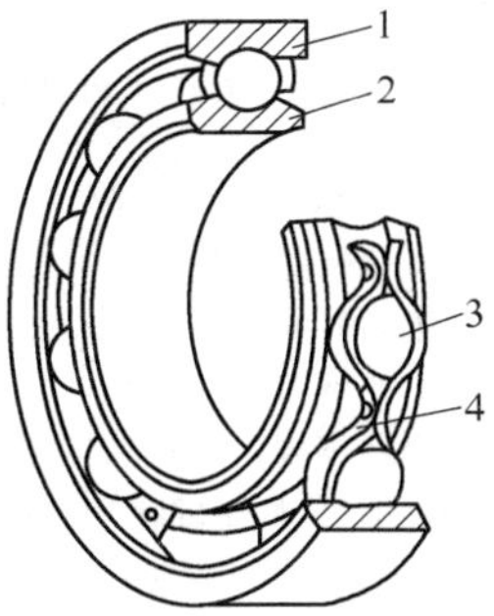

图 9-22 滚动轴承的基本结构
1—外圈 2—内圈 3—滚动体 4—保持架

滚动轴承

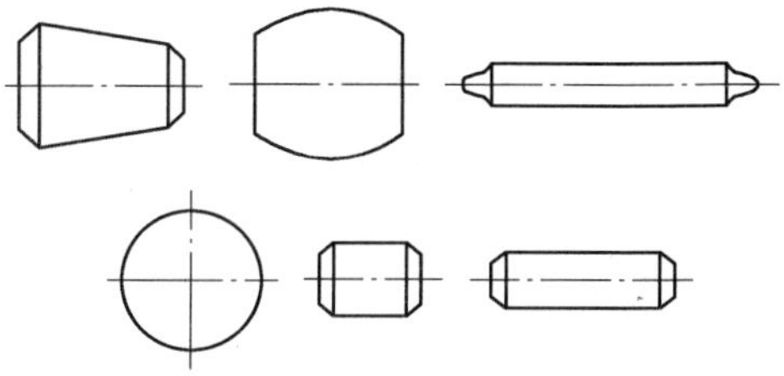

图 9-23 常见滚动体的形状

9.5.2 滚动轴承的类型和特点

滚动轴承按其滚动体形状的不同，可分为球轴承和滚子轴承两大类。球形滚动体与内圈、外圈是点接触，运转时摩擦损耗小，承载能力和抗冲击能力弱；滚子滚动体与内圈、外圈是线接触，承载能力和抗冲击能力强，但运转时摩擦损耗大。

如图 9-24 所示，滚动轴承的滚动体和外圈滚道接触点的法线与轴承的径向平面（垂直于轴承轴心线的平面）之间的夹角 α 称为轴承公称接触角。滚动轴承按其承受载荷的方向或公称接触角的不同，可分为向心轴承和推力轴承两大类。

向心轴承（$0°\leqslant\alpha\leqslant45°$）主要承受或只承受径向载荷，可分为径向接触轴承（$\alpha=0°$）和向心角接触轴承（$0°<\alpha\leqslant45°$）。径向接触轴承只能承受径向载荷；向心角接触轴承主要承受径向载荷，随着 α 的增大，承受轴向载荷的能力也增大。

推力轴承（$45°<\alpha\leqslant90°$）主要承受或只承受轴向载荷，可分为轴向接触轴承（$\alpha=90°$）和推力角接触轴承（$45°<\alpha<90°$）。轴向接触轴承只能承受轴向载荷；推力角接触轴承主要承受轴向载荷，随着 α 的减小，承受径向载荷的能力也相应增大。

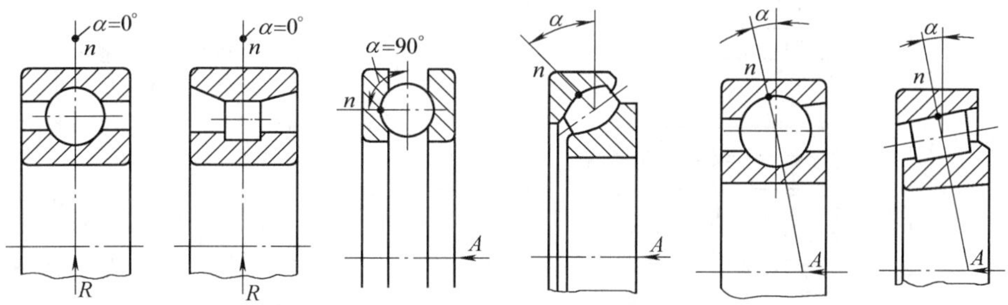

图 9-24 球轴承的公称接触角

常用滚动轴承的类型、性能和特点见表 9-6。

9.5.3 滚动轴承的代号

滚动轴承的类型很多，而各类轴承又有不同的结构、尺寸、公差等级和技术要求等，为

表 9-6　常用滚动轴承的类型、性能和特点

轴承名称及类型代号	结构简图	承载方向	极限转速	允许偏位角	主要特性和应用
调心球轴承 1	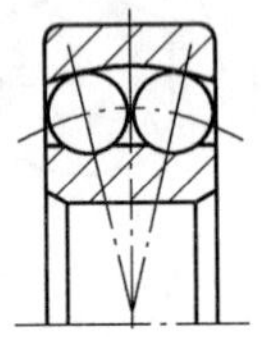		中	2°~3°	主要承受径向载荷,同时也能承受少量的轴向载荷 因为外圈滚道表面是以轴承中点为中心的球面,故能调心 允许偏转角为在保证轴承正常工作条件下内、外圈轴线间的最大夹角
调心滚子轴承 2	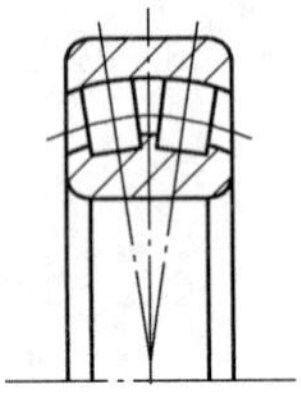		低	0.5°~2°	能承受很大的径向载荷和少量轴向载荷,承载能力较大 滚动体为鼓形,外圈滚道为球面,因而具有调心性能
推力调心滚子轴承 2	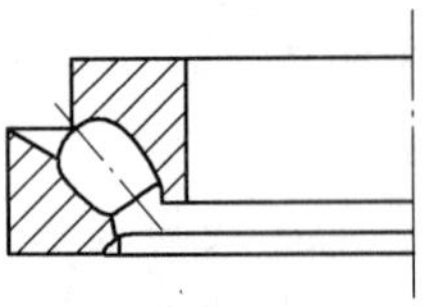		低	2°~3°	能同时承受很大的轴向载荷和不大的径向载荷 滚子呈腰鼓形,外圈滚道是球面,故能调心
圆锥滚子轴承 3	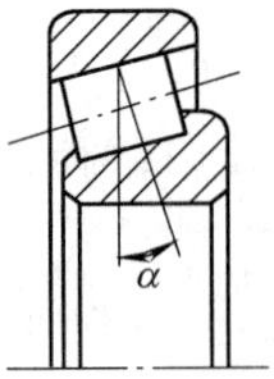 		中	2′	能同时承受较大的径向、轴向联合载荷,因为是线接触,承载能力大于“7”类轴承 内圈、外圈可分离,装拆方便成对使用
推力球轴承 5	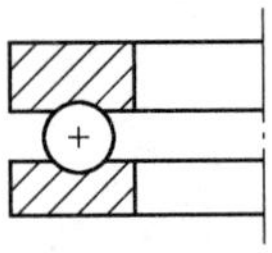 a) 单列 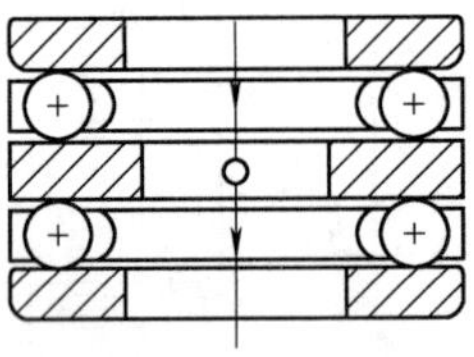 b) 双列		低	不允许	只能承受轴向载荷,而且载荷作用线必须与轴线相重合,不允许有角偏差 具体有两种类型: 单列——承受单向推力 双列——承受双向推力 高速时,因滚动体离心力大,球与保持架摩擦发热严重,寿命降低,故仅适用于轴向载荷大、转速不高之处 紧圈内孔直径小,装在轴上;松圈内孔直径大,与轴之间有间隙,装在机座上
深沟球轴承 6	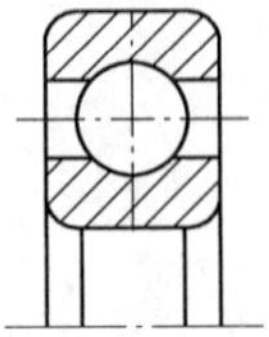		高	8′~16′	主要承受径向载荷,同时也可承受一定量的轴向载荷 当转速很高而轴向载荷不太大时,可代替推力球轴承承受纯轴向载荷

（续）

轴承名称及类型代号	结构简图	承载方向	极限转速	允许偏位角	主要特性和应用
角接触球轴承 7	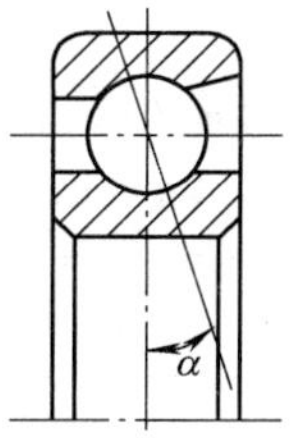		较高	2′~10′	能同时承受径向、轴向联合载荷，公称接触角越大，轴向承载能力也越大 公称接触角 α 有 15°、25°、40°三种，内部结构代号分别为 C、AC 和 B。通常成对使用，可以分装于两个支点或同装于一个支点上
圆柱滚子轴承 N	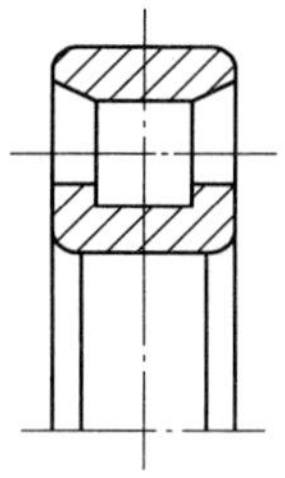		较高	2′~4′	能承受较大的径向载荷，不能承受轴向载荷 因是线接触，内圈、外圈只允许有极小的相对偏转，轴承内圈、外圈可分离
滚针轴承 NAV	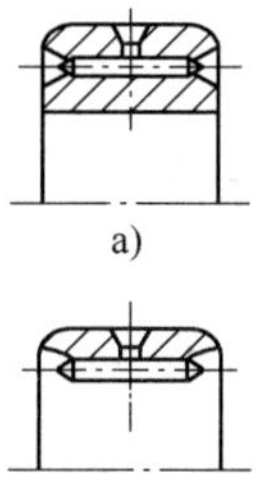 a)　b)		低	不允许	只能承受径向载荷，承载能力大，径向尺寸很小，一般无保持架，因而滚针间有摩擦，轴承极限转速低 这类轴承不允许有角偏差，轴承内圈、外圈可分离，可以不带内圈

了便于组织轴承的生产和选用，GB/T 272—2017 规定了轴承代号及表示方法。

滚动轴承代号由前置代号、基本代号和后置代号组成，用字母和数字等表示。

滚动轴承代号的组成见表 9-7。

表 9-7　滚动轴承代号的组成

<table>
<tr><th>前置代号</th><th colspan="5">基 本 代 号</th><th colspan="7">后 置 代 号</th></tr>
<tr><td rowspan="3">成套轴承分部件代号</td><td>五</td><td>四</td><td>三</td><td>二</td><td>一</td><td rowspan="3">内部结构代号</td><td rowspan="3">密封、防尘与外部形状代号</td><td rowspan="3">保持架及其材料代号</td><td rowspan="3">公差等级代号</td><td rowspan="3">游隙代号</td><td rowspan="3">配置代号</td><td rowspan="3">其他代号</td></tr>
<tr><td rowspan="2">类型代号</td><td colspan="2">尺寸系列代号</td><td colspan="2" rowspan="2">内径代号</td></tr>
<tr><td>宽或高度系列代号</td><td>直径系列代号</td></tr>
</table>

注：基本代号下面的一至五表示代号自右向左的位置序数。

1. 基本代号

基本代号用来表明滚动轴承的内径、尺寸系列和基本类型，最多为五位数。

（1）内径代号　常用滚动轴承的内径代号见表 9-8。对于内径小于 10mm 和大于 500mm 的轴承，内径表示方法另有规定，可参阅 GB/T 272—2017。

表 9-8 常用滚动轴承的内径代号

内径代号	00	01	02	03	04~96
轴承内径 d/mm	10	12	15	17	数字×5

（2）直径系列代号　对于同一内径的轴承，由于工作所需承受载荷大小不同、寿命长短不同，必须采用大小不同的滚动体，因而轴承的外径和宽度随着改变，这种内径相同而外径不同的变化称为直径系列，其代号见表 9-9。图 9-25 所示是不同直径系列深沟球轴承的外径和宽度对比。

表 9-9 滚动轴承的常用尺寸系列代号

直径系列代号	向心轴承								推力轴承			
	宽度系列代号								高度系列代号			
	8	0	1	2	3	4	5	6	7	9	1	2
	尺寸系列代号											
7	—	—	17	—	37	—	—	—	—	—	—	—
8	—	08	18	28	38	48	58	68	—	—	—	—
9	—	09	19	29	39	49	59	69	—	—	—	—
0	—	00	10	20	30	40	50	60	70	90	10	—
1	—	01	11	21	31	41	51	61	71	91	11	—
2	82	02	12	22	32	42	52	62	72	92	12	22
3	83	03	13	23	33	—	—	—	73	93	13	23
4	—	04	—	24	—	—	—	—	74	94	14	24
5	—	—	—	—	—	—	—	—	—	95	—	—

（3）宽（高）度系列代号　表示结构、内径和直径系列都相同的轴承，在宽（高）度方面的变化系列。向心轴承和推力轴承的宽（高）度系列代号规定见表 9-9。当宽度系列为 0 系列时，对于多数轴承在代号中可不标出，但对调心滚子轴承和圆锥滚子轴承，其宽度系列为 0 时应标出。

直径系列代号和宽（高）度系列代号统称为尺寸系列代号。

（4）轴承的类型代号　滚动轴承的类型代号见表 9-6，其中 0 类轴承可省略不标注。

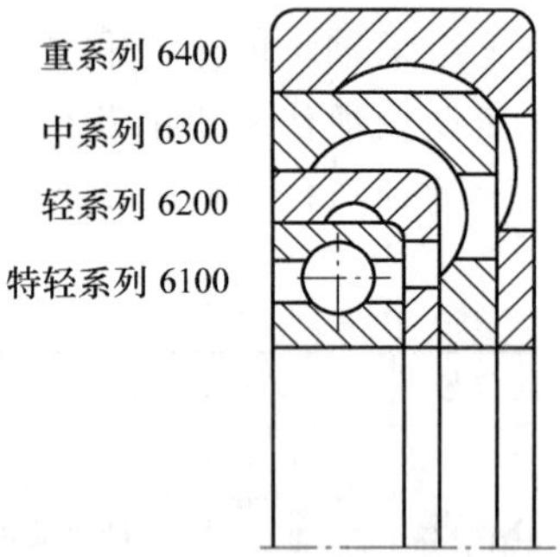

图 9-25　直径系列对比

2. 前置代号

前置代号是由字母表示成套轴承的分部件。如用 L 表示可分离轴承的可分离套圈；K 表示轴承的滚动体与保持架组件等。前置代号及其含意可参阅 GB/T 272—2017。

3. 后置代号

后置代号是用字母和数字来表示对轴承在结构、公差和材料等方面的特殊要求的。它置于基本代号的右边，并与基本代号空半个汉字字距或用符号“-”“/”分隔。当具有多组后置代号时，其顺序按表 9-7 所列从左至右排列。后置代号的内容较多，现就代号中几个常用代号说明如下。

（1）内部结构代号　表示同一类型轴承的不同内部结构，用字母紧跟着基本代号表示。内部结构常用代号见表 9-10。

表 9-10　内部结构常用代号

代号	说　明
B	角接触球轴承,公称接触角 $\alpha=40°$;圆锥滚子轴承,接触角加大
C	角接触球轴承,公称接触角 $\alpha=15°$;调心滚子轴承,其内孔为圆柱形
E	加强型,即轴承内部结构设计得到改进,增大了承载能力
AC	角接触球轴承,公称接触角 $\alpha=25°$

（2）公差等级代号　轴承的公差等级共分为 8 个级别，见表 9-11。公差等级代号及含义按表 9-11。

表 9-11　公差等级代号

代号	含　义	示　例
/PN	公差等级符合标准规定的普通级,代号中省略不表示	6203
/P6	公差等级符合标准规定的 6 级	6203/P6
/P6X	公差等级符合标准规定的 6X 级	30210/P6X
/P5	公差等级符合标准规定的 5 级	6203/P5
/P4	公差等级符合标准规定的 4 级	6203/P4
/P2	公差等级符合标准规定的 2 级	6203/P2
/SP	尺寸精度相当于 5 级,旋转精度相当于 4 级	234420/SP
/UP	尺寸精度相当于 4 级,旋转精度高于 4 级	234730/UP

（3）游隙代号　常用轴承的径向游隙代号共 9 个组别，见表 9-12。游隙代号及含义按表 9-12。

表 9-12　常用轴承的径向游隙代号

代号	含　义	示　例
/C2	游隙符合标准规定的 2 组	6210/C2
/CN	游隙符合标准规定的 N 组,代号中省略不表示	6210
/C3	游隙符合标准规定的 3 组	6210/C3
/C4	游隙符合标准规定的 4 组	NN 3006 K/C4
/C5	游隙符合标准规定的 5 组	NNU 4920 K/C5
/CA	公差等级为 SP 和 UP 的机床主轴用圆柱滚子轴承径向游隙	—
/CM	电机深沟球轴承游隙	6204-2RZ/P6CM
/CN	N 组游隙。/CN 与字母 H、M 和 L 组合,表示游隙范围减半,或与 P 组合,表示游隙范围偏移,如: /CNH——N 组游隙减半,相当于 N 组游隙范围的上半部 /CNL——N 组游隙减半,相当于 N 组游隙范围的下半部 /CNM——N 组游隙减半,相当于 N 组游隙范围的中部 /CNP——偏移的游隙范围,相当于 N 组游隙范围的上半部及 3 组游隙范围的下半部组成	—
/C9	轴承游隙不同于现标准	6205-2RS/C9

注：公差等级代号与游隙代号需同时表示时，可进行简化，取公差等级代号加上游隙组号（N 组不表示）组合表示。示例 1：/P63 表示轴承公差等级 6 级，径向游隙 3 组；示例 2：/P52 表示轴承公差等级 5 级，径向游隙 2 组。

实际应用的滚动轴承类型是很多的，相应的轴承代号也比较复杂。以上仅对轴承代号中最基本、最常用的部分作了介绍，熟悉了这部分代号，就可以识别和查选常用的轴承。关于滚动轴承代号的详细说明可查阅 GB/T 272—2017。

例 9-2　试说明滚动轴承代号 7315AC/P6/C3 的含义。

解：

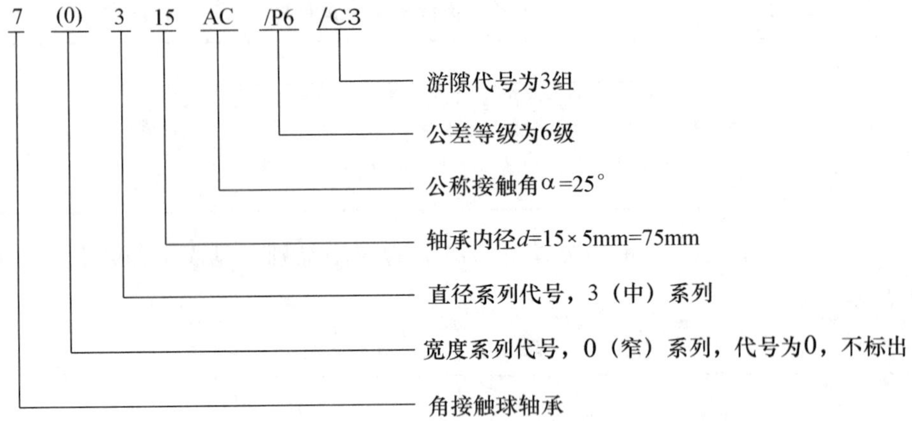

9.6　滚动轴承的选择和应用

9.6.1　滚动轴承的失效形式和计算准则

1. 滚动轴承的失效形式

（1）疲劳点蚀　滚动轴承工作时，作用在轴上的力通过轴承内圈、滚动体、外圈传到基座上，由于滚动体与内、外圈之间存在着相对运动，所以滚动体与内、外圈滚道的接触表面产生脉动循环规律变化的接触应力。当应力循环次数达到一定值后，在滚动体或内、外圈滚道的工作面上就会出现金属剥落的疲劳点蚀现象，致使轴承失去工作能力。

（2）塑性变形　当轴承不转动、转速很低（$n \leqslant 10\text{r/min}$）或间歇摆动时，一般不会产生疲劳点蚀，但在很大的静载荷或冲击载荷的作用下，轴承滚道或滚动体工作面上的局部应力会超过材料的屈服强度而产生塑性变形，从而使轴承在运转中产生剧烈振动和噪声，导致轴承不能正常工作。对于转速很低或重载、大冲击条件下工作的滚动轴承，塑性变形为其主要失效形式。

滚动轴承除以上两种失效形式外，还有使用维护和保养不当或润滑密封不良等引起的磨损，以及元件断裂、锈蚀、化学腐蚀等失效形式。

2. 滚动轴承的计算准则

在确定滚动轴承尺寸时，应针对其主要失效形式进行必要的计算。对于一般运转的滚动轴承，其滚动体和滚道发生疲劳点蚀是其主要失效形式，因而主要是进行寿命计算，必要时再做静强度校核。对于不转动、低速或摆动的滚动轴承，局部塑性变形是其主要失效形式，因而主要进行静强度计算。对于其他失效形式，可通过正确的润滑和密封、正确的操作和维护来解决。

9.6.2 滚动轴承的尺寸选择

同类型的滚动轴承，尺寸越大，承载能力越强。如果载荷一定，则轴承尺寸越大，使用寿命越长。所以，滚动轴承的尺寸选择就是根据载荷的大小、方向、性质以及对其使用寿命的要求等条件，通过计算，选择尺寸合适的轴承。

1. 滚动轴承的寿命计算

(1) 轴承寿命　滚动轴承中任一滚动体或内、外圈滚道出现疲劳点蚀前所经历的总转数，或在某一转速下的工作小时数称为轴承寿命。

(2) 基本额定寿命　一批同型号的轴承，即使在相同的工作条件下运转，各个轴承的寿命也是不同的，最高寿命与最低寿命可相差几倍，甚至几十倍，单个轴承的具体寿命很难预测。因此，轴承寿命计算中常用基本额定寿命作为计算的依据。

基本额定寿命是指一批相同型号的轴承，在相同的工作条件下，其中90%的轴承不发生疲劳点蚀时相应的总转数，或在一定转速下的工作小时数，用符号 L 或 L_h 表示，单位为 10^6r，或以 h 为单位。就单个轴承而言，能够达到或超过此寿命的概率为90%。

(3) 基本额定动载荷　滚动轴承的基本额定寿命 L 与所承受的载荷有关。滚动轴承标准中规定，轴承工作温度在100℃以下，基本额定寿命 $L=1\times10^6$r 时，轴承所能承受的最大载荷称为基本额定动载荷，用符号 C 表示。基本额定动载荷代表了滚动轴承的承载能力，其值越大，承载能力越大。对于向心轴承是指纯径向载荷，用 C_r 表示；对于推力轴承是指中心轴向载荷，用 C_a 表示。换言之，在基本额定动载荷 C 的作用下，轴承可以工作 10^6r 而不失效，其可靠度为90%。各种型号轴承的 C 值可在滚动轴承样本或设计手册中查得。

(4) 当量动载荷　轴承的基本额定动载荷 C 是在向心轴承只承受径向载荷，推力轴承只承受轴向载荷的特定条件下确定的。实际中，轴承往往承受径向载荷和轴向载荷的联合作用，因此，必须将实际载荷等效为一个假想的载荷，这个假想载荷称为当量动载荷，用符号 P 表示。在该载荷的作用下，轴承有与实际载荷作用下相同的寿命。其计算公式为

$$P=XF_r+YF_a \tag{9-5}$$

式中　F_r——轴承所承受的径向载荷（N）；

F_a——轴承所承受的轴向载荷（N）；

X、Y——径向载荷系数和轴向载荷系数，见表9-13。

表9-13　轴承当量动载荷的 X、Y 值

轴承类型	$\frac{F_a}{C_0}$	e	$F_a/F_r>e$		$F_a/F_r\leq e$	
			X	Y	X	Y
深沟球轴承	0.014	0.19	0.56	2.30	1	0
	0.028	0.22		1.99		
	0.056	0.26		1.71		
	0.084	0.28		1.55		
	0.11	0.30		1.45		
	0.17	0.34		1.31		
	0.28	0.38		1.165		

（续）

轴承类型		$\frac{F_a}{C_0}$	e	$F_a/F_r>e$		$F_a/F_r\leqslant e$	
				X	Y	X	Y
深沟球轴承		0.42	0.42	0.56	1.04	1	0
		0.56	0.44		1.00		
角接触球轴承	$\alpha=15°$	0.015	0.38	0.44	1.47	1	0
		0.029	0.40		1.40		
		0.058	0.43		1.30		
		0.087	0.46		1.23		
		0.12	0.47		1.19		
		0.17	0.50		1.12		
		0.29	0.55		1.02		
		0.44	0.56		1.00		
		0.58	0.56		1.00		
	$\alpha=25°$	—	0.68	0.41	0.87	1	0
	$\alpha=40°$	—	1.14	0.35	0.57	1	0
圆锥滚子轴承（单列）		—	$1.5\tan\alpha$	0.4	$0.4\cot\alpha$	1	0
调心球轴承（双列）		—	$1.5\tan\alpha$	0.65	$0.65\cot\alpha$	1	$0.42\cot\alpha$

对于向心轴承，式（9-5）中 X、Y 可由表 9-13 根据 $F_a/F_r>e$ 或 $F_a/F_r\leqslant e$ 查得。当 $F_a/F_r\leqslant e$ 时，$X=1$、$Y=0$，说明 F_a 对当量动载荷的影响可以不计。其中 e 值列于轴承标准中，其值与轴承类型和比值 F_a/C_0 有关（C_0 是轴承的径向额定静载荷，其值可由设计手册查得）。

对径向接触轴承（$\alpha=0°$）

$$P=F_r \tag{9-6}$$

对轴向接触轴承（$\alpha=90°$）

$$P=F_a \tag{9-7}$$

（5）向心角接触轴承轴向载荷的计算　向心角接触轴承的结构特点是在滚动体和外滚道接触处存在着接触角 α。当轴承在承受径向载荷 F_r 时，作用在第 i 个滚动体上的法向力 $\boldsymbol{Q}_i$ 可分解为径向分力 $\boldsymbol{R}_i$ 和轴向分力 $\boldsymbol{S}_i$，如图 9-26 所示。各个滚动体上所受轴向分力的合力即为轴承的派生轴向力 $\boldsymbol{S}$，其值按表 9-14 所列公式计算，其方向由轴承外圈的宽边指向窄边。

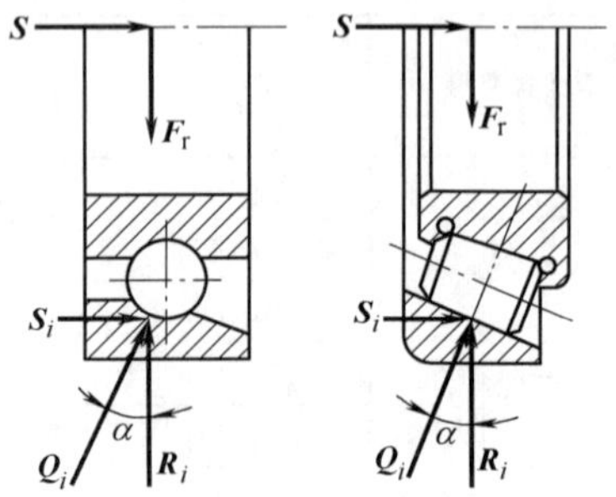

图 9-26　派生轴向力

在实际使用中，为了使派生轴向力得到平衡，以免轴窜动，通常向心角接触轴承都要成对使用，如图 9-27 所示。图中表示了两种不同的安装方式：两外圈窄边相对，称为正装；两外圈宽边相对，称为反装。

表 9-14 向心角接触轴承的派生轴向力

圆锥滚子轴承	角接触球轴承		
	70000C（$\alpha=15°$）	70000AC（$\alpha=25°$）	70000B（$\alpha=40°$）
$S=F_a/(2Y)$	$S=eF_r$	$S=0.68F_r$	$S=1.14F_r$

注：1. Y 是对应表 9-13 中 $F_a/F_r>e$ 的 Y 值。
2. e 值由表 9-13 查出。

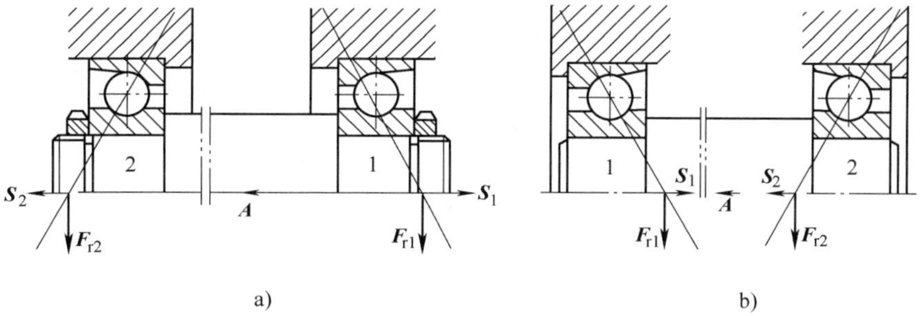

图 9-27 向心角接触球轴承的载荷分析
a）反装 b）正装

由于向心角接触轴承承受径向载荷会产生派生轴向力，故在计算其当量动载荷时，轴承的轴向载荷 $\boldsymbol{F}_a$ 并不完全由外界的轴向作用力 $\boldsymbol{A}$ 产生，而是应该根据整个轴上的轴向载荷（包括因径向载荷 $\boldsymbol{F}_r$ 产生的派生轴向力 $\boldsymbol{S}$）之间的平衡条件得出。下面来分析这个问题。

如图 9-27b 所示，取轴和与其配合的轴承内圈为分离体，如达到平衡时，应满足

$$A+S_2=S_1$$

按表 9-14 中的公式求得的 S_1 和 S_2 不满足上面的关系式时，就会出现下面两种情况。

1）当 $A+S_2>S_1$ 时，轴有向左窜动的趋势，相当于轴承 1 被“压紧”，轴承 2 被“放松”，但实际上轴必须处于平衡位置（即轴承座必然要通过轴承元件施加一个附加的轴向力来阻止轴的窜动），所以被“压紧”的轴承 1 所受的总轴向力 $\boldsymbol{F}_{a1}$ 必须与 $\boldsymbol{A}$ 和 $\boldsymbol{S}_2$ 相平衡，即

$$F_{a1}=A+S_2$$

而被“放松”的轴承 2 只受其本身派生的轴向力 $\boldsymbol{S}_2$，即

$$F_{a2}=S_2$$

2）当 $A+S_2<S_1$ 时，同理，被“放松”的轴承 1 只受其本身派生的轴向力 $\boldsymbol{S}_1$，既而被“压紧”的轴承 2 所受的总轴向力大小为

$$F_{a2}=S_1-A$$

综上可知，计算向心角接触轴承轴向载荷的方法可归纳为：先通过派生轴向力与外加轴向载荷的计算和分析，判定被“放松”或被“压紧”的轴承；然后确定被“放松”轴承的轴向力等于其本身派生的轴向力，被“压紧”轴承的轴向力等于除去本身派生的轴向力后其余各轴向力的代数和。

（6）寿命计算　在实际应用中，基本额定寿命常用给定转速下运转的小时数 L_h 表示。当轴承型号一定时，轴承寿命的计算公式为

$$L_h=\frac{10^6}{60n}\left(\frac{f_r C}{f_p P}\right)^{\varepsilon} \tag{9-8}$$

式中　C——基本额定动载荷（N）；

P——当量动载荷（N）；

f_r——温度系数（见表 9-15），考虑到工作温度对轴承承载能力的影响而引入的系数；

f_p——载荷系数（见表 9-16），考虑到机器振动和冲击的影响而引入的系数；

ε——寿命指数，球轴承 $\varepsilon=3$，滚子轴承 $\varepsilon=10/3$。

表 9-15　温度系数 f_r

轴承工作温度/℃	<120	125	150	175	200	225	250	300	350
温度系数 f_r	1.00	0.95	0.90	0.85	0.80	0.75	0.70	0.60	0.50

表 9-16　载荷系数 f_p

载荷性质	载荷系数 f_p	举　例
无冲击或轻微冲击	1.0~1.2	电动机、汽轮机、通风机、水泵
中等冲击	1.2~1.8	车辆、机床、起重机、冶金设备、内燃机
强烈冲击	1.8~3.0	破碎机、轧钢机、石油钻机、振动筛

轴承寿命计算后应满足

$$L_h>L_h' \tag{9-9}$$

式中，L_h'是轴承的预期使用寿命（h），根据机械的使用情况给定（通常可参照机器的大修期限取定），推荐值可参考表 9-17。

表 9-17　轴承预期使用寿命 L_h'的推荐值

机　器　类　别	预期使用寿命 L_h'/h
不经常使用的仪器或设备，如闸门开闭装置等	300~3000
短期或间断使用的机械，中断使用不会引起严重后果，如手动机械等	3000~8000
间断使用的机械，中断使用后果严重，如发动机辅助设备、流水作业线自动传送装置、升降机、车间吊车、不常使用的机床等	8000~12000
每日工作 8h 的机械(利用率不高)，如一般的齿轮传动、某些固定电动机等	12000~20000
每日工作 8h 的机械(利用率较高)，如金属切削机床、连续使用的起重机、木材加工机械、印刷机械等	20000~30000
24h 连续工作的机械，如矿山升降机、纺织机械、泵、电动机等	40000~60000
24h 连续工作的机械，中断使用后果严重，如纤维生产或造纸设备、发电站主电动机、矿井水泵、船舶螺旋桨轴等	100000~200000

当轴承型号未确定时，在已知当量动载荷 P 和转速 n 的条件下，根据设计要求选择轴承的预期使用寿命 L_h'，并按下式计算出轴承满足预期使用寿命要求所具备的额定动载荷 C'。

$$C'=\frac{f_p P}{f_r}\sqrt[\varepsilon]{\frac{60nL_h'}{10^6}} \tag{9-10}$$

根据 C' 值小于所选轴承 C 值的条件，即可在轴承样本或设计手册中选择所需轴承的型号。

2. 滚动轴承的静强度计算

对于不转动、极低速转动（$n\leqslant 10\mathrm{r/min}$）或摆动的滚动轴承，局部塑性变形是其主要失效形式，因此，设计时必须进行静强度计算。对于转速较高但承受重载或冲击载荷的轴承，除必须进行寿命计算外，还应进行静强度计算。

轴承标准中规定，滚动轴承中受载最大的滚动体与滚道的接触中心处引起的计算接触应力达到一定值（如对于滚子轴承为4GPa）时的载荷，称为轴承的基本额定静载荷，用 C_0 表示。它是限制轴承塑性变形的极限载荷值。各种轴承的 C_0 值可在轴承手册中查得。

为限制滚动轴承中的塑性变形量，应校核轴承承受静载荷的能力。滚动轴承的静强度校核公式为

$$C_0\geqslant S_0P_0 \tag{9-11}$$

式中　C_0——基本额定静载荷（N）；

S_0——安全系数，其值可查相关机械设计手册；

P_0——当量静载荷（N）。

当量静载荷 P_0 是一个假想的静载荷，在该载荷的作用下，承载最大的滚动体与滚道接触处的塑性变形量之和与实际复合载荷作用下所产生的塑性变形量之和相等。当量静载荷的计算公式为

$$P_0=X_0F_r+Y_0F_a \tag{9-12}$$

式中　F_r、F_a——轴承所受的径向载荷和轴向载荷（N）；

X_0、Y_0——静径向系数和静轴向系数，其值可查有关机械设计手册。

若由式（9-12）计算出的 $P_0<F_r$，则应取 $P_0=F_r$。

例9-3　某机械传动中的轴，其两端轴颈直径均为 $d=35\mathrm{mm}$，轴的转速 $n=3000\mathrm{r/min}$。根据工作条件拟采用一对正装的角接触球轴承，如图9-28所示。已知轴承受载 $F_{r1}=1000\mathrm{N}$，$F_{r2}=2100\mathrm{N}$，轴向外载荷 $A=900\mathrm{N}$，运转过程中有轻微冲击，要求预期使用寿命 $L_h'=2000\mathrm{h}$。试选择轴承型号。

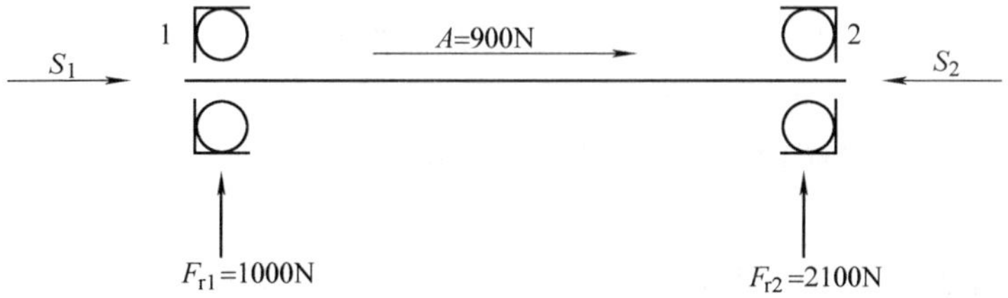

图9-28　传动轴

解：（1）计算两轴承的轴向力 F_{a1}、F_{a2}　要计算出 F_{a1}、F_{a2}，就必须先求出派生轴向力，但轴承型号未选出之前，暂不知其接触角，故用试算法，暂定 $\alpha=25°$。由表9-14查 $\alpha=25°$ 角接触球轴承的派生轴向力为

$$S_1=0.68F_{r1}=0.68\times1000\mathrm{N}=680\mathrm{N}\text{（方向向右）}$$

$$S_2=0.68F_{r2}=0.68\times2100\mathrm{N}=1428\mathrm{N}\text{（方向向左）}$$

因为　$S_1+A=(680+900)\mathrm{N}=1580\mathrm{N}>S_2$，右端被压紧，左端被放松

所以　$F_{a1}=680\mathrm{N}$，$F_{a2}=S_1+A=1580\mathrm{N}$

（2）计算当量动载荷　由表9-13查得 $e=0.68$，而

$$\frac{F_{a1}}{F_{r1}}=\frac{680}{1000}=0.68=e$$

$$\frac{F_{a2}}{F_{r2}}=\frac{1580}{2100}=0.752>e$$

由表9-13查得 $X_1=1$，$Y_1=0$；$X_2=0.41$，$Y_2=0.87$。故当量动载荷为

$$P_1=X_1F_{r1}+Y_1F_{a1}=(1\times1000+0\times680)\text{N}=1000\text{N}$$

$$P_2=X_2F_{r2}+Y_2F_{a2}=(0.41\times2100+0.87\times1580)\text{N}=2236\text{N}$$

（3）计算所需径向基本额定动载荷 C'　由于轴的结构要求两端选用同样型号的轴承，故以受载最大的 P_2 一端作为计算依据。工作温度正常，查表9-15得 $f_r=1$；因有轻微冲击，查表9-16取 $f_p=1.1$，所以由式（9-10）得

$$C'=\frac{f_pP}{f_r}\sqrt[\varepsilon]{\frac{60nL'_h}{10^6}}=\frac{1.1\times2236}{1}\times\sqrt[3]{\frac{60\times3000\times2000}{10^6}}\text{N}=17500\text{N}$$

（4）确定轴承型号　根据轴的直径 $d=35$mm 及所求得的 C' 值，由轴承样本或设计手册选轴承型号为7207AC，其基本额定动载荷 $C_r=22500$N，大于 $C'=17500$N，故适用。

9.6.3　滚动轴承的组合设计

为了保证滚动轴承在机器中正常工作，不仅要正确地选用轴承的类型和尺寸（型号），而且还要进行合理的组合结构设计，以解决轴承的固定、调整、配合与装拆，以及润滑与密封等问题。

1. 滚动轴承的轴向固定

（1）轴承内圈的轴向固定　内圈轴向固定的常用方法有如下几种。

1）将轴用弹性挡圈嵌在轴的沟槽内，主要用于承受轴向力不大及转速不高的深沟球轴承，如图9-29a所示。

2）用轴端挡圈固定，用于在轴端切割螺纹有困难时，可在高转速下承受大的轴向力，如图9-29b所示。

3）用圆螺母和止动垫圈固定，主要用于轴承转速高、承受较大轴向力的情况，如图9-29c所示。

4）用紧定衬套、止动垫圈和圆螺母固定，主要用于光轴上的、轴向力和转速都不大的、内圈为圆锥孔的轴承，如图9-30所示。

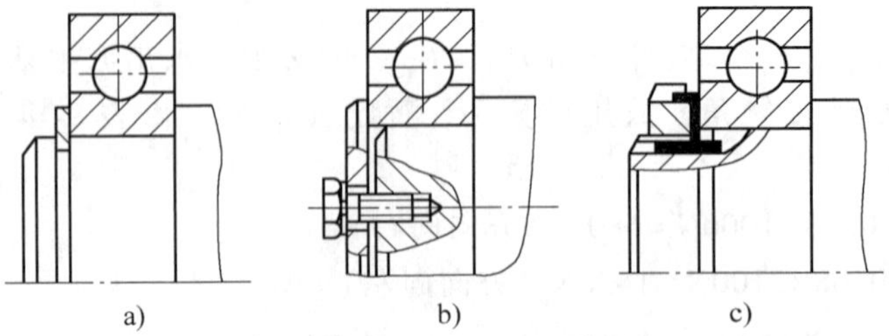

图9-29　内圈轴向固定的常用方法

图9-30　安装在紧定衬套上的轴承

内圈的另一端常以轴肩作为定位面，为了便于轴承拆卸，轴间的高度应低于轴承内圈的厚度。

（2）轴承外圈的轴向固定　外圈轴向固定的常用方法有如下几种。

1）嵌入外壳沟槽内的孔用弹簧挡圈固定，用于向心轴承，当轴向力不大且需要减少轴承装置的尺寸时，如图 9-31a 所示。

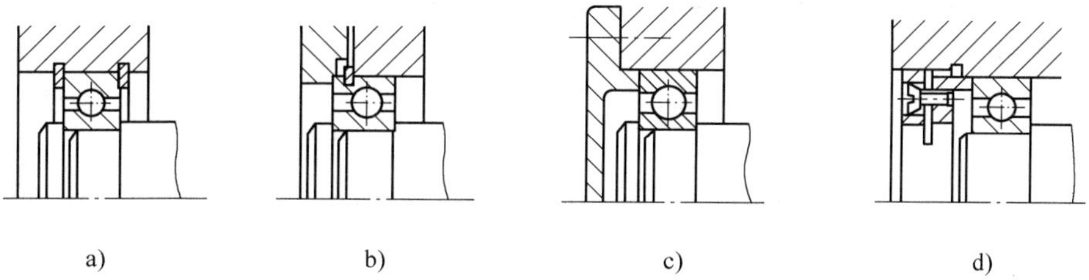

图 9-31　外圈轴向固定常用的方法

2）用止动环嵌入轴承外圈的止动槽内固定，用于带有止动槽的深沟球轴承，当外壳不便设凸肩且外壳为剖分式结构时，如图 9-31b 所示。

3）用轴承端盖固定，用于转速高及轴向力很大时的各类向心轴承、推力轴承和向心推力轴承，如图 9-31c 所示。

4）用螺纹环固定，用于轴承转速高、轴向载荷大而不适于使用轴承端盖固定的情况，如图 9-31d 所示。

2. 滚动轴承支承的结构形式

一般来说，一根轴需要两个支点，每个支点可由一个或一个以上的轴承组成。合理的支承结构应考虑轴在机器中有确定的位置，防止轴向窜动以及轴受热膨胀后使轴承卡死等。滚动轴承常用的支承结构有三种基本形式。

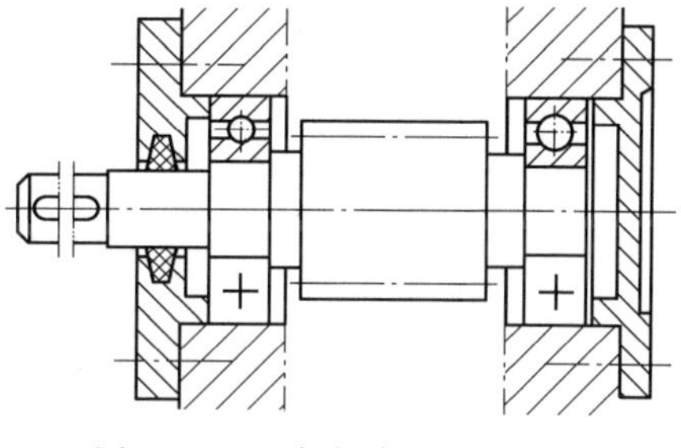

图 9-32　双支点单向固定支承

（1）双支点单向固定　如图 9-32 所示，两轴承均利用轴肩顶住内圈，端盖压住外圈，两端支承的轴承各限制轴一个方向的轴向移动，合在一起便限制了轴的双向移动。为了补偿轴的受热伸长，对于径向接触轴承可在轴承盖与外圈端面之间留出 0.2~0.3mm 的轴向补偿间隙；对于内部游隙可以调整的角接触轴承，在装配时将补偿间隙留在轴承内部。

这种支承形式适用于温度变化不大或较短的轴（跨距 $L \leqslant 350$mm）。

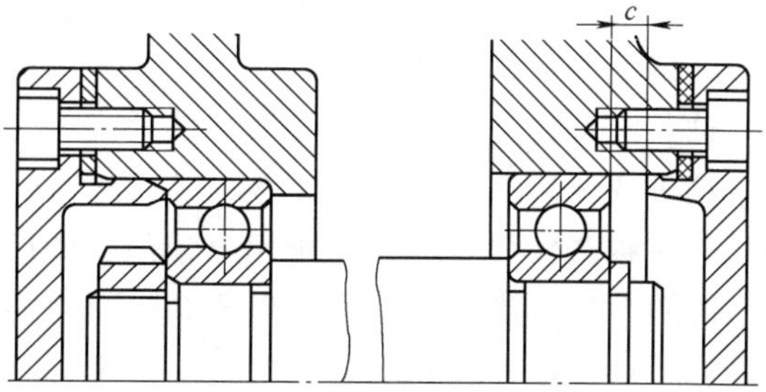

图 9-33　单支点双向固定支承

（2）单支点双向固定　如图 9-33 所示，一端支承处轴承限制了轴的双向轴向移动，为固定支承；而另一端支承处轴承的内圈做双向固定，外圈的两侧自由，故当轴受热膨胀伸长时，该支承处的轴承可以随轴颈沿轴向自由游动，即为游动支承。一般取承载较小的轴承作为游动支承。游动轴承外圈端面与轴承盖端面之间应留有足够大的间隙 c，一般为 3~8mm。

这种支承形式适用于温度变化较大或较长的轴（跨距 $L>350$mm）。

（3）两端游动支承　对于一对人字齿轮轴，由于人字齿轮本身的相互轴向限位作用，它们的轴承内、外圈的轴向固定应设计成只保证其中一根轴相对机座有固定的轴向位置，而另一根轴上的两个轴承都必须是游动的，以防齿轮卡死或人字齿的两侧受力不均匀。

3. 滚动轴承的预紧

为了提高轴承的旋转精度，增加轴承装置的刚性，减少机器工作时轴的振动，常采用预紧的滚动轴承。

所谓预紧，就是在安装时用某种方法给轴承一定的轴向压力，以消除其轴向间隙，并在滚动体和内、外圈接触处产生预变形。预紧后的轴承受到工作载荷时，其内、外圈的径向和轴向相对移动量要比未预紧的轴承小很多。

常用的预紧方法有：①夹紧一对正装圆锥滚子轴承的外圈来预紧，如图 9-34a 所示；②用弹簧预紧，可以得到稳定的预紧力，如图 9-34b 所示；③在一对轴承内、外圈之间分别放置长度不等的套筒来预紧，预紧力可由两套筒的长度差控制，如图 9-34c 所示；④夹紧一对磨窄的外圈来预紧，如图 9-34d 所示，反装时可磨窄内圈并夹紧。

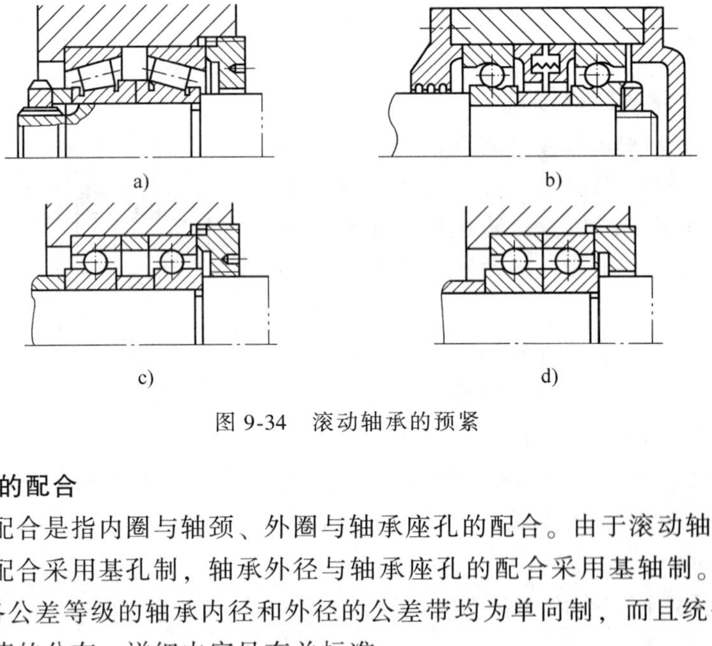

图 9-34　滚动轴承的预紧

4. 滚动轴承的配合

滚动轴承的配合是指内圈与轴颈、外圈与轴承座孔的配合。由于滚动轴承是标准件，故轴承内孔与轴的配合采用基孔制，轴承外径与轴承座孔的配合采用基轴制。国家标准规定，0、6、5、4、2 各公差等级的轴承内径和外径的公差带均为单向制，而且统一采用上偏差为零、下偏差为负值的分布。详细内容见有关标准。

轴承配合种类的选取，应根据轴承的类型和尺寸、载荷的大小和方向、载荷的性质和使用条件等情况来决定。一般来说，当工作载荷的方向不变时，转动圈应比不动圈的配合紧些。转速越高、载荷越大和振动越强烈，则应选用越紧的配合。经常装拆的轴承，要选间隙较小的间隙配合或过渡配合，以便装拆。对游动支承，轴承与机座孔间选间隙配合，如外圈承受旋转载荷，不宜采用间隙配合，可考虑选用圆柱滚子轴承。对于剖分式轴承座，外圈不宜采用过盈配合。

5. 滚动轴承的装拆

在进行轴承的组合设计时，必须考虑轴承的装拆，以保证在装拆的过程中不损坏轴承和其他零件。装拆力应沿圆周方向均匀地直接施加在被装拆的座圈端面上，不得通过滚动体来传递装拆力，否则将可能使滚道和滚动体受损，降低轴承的精度和使用寿命。

当轴承内圈与轴径过盈配合时，可采用压力机在内圈上加压将轴承压套到轴径上。对于大尺寸的轴承，可将轴承放入油中加热至 80~120℃后进行热装。

轴承的拆卸常用拆卸器进行，如图 9-35 所示。对于轴承外圈的拆卸，要借助外圈露出的端面和必要的拆卸空间（图 9-36a、b）或利用螺钉孔（图 9-36c）将其取出。

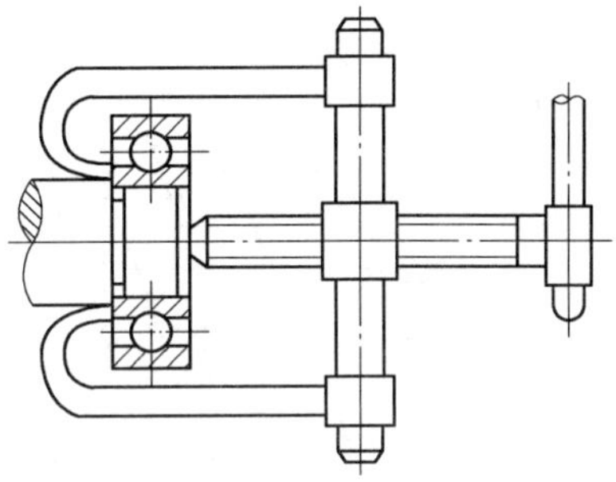

图 9-35　滚动轴承内圈的拆卸

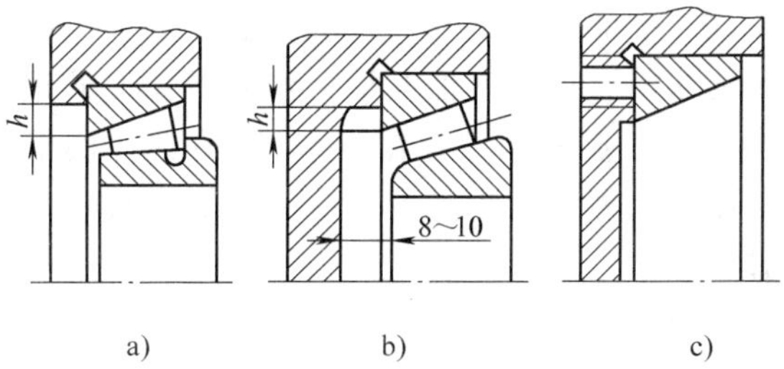

图 9-36　便于滚动轴承外圈拆卸的座孔结构

9.6.4　滚动轴承的润滑和密封

1. 滚动轴承的润滑

润滑对于滚动轴承具有重要意义，不仅可以减少摩擦和磨损，提高效率，延长轴承使用寿命，还起着散热、减小接触应力、吸收振动、防止锈蚀等作用。

滚动轴承常用的润滑方式有脂润滑和油润滑两类。选用哪一类润滑方式，这与轴承的速度有关，一般用滚动轴承的 dn 值（d 为滚动轴承的内径，mm；n 为轴承转速，r/min）表示轴承的速度大小。表 9-18 为适用于脂润滑和油润滑的 dn 值界限，可作为选择润滑方式时的参考。

表 9-18　适用于脂润滑和油润滑的 dn 值界限　（单位：10^4mm · r/min）

轴承类型	脂润滑	油润滑			
		油浴	滴油	循环油(喷油)	油雾
深沟球轴承	16	25	40	60	>60
调心球轴承	16	25	40		
角接触球轴承	16	25	40	60	>60
圆柱滚子轴承	12	25	40	60	>60
圆锥滚子轴承	10	16	23	30	
调心滚子轴承	8	12		25	
推力球轴承	4	6	12	15	

（1）脂润滑　由于润滑脂是一种黏稠的凝胶状材料，故润滑膜强度高，能承受大的载荷，不易流失，容易密封，使用周期长。装填润滑脂时其填充量一般应为轴承内部容积的

1/3~1/2。脂润滑的缺点是只适用于较低的 dn 值。合适的润滑脂可按轴承工作温度、dn 值在表 9-19 中选用。

表 9-19　滚动轴承润滑脂的选择

轴承工作温度 / ℃	dn 值/(mm · r/min)	使用环境	
		干燥	潮湿
0~40	>80000 <80000	2 号钙基脂,2 号钠基脂 3 号钙基脂,3 号钠基脂	2 号钙基脂 3 号钙基脂
40~80	>80000 <80000	2 号钠基脂 3 号钠基脂	3 号锂基脂

（2）油润滑　在高速高温的条件下，脂润滑不能满足要求时，可采用油润滑。油润滑黏度的选择可参考图 9-37，根据轴承工作温度和 dn 值选择润滑油应具有的黏度值，然后根据黏度从有关手册中选定相应的润滑油牌号。

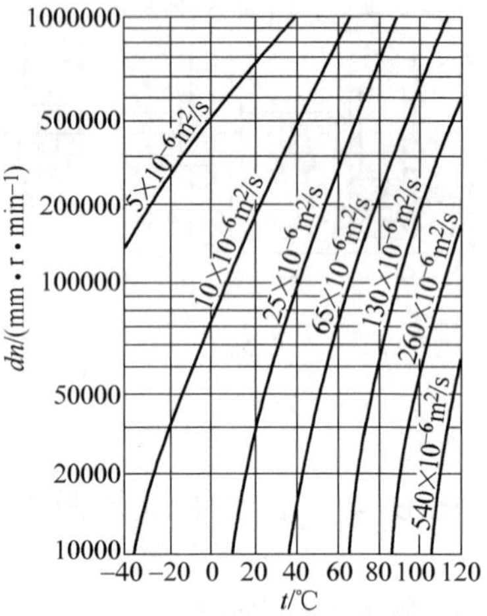

图 9-37　油润滑黏度的选择

2. 滚动轴承的密封

轴承的密封装置是为了防止灰尘、水、酸气和其他杂物进入轴承，并阻止润滑剂流失而设置的。滚动轴承密封方法的选择与润滑剂的种类、工作环境、温度、密封表面的圆周速度有关。密封装置可分为接触式及非接触式两大类，它们的密封形式、适用范围和性能可参见表 9-20。

表 9-20　常用的滚动轴承密封形式

密封类型	图　　形	适 用 场 合	说　　明
接触式密封	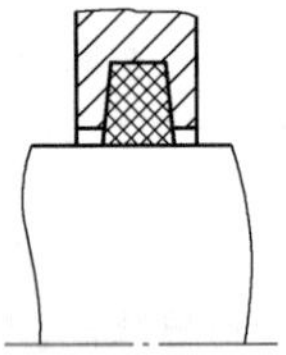 毛毡圈密封	脂润滑。要求环境清洁，轴颈圆周速度 v 不大于 4~5m/s，工作温度不超过 90℃	矩形断面的毛毡圈被安装在梯形槽内，它对轴产生一定的压力而起到密封作用
	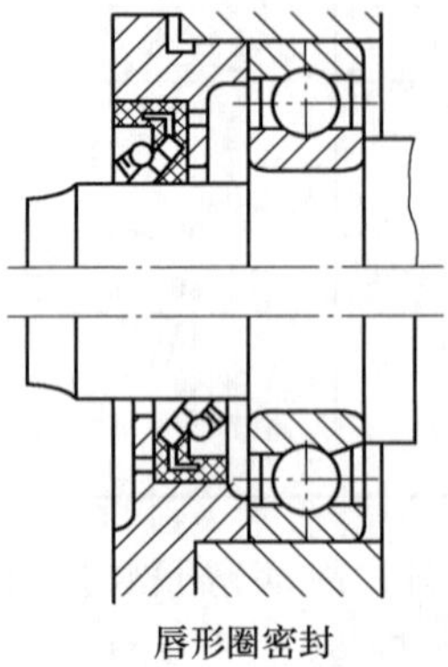 唇形圈密封	脂或油润滑。轴颈圆周速度 v<7m/s，工作温度范围为 40~100℃	唇形密封圈用皮革、塑料或耐油橡胶制成，有的具有金属骨架，有的没有骨架，是标准件，单向密封

（续）

密封类型	图 形	适 用 场 合	说 明
非接触式密封	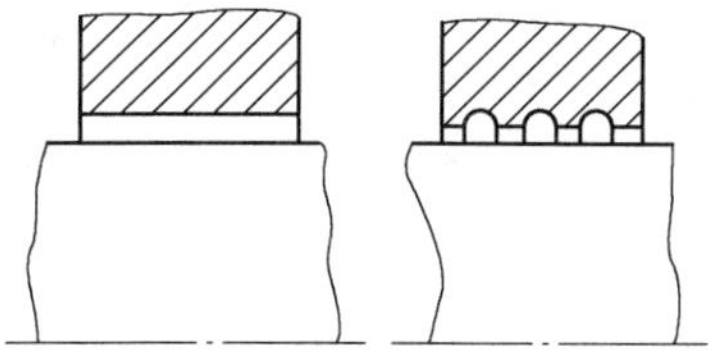 间隙密封	脂润滑，干燥清洁环境	靠轴与盖间的细小环形间隙密封，间隙越小越长，效果越好，间隙 δ 取 0.1～0.3mm
	a) b) 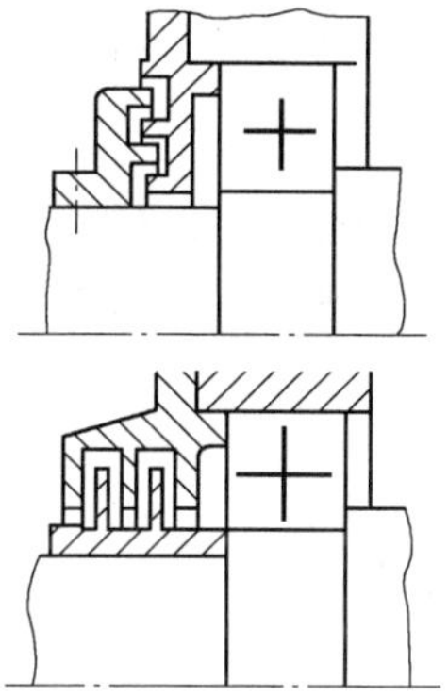 迷宫式密封	脂润滑或油润滑，工作温度不高于密封用脂的滴点，密封效果可靠	将旋转件与静止件之间的间隙做成迷宫（曲路）的形式，在间隙中填充润滑油或润滑脂以加强密封效果。迷宫式密封分径向、轴向两种：图 a 为径向曲路，顶隙 δ 不大于 0.1～0.2mm；图 b 为轴向曲路，因考虑到轴要伸长，间隙应取大些，同时轴承端盖应采用两半形式的

9.7 滑动轴承概述

9.7.1 两摩擦表面的摩擦状态

滑动轴承的承载能力与载荷的性质、轴承的材料以及轴和轴承两表面之间的摩擦状态有关。两表面之间的摩擦状态可分为以下四类。

1. 干摩擦状态

轴颈与轴承间没有任何润滑剂存在，两金属表面直接接触，因而摩擦磨损大，造成温度急剧升高，甚至烧毁轴瓦。这种状况一般是由使用、维护不当所造成，应尽量避免。

2. 液体摩擦状态

轴颈与轴承两表面间有充足的润滑油，在一定条件下，两表面间形成薄薄的一层压力油膜将两金属表面完全隔开（图 9-38a），这时相对运动引起的摩擦阻力只是润滑油分子之间的内摩擦力，因此摩擦因数很小，一般仅为 0.001～0.008。

3. 边界摩擦状态

轴颈与轴承两表面间的润滑油分子牢固地吸附在金属表面上，形成极薄的一层边界油膜（小于 1μm），它不足以将两表面完全分隔开，当两摩擦面做相对运动时，仍有部分凸起的金属表面直接接触，发生摩擦（图 9-38b）。但是，由于有边界油膜的存在，使摩擦、磨损大大减轻，此时摩擦因数一般为 0.1～0.3。

4. 混合摩擦状态

在一般机器中，摩擦面间多处于上述几种摩擦状态的混合状态。因干摩擦状态极为罕见，故在一般机器中，实际上多处于边界摩擦和液体摩擦的混合状态。

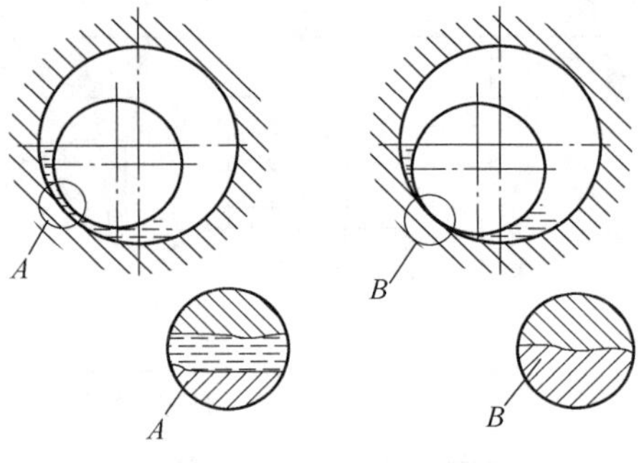

图 9-38 液体摩擦和边界摩擦状态

9.7.2 滑动轴承的主要类型

按滑动轴承工作表面的摩擦状态，滑动轴承可分为非液体摩擦滑动轴承和液体摩擦滑动轴承两类。非液体摩擦轴承（两表面间为边界摩擦状态）由于比较容易实现，一般用在低速带有冲击或者不太重要的场合。液体摩擦轴承（两表面间为液体摩擦状态）的制造精度要求高，并需要一定条件才能实现，一般用在高速或对传动精度要求较高的场合。液体摩擦轴承根据相对运动表面间承载流体膜形成的原理不同，又可分为液体动压轴承和液体静压轴承。

按滑动轴承所受载荷方向还可分为径向轴承（受径向力）、推力轴承（受轴向力）和径向推力轴承（同时受径向力和轴向力）等。

9.8 滑动轴承的结构和材料

9.8.1 滑动轴承的结构

1. 径向滑动轴承的结构

（1）整体式 如图 9-39 所示，整体式滑动轴承由轴承座和轴套组成，轴承座与轴套为过盈配合，轴承座顶部设有装油杯的螺纹孔，轴套上有进油孔，并在内表面上开有油沟以分配润滑油。通常用螺栓将轴承座与机座联接。轴套常用减摩材料制成。这种轴承的特点是结构简单、成本低，但装拆时必须通过轴端，而且磨损后轴颈和轴瓦之间的间隙无法调整，多用于轻载、低速、间歇工作或不重要的场合。这种轴承的结构已经标准化。

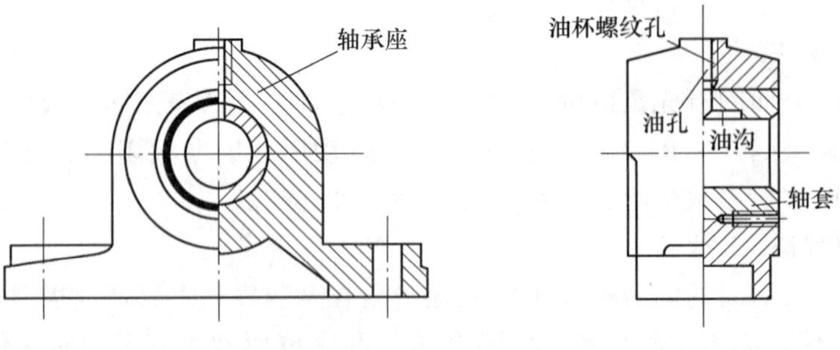

图 9-39 整体式滑动轴承

（2）剖分式 如图 9-40 所示，它是由轴承座，轴承盖，剖分的上、下轴瓦，双头螺柱等所组成，为了防止轴瓦转动还装有空心固定套。为使轴承座、盖很好地对中，在剖分面上通常做出阶梯形榫口，以便安装时定位。剖分面间放有少量垫片，在轴瓦磨损后借助减少垫片来调整轴颈和轴瓦之间的间隙。轴承所受径向力的方向与剖分面垂线的夹角一般不大于35°，必要时采用斜剖分式滑动轴承（图 9-41）。剖分式滑动轴承装拆和调整间隙均较方便，并能承受一定的轴向力，因此应用广泛。这种轴承的结构也已标准化。

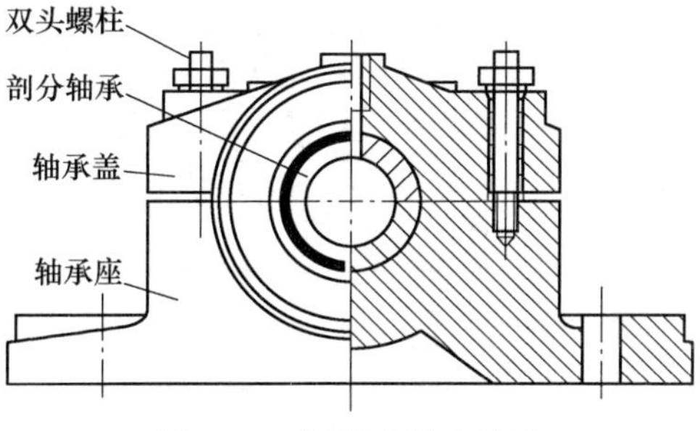

图 9-40　剖分式滑动轴承

滑动轴承

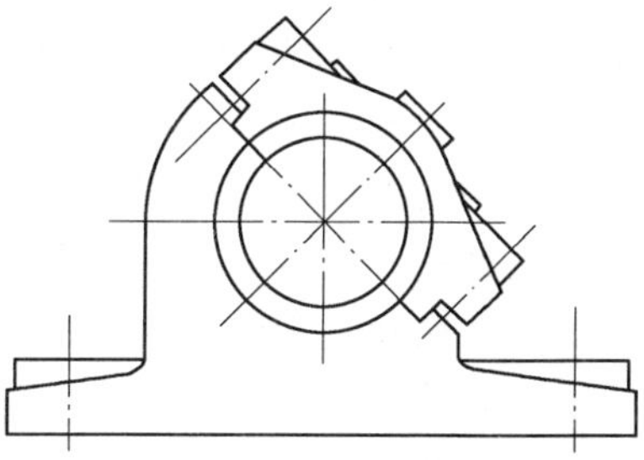

图 9-41　斜剖分式滑动轴承

（3）自动调位式　当轴颈较长，即轴颈的长径比 $B/d>1.5\sim1.75$ 时（B 为轴颈工作长度，d 为轴颈直径），或轴的刚性较小，或由于两轴承不是安装在同一刚性机架上，安装精度难以保证时，都会造成轴与轴瓦端部的局部接触（图 9-42），使轴瓦局部严重磨损。为此可采用自动调位式滑动轴承，如图 9-43 所示。这种轴承的结构特点是轴瓦基体的外表面做成外球面，与轴承盖及轴承座上的内球面相配合。当轴变形时，轴瓦可随轴自动调位，从而保证轴颈与轴瓦均匀接触。

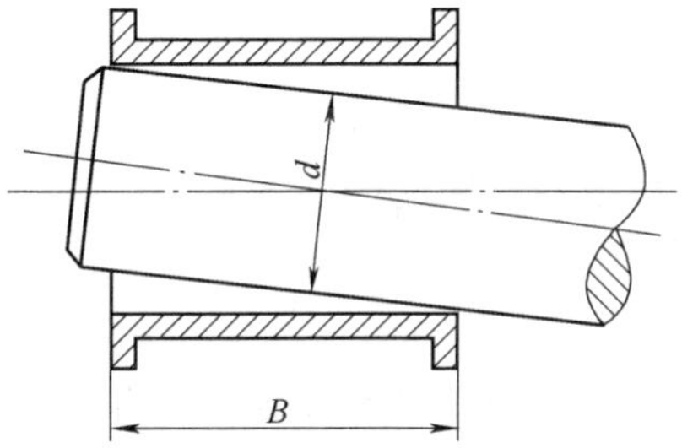

图 9-42　轴与轴瓦端部局部接触

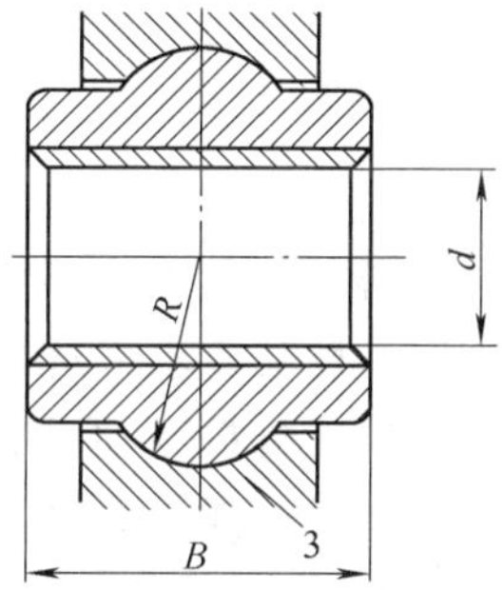

图 9-43　自动调位式滑动轴承

2. 推力滑动轴承的结构

图 9-44 为推力滑动轴承的一种常见结构形式，它是由轴承座 1、衬套 2、向心轴瓦 3 和推力轴瓦 4 所组成。为了便于对中和保证工作表面受力均匀，推力轴瓦底部制成球面，销钉 5 用来防止推力轴瓦 4 随轴转动。润滑油从下部油管注入，从上部油管导出。推力滑动轴承主要承受轴向载荷，也可借助向心轴瓦 3 承受较小的径向载荷。

9.8.2　轴瓦的结构和材料

轴瓦或轴套是滑动轴承中直接与轴颈接触的部分，其滑动表面既是承载面又是摩擦面。

非液体摩擦滑动轴承的工作能力和使用寿命，在很大程度上取决于轴瓦或轴套的结构和材料的选择是否合理。

1. 轴瓦的结构

通常在整体式滑动轴承中采用整体式轴瓦（图 9-39），剖分式滑动轴承中采用剖分式轴瓦（图 9-40）。图 9-44 所示是一种典型的剖分式轴瓦，其两端的凸肩用来防止轴瓦的轴向窜动，并能承受一定的轴向力。为提高其抗磨损、抗胶合性能，常在其内表面上贴附一层很薄的轴衬。

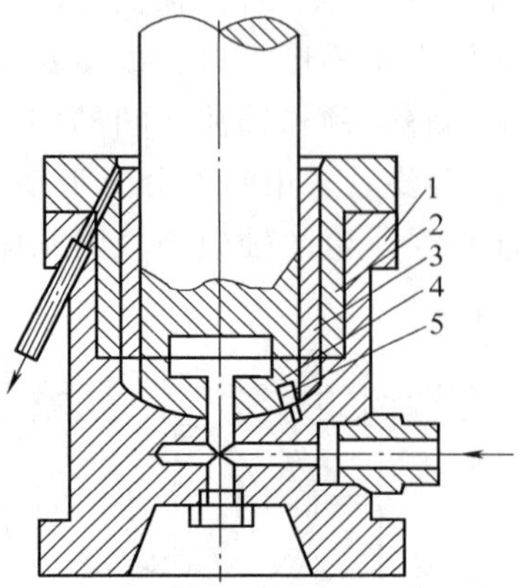

图 9-44 推力滑动轴承

1—轴承座 2—衬套 3—向心轴瓦 4—推力轴瓦 5—销钉

为使润滑油能均匀地流到轴瓦的整个工作面上，轴瓦上要开出油孔和内表面油沟。图 9-45 所示为几种常见的油沟形式。一般油孔和油沟只开在非承载区，以保证承载区油膜的连续性，防止降低承载能力。油沟在轴向不应开通，以免润滑油从轴瓦两端溢出，一般取沟长为轴瓦长的 0.8 倍。

2. 轴瓦的材料

轴瓦材料应具有足够的强度，较好的减摩性、耐磨性、耐蚀性、易跑合性，良好的导热性和易于加工制造等。

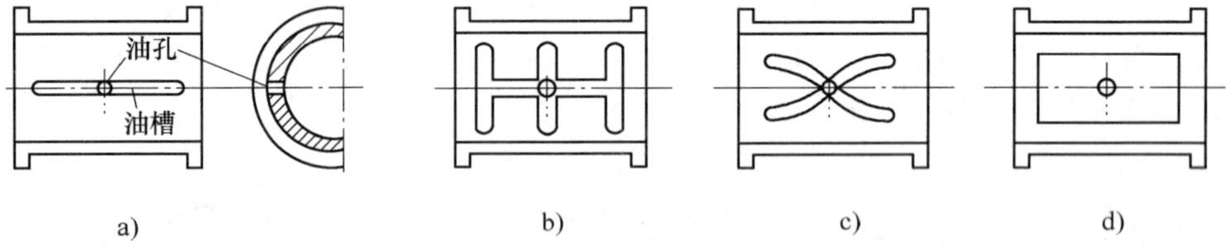

图 9-45 常见的油沟形式

一种材料完全具备上述性能是不可能的，因此，要根据轴承所受载荷的大小，轴颈转速的高低等主要性能要求来选择满足主要使用要求的轴瓦材料。

常用的轴瓦材料有轴承合金、青铜、黄铜和灰铸铁等。其中锡锑轴承合金的摩擦因数小，对油的吸附性强，耐蚀、易跑合，是极好的轴承材料，常用于高速重载的场合，但其价格较高。为节省贵重的轴承合金材料，可采用浇注的方法将一薄层轴承合金粘附在一种价格较便宜的金属轴瓦基体（常为铸铁）上与轴颈直接接触，这一薄层轴承合金通常称为轴承衬，其厚度在 0.5~6mm 范围内。为使轴承衬和轴瓦基体紧密结合，在轴瓦基体的内表面上预先制成一定形状的沟槽，如图 9-46 所示。

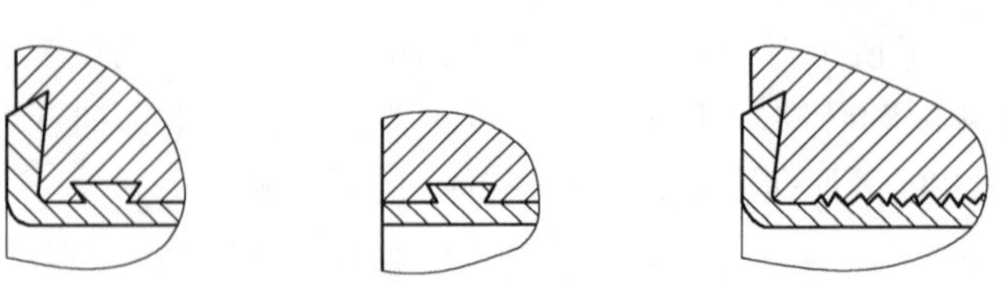
图 9-46 轴瓦内表面上的沟槽

表 9-21 给出了常用轴瓦和轴承衬材料的性能，供选择时参考。

表 9-21　常用轴承材料性能

<table>
<tr><th rowspan="2">名称</th><th rowspan="2">代号</th><th colspan="3">最大许用值</th><th rowspan="2">最高工作温度 / °C</th><th rowspan="2">最小轴颈硬度/HBW</th><th rowspan="2">备　注</th></tr>
<tr><th>[p]/MPa</th><th>[v]/(m/s)</th><th>[pv]/(MPa · m/s)</th></tr>
<tr><td rowspan="4">锡基轴承合金</td><td rowspan="2">ZSnSb11Cu6</td><td colspan="3">平稳载荷</td><td rowspan="4">150</td><td rowspan="4">150</td><td rowspan="4">用于高速、重载下工作的重要轴承。变载荷下易于疲劳，价贵</td></tr>
<tr><td>25</td><td>80</td><td>20</td></tr>
<tr><td rowspan="2">ZSnSb8Cu4</td><td colspan="3">冲击载荷</td></tr>
<tr><td>20</td><td>60</td><td>15</td></tr>
<tr><td rowspan="2">锡青铜</td><td>ZPbSb15Sn14Cu3</td><td>5</td><td>8</td><td>5</td><td rowspan="2">150</td><td rowspan="2">150</td><td rowspan="2">用于中速中载轴承，不宜受显著冲击，可作为锡锑轴承合金的代用品</td></tr>
<tr><td>ZPbSb16Sn16Cu2</td><td>15</td><td>12</td><td>10</td></tr>
<tr><td rowspan="2">铅青铜</td><td>ZCuSn10Pb1</td><td>15</td><td>10</td><td>15</td><td rowspan="2">280</td><td rowspan="2">300~400</td><td rowspan="2">用于中速、重载或变载轴承</td></tr>
<tr><td>ZCuSn5PbZn5</td><td>8</td><td>3</td><td>12</td></tr>
<tr><td>铝青铜</td><td>ZCuAl10Fe3</td><td>15</td><td>4</td><td>12</td><td>150</td><td>280</td><td>最宜用于润滑充分的低速、重载轴承</td></tr>
<tr><td>灰铸铁</td><td>HT150
HT200</td><td>0.1~6</td><td>0.75~3</td><td>0.3~0.45</td><td>150</td><td>200~250</td><td>用于低速、轻载的不重要轴承</td></tr>
</table>

9.9　滚动轴承与滑动轴承的性能比较

轴承被广泛用于现代机械中，类型很多且各有特点。设计机器时应根据具体的工作情况，结合各类轴承的特点和性能进行对比分析，选择一种既满足工作要求又经济实用的轴承。

表 9-22 列出了滚动轴承和滑动轴承的性能及特点，选用轴承时可供参考。

表 9-22　滚动轴承和滑动轴承的性能比较

<table>
<tr><th rowspan="2">性　能</th><th colspan="2">滑动轴承</th><th rowspan="2">滚动轴承</th></tr>
<tr><th>非液体摩擦轴承</th><th>液体摩擦轴承</th></tr>
<tr><td>摩擦特性</td><td>边界摩擦或混合摩擦</td><td>液体摩擦</td><td>滚动摩擦</td></tr>
<tr><td>一对轴承的效率 η</td><td>$\eta \approx 0.97$</td><td>$\eta \approx 0.995$</td><td>$\eta \approx 0.99$</td></tr>
<tr><td>承载能力与转速的关系</td><td>随转速增高而降低</td><td>在一定转速下，随转速增高而增大</td><td>一般无关，但极高转速时承载能力降低</td></tr>
<tr><td>适应转速</td><td>低速</td><td>中、高速</td><td>低、中速</td></tr>
<tr><td>承受冲击载荷能力</td><td>较高</td><td>高</td><td>不高</td></tr>
<tr><td>功率损失</td><td>较大</td><td>较小</td><td>较小</td></tr>
<tr><td>起动阻力</td><td>大</td><td>大</td><td>小</td></tr>
</table>

（续）

性　能		滑动轴承		滚动轴承
		非液体摩擦轴承	液体摩擦轴承	
噪声		较小	极小	高速时较大
旋转精度		一般	较高	较高，预紧后更高
安装精度要求		剖分结构，容易装拆		安全精度要求高
		安装精度要求不高	安装精度要求高	
外廓尺寸	径向	小	小	大
	轴向	较大	较大	中
润滑剂		油、脂或固体	润滑油	润滑油或润滑脂
润滑剂用量		较少	较多	中
维护		较简单	较复杂，油质要洁净	维护方便，润滑较简单
经济性		批量生产价格低	造价高	中

思考与练习题

9-1　轴按功用与所受载荷的不同分为哪三种？常见的轴大多属于哪种？

9-2　轴设计的主要内容和主要步骤是什么？

9-3　轴上最常见的轴向定位结构是什么？轴肩和轴环有何区别？

9-4　在齿轮减速器中，为什么低速轴的直径要比高速轴粗得多？

9-5　轴上零件的周向定位方式有哪些？各适用于什么场合？

9-6　制造轴的常用材料有几种？若轴的刚度不够，是否可采用高强度合金钢提高轴的刚度？为什么？

9-7　滚动轴承的组成零件中，哪一种零件是不可省略的关键零件？球轴承和滚子轴承各有何特点？

9-8　说明下列滚动轴承代号的含义：

60210/P6　612/C2　N2312　70216AC　71311C

9-9　按承受载荷方向的不同，滚动轴承可分为哪几类？各有何特点？

9-10　滚动轴承的失效形式是什么？

9-11　轴承常用的密封装置有哪些？各适用于什么场合？

9-12　轴瓦上的油槽应设在什么位置？油槽可否与轴瓦端面连通？

9-13　对滑动轴承材料有哪些主要要求？

9-14　已知一传动轴传递的功率为 40kW，转速 $n=1000\text{r/min}$，如果轴上的切应力不允许超过 40MPa，求该轴的直径。

9-15　已知一转动轴的直径 $d=35\text{mm}$，转速 $n=1450\text{r/min}$，如果轴上的切应力不允许超过 55MPa，该轴能传递多少功率？

9-16　已知图 9-47 所示的外伸直径为 $\phi30\text{mm}$，试根据结构设计要求确定其余各段的直径 d_1、d_2、d_3、d_4、d_5、d_6 和圆角半径 r。

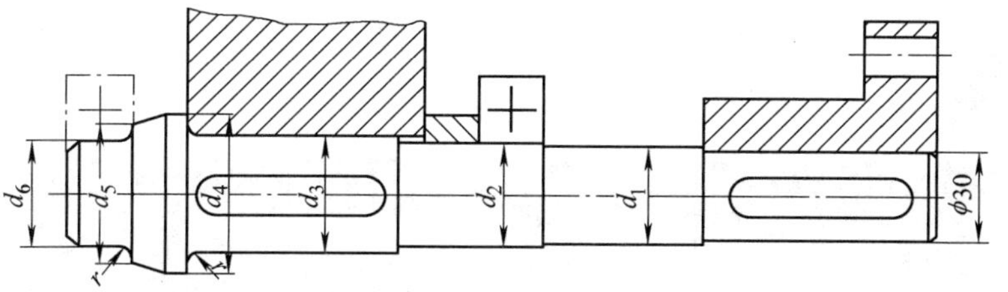

图 9-47 题 9-16 图

9-17 已知一转轴在直径 $d=60\text{mm}$ 处，受不变的转矩 $T=1540\text{N}\cdot\text{m}$ 和弯矩 $M=710\text{N}\cdot\text{m}$ 作用，轴材料为 45 钢，经调质处理。该轴能否满足强度要求？

9-18 图 9-48 所示为二级圆柱齿轮减速器。已知：$z_1=z_3=20$，$z_2=z_4=40$，$m=4\text{mm}$，高速级齿宽 $b_{12}=45\text{mm}$，低速级齿宽 $b_{34}=60\text{mm}$，轴Ⅰ传递的功率 $P=4\text{kW}$，转速 $n_1=960\text{r/min}$，不计摩擦损失。图中 a、c 取 5~20mm，轴承端面到减速箱内壁距离取 5~10mm。试设计轴Ⅱ，初步估算轴的直径，画出轴的结构图、弯矩图及转矩图，并按弯扭合成强度校核此轴。

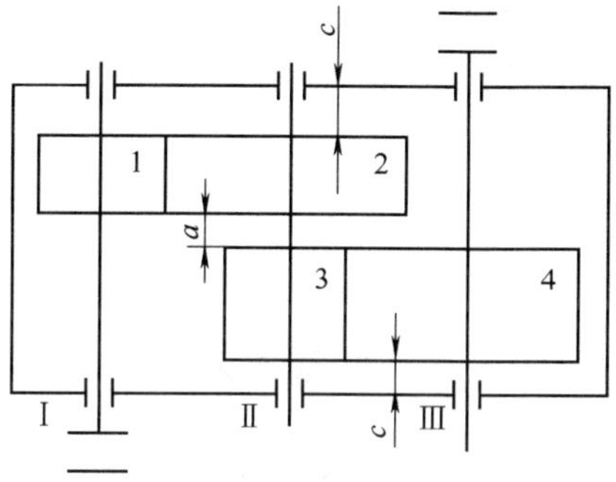

图 9-48 题 9-18 图

9-19 机器中一对深沟球轴承的寿命为 8000h，当载荷和转速分别提高 1 倍时，轴承的寿命各为多少？

9-20 试述轴承与轴颈及轴承座孔的配合制。选择配合时应考虑哪些主要因素？

9-21 一深沟球轴承承受径向外载荷 $F_r=7500\text{N}$，转速 $n=2000\text{r/min}$，预期寿命 $L'_h=4000\text{h}$，中等冲击，常温下工作。计算此轴承应有的径向额定基本动载荷 C_r 值。

Chapter 10

第10章 其他常用零部件

目标要求： 了解联轴器、离合器和制动器的作用、工作原理、分类、典型结构、性能特点及应用场合；掌握联轴器类型和型号选择；了解各种类型弹簧的结构特点、材料、功用和应用场合。

10.1 联轴器

联轴器

10.1.1 联轴器的分类

联轴器是用来联接两轴使其一同运转并传递运动和转矩的一种机械装置。在回转过程中，两轴不能分离，要使两轴分离，必须停车拆卸。

联轴器所联接的两轴轴线，由于制造和安装的误差、承载后的变形以及温度变化的影响等，往往不能保证严格对中，而存在某种程度的相对位移，如图10-1所示。如果联轴器没有适应两轴相对位移的能力，就会在联轴器、轴和轴承中产生附加载荷，甚至引起强烈振动。这就要求设计联轴器时，要从结构上采取不同的措施，使之具有适应一定范围相对位移的性能。

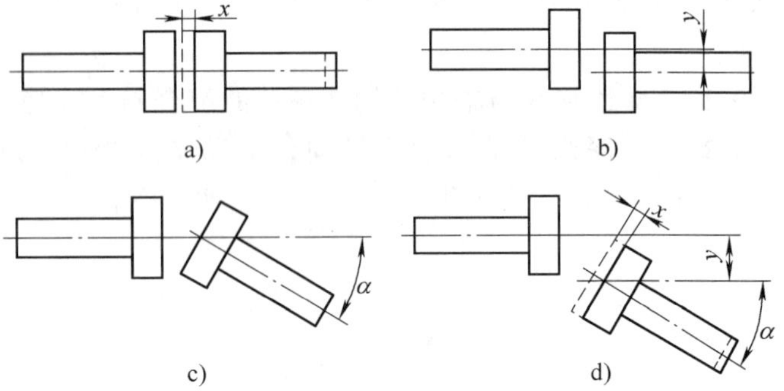

图10-1 联轴器所联接两轴轴线的相对位移

a）轴向位移 x b）径向位移 y

c）角位移 α d）综合位移 x、y、α

联轴器的类型很多，根据其是否包含弹性元件，可以分为刚性联轴器和弹性联轴器两大类。刚性联轴器根据正常工作时是否允许两个半联轴器轴线产生相对位移，又可分为固定式刚性联轴器和可移式刚性联轴器。固定式刚性联轴器不能补偿两轴的相对位移，可移式刚性联轴器能补偿两轴的相对位移。弹性联轴器包含弹性元件，不仅具有吸收振动及缓和冲击的能力，而且能够通过弹性元件的变形来补偿两轴的相对位移。

10.1.2 常见联轴器介绍

1. 固定式刚性联轴器

（1）套筒联轴器　如图 10-2 所示，套筒联轴器由套筒和键（销）组成。套筒用平键（或花键）联接时，可传递较大的转矩，但必须考虑轴向固定，图 10-2a 中是用紧定螺钉做轴向固定的。当套筒和轴采用圆锥销联接时（图 10-2b），能传递的转矩较小。

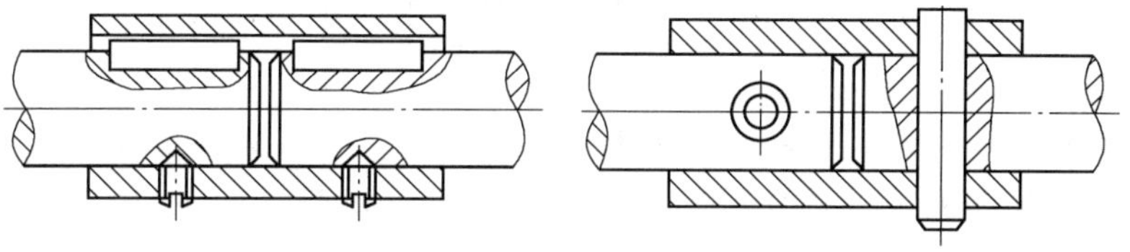

a)　　b)

图 10-2　套筒联轴器

套筒联轴器的结构简单，制造容易，径向尺寸小，但两轴线要求严格对中，装拆时必须做轴向移动。一般适用于工作平稳、低速、轻载、对中性好、两轴直径相同的联接。

（2）凸缘联轴器　如图 10-3 所示，凸缘联轴器由两个带凸缘的半联轴器用螺栓联接而成。按其对中方法的不同，可分为两种结构形式：图 10-3a 所示为普通凸缘联轴器，通常靠配合螺栓联接来实现两轴对中；图 10-3b 所示为有对中榫的联轴器，靠凸肩和凹槽（即对中榫）来实现两轴对中。

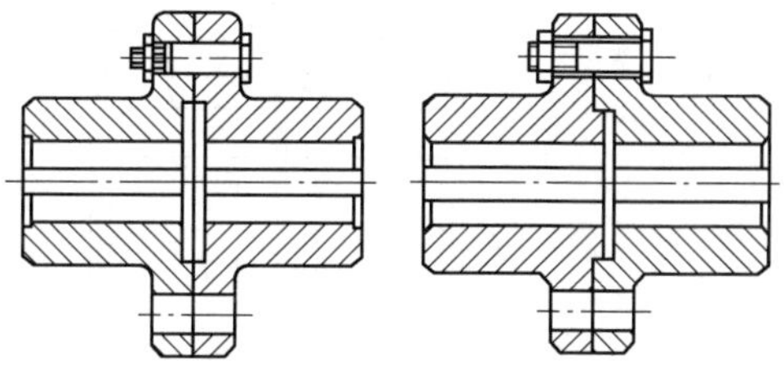

a)　　b)

图 10-3　凸缘联轴器

制造凸缘联轴器时，应准确保持半联轴器的凸缘端面与孔的轴线垂直，安装时应使两轴精确对中。

半联轴器的材料通常为铸铁，当受重载或圆周速度 $v \geqslant 30\text{m/s}$ 时，可采用铸钢或锻钢。

凸缘联轴器的结构简单，使用方便，可传递的转矩较大，但不能缓冲减振，适用于两轴线能严格对中、传动平稳、转速不高的场合。

2. 可移式刚性联轴器

（1）滑块联轴器　如图 10-4 所示，滑块联轴器由两个端面开有径向凹槽的半联轴器 1、3 和一个两面都有凸榫的十字滑块 2 所组成。十字滑块两面凸榫的中线相互垂直，并分别嵌在两半联轴器的凹槽中，构成移动副。运转时，若两轴线有相对径向偏移，则可借十字滑块两面的凸榫在其两侧半联轴器凹槽中的滑动来得到补偿。凹槽和滑块工作面需润滑。

滑块联轴器的结构简单，径向尺寸小，能补偿轴的径向偏移；但不耐冲击，易磨损，适用于低速（$n<300\text{r/min}$）、两轴线的径向偏移量 $y \leqslant 0.04d$（d 为轴的直径）的场合。

半联轴器的材料一般为铸钢，十字滑块用 45 钢。

（2）齿式联轴器　如图 10-5a 所示，齿式联轴器是由两个带有外齿的内套筒 1 和两个有内齿及凸缘的外套筒 3 所组成。两个内套筒 1 分别用键与两轴联接，两个外套筒 3 用螺栓 5

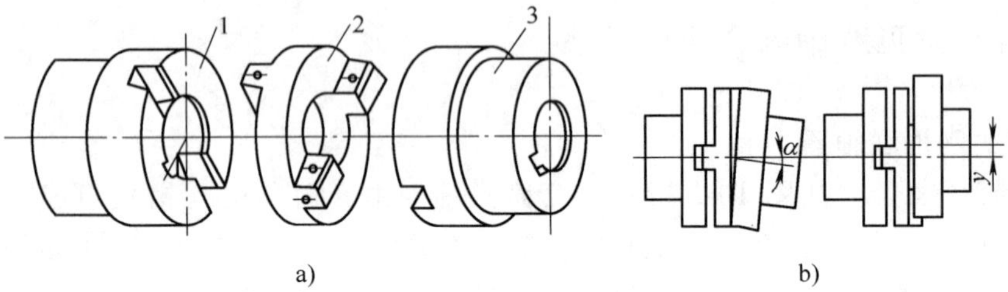

图 10-4 滑块联轴器

1、3—半联轴器 2—十字滑块

联接成一体，依靠内外齿相啮合来传递转矩。由于外齿的齿顶制成椭球面，且保证与内齿啮合后具有适当的顶隙和侧隙，故在传动时，内套筒 1 可以有轴向位移、径向位移以及角位移，如图 10-5b 所示。为了减少磨损，可由油孔 4 注入润滑油，并在内套筒 1 和 3 之间安装密封圈 6，以防润滑油泄漏。

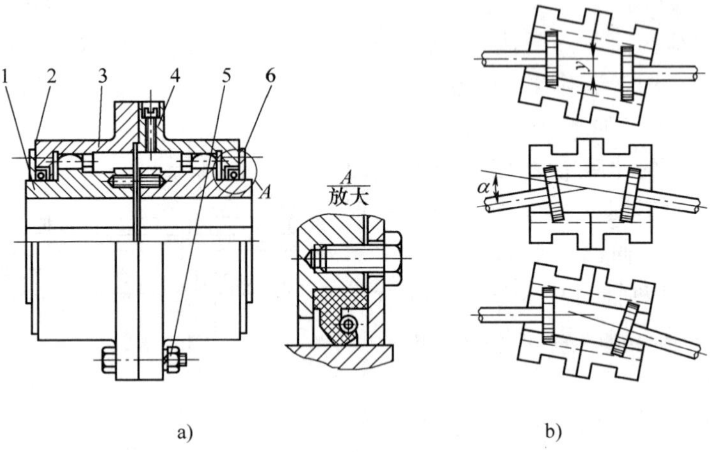

图 10-5 齿式联轴器

1—内套筒 2—挡圈 3—外套筒 4—油孔 5—螺栓 6—密封圈

齿式联轴器能传递很大的转矩，补偿适量综合位移，安装精度要求不高，但是结构复杂、笨重，造价高，因此常用于低速的重型机械中。

（3）万向联轴器 图 10-6 所示为以十字轴为中间联接件的万向联轴器。十字轴的四端用铰链分别与轴 1、轴 2 上的叉形接头相联。因此，当一轴的位置固定后，另一轴可以任意方向偏斜 α 角，角位移可达 40°~45°。这种联轴器的主要缺点是：当两轴不同轴，即使主动轴以等角速度 ω_1 回转时，从动轴的角速度 ω_2 将在一定范围内呈周期性变化，从而产生附加动载荷。

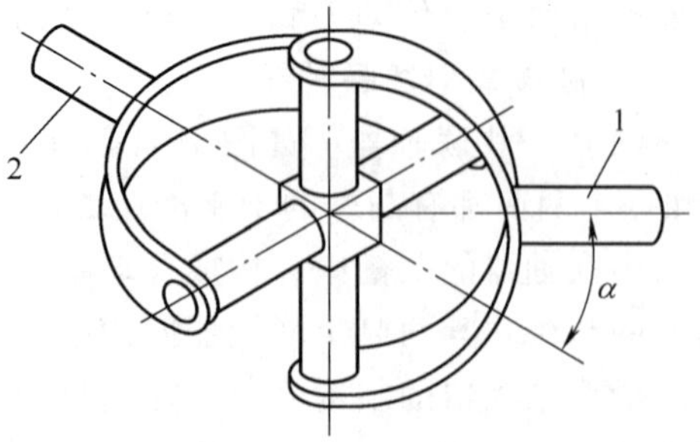

图 10-6 万向联轴器

1、2—轴

为了克服单个万向联轴器的上述缺点，常将万向联轴器成对使用，如图 10-7 所示。这

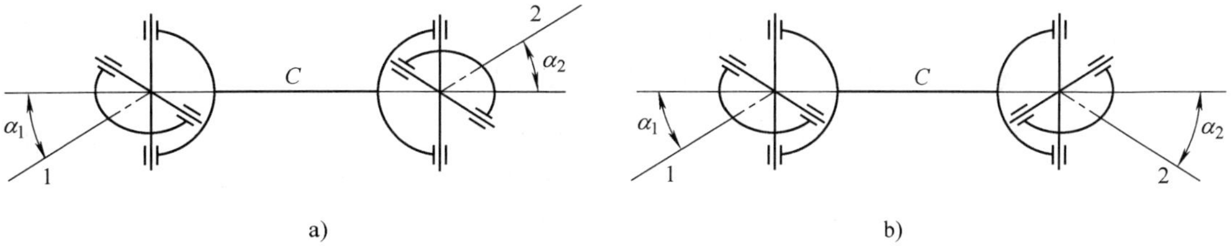

图 10-7　双万向联轴器示意图

种由两个万向联轴器组成的装置称为双万向联轴器。对于联接相交或平行二轴的双万向联轴器，要使主、从动轴的角速度相等，必须满足两个条件：①主动轴、从动轴与中间件 C 的夹角必须相等，即 $\alpha_1=\alpha_2$；②中间件两端的叉面必须位于同一平面内。

小型双万向联轴器的结构如图 10-8 所示，通常用合金钢制造。

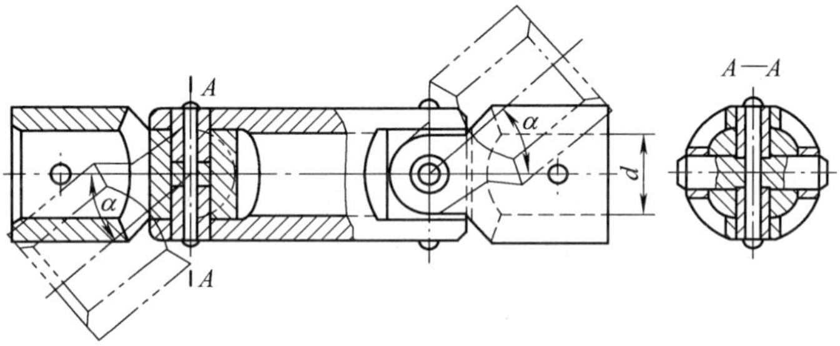

图 10-8　小型双万向联轴器的结构

万向联轴器广泛应用于汽车、拖拉机、轧钢机和金属切削机床中。

3. 弹性联轴器

（1）弹性套柱销联轴器　如图 10-9 所示，弹性套柱销联轴器的结构与凸缘联轴器相似，所不同的是用套有弹性套的柱销代替了联接螺栓，工作时通过弹性套传递转矩。更换橡胶套时简便且不必拆移机器，但在设计时应注意留出距离 A，为了补偿轴向位移，安装时应注意留出相应大小的间隙。

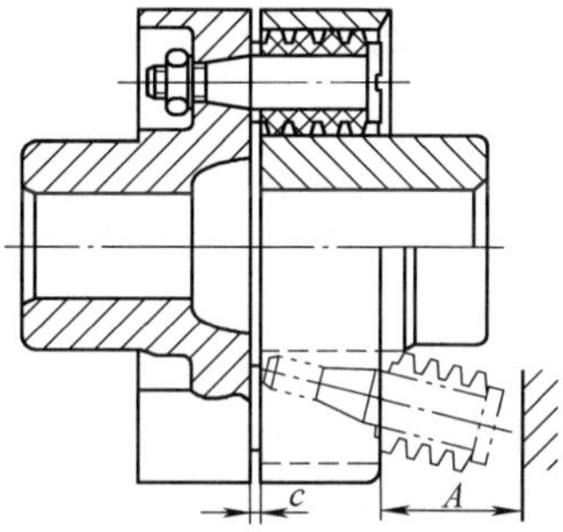

图 10-9　弹性套柱销联轴器

这种联轴器制造容易、装拆方便、成本较低，但弹性套易磨损、寿命较短。它适用于联接载荷平稳、需正反转或起动频繁的中、小转矩的轴。

（2）弹性柱销联轴器　如图 10-10 所示，弹性柱销联轴器也称为尼龙柱销联轴器，它是利用几个非金属材料做成的柱销置于两个半联轴器凸缘的孔中，以实现两轴的联接。柱销材料一般为尼龙，它具有一定的弹性和较好的耐磨性。弹性柱销联轴器结构简单，制造、安装、维修方便，为了防止柱销滑出，在柱销两端配置挡板。

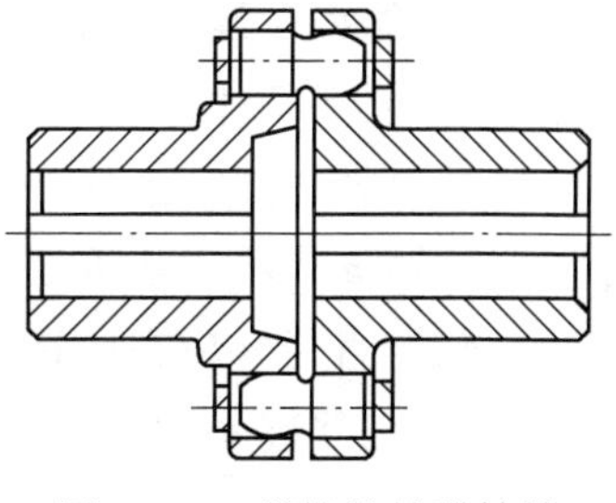

图 10-10　弹性柱销联轴器

这种联轴器与弹性套柱销联轴器很相似，但传递转矩的能力很强，结构更为简单，安装、制造方便，耐久性好，具有缓冲吸振和补偿轴向偏移的能力。它适用于轴向窜动较大、经常正反转、起动频繁和转速较高的场合，但尼龙柱销对温度较敏感，一般在-20~70℃的环境温度下工作。

（3）轮胎式联轴器　图 10-11 所示为轮胎式联轴器的结构。两个半联轴器 3 分别用键和轴相连，1 为橡胶制成的特型轮胎，用压板 2 和螺钉 4 把轮胎 1 压在两个半联轴器上，通过轮胎来传递转矩。为了便于安装，在轮胎上开有切口。由于橡胶轮胎易于变形，因此允许的相对位移较大，角位移可达 5°~12°，轴向位移可达到 0.02D，径向位移达 0.01D，其中 D 为联轴器的外径。

轮胎式联轴器结构简单、使用可靠、弹性大、寿命长，不需要润滑，但径向尺寸大。它适用于起动频繁、有冲击振动、两轴间有较大的相对位移，以及潮湿多尘之处。

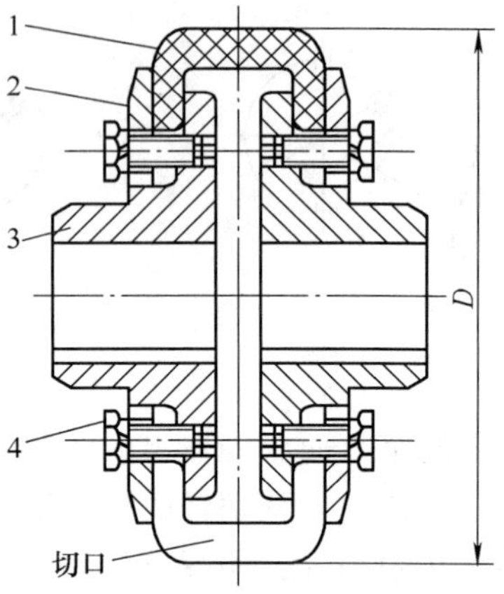

图 10-11　轮胎式联轴器
1—轮胎　2—压板
3—半联轴器　4—螺钉

10.1.3　联轴器的选用

常用联轴器的种类很多，大多已经标准化和系列化，一般不需要重新设计，直接从标准中选用即可。选用步骤是：先选取联轴器类型，再选联轴器型号，最后进行必要的强度校核。

1. 联轴器类型的选择

联轴器的类型可以根据工作特点和要求，结合各类联轴器的性能，并参照同类机器的使用经验来选择。表 10-1 列出了联轴器基本类型的特点，可作为选型的依据。

表 10-1　联轴器基本类型的特点

<table>
<tr><th colspan="2">刚性联轴器</th><th>弹性联轴器</th></tr>
<tr><td colspan="2">1)传递转矩大
2)运转可靠
3)工作寿命长
4)对冲击载荷比较敏感</td><td rowspan="3">1)具有缓冲性和吸振性，适用于频繁起动和正反转的工作条件
2)弹性元件比较薄弱，不适于低速和大转矩
3)可移性是借助于弹性元件的变形实现的，因此，安装误差和工作中轴的变形会加快弹性元件的损坏</td></tr>
<tr><td>固定式刚性联轴器</td><td>可移式刚性联轴器</td></tr>
<tr><td>要求安装精度高和工作中轴的变形小</td><td>能不同程度地适应两轴的安装误差和工作中的变形</td></tr>
</table>

2. 联轴器型号的选择

联轴器的型号是根据所传递的转矩、轴的直径和转速，从联轴器的标准中选用的。选择型号应满足以下条件。

1）计算转矩 T_{cn} 应小于或等于所选取联轴器的公称转矩［T］，即 $T_{cn} \leqslant [T]$。

2）转速 n 应小于或等于所选型号的许用转速［n］，即 $n \leqslant [n]$。

3）轴的直径 d 应在所选联轴器孔径范围之内，即 $d_{min} \leqslant d \leqslant d_{max}$。

考虑到机器起动时的惯性力和工作中可能出现的过载，联轴器的计算转矩 T_{cn} 按下式计算

$$T_{cn}=KT=K\times9550\frac{P}{n} \tag{10-1}$$

式中　K——工作情况系数，见表 10-2；

P——传递功率（kW）；

n——工作转速（r/min）；

T——联轴器的转矩（N・m）。

表 10-2　工作情况系数 K

工作机		K			
		原动机			
分类	工作情况及举例	电动机、汽轮机	四缸和四缸以上内燃机	双缸内燃机	单缸内燃机
Ⅰ	转矩变化很小，如发电机、小型通风机、小型离心泵	1.3	1.5	1.8	2.2
Ⅱ	转矩变化小，如透平压缩机、木工机床、运输机	1.5	1.7	2.0	2.4
Ⅲ	转矩变化中等，如搅拌机、增压泵、有飞轮的压缩机、冲床	1.7	1.9	2.2	2.6
Ⅳ	转矩变化和冲击载荷中等，如织布机、水泥搅拌机、拖拉机	1.9	2.1	2.4	2.8
Ⅴ	转矩变化和冲击载荷大，如造纸机、挖掘机、起重机、碎石机	2.3	2.5	2.8	3.2
Ⅵ	转矩变化大并有剧烈冲击载荷，如压缩机、无飞轮的活塞、重型初轧机	3.1	3.3	3.6	4.0

10.2　离　合　器

离合器用于各种机械的主、从动轴之间的结合和分离，并传递运动和动力。离合器在机器运转中就能使两轴随时分离或接合。对离合器的基本要求有：接合平稳，分离迅速而彻底；调整维护方便；外廓尺寸小；质量轻；耐磨性和散热性好；操纵方便省力。离合器的类型很多，常用的有牙嵌式和摩擦式两类。

10.2.1　牙嵌离合器

牙嵌离合器如图 10-12 所示，它由两个端面带牙的半离合器组成。其中一个（图的左部）半离合器固定于主动轴上；另一个半离合器用导向平键（或花键）与从动轴联接，并可由操纵机构使其在轴上做轴向移动，以实现两半离合器的分离与接合。为了便于两轴对中，在主动轴端的半离合器上固定一个对中环，从动轴可在对中环内自由转动。

牙嵌离合器依靠相互啮合的牙来传递运动和转矩。常用的牙型有三角形、梯形和锯齿形等，三角形牙的齿顶尖，强度低、易损坏，用于传递小转矩的低速离合器；梯形牙的强度高，能传递较大的转矩，能自动补偿牙的磨损与间隙，从而减少冲击，故应用较广；锯齿形牙强度高，但只能单向工作，反转由于有较大轴向分力，会迫使离合器自行分离。牙数一般

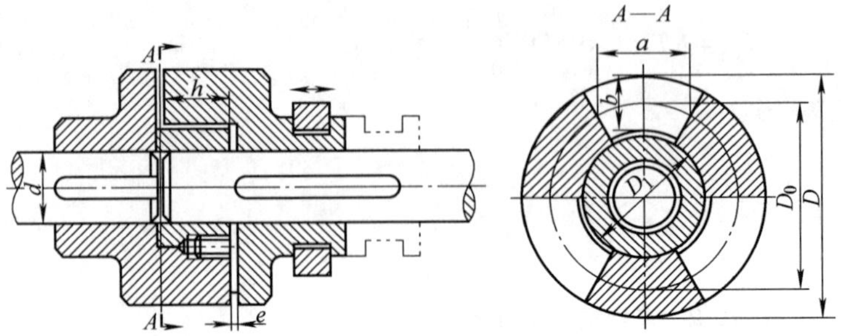

图 10-12 牙嵌离合器

离合器

取 3~60。要求传递转矩大时，应取较少牙数；要求接合时间短时，应取较多牙数。但牙数越多，载荷分布越不均匀。

为提高齿面耐磨性，牙嵌离合器的齿面应具有较高的硬度。牙嵌离合器的材料通常采用低碳钢（渗碳淬火处理）或中碳钢（表面淬火处理），对不重要和静止时离合的牙嵌离合器也可采用铸铁。

牙嵌离合器的主要尺寸可从有关手册中选取，必要时可以进行牙的强度校核和耐磨性计算。

牙嵌离合器结构简单、外廓尺寸小，能传递较大的转矩，工作时无滑动，因此应用广泛。但它只适宜在两轴不回转或转速差很小时进行离合，否则会因撞击而断齿。

10.2.2 摩擦离合器

摩擦离合器是通过主、从动件压紧后产生的摩擦力来传递运动和转矩的，其特点是运转中便于接合，过载打滑可以保护其他零件；接合平稳，冲击小，振动小。但在接合和分离过程中，摩擦盘间必然存在相对滑动，引起摩擦盘的发热和磨损，适用于高转速、低转矩的场合。

摩擦离合器的类型很多，常用的有单盘式和多盘式两种。

图 10-13 所示为单盘摩擦离合器简图。在主动轴 1 和从动轴 2 上，分别安装摩擦盘 3 和 4，操纵环 5 可以使摩擦盘 4 沿从动轴 2 移动。接合时以力 Q 将摩擦盘 4 压在摩擦盘 3 上，将主动轴 1 上的转矩（即由两盘接触面间产生的摩擦力矩）传到从动轴 2 上。这种离合器结构简单，但传递转矩大时两盘直径很大，主要用于直径不受限制的场合。

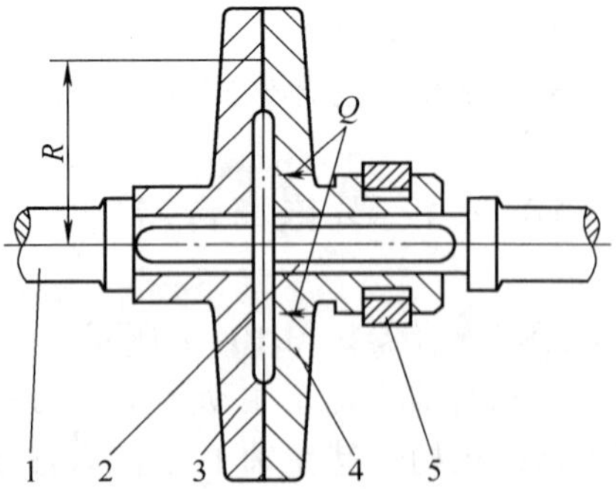

图 10-13 单盘摩擦离合器
1—主动轴 2—从动轴
3、4—摩擦盘 5—操纵环

图 10-14 所示为多盘摩擦离合器，它有两组摩擦盘：一组外摩擦盘 5（图 10-15a）以其外齿插入主动轴 1 上外鼓轮 2 内缘的纵向凹槽中，摩擦盘的孔壁则不与任何零件接触，故摩擦盘 5 可与主动轴 1 一起转动，并可在轴向力推动下沿轴向移动；另一组内摩擦盘 6（图 10-15b）以其孔壁凹槽与从动轴 3 上套筒 4 的凸齿相配合，而摩擦盘 6 的外缘不与

任何零件接触，故摩擦盘 6 可与从动轴 3 一起转动，也可在轴向力推动下沿轴向移动。另外在套筒 4 上开有三个纵向槽，其中安装可绕销轴转动的曲臂压杆 8；当滑环 7 向左移动时，曲臂压杆 8 通过压板 9 将所有内、外摩擦盘紧压在调节螺母 10 上，离合器进入接合状态。调节螺母 10 可调节摩擦盘之间的压力。内摩擦盘也可做成碟形（图 10-15c），受压时可被压平而与外盘贴紧；脱开时，由于内盘的弹力作用可以迅速与外盘分离。

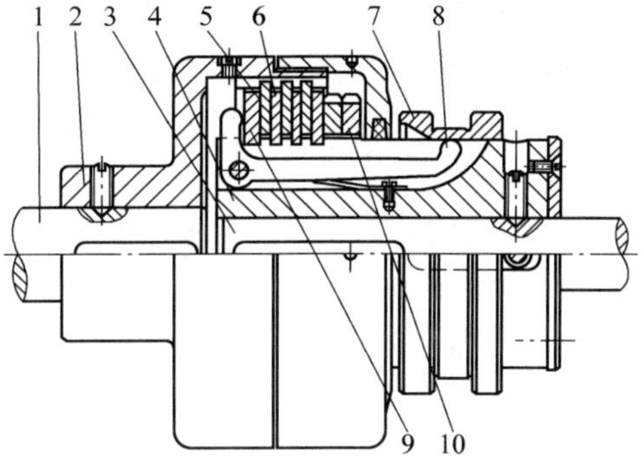

图 10-14 多盘摩擦离合器

1—主动轴 2—外鼓轮 3—从动轴

4—套筒 5、6—摩擦盘 7—滑环

8—曲臂压杆 9—压板 10—调节螺母

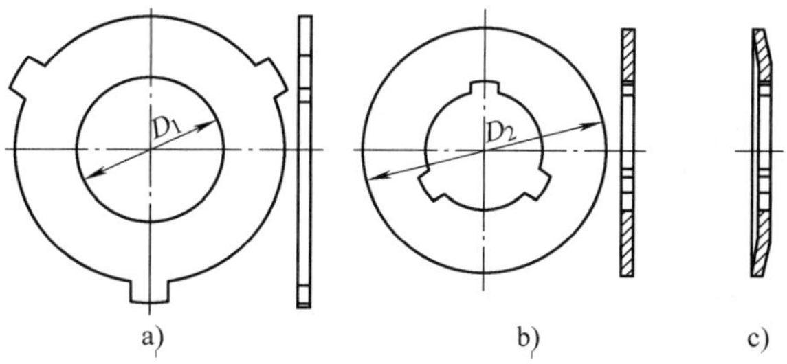

图 10-15 摩擦盘结构图

多盘摩擦离合器结构紧凑、径向尺寸小、便于调整，在机床和一些变速器中得到了广泛应用。

微课：制动器的认识

制动器

10.3 制 动 器

制动器是利用摩擦力来降低机械运转速度或迫使其停止运转的机械装置。多数常用制动器已经标准化、系列化。制动器的种类很多，按制动零件的结构特征分，有带式、块式和盘式制动器，图 10-13 所示的单盘摩擦离合器的从动轴固定即为典型的圆盘制动器。按工作状态分，有常闭式和常开式制动器。常闭式制动器经常处于紧闸状态，施加外力时才能解除制动（如起重机用制动器）；常开式制动器经常处于松闸状态，施加外力时才能制动（如车辆用制动器）。以下介绍几种典型的制动器。

10.3.1 带式制动器

常见的带式制动器工作原理如图 10-16 所示。当施加外力 Q 时，利用杠杆 3 收紧闸带 2 而抱住制动轮 1，靠带和制动轮间的摩擦力达到制动的目的。

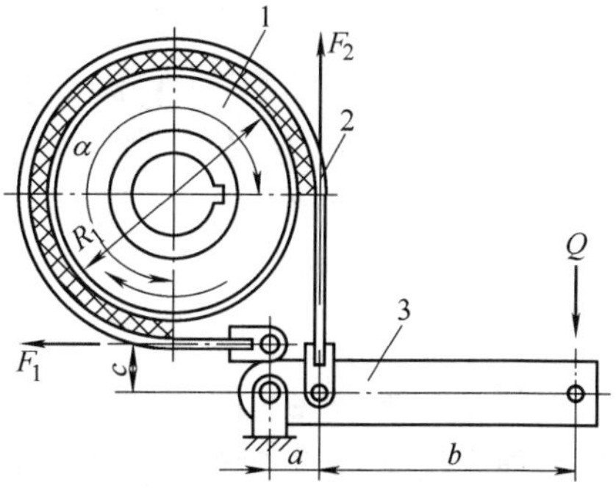

图 10-16 带式制动器

1—制动轮 2—闸带 3—杠杆

带式制动器制动轮轴时轴受力大，带和制动轮间压力不均匀，从而磨损也不均匀，且带易断裂，但结构简单、尺寸紧凑，可以产生较大的制动力矩，所以目前应用较多。

10.3.2 块式制动器

块式制动器的工作简图如图 10-17 所示，靠瓦块 5 与制动轮 6 间的摩擦力来制动。通电时，电磁线圈 1 吸住衔铁 2，通过杠杆使瓦块 5 松开，机器便能自由运转。当需要制动时，则断开电源，线圈 1 释放衔铁 2，依靠弹簧力通过杠杆使瓦块 5 抱紧制动轮 6 达到制动的目的。

块式制动器制动和开启迅速、尺寸小、质量轻，易于调整瓦块间隙，但制动时冲击力大，电能消耗也大，不宜用于制动转矩大和需要频繁制动的场合。

10.3.3 内涨式制动器

图 10-18 所示为内涨式制动器的工作简图。两个制动蹄 2、7 分别通过两个销钉 1、8 与机架铰接，制动蹄表面装有摩擦片 3，制动轮 6 与需要制动的轴固联。当压力油进入液压缸 4 后，推动左右两个活塞克服弹簧 5 的拉力使制动蹄 2、7 分别与制动轮 6 相互压紧，从而达到制动目的。油路卸压后，弹簧 5 使两个制动蹄与制动轮分离松闸。

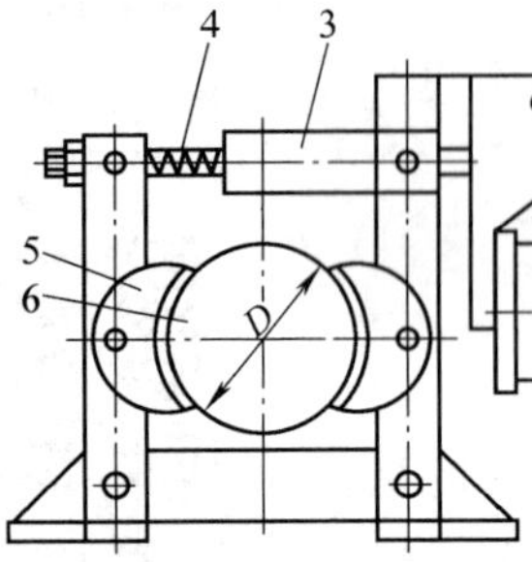

图 10-17 块式制动器

1—电磁线圈 2—衔铁 3、4—弹簧 5—瓦块 6—制动轮

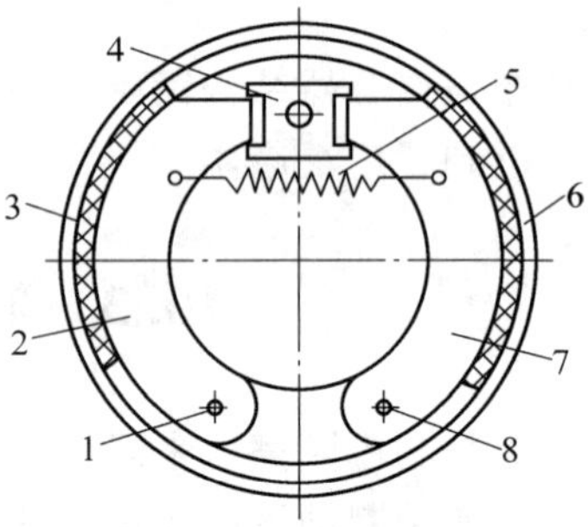

图 10-18 内涨式制动器

1、8—销钉 2、7—制动蹄 3—摩擦片 4—液压缸 5—弹簧 6—制动轮

10.4 弹 簧

弹簧

10.4.1 概述

弹簧是一种弹性元件。由于它具有刚性小、弹性大、在载荷作用下容易产生弹性变形等特性，被广泛地应用于各种机器、仪表及日常用品中。

使用场合不同，弹簧在机器中所起的作用也不同，其主要功能如下。

1）缓冲和吸振，例如汽车的减振弹簧和各种缓冲器中的弹簧。

2）储存及输出能量，如钟表的发条等。

3）测量载荷，如弹簧秤、测力器中的弹簧。

4）控制运动，如内燃机中的阀门弹簧等。

弹簧的类型很多，表 10-3 列出了常用的弹簧类型及其特点和应用。在一般机械中最常用的是圆柱螺旋弹簧。本节主要讨论圆柱形螺旋压缩及拉伸弹簧的结构形式。

弹簧的材料主要是热轧和冷拉弹簧钢。弹簧丝直径在 8～10mm 以下时，弹簧用经过热处理的优质碳素弹簧钢丝（如 65Mn，60Si2Mn 等）经冷卷成形制造，然后经低温回火处理消除内应力。制造直径较大的强力弹簧时常用热卷法，热卷后须经淬火、回火处理。

表 10-3　常用弹簧的类型与应用

名　称	简　图	说　明
圆柱螺旋弹簧	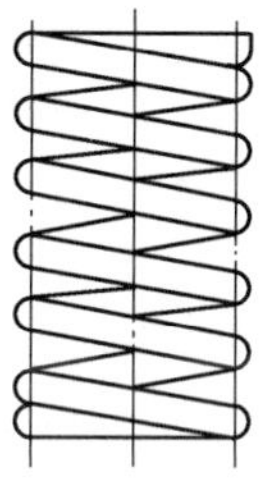 圆截面压缩弹簧	承受压力。结构简单，制造方便，应用最广
	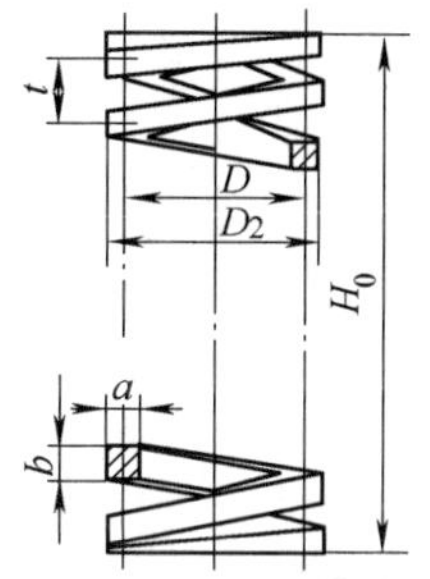 矩形截面压缩弹簧	承受压力。当空间尺寸相同时，矩形截面弹簧比圆形截面弹簧吸收能量大，刚度更接近于常数
	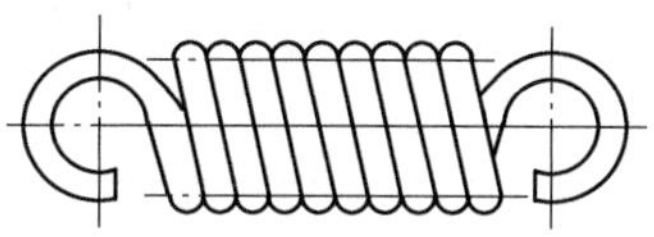 圆截面拉伸弹簧	承受拉力
	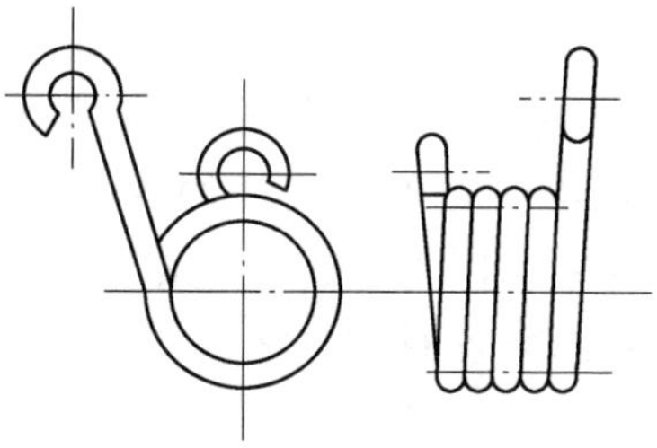 圆截面扭转弹簧	承受转矩。主要用于压紧和蓄力以及传动系统中的弹性环节

（续）

名　　称	简　　图	说　　明
圆锥螺旋弹簧	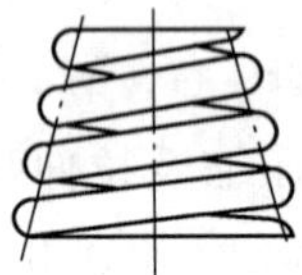 圆截面压缩弹簧	承受压力。特性线为非线性。可防止共振，稳定性好，结构紧凑。多用于承受较大载荷和减振
碟形弹簧	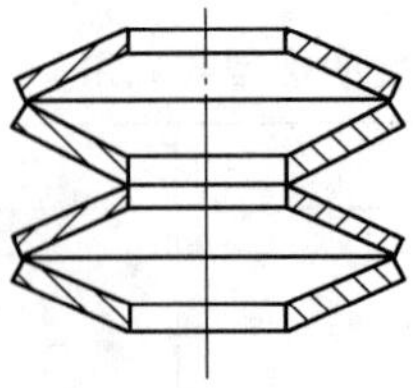 对置式	承受压力。缓冲、吸振能力强。采用不同的组合，可以得到不同的特性线，用于要求缓冲和减振能力强的重型机械。卸载时需先克服各接触面间的摩擦力，然后恢复到原形，故卸载线和加载线不重合
环形弹簧	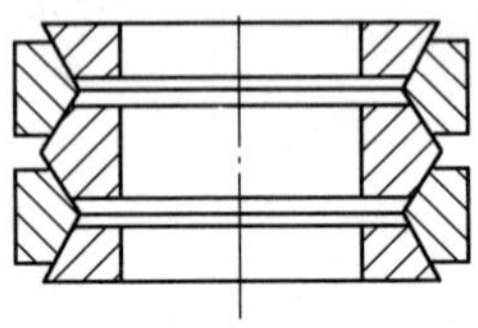	承受压力。圆锥面间具有较大的摩擦力，因而具有很高的减振能力，常用于重型设备的缓冲装置
平面蜗卷弹簧	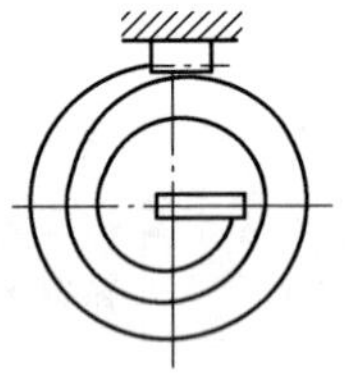 非接触型	承受转矩。圈数多，变形角大，储存能量大。多用作压紧弹簧和仪器、钟表中的储能弹簧
板弹簧	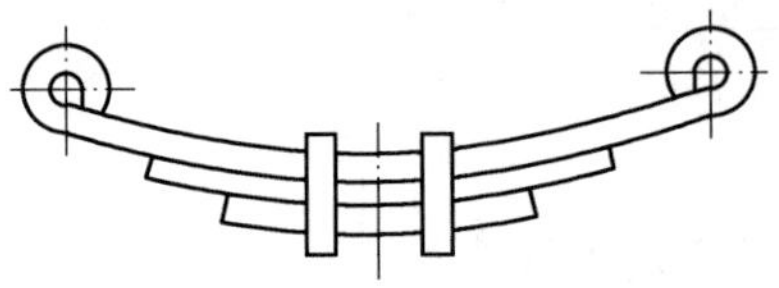 多板弹簧	承受弯矩。主要用于汽车、拖拉机和铁路车辆的车厢悬挂装置中，起缓冲和减振作用

10.4.2 圆柱形螺旋弹簧的结构

图 10-19 所示为螺旋压缩弹簧和拉伸弹簧。压缩弹簧在自由状态下各圈间留有间隙 t，经最大工作载荷的作用，压缩后各圈间还应有一定的余留间隙 δ_1（$\delta_1=0.1d>0.2\text{mm}$）。为使载荷沿弹簧轴线传递，弹簧的两端各有 3/4～5/4 圈与邻圈并紧，称为死圈。死圈端部需要磨平，如图 10-20 所示。拉伸弹簧在自由状态下各圈应并紧，端部制有挂钩，利于安装及加载。常用的端部结构如图 10-21 所示。

圆柱螺旋弹簧的主要参数和几何尺寸（图 10-19）有：弹簧丝直径 d，弹簧圈外径 D、

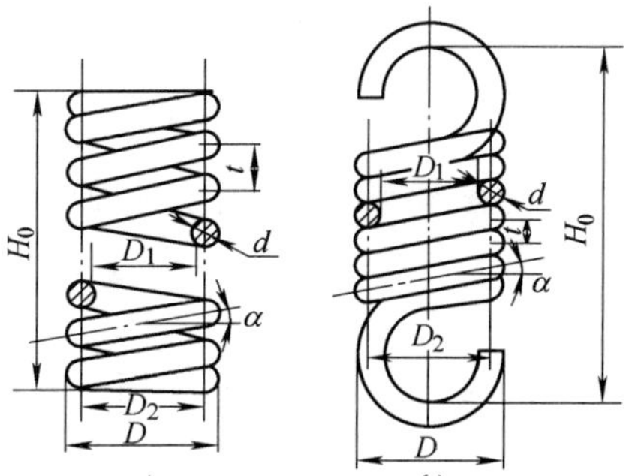

a)　　b)

图 10-19　弹簧的基本几何参数

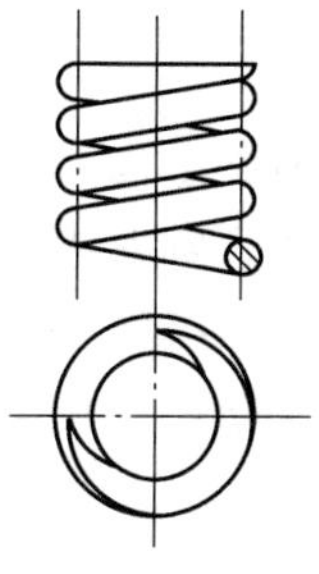

图 10-20　螺旋压缩弹簧的端部结构

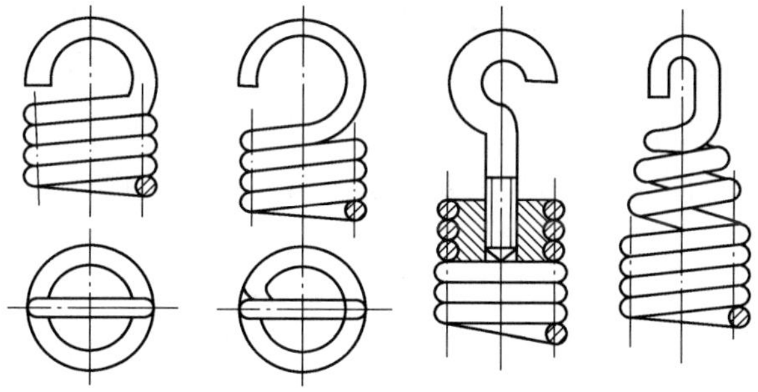

a)　　b)　　c)　　d)

图 10-21　螺旋拉伸弹簧的端部结构

a）半圆钩环　b）圆钩环　c）可调式　d）锥形闭合端

内径 D_1 和中径 D_2，节距 t，螺旋角 α，弹簧工作圈数 n 和弹簧自由高度 H_0 等。螺旋弹簧基本几何参数的关系式见表 10-4。

表 10-4　螺旋弹簧基本几何参数的关系式

参数名称	压缩弹簧	拉伸弹簧
外径	$D=D_2+d$	
内径	$D_1=D_2-d$	
螺旋角	$\alpha=\arctan\dfrac{t}{\pi D_2}$	
节距	$t=(0.28\sim0.5)D_2$	$t=d$
有效工作圈数	n	
支承圈数	n_2	—
弹簧总圈数	$n_1=n+n_2$	$n_1=n$
弹簧自由高度	两端并紧、磨平：$H_0=nt+(n_2-0.5)d$ 两端并紧、不磨平：$H_0=nt+(n_2+1)d$	$H_0=nd+$挂钩尺寸
簧丝展开长度	$L=\dfrac{\pi D_2 n_1}{\cos\alpha}$	$L=\pi D_2 n+$挂钩展开尺寸

思考与练习题

10-1 联轴器、离合器和制动器的功能分别是什么？联轴器和离合器有什么区别？

10-2 选择联轴器类型和尺寸的依据是什么？

10-3 离合器有哪些种类？并说明其工作原理及应用。

10-4 某发动机须用电动机起动，当发动机运行正常后，两机脱开，试问采用哪种离合器为宜？

10-5 试选择一电动机输出轴用联轴器，已知：电动机功率 $P = 11\text{kW}$，转速 $n = 1460\text{r/min}$，轴径 $d = 42\text{mm}$，载荷有中等冲击。试确定联轴器的轴孔与键槽结构形式、代号及尺寸，写出联轴器的标记。

10-6 普通自行车上的手闸 、鞍座等处的弹簧各属于什么类型？其功能是什么？

10-7 弹簧的主要功能有哪些？

10-8 圆柱螺旋弹簧有哪些类型？

10-9 制造弹簧的材料应符合哪些主要要求？常用材料有哪些？

Chapter 11

第11章 机器速度与机械平衡

目标要求：了解机器速度波动的原因，机械平衡的目的；掌握机械静平衡和动平衡的实验方法。

11.1 机器速度的波动与调节

11.1.1 机器速度波动的原因

机器是在外力（驱动力与阻力）联合作用下运转的，从起动到停止一般经历三个过程，如图 11-1 所示。

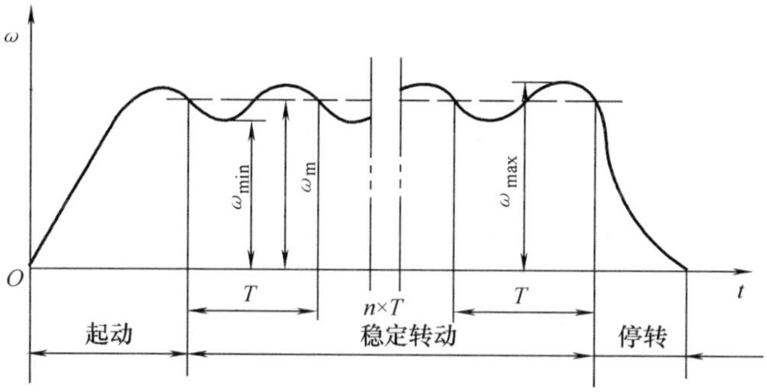

图 11-1　机器的运转过程

1. 起动阶段

在这个阶段，机器由静止状态逐步转化到稳定运转状态。这个过程中，驱动功（驱动力所做的功）大于阻力总的消耗功，驱动功的剩余部分用来增加机器的动能，所以在起动阶段机器做加速运动。

2. 稳定转动阶段

在此阶段，机器的驱动功等于阻力总的消耗功，其动能不再增加，理论上机器保持等速。但实际情况是，机器的驱动功往往不等于阻力总的消耗功，所以机器会围绕某一速度做周期性波动。

3. 停转阶段

当撤去驱动力后，机器的驱动功变为零，机器凭借原先储存的动能继续运转。但由于机器需要克服阻力做功，其动能逐渐减少，转速下降，直至机器停止运转。

从机器运转的三个阶段可知，机器在运转时遵守能量守恒定律，在任意时间间隔内驱动功与总消耗功之差等于该时间间隔内机器动能的变化，即

$$W_{eq}-W_{ex}=E_2-E_1=\Delta E \tag{11-1}$$

式中　W_{eq}、W_{ex}——任意时间间隔内的驱动功和总消耗功；

E_1、E_2——该时间间隔开始时刻和终止时刻机器的动能；

ΔE——机器动能的变化量。

大多数机器在稳定运转阶段的速度不是恒定的，主要原因是：机器在运转过程中，驱动功与总消耗功是不相等的，所以机器的动能是变化的，从而导致机器的速度也发生波动。机器的速度波动分为周期性速度波动和非周期性速度波动。机器主轴的速度周期性波动时，从某值开始又回复到该值的变化过程称为一个运动循环，其所对应的时间 T 称为一个运动周期。但是也有些机器的速度变化没有一定的规律，因此称为非周期性速度波动。

11.1.2　周期性速度波动的调节

调节周期性速度波动常用的方法是在机械中加一个转动惯量足够大的回转体，即飞轮。盈功使飞轮动能增加，亏功使飞轮动能减少。

由动力学可知，飞轮的动能变化为

$$\Delta E=\frac{1}{2}J(\omega_{max}^2-\omega_{min}^2) \tag{11-2}$$

式中　ΔE——动能的变化量；

J——转动惯量；

ω_{max}^2、ω_{min}^2——一个周期内的最大角速度和最小角速度。

从上式可以看出，当动能变化数值相同时，飞轮的转动惯量 J 越大，其角速度 ω 的波动就越小。从图 11-2 看出，虚线为没有安装飞轮的速度波动曲线，实线是安装飞轮后的速度波动曲线。这是因为当驱动功大于总消耗功时，多余的能量被飞轮以动能的形式储存起来，从而使机器的速度增幅不大；当驱动功小于总消耗功时，飞轮就把储存的能量释放出来，从而使机器的速度减幅不大。这样就降低了机器速度波动的幅度，从而达到调节的目的。

11.1.3　非周期性速度波动的调节

非周期性速度波动产生的原因是：机器在工作时驱动力或工作阻力无规律地变化，导致机器运转速度的波动没有规律。如果在一段时间内驱动功总是大于总消耗功，则机器运转速度将持续上升，直到超过机器极限速度而导致机器损坏；反之，如果驱动功总是小于总消耗功，则机器的运转速度将不断下降直至停止运转。非周期性速度波动不能用飞轮进行调节，只能用特殊的装置使输入功与输出功趋于平衡，这种装置通常称为调速器。

调速器有很多种，图 11-3 所示为离心式调速器的工作原理图。当工作机 1 的负载突然减少时，汽轮机 2 的输出转速升高，调速器的主轴转速也随之升高。由于离心运动，重球 G

向外扩张，带动圆筒上升，通过连杆装置将节流阀关小，使供气量减少，从而使汽轮机的转速下降。反之，如果负载增加，汽轮机及调速器的主轴转速下降，重球 G 下落，使节流阀开大，供气量增加，从而使汽轮机的转速上升。通过调速器保持了工作机的速度平稳。

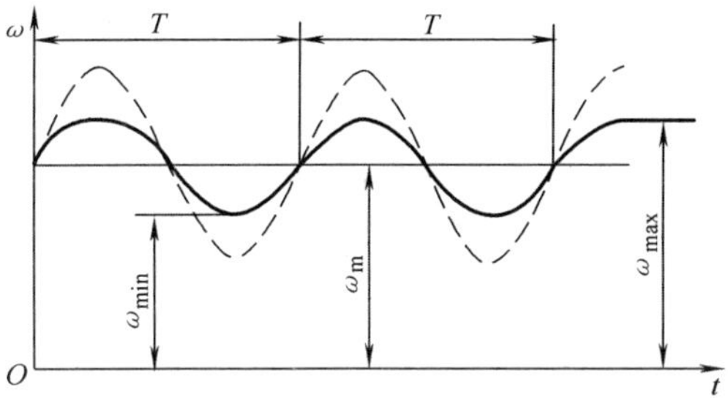

图 11-2　周期性速度波动

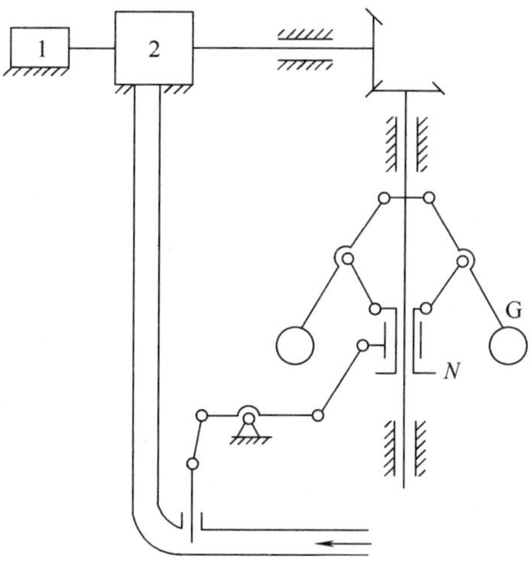

图 11-3　离心式调速器的工作原理

1—工作机　2—汽轮机

11.2　机械的平衡

11.2.1　回转体平衡的目的与分类

机械中有许多构件是绕固定轴线回转的，这类构件称为回转体。回转体由于存在制造、装配误差以及材质不均等原因造成质量分布不均，其质心有可能不在回转体轴线上，从而产生惯性力。惯性力使机械构件产生振动，将降低机器的工作精度、机械效率及可靠性，甚至缩短机器的使用寿命。尤其当振动频率接近系统的固有频率时会引起共振，将造成重大损失。因此必须完全或部分消除这些不良影响，这就是回转体平衡的目的。有关这方面的问题称为机械平衡。

由于回转体质量的分布情况不同，引起的不平衡形式也不一样，根据回转体的不平衡形式可分为以下两种。

1. 静不平衡

如齿轮、飞轮、砂轮等构件，这些回转体轴向尺寸很小，可近似认为其不平衡质量分布在与其轴线垂直的同一回转平面内，如果发生不平衡，则是由于重心不在回转轴上。由此产生的不平衡状态在回转体静止时也可以表现出来，所以称为静不平衡。如图 11-4 所示，只有当质心 A 位于最下方时，回转体才能静止。

2. 动不平衡

如多缸发动机曲轴、电动机转子等回转体，由于轴向尺寸较大，一般是转子的宽径比

（B/D）大于0.2，就不能近似认为质量分布于同一平面内，而是分布在不同的几个回转平面内。如图11-5所示，在这种情况下，即使回转体的质心在回转轴线上，但是由于各偏心质量产生的离心惯性力不在同一回转平面内，存在的惯性力偶尔会使回转体不平衡。这种不平衡状态只有在回转体运转的情况下才能表现出来，所以称为动不平衡。

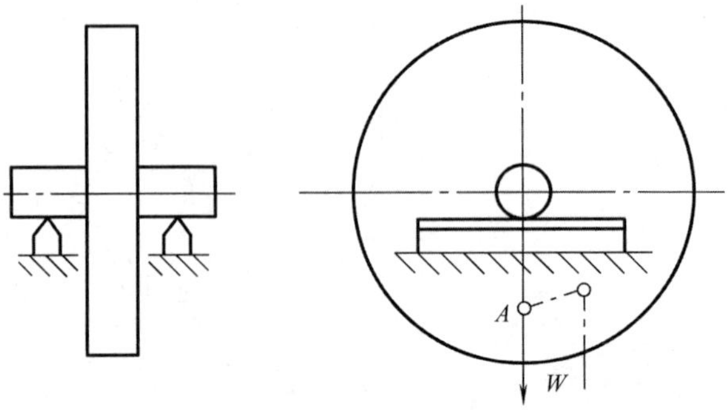

图11-4 静不平衡回转体

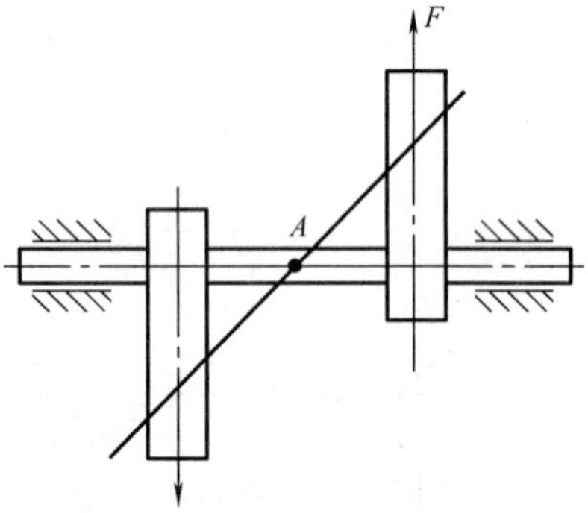

图11-5 动不平衡回转体

11.2.2 静平衡计算及静平衡试验

由上面的分析可知，静不平衡的偏心质心是分布在同一回转体内的。当回转体以角速度 ω 旋转时，各质量产生的离心惯性力构成一个平面汇交力系。如果它们的合力 $\sum F_i$ 不等于零，则回转体不平衡。要使其平衡必须在同一回转平面内增加或在相反位置减去一质量，使其产生的离心力与原有质量产生的离心力矢量和等于零，此回转体就会达到平衡状态，即

$$F=\sum F_i+F_b=0$$

上式可改写成

$$me\omega^2=\sum m_i r_i \omega^2+m_b r_b \omega^2=0$$

消去 ω^2 后得

$$me=\sum m_i r_i+m_b r_b=0$$

式中 m、e——回转体的总质量及总质量的矢径；

m_b、r_b——平衡质量及其相对质心的矢径；

m_i、r_i——原有各质量及其相对质心的矢径。

当总质量的质心与回转体轴线重合，即 $e=0$ 时，构件对回转轴线的静转矩等于零，称为静平衡，所以机械系统处于静平衡的条件是所有质径积的矢量和等于零。

经过计算后加上平衡质量的回转体，理论上应该是平衡的，但是由于制造或装配等误差存在，实际上还达不到预期的平衡要求，所以还需要进行回转体的静平衡试验。如图11-6所示为静平衡

图11-6 静平衡试验工作原理

试验工作原理，把需要平衡的回转体放置在静平衡试验架的刀口形导轨上，任其自由滚动。当停止滚动时质心必在正下方，这时在质心位置的正对方用橡皮泥加一平衡质量，然后继续试验，并且逐步调整橡皮泥的大小和方位，直至回转体在任意位置保持静止为止，此时回转体的总质心肯定在回转轴线上，回转体达到了平衡要求。然后根据橡皮泥的质量与位置，在回转体相应位置上增加或减少相同质量的材料，使回转体达到平衡。

11.2.3 动平衡计算及动平衡试验

由于动平衡状态下回转体质量分布不能近似认为位于同一个回转平面内，所以动平衡回转体回转时产生离心空间力系。要使回转体平衡，必须满足各质量产生的离心力合力和合力矩都等于零。

如图 11-7 所示，假设在平面 1、2、3 内有偏心质量 m_1、m_2、m_3，其向径分别为 r_1、r_2、r_3。当回转体绕 O-O 轴回转时，离心惯性力 F_1、F_2、F_3 组成一个空间力系。现选定两个校正平面 T'和 T''，把 m_1、m_2、m_3 向这两个平面分解，得到

$$m_1' = \frac{l_1'}{l}m_1 \qquad m_2' = \frac{l_2'}{l}m_2 \qquad m_3' = \frac{l_3'}{l}m_3$$

$$m_1'' = \frac{l_1''}{l}m_1 \qquad m_2'' = \frac{l_2''}{l}m_2 \qquad m_3'' = \frac{l_3''}{l}m_3$$

这样可以认为回转体的偏心质量集中在 T'和 T''两个平面内。对于校正平面 T'，平衡方程为

$$m_1'r_1 + m_2'r_2 + m_3'r_3 + m_b'r_b' = 0$$

作出向量图，即可求出 $m_b'r_b'$，所以只要确定 m_b'就可求出 r_b'，如图 11-7b 所示。

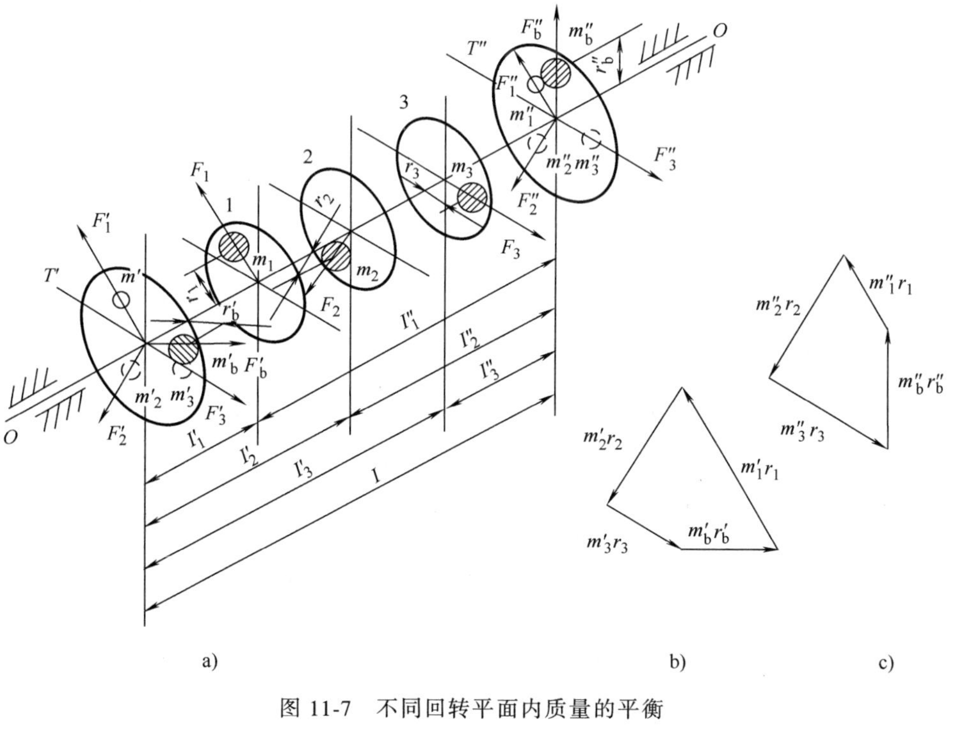

图 11-7 不同回转平面内质量的平衡

同理，只要确定 r_b''，就可求出 m_b''，如图 11-7c 所示。

对于 $B/D>0.2$ 的回转体应该进行动平衡试验。从上述分析的动平衡原理可知，轴向尺寸较大的回转体，必须分别在任意两个校正平面内各加一个适当的质量，才能使回转体达到平衡。利用专门的动平衡试验机测试出回转体不平衡质量、向径确切的大小和位置，从而在两个确定的平面上加上或减去平衡质量，这就是动平衡试验。

目前，动平衡试验机除采用机械测试以外，还采用了电子测试、激光去质量等方法，大大提高了平衡精度和动平衡测试过程的自动化程度。相关动平衡测试设备可参阅有关资料。

思考与练习题

11-1　机器为什么会产生速度波动？有什么危害？

11-2　周期性速度波动应如何调节？它能否调节为恒稳定运转？为什么？

11-3　非周期性速度波动应如何调节？为什么利用飞轮不能调节非周期性速度波动？

11-4　什么样的回转体只需要进行静平衡试验？什么样的回转体必须进行动平衡试验？为什么？

11-5　什么叫回转体平衡？什么叫回转体静平衡？什么叫回转体动平衡？它们之间有什么关系？

Chapter 12

第12章 机械系统方案设计

目标要求：了解机械总体方案设计的目的及主要内容；掌握机械执行系统方案设计的过程及机械传动系统方案设计的一般步骤。

机械产品的性能和质量首先是设计出来的。机械设计是研制新产品和新机器的第一道工序，设计工作的质量和水平，直接关系到机械产品的质量、性能、研制周期长短和技术经济效益，影响机械产品在国内外市场的竞争能力。

机械系统的设计过程一般可分为系统规划、总体方案设计、结构技术设计和生产施工设计四个阶段。

12.1 机械总体方案设计

12.1.1 机械总体方案设计的目的

机械总体方案设计的目的，就是通过调查研究进行机械产品规划、确定设计任务、明确设计要求和条件，在此基础上寻求问题的解法及原理方案构思，进行功能原理设计，拟定机械功能原理方案，选择机构类型，得出一组可行的机械系统运动方案，为下一步进行详细的结构设计做好原理方案方面的准备，也为最终进行评价、选优、决策提供可行性、先行性等技术原理方面的详尽科学依据。

12.1.2 机械总体方案设计的内容

机械系统主要由驱动系统、传动系统、执行系统和控制系统四部分组成，因此机械总体方案设计的主要内容就是围绕这几部分的设计。

1）机械执行系统的方案设计。

2）原动机类型的选择和传动系统的方案设计。

3）控制系统的方案设计。

4）其他辅助系统的设计。

12.2 机械执行系统的方案设计

12.2.1 机械执行系统方案设计的基本要求

机械执行系统的方案设计是机械总体方案设计的核心，也是整个机械设计工作的基础。执行系统方案设计的好坏，对机械能否完成预期的功能目标起着决定性的作用。

机械执行系统的方案设计应满足以下基本要求。

1）保证实现设计时提出的功能目标。

2）具有足够的使用寿命和强度、刚度要求。

3）各执行机构应结构合理、配合协调。

下面主要介绍执行机构的设计。

实现同样的运动要求，应尽量采用构件数和运动副最少的机构，这样可以使运动链短、结构简单，从而降低制造费用，减轻机械质量；有利于减少运动副摩擦带来的功率损耗，提高机械效率；有利于减少运动链的累积误差，从而提高传动精度和工作可靠性；有利于提高机械系统的刚性。图 12-1a、b 所示分别为精确和近似直线导向机构的简图。由于在同一制造精度条件下前者的实际传动误差约为后者的 2~3 倍，所以应选用后者。

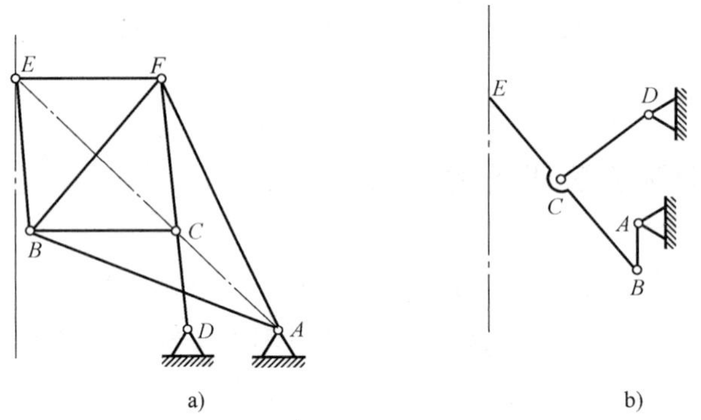

图 12-1 直线机构

a）精确直线机构 b）近似直线机构

12.2.2 执行机构的选型

所谓机构的选型，就是将前人创造发明的数以千计的各种机构按照运动特性或动作功能进行分类，然后根据设计对象中执行构件所需要的运动特性和动作功能进行搜索、选择、比较和评价，选出执行机构的合适形式。

满足相同功能的机构有多种，而不同的机构又具有不同的运动特征。相关手册中将现代机器、设备（装置）和仪表中应用的总计 4816 个机构实例，按照功能和运动特征进行了分类。表 12-1 列出了实现运动变换功能的常见机构，可供选型时参考。

表 12-1　常见机构的运动变换功能

序号	运动变换功能	实现运动变换功能的机构
1	连续转动变换为单向直线移动	齿轮齿条机构、螺旋机构、蜗杆齿条机构、带传动机构、链传动机构
2	连续转动变换为往复直线移动	曲柄滑块机构、移动从动件凸轮机构、正弦机构、正切机构、牛头刨机构、不完全齿轮齿条机构、凸轮连杆组合机构等
3	连续转动变换为带停歇往复直线移动	移动从动件凸轮机构、利用连杆轨迹实现带停歇运动的机构、组合机构等
4	连续转动变换为单向间歇直线移动	不完全齿轮齿条机构、曲柄摇杆机构、棘条机构、槽轮机构、齿轮齿条机构、组合机构等
5	连续转动变换为单向间歇转动	槽轮机构、不完全齿轮齿条机构、圆柱凸轮式间歇机构、蜗杆凸轮间歇机构、内啮合星轮间歇机构等
6	连续转动变换为往复摆动	曲柄摇杆机构、摆动导杆机构、曲柄摇块机构、摆动从动件凸轮机构、电风扇摆头机构、组合机构等
7	连续转动变换为带停歇双向摆动	摆动从动件凸轮机构、利用连杆曲线实现带停歇运动的机构、曲线导槽导杆机构、组合机构等
8	往复摆动变换为单向间歇转动	棘轮机构、钢球式单向机构等
9	连续转动变换为实现预定轨迹	平面连杆机构、连杆凸轮组合机构、联动凸轮机构、精确直线机构、椭圆仪机构等

12.3　机械传动系统的方案设计和原动机选择

机械传动系统的方案设计是机械系统方案设计中至关重要的一个环节。传动系统方案设计的好坏，在很大程度上决定了所设计机械产品是否先进合理、质高价廉及具有市场竞争力。在完成了执行系统的方案设计和原动机的预选型后，即可根据执行机构所需要的运动和动力条件及原动机的类型和性能参数，进行传动系统的方案设计。

12.3.1　机械传动系统方案设计过程

1）确定传动系统的总传动比。

2）选择传动类型。

3）拟定传动链的布置方案。

4）分配传动比。

5）确定各级传动机构的基本参数和主要几何尺寸，计算传动系统的各项运动学和动力学参数，为各级传动装置的结构设计、强度计算和传动系统方案评价提供依据和指标。

6）绘制传动系统运动简图。

12.3.2　传动类型的选择

1. 传动的类型

1）机械传动。

2）液压、液力传动。

3）气压传动。

4）电气传动。

2. 传动类型的选择

传动类型的选择关系到传动系统的方案设计和工作性能参数。技术经济指标是确定传动方案的主要因素，只有通过对多种传动方案的技术经济指标进行细致的综合分析和对比，才能比较合理地选出传动类型。

传动类型的选择依据如下。

1）执行系统的性能参数和工况要求。

2）原动机的机械特性和调速性能。

3）对传动系统性能、尺寸、重量和安装布置的要求。

4）工作环境（例如高温、低温、潮湿、粉尘、腐蚀、易燃、防爆等）的要求。

5）制造工艺性和经济性（例如制造和维修费用、使用寿命、传动效率等）的要求。

12.3.3 机械传动系统的选择原则

1）当原动机的功率、转速或运动方式完全符合执行系统的工况和工作要求时，可将原动机的输出轴与执行机构的输入轴用联轴器直接联接。

2）在固定传动比的机械传动系统中，若原动机可调速而执行系统的工作载荷又变化不大，或执行系统有调速要求并与原动机的调速范围相适应，则可采用固定传动比的机械传动装置。

3）当执行系统要求的调速范围较大，或用原动机调速的机械特性不能满足要求时，可采用可调传动比的机械传动装置。

4）对高速、大功率、长期工作的工况，应选用承载能力高、传动平稳、传动效率高的传动类型。

5）对速度较低、中小功率、传动比较大的工况，可采用单级蜗杆传动、多级齿轮传动、带-齿轮传动、带-齿轮-链传动等多种方案，并进行分析比较，从中选择综合性能较好的方案。

6）传动比较大时，应优先选用结构紧凑的蜗杆传动和行星齿轮传动；原动机输出轴和执行机构输入轴平行时，可采用圆柱齿轮传动；中心距较大时，可采用带传动或链传动。

7）载荷经常变化、频繁换向时，宜在传动系统中设置一级具有缓冲、吸振功能的传动，如带传动。

8）要求严格控制传动的噪声时，应优先选用带传动、蜗杆传动、摩擦传动或螺旋传动，如需要采用其他传动机构，应从制造和装配精度、结构等方面采取措施，力求降低噪声。

12.3.4 传动链的方案设计

1. 传动顺序的合理安排

1）带传动为摩擦传动，承载能力较小，传递相同转矩时，结构尺寸较其他传动形式大。

2）链传动由于瞬时传动比不断变化，致使运动不均匀、有冲击，故不宜用于高速级。

3）蜗杆传动的传动比大，传动平稳，效率较低，适用于中、小功率和间歇运转的场合。

4）锥齿轮加工困难，特别是大模数锥齿轮，因此只在需要改变轴的方向时才采用，且应尽量布置在高速级，并限制其传动比，以减小其直径和模数。

5）斜齿轮传动的平稳性较直齿轮传动好，常用在高速级或要求传动平稳的场合。

6）开式齿轮传动的工作环境较差，润滑条件不好，磨损较严重，寿命短，应布置在低速级。

2. 各级传动比的分配

1）各级传动比都应在各自允许的合理范围内，以保证符合它们的工作特点并使其结构紧凑。

2）分配传动比时，应注意使各传动零件尺寸协调，结构匀称合理，不会互相干涉。

3）当传动链较长、传动功率较大时，应使大多数传动在较高速度下工作，然后再进行较大的减速，使较少数量的传动在低速下工作。

4）对于两级或多级齿轮减速器，传动比的合理分配直接影响减速器外廓尺寸的大小、承载能力能否充分发挥，以及各级传动零件润滑是否方便等。

常用机械传动类型及特征见表12-2。

表12-2 常用机械传动类型及特征

传动类型	传递功率 P/kW	速度 v/m · s^{-1}	单级传动比 i	传动效率 η	主要优缺点
带传动	平带：最大1500，常用30以下 V带：最大750，常用40~75 同步带：100以下	平带、V带：≤25~30 同步带：≤40	平带：≤4~5 V带：≤7~10，常用2~4 同步带：≤10	平带：0.94~0.98 V带：0.95 同步齿形带：0.96~0.98	优点：中心距适应范围广，结构简单，传动平稳，能缓冲，可作为安全装置，制造成本低（同步齿形带属啮合传动，传动比大而准确，对轴作用力小） 缺点：外廓尺寸大，轴受力较大，传动比不能严格保证，使用寿命不高（通常约为3000~5000h）
链传动	最大4000，常用100以下	常用≤12~15，最大30~40	滚子链：≤8，常用2~4 齿形链：≤15	当 v≤10m/s 时为0.95~0.97 当 v>10m/s 时为0.92~0.96 齿形链传动为0.97~0.98	优点：中心距范围较大，平均传动比准确，比带传动过载能力大 缺点：瞬时传动比不确定，不能用于精密分度机构，在振动冲击负载下使用寿命大为缩短

（续）

传动类型		传递功率 P/kW	速度 v/m·s^{-1}	单级传动比 i	传动效率 η	主要优缺点
齿轮传动		直齿：最大750 圆柱齿轮传动斜齿、人字齿：最大5000 直齿锥齿轮传动：最大1000	6级精度直齿：≤18 6级精度非直齿：≤36 5级以上精度直齿和非直齿：5~130 直齿锥齿轮传动：≤5	闭式直齿圆柱齿轮：<3~5 闭式斜齿圆柱齿轮：<3~6 闭式锥齿轮：<2~3 开式圆柱齿轮：<4~6 开式锥齿轮：<4	8级精度的一般齿轮（稀油润滑）：0.97 9级精度的齿轮传动（稀油润滑）：0.96 开式齿轮传动（干油润滑）：0.94~0.96 直齿锥齿轮传动：0.95~0.98	优点：工作可靠，传动比准确，传动效率高，使用寿命长，结构紧凑，功率和速度适用范围广，制造精度要求高，不能缓冲 缺点：在高速传动中，当精度不高时，会有噪声
蜗杆传动		通常50以下，最大300	滑动速度≤15，个别可达35	开式：≤100，常用15~60 闭式：≤80，常用10~40	自锁蜗杆：0.40~0.45 单头蜗杆：0.70~0.75 双头蜗杆：0.75~0.82 三头和四头蜗杆：0.82~0.92	优点：传动比大且准确，外廓尺寸小，运转平稳，可作为自锁传动 缺点：效率低，中速及高速时需用价格昂贵的青铜制造，制造精度要求高
渐开线行星齿轮传动	2K-H型 3K型	中、小功率传动		0~60	一般≥0.80，最高：0.97~0.99	优点：传动比大，结构较定轴轮系更紧凑 缺点：安装较复杂，不同类型传动的传动比与效率相差大，大传动比时，效率低
	K-H-V型（少齿差）	≤45		10~100	0.80~0.94	优点：传动比大，结构紧凑，质量小 缺点：行星轮的中心轴受径向力较大，适用于小功率短期工作
摆线针轮行星传动		中、小功率传动		9~87	0.90~0.97	优点：传动比大，体积小，质量小，使用寿命长，承载能力较少齿差行星传动高 缺点：制造精度要求高，高速轴转速有限制
谐波齿轮传动		小功率传动		最大260	0.90	优点：传动比大，结构紧凑 缺点：对材料热处理要求高
摩擦轮传动		通常≤20，最大200	通常≤20	通常≤7~10，有卸载装置时≤15，仪器及手动：≤25	平摩擦传动：0.85~0.96 槽摩擦传动：0.88~0.90 锥面摩擦传动：0.85~0.90	优点：传动平稳无噪声、有过载保护作用 缺点：轴上受力较大，工作表面有滑动，而且磨损较快

（续）

传动类型	传递功率 P/kW	速度 v/m·s^{-1}	单级传动比 i	传动效率 η	主要优缺点
螺旋传动	小功率传动	低速传动		滑动螺旋传动：0.3~0.6 滚珠螺旋传动：≥0.9	优点：平稳无噪声，运动精度高，传动比大，可用来做微量调节，滑动螺旋可做成自锁螺旋机构 缺点：滑动螺旋效率低，不宜用于大功率传动，刚性较差
机械无级变速器	小功率传动		≤4~6	0.85~0.95	优点：可均匀变化转速，结构紧凑，使用方便 缺点：使用寿命低，传递功率小

12.3.5　原动机的选择

原动机主要根据机械系统的工作环境（温度、湿度、粉尘、酸碱等）、工作特点（起动频繁程度、起动载荷大小等），并考虑各种电动机的特点及供应情况等来选择。

机械系统中比较常见的几种原动机及其主要特点见表12-3，供选用时参考。

表12-3　常用原动机类型及主要特点

原动机类型	主要特点
三相异步电动机	结构简单、价格便宜、体积小、运行可靠、维护方便、坚固耐用；能保持恒速运行及经受较频繁的起动、反转及制动；但起动转矩小，调速困难。一般在机械系统中应用最多
同步电动机	能在功率因子 $\cos\varphi=1$ 的状态下运行，不从电网吸收无功功率、运行可靠，保持恒速运行；但结构较异步电动机复杂，造价较高，转速不能调节。适用于大功率离心式水泵和通风机等
直流电动机	能在恒功率下进行调速，调速性能好、范围宽，起动转矩大；但结构较复杂、维护工作量较大、价格较高，机械特性较软、需直流电源
控制电动机	能精密控制系统位置和角度、体积小、质量小；具有宽广而平滑的调速范围和快速响应能力，其理想的机械特性和调速特性均为直线。广泛用于工业控制、军事、航空航天等领域
内燃机	功率范围宽、操作简便、起动迅速；但对燃油要求高、排气污染大、噪声大、结构复杂。多用于工程机械、农业机械、船舶、车辆等
液压马达	可获得很大的动力和转矩，运动速度和输出动力、转矩调整控制方便，易实现复杂工艺过程的动作要求；但需要有高压油的供给系统，油温变化较大时，影响工作稳定性，密封不良时，排气污染工作环境，且液压系统制造装配要求高
气动马达	工作介质为空气，易远距离输送、无污染，能适应恶劣环境、动作速度快；但工作稳定性较差，噪声大，输出转矩不大，传动时速度较难控制。适用于小型轻载的工作机械

12.4　机械控制系统简介

机械系统中的控制系统是指采用电气、电子、液压、气动等技术，以传感器件和检测诊断手段对机械的传动系统、执行系统进行自动控制的信息处理系统，它由控制装置和被控对象两部分组成。控制对象通常分为两类。

第一类以位移、速度、加速度、温度、压力等参数的数值大小为控制对象，根据表示数量信号的种类又可分为模拟控制与数字控制。

第二类是以物体的有、无、动、停等逻辑状态为控制对象，称为逻辑控制。逻辑控制可用“0”“1”两个逻辑控制信号来表示。

12.5 机械系统方案评价与决策

12.5.1 方案评价与决策的意义

机械系统方案设计的最终目标，是寻求一种既能实现预期功能要求，又性能优良、价格低廉的设计方案。

由于功能原理、运动规律、形式设计、传动类型的多方案性，机械系统方案设计的过程，就是一个先通过分析、综合，使待选方案由少变多，再通过评价、决策，使待选方案由多变少，最后获得满意方案的过程。

12.5.2 评价指标

机械系统设计方案的优劣，通常应从技术、经济、安全可靠三方面予以评价。但是由于在方案设计阶段还不可能具体涉及机械的结构和强度设计等细节，因此评价应主要考虑技术方面的因素，即功能和工作性能方面的指标应占有较大的比例。

表 12-4 列出了机械系统功能和性能的各项评价指标体系及其具体内容。

表 12-4 机械系统的性能评价指标

序号	评价指标	具体内容
1	系统功能	实现运动规律或运动轨迹，实现工艺动作的准确性，实现特定功能等
2	运动性能	运转速度、行程可调性、运动精度等
3	动力性能	承载能力、增力特性、传力特性、振动噪声等
4	工作性能	效率高低、使用寿命长短、可操作性、安全性、可靠性、适用范围等
5	经济性	加工难易、能耗大小、制造成本等
6	结构紧凑性	尺寸、质量、结构复杂性等

12.5.3 评价方法

常用的评价方法有经验评价法、数学评价法和试验评价法三大类。当方案不多、问题不太复杂时，可采用经验评价法，即根据评价者的经验，对方案做粗略的定性评价。数学分析法是使用数学工具进行分析、推导和计算得到定量的评价参数供决策者参考，常用的方法有名次计分法、评分法、技术经济评价法和模糊评价法等。

下面介绍评分法和技术经济评价法。

1. 评分法

评分法根据规定的标准用分值作为衡量方案优劣的尺度，对方案进行定量评价。评分标准一般为 5 分制和 10 分制（表 12-5），“理想状态”取为最高分，“不能用”取为 0 分。当设计方案的具体化程度较低，有些特征尚不清楚时，建议采用5分制评分标准；当设计方案较具体，特征较明显时，建议采用10分制评分标准。

表12-5 评分标准

10分制	0	1	2	3	4	5	6	7	8	9	10
	不能用	缺陷多	较差	勉强可用	可用	基本满意	良	好	很好	超目标	理想
5分制	0		1		2		3		4		5
	不能用		勉强可用		可用		良好		很好		理想

对于多评价目标的方案，其总分可按分值相加法、分值连乘法、均值法或加权计分法（有效值法）等方法进行计算（表12-6）。

表12-6 总分记分法

方法	公式	特点
分值相加法	$Q_i=\sum_{j=1}^{n}P_{ij}$	将 n 个评价目标评分值简单相加，计算简单、直观
分值连乘法	$Q_i=\prod_{j=1}^{n}P_{ij}$	将 n 个评价目标评分值相乘，使各方案总分差拉开，便于比较
均值法	$Q_i=\frac{1}{n}\sum_{j=1}^{n}P_{ij}$	将相加所得结果除以评价目标数，结果直观
相对值法	$Q_i=\sum_{j=1}^{n}P_{ij}/(nQ_0)$	将均值法所得结果除以理想值 Q_0，使 $Q_i<1$，可看出与理想值的差距
加权计分法（有效值法）	$Q_i=\sum_{j=1}^{n}P_{ij}g_j$	将各项评分值乘以加权系数 g_j 后相加，考虑了各评价目标的重要程度

总分的高低可综合体现方案的优劣。获得高分的方案为优选方案。表12-6给出的几种方法中，综合考虑各评价目标分值及加权系数的有效值作为方案的评价依据较为合理，应用最多。

加权系数是反映评价目标重要程度的量化系数，又称为目标重要性系数。加权系数大，则重要程度高。

加权系数的确定方法有两种。

（1）经验法　根据经验，人为地给定各评价目标的加权系数 $g_j<1$，并满足

$$\sum g_j=1$$

（2）判别表计算法　根据评价目标的重要程度进行两两比较，并给分加以计算。两目标同等重要，各给2分；某一项比另一项重要，分别给3分和1分；某一项比另一项重要得多，则分别给4分和0分。将各评价目标的分值列入表中，并分别计算出各加权系数。

$$\left.\begin{aligned} g_j &= \frac{K_i}{\sum_{i=1}^{n}K_i} \\ \sum_{i=1}^{n}K_i &= \frac{n^2-n}{2}\times 4 \end{aligned}\right\} \tag{12-1}$$

式中 K_i——各评价目标的总分；

n——评价目标数。

2. 技术经济评价法

技术经济评价法的特点是，对方案进行评价时不但考虑各评价目标的加权系数，而且所取的技术价和经济价都是相对于理想状态的值，更便于决策时进行判断和选择，也有利于改进方案。其做法是，分别求出被评价方案的技术价和经济价，然后进行综合评价。

（1）技术评价

技术价 x 为

$$x = \sum_{j=1}^{n} (P_{ij} g_j / P_{max}) \tag{12-2}$$

式中 P_{ij}——各技术评价指标的评分值；

g_j——各技术评价指标的加权系数；

P_{max}——最高分值（10 分制为 10 分，5 分制为 5 分）。

取技术价时，x 值越大，技术性能越好。理想方案的技术价为 1。一般情况下，$x>0.8$，则方案的技术性能很好；x 为 0.7 左右，则方案良好；$x<0.6$，则方案不能令人满意，需要改进。

（2）经济评价

经济价 y 为

$$y = \frac{H_i}{H} = \frac{0.7[H]}{H} \tag{12-3}$$

式中 $[H]$——允许制造费用；

H——实际制造费用；

H_i——理想制造费用，建议取 $H_i = 0.7[H]$。

（3）技术经济综合评价

综合价值 K 为

$$K = \sqrt{xy} \tag{12-4}$$

K 值越大，表示被评价方案的技术经济性能越好。一般 $K \geqslant 0.65$ 时，该方案即为可采用的较好方案。

思考与练习题

12-1 机械总体方案设计的目的是什么？主要有哪些设计内容？

12-2 简述机械传动系统方案设计的一般步骤？

12-3 机械传动系统有哪些基本类型？选择机械传动系统的基本原则有哪些？

12-4 传动比的合理分配应考虑哪些因素？

12-5 原动机的功能是什么？有哪些常用原动机？

12-6 在机械传动系统设计中，安排传动机构顺序的一般原则是什么？

附录

实验指导

附录 A　机构认识实验

1. 实验目的

1）初步了解本书所研究的各种常用机构的结构、类型、特点及应用实例。

2）增强学生对机构与机器的感性认识。

2. 实验方法

通过陈列室里各种常用机构模型的动态展示，增强学生对机构与机器的感性认识。实验教师只做简单介绍，提出问题，供学生思考，学生通过观察，对常用机构的结构、类型、特点有一个初步的了解，对学习机械设计基础课程产生一定的兴趣。

3. 实验内容

（1）对机器的认识　通过对实物模型和机构的观察，使学生认识到：机器是由一个机构或几个机构按照一定运动要求组合而成的，所以只要掌握各种机构的运动特性，再去研究任何机器的特性就不困难了。在机械原理中，运动副是以两构件直接接触形式的可动联接及运动特征来命名的，如高副、低副、转动副、移动副等。

（2）平面四杆机构　平面连杆机构中结构最简单、应用最广泛的是四杆机构。四杆机构分成三大类：铰链四杆机构、单移动副机构和双移动副机构。

1）铰链四杆机构分为曲柄摇杆机构、双曲柄机构、双摇杆机构，即根据两连架杆为曲柄或摇杆来确定。

2）单移动副机构是以一个移动副代替铰链四杆机构中的一个转动副演化而成的。可分为曲柄滑块机构、曲柄摇块机构、转动导杆机构及摆动导杆机构等。

3）双移动副机构是带有两个移动副的四杆机构，把它们倒置也可得到曲柄移动导杆机构、双滑块机构和双转块机构。

（3）凸轮机构　凸轮机构常用于把主动构件的连续运动转变为从动件严格按照预定规律的运动。只要适当设计凸轮外廓线，便可使从动件获得任意的运动规律。凸轮机构结构简单、紧凑，因此广泛应用于各种机械、仪器及操纵控制装置中。

凸轮机构主要由三部分组成，即凸轮（它有特定的廓线）、从动件（它由凸轮外廓线控制）及机架。

凸轮机构的类型较多，学生应了解各种凸轮的特点和结构，找出其中的共同特点。

（4）齿轮机构　齿轮机构是现代机械中应用最广泛的一种传动机构。它具有传动准确、可靠、运转平稳、承载能力强、体积小、效率高等优点，广泛应用于各种机器中。根据轮齿的形状，齿轮分为直齿圆柱齿轮、斜齿圆柱齿轮、锥齿轮及蜗轮、蜗杆。根据主、从动轮两轴线的相对位置，齿轮传动分为平行轴传动、相交轴传动和交错轴传动三大类。

1）平行轴传动的类型有外啮合直齿轮机构、内啮合直齿轮机构、斜齿圆柱齿轮机构、人字齿轮机构、齿轮齿条机构等。

2）相交轴传动的类型有锥齿轮机构，轮齿分布在一个截锥体上，两轴线夹角常为90°。

3）交错轴传动的类型有螺旋齿轮机构、圆柱蜗轮蜗杆机构、弧面蜗轮蜗杆机构等。

在参观这部分时，学生应注意了解各种机构的传动特点、运动状况及应用范围等。

4）齿轮机构参数。齿轮基本参数有齿数 z、模数 m、分度圆压力角 α、齿顶高系数 h_a^*、顶隙系数 c^* 等。

在参观这部分时，学生需要掌握什么是渐开线，渐开线是如何形成的，什么是基圆和渐开线发生线，并注意观察基圆、发生线、渐开线三者间的关系，从而得出渐开线有什么性质。

另外，在观察摆线的形成时，要了解什么是发生圆，什么是基圆，以及动点在发生圆上位置发生变化时，能得到什么样轨迹的摆线。

同时还要通过参观，总结出齿数、模数、压力角等参数变化对齿形有何影响。

（5）周转轮系　通过各种类型周转轮系的动态模型演示，学生应该了解什么是定轴轮系，什么是周转轮系。根据自由度不同，周转轮系又分为行星轮系和差动轮系。它们有什么差异和共同点？差动轮系为什么能将一个运动分解为两个运动或将两个运动合成为一个运动？

周转轮系的功用、形式很多，各种类型都有它自己的缺点和优点。在今后的应用中应如何避开缺点、发挥优点等，都是需要学生实验后应该认真思考和总结的问题。

（6）其他常用机构　其他常用机构有棘轮机构、槽轮机构、不完全齿轮机构、凸轮式间歇运动机构、万向节及非圆齿轮机构等。通过各种机构的动态演示，学生应知道各种机构的运动特点及应用范围。

（7）机构的串、并联　展柜中展示有实际应用的机器设备、仪器仪表的运动机构。从这些运动机构可以看出，机器都是由一个或几个机构按照一定的运动要求串、并联组合而成的。所以在学习课程时一定要掌握好各类基本机构的运动特性，才能更好地去研究任何机构（复杂机构）的特性。

4. 思考题

1）内燃机的主要机构有哪些？弹簧起什么作用？

2）举例说明运动副的应用。

附录 B　平面机构运动简图实验

1. 实验目的

1）初步掌握根据实际机器或机构模型绘制机构运动简图的技能。

2）验证和巩固机构自由度的计算方法。

3）通过实验机构的比较，巩固对机构结构分析的了解。

2. 实验设备和工具

1）若干个机器和机构模型。

2）自备三角尺、圆规、铅笔、稿纸等。

3. 实验原理

机构的运动简图是工程上常用的一种图形，用符号和线条来清晰、简明地表达出机构的运动情况，让人看后能对机器的动作一目了然。尽管机器中的各种机构外形和功用各不相同，但只要是同种机构，其运动简图都是相同的。

机构的运动仅与机构所具有的构件数目和构件所组成的运动副的数目、类型、相对位置有关。因此在绘制机构运动简图时，可以不考虑构件的复杂外形和运动副的具体构造，而用简单的线条和规定的符号来代表构件和运动副，并按一定的比例表示各运动副的相对位置，画出能准确表达机构运动特性的机构运动简图。

4. 实验方法和步骤

1）选择 2~3 台机构模型和机器（根据不同专业要求，规定必画模型和选画模型）。

2）选好模型后缓慢地转动被测机器或模型，从主动件开始观察机构的运动，认清机架、主动件和从动件。

3）根据运动传递的顺序，仔细分析相互连接的两构件间的接触方式及相对运动形式，确定组成机构的构件数目及运动副类型和数目。

4）合理选择投影面。一般选择能够表达机构中多数构件的运动平面为投影面。

5）绘制机构运动简图的草图。首先将主动件固定在适当的位置（避免构件之间重合），大致定出各运动副之间的相对位置，用规定的符号画出运动副，并用线条连接起来，然后用数字 1、2、3、…及字母 A、B、C、…分别标注相应的构件和运动副，并用箭头表示主动件的运动方向和运动形式，量出机构对应运动副间的尺寸，再将草图按比例画入实验报告中。

6）计算自由度，并与实际机构对照，观察主动件数与自由度是否相等。

5. 思考题

1）绘制机构运动简图时，为什么可以不考虑构件的外形结构，而只考虑构件上两运动副元素之间的距离？

2）怎样选择机构运动简图的视图平面？

3）绘制机构运动简图时，为什么要确定机构的一个位置？

实验报告

实验名称						日　期	
班　级		姓　名		学　号		成　绩	

机构 1 名称：________________

机构示意图：	机构运动简图：

机构 2 名称：________________

机构示意图：	机构运动简图：

附录 C 渐开线直齿圆柱齿轮的参数测定实验

1. 实验目的

1）掌握用常用量具测定渐开线直齿圆柱齿轮基本参数的方法。

2）通过测量和计算，进一步理解齿轮各参数之间的相互关系和渐开线的性质。

2. 实验设备和工具

1）被测齿轮两个（偶、奇数齿齿轮各一个）。

2）游标卡尺和公法线千分尺各一把。

3）计算器。

3. 实验原理

1）通过测量齿顶圆直径 d_a 与齿根圆直径 d_f 计算出全齿高 h，再用试算法确定齿轮的模数 m、齿顶高系数 h_a^* 和顶隙系数 c^*。

如图 C-1a 所示，偶数齿齿轮的 d_a 与 d_f 可直接用游标卡尺测量；如图 C-1b 所示，奇数齿齿轮的 d_a 与 d_f 需要间接测量。由于

$$d_a=D+2H_1, d_f=D+2H_2$$

则

$$h=(d_a-d_f)/2=H_1-H_2$$

式中 D——齿轮内孔直径（mm）；

H_1——齿轮齿顶圆至内孔壁的径向距离（mm）；

H_2——齿轮齿根圆至内孔壁的径向距离（mm）。

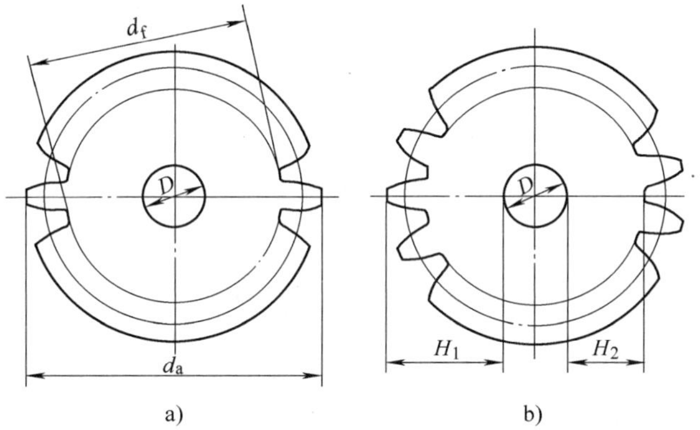

图 C-1 齿轮 d_a 与 d_f 的测量方法

a）偶数齿齿轮 b）奇数齿齿轮

根据 $h=(2h_a^*+c^*)m$，分别将 $h_a^*=1$、$c^*=0.25$（正常齿）或 $h_a^*=0.8$、$c^*=0.3$（短齿）代入进行试算，所求得的模数 $m=h/(2h_a^*+c^*)$，接近标准值者即为该齿轮的实际模数（一定要圆整成标准值）。

对于变位齿轮，由于 $h=(2h_a^*+c^*-x)m$，按上述方法确定 m 时可能会与标准值差异较大而难以圆整。这时可先假定一个 m 的标准值，再根据 $p_b=\pi m\cos\alpha$ 与后述确定压力角 α 值结合起来验证。若试算出来的 α 接近标准值，即可判断该 m 值是正确的。

2）通过测量公法线长度求出 p_b，进而确定齿轮的压力角 α。

按 $k=(z/9)+0.5$ 确定被测齿轮的跨齿数 k。

如图 C-2 所示，先测出跨 k 个齿的公法线长度 W'_k，然后再测出跨 $k+1$ 个齿的公法线长度 W'_{k+1}。于是

$$p_b = W'_{k+1} - W'_k = \pi m\cos\alpha$$

$$\cos\alpha = \frac{p_b}{\pi m} = \frac{W'_{k+1} - W'_k}{\pi m}$$

则

$$\alpha = \arccos\left(\frac{W'_{k+1} - W'_k}{\pi m}\right)$$

所求得的 α 值应圆整到标准值，如 20°、15°等。

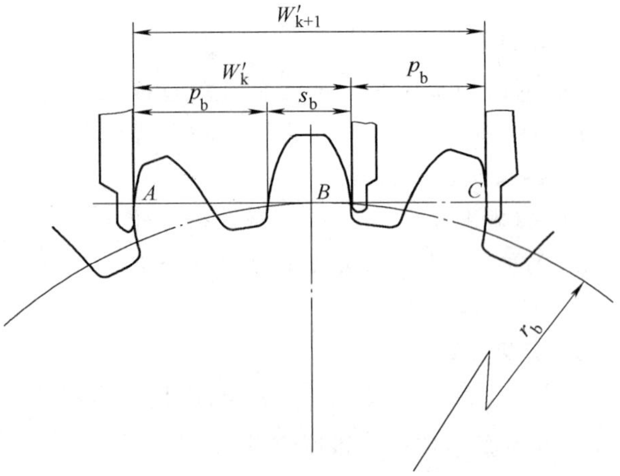

图 C-2　齿轮公法线长度的测量

3）计算出变位系数 x。因为

$$W_k = m\cos\alpha[(k-0.5)\pi + z\,\mathrm{inv}\alpha]$$

$$W'_k = m\cos\alpha[(k-0.5)\pi + z\,\mathrm{inv}\alpha] + 2xm\sin\alpha$$

若测得的 W'_k 与计算出来的 W_k 相等，则说明 $x=0$，该齿轮为标准齿轮；若 $W'_k \neq W_k$，则

$$W'_k - W_k = 2xm\sin\alpha$$

$$x = \frac{W'_k - W_k}{2m\sin\alpha}$$

即可求出被测齿轮的变位系数 x。

4. 实验步骤

1）熟悉游标卡尺与公法线千分尺的使用和正确读数方法。

2）数出被测齿轮的齿数并做好记录。

3）测量各齿轮的 d_a、d_f、W'_k 和 W'_{k+1}。

4）确定各被测齿轮的基本参数：m、α、h_a^*、c^* 及变位系数 x。

5. 注意事项

1）实验前应检查游标卡尺与公法线千分尺的初读数是否为零，若不为零应设法修正。

2）齿轮被测量的部位应选择在光整无缺陷之处，以免影响测量结果的正确性。在测量公法线长度时，必须保证卡尺与齿廓渐开线相切，若卡入 $k+1$ 齿时不能保证这一点，则需调整卡入齿数为 $k-1$，而 $p_b = W'_k - W'_{k-1}$。

3）测量齿轮的几何尺寸时，应选择不同位置测量 3 次，取其平均值作为测量结果。

4）通过实验求出的基本参数 m、α、h_a^*、c^* 必须圆整为标准值。

5）测量的尺寸精确到小数点后两位。计算 x 时取小数点后两位数字。

6. 思考题

1）测量偶数与奇数齿齿轮的 d_a 与 d_f 时，所用的方法有什么不同？为什么？

2）由图 C-2 可知，齿轮公法线长度的计算公式为 $W_k=(k-1)p_b+s_b$，此公式是依据渐开线的哪条性质推导得到的？

3）影响公法线长度测量精度的因素有哪些？

实验报告

实验名称						日　期	
班　级		姓　名		学　号		成　绩	

1. 测量数据

已知参数测量内容			模数制齿轮			
			$h_a^*=1$(正常齿) $h_a^*=0.8$(短齿)		$c^*=0.25$(正常齿) $c^*=0.3$(短齿)	
d_a、d_f、h的测量	齿数为偶数时($z=$),被测齿轮编号( )	测量次数	1	2	3	平均值
		d_a/mm				
		d_f/mm				
		$h=(d_a-d_f)/2=$				
	齿数为奇数时($z=$),被测齿轮编号( )	测量次数	1	2	3	平均值
		D/mm				
		H_1/mm				
		H_2/mm				
		$d_a=D+2H_1=$				
		$d_f=D+2H_2=$				
		$h=H_1-H_2=$				

2. 计算结果

确定 m、α	$m=h/(2h_a^*+c^*)=$	
	$\alpha=\arccos[(W'_{k+1}-W'_k)/\pi m]=$	
判定被测齿轮是否为标准齿轮，并计算变位系数	$W'_k=$	$W_k=$
	$x=(W'_k-W_k)/2m\sin\alpha=$	
结论：		

附录D 渐开线齿廓的展成实验

1. 实验目的

1）掌握展成法加工渐开线齿廓的原理。

2）了解齿轮的根切现象及采用变位修正来避免根切的方法。

3）了解变位后对轮齿尺寸产生的影响。

2. 实验设备与工具

1）齿轮展成仪。

2）钢直尺、圆规、剪刀。

3）铅笔、三角板、绘图纸。

3. 实验原理

齿轮在实际加工中是看不到轮齿齿廓渐开线的形成过程的。本实验通过齿轮展成仪来实现轮坯与刀具之间的相对运动过程，并用铅笔将刀具相对轮坯的各个位置记录在图纸上，这样就能清楚地观察到渐开线齿廓的展成过程。

齿轮展成仪所用的刀具模型为齿条插刀，仪器构造如图D-1所示。

绘图纸做成圆形轮坯，用压环10固定在托盘1上，托盘可绕固定轴转动。代表齿条刀具的齿条5通过螺钉7固定在刀架8上，刀架装在滑架3上的径向导槽内，旋转调节螺旋6，可使刀架带着齿条刀具相对托盘中心做径向移动。因此，齿条5既可以随滑架3做水平左右移动，又可以随刀架一起做径向移动。滑架3与托盘1之间采用齿轮齿条啮合传动，保证轮坯分度圆与滑架基准刻线做纯滚动，当齿条5的分度线与基准刻线对齐时，能展成标准齿轮齿廓。调节齿条刀具相对齿坯中心的径向位置，可以展成变位齿轮齿廓。

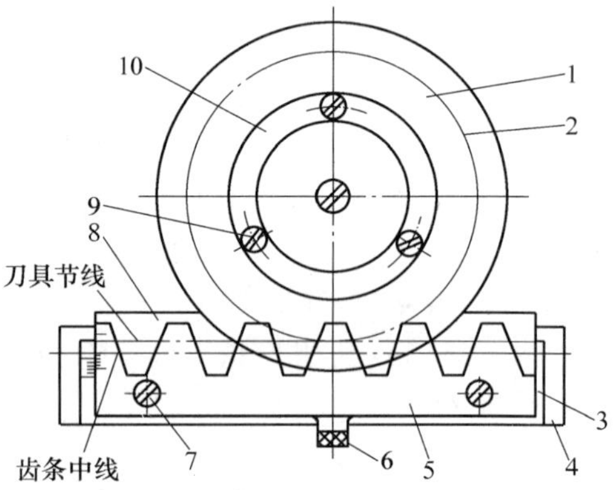

图D-1 齿轮展成仪结构示意图

1—托盘 2—轮坯分度圆 3—滑架 4—支座 5—齿条（刀具） 6—调节螺旋 7、9—螺钉 8—刀架 10—压环

4. 实验步骤

（1）展成标准齿轮

1）根据所用展成仪的模数 m 和托盘中心至刀具中线的距离（轮坯分度圆半径 r），求出被加工标准齿轮的齿数 z，齿顶圆直径 d_a，齿根圆直径 d_f 和基圆直径 d_b。

2）在一张图纸上，分别以 d_a、d_f、d_b 和分度圆直径 d 画出四个同心圆，并将图纸剪成直径为 d_a 的圆形轮坯。

3）将圆形纸片（轮坯）放在展成仪的托盘1上，使两者圆心重合，然后用压环10和螺钉9将纸片夹紧在托盘上。

4）将展成仪上齿条5的中线与滑架3上的标尺刻度零线对准（此时齿条刀具的分度线应与圆形纸片上所画的分度圆相切）。

5）将滑架 3 推至左（或右）极限位置，用削尖的铅笔在圆形纸片（代表被加工轮坯）上画下齿条刀具 5 的齿廓在该位置上的投影线（代表齿条刀具插齿加工每次切削所形成的痕迹）。然后将滑架向右（或左）移动一个很小的距离，此时通过啮合传动带动托盘 1 也相应转过一个小角度，再将齿条刀具的齿廓在该位置上的投影线画在圆形纸片上。连续重复上述工作，绘出齿条刀具的齿廓在各个位置上的投影线，这些投影线的包络线即为被加工齿轮的渐开线齿廓。

6）按上述方法，绘出 2~3 个完整的齿形，如图 D-2 所示。

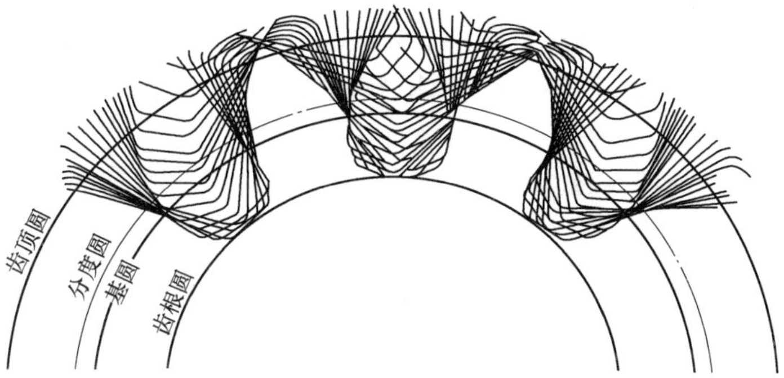

图 D-2　标准渐开线齿轮齿廓的展成过程

（2）展成正变位齿轮

1）根据所用展成仪的参数，计算出不发生根切现象时的最小变位系数 x_{min}。然后确定变位系数 $x(x \geqslant x_{min})$，计算变位齿轮的齿顶圆直径 d_a 和齿根圆直径 d_f（d_a 和 d_f 由指导教师计算）。

2）在另一张图纸上，分别以 d_a、d_f、d_b 和分度圆直径 d 画出四个同心圆，并将图纸剪成直径为 d_a 的圆形轮坯。

3）同展成标准齿轮步骤 3）。

4）将齿条 5 向离开齿坯中心 O 的方向移动一段距离 xm。

5）同展成标准齿轮步骤 5）。

6）同展成标准齿轮步骤 6），绘出的齿廓如图 D-3 所示。

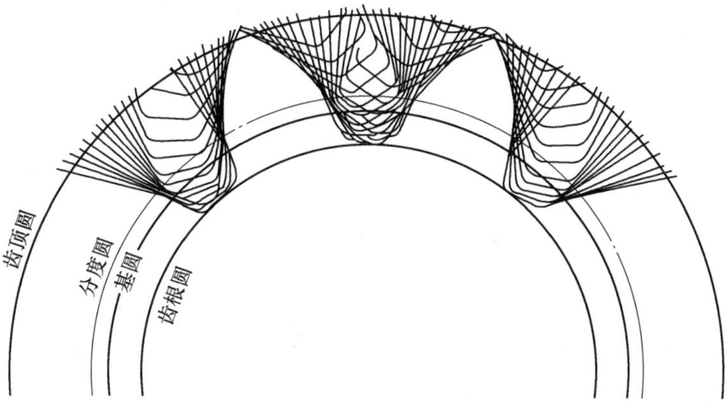

图 D-3　正变位渐开线齿轮齿廓的展成过程

5. 注意事项

1）本实验最好选用模数较大（$m \geqslant 15$mm）而分度圆较小的展成仪，使齿数 $z \leqslant 10$，以便在展成标准齿轮齿廓时能观察到较为明显的根切现象。

2）代表轮坯的纸片应有一定厚度，纸面应平整无明显翘曲，以防在实验过程中顶在齿条5的齿顶部。为了节约实验时间与纸片，也可将标准齿轮与变位齿轮的轮坯以直径为界画在同一张纸上使用。

3）轮坯纸片装在托盘1上时应固定可靠，在实验过程中不得随意松开或重新固定，否则可能导致实验失败。

4）在进行步骤5）时，应将滑架从一个极限位沿一个方向逐渐推动直到画出所需的全部齿廓，不得来回推动以免展成仪啮合间隙影响实验结果的精确性。

6. 思考题

1）产生根切现象的原因是什么？如何避免？

2）齿廓曲线是否全是渐开线？

3）变位后齿轮的哪些尺寸不变？轮齿尺寸将发生什么变化？

实验报告

实验名称						日　期	
班　级		姓　名		学　号		成　绩	

1. 测量数据

基本参数	$m=$	$\alpha=$	$z=$	$h_a^*=$	$c^*=$
变位量	$X=xm=$				

2. 计算结果

项　　目	标准齿轮	变位齿轮
分度圆直径 d/mm		
齿顶圆直径 d_a/mm		
齿根圆直径 d_f/mm		
基圆直径 d_b/mm		
齿距 p/mm		
分度圆齿厚 s/mm		
分度圆齿槽宽 e/mm		
变位系数 x		
齿形比较		

附录 E　减速器的拆装及其轴系的结构分析实验

1. 实验目的

1）通过对减速器的拆装与观察，了解减速器的整体结构、功能及设计布局。

2）通过减速器的结构分析，了解其如何满足功能要求和强度、刚度要求，工艺（加工与装配）要求及润滑与密封等要求。

3）通过对减速器中某轴系部件的拆装与分析，了解轴上零件的定位方式、轴系与箱体的定位方式、轴承及其间隙调整方法、密封装置等；观察与分析轴的工艺结构。

4）通过对不同类型减速器的分析比较，加深对机械零部件结构设计的感性认识，为机械零部件设计打下基础。

2. 实验设备和工具

1）拆装用减速器：单级直齿圆柱齿轮减速器、两级直齿圆柱齿轮减速器、锥齿轮减速器、蜗杆减速器（下置式）。

2）观察、比较用减速器：单级斜齿圆柱齿轮减速器、两级斜齿圆柱齿轮减速器、蜗杆减速器（上置式）、摆线针轮行星减速器。

3）活扳手、锤子、铜棒、钢直尺、铅丝、轴承拆卸器、游标卡尺、百分表及表架。

4）煤油若干量、油盘若干只。

3. 减速器的类型与结构

减速器是一种由封闭在箱体内的齿轮、蜗杆、蜗轮等传动零件组成的传动装置，装在原动机和工作机之间用来改变轴的转速和转矩，以适应工作机的需要。由于减速器结构紧凑、传动效率高、使用维护方便，因而在工业中应用广泛。

减速器常见类型有以下三种：圆柱齿轮减速器、锥齿轮减速器和蜗杆减速器，分别如图 E-1a、b、c 所示。

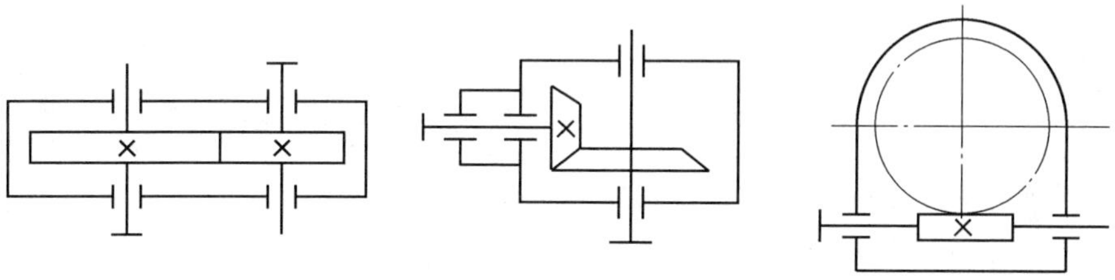

a)　　b)　　c)

图 E-1　减速器的类型

a）单级圆柱齿轮减速器　b）锥齿轮减速器　c）下置式蜗杆减速器

在圆柱齿轮减速器中，按齿轮传动级数可分为单级、两级和多级。蜗杆减速器又可分为蜗杆上置式和蜗杆下置式。

两级和两级以上减速器的传动布置形式有展开式、分流式和同轴式三种，分别如图 E-2a、b、c 所示。展开式用于载荷平稳的场合，分流式用于变载荷的场合，同轴式用于原动机与工作机同轴的特殊工作场合。

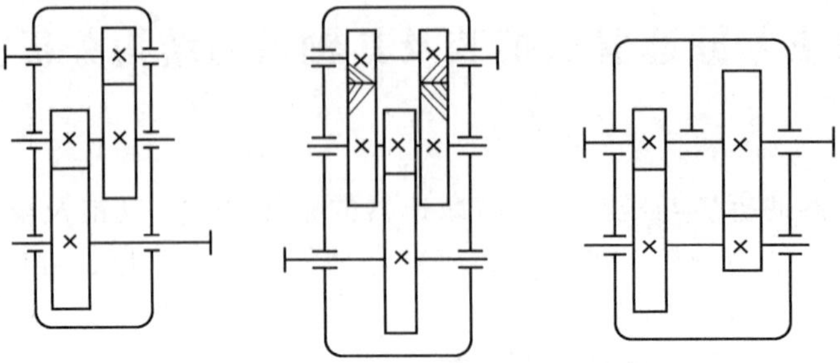

图 E-2 减速器传动布置形式

a）展开式 b）分流式 c）同轴式

减速器的结构随其类型和要求的不同而不同，一般由齿轮、轴、轴承、箱体和附件等组成。图 E-3 为单级圆柱齿轮减速器的结构图。

箱体为剖分式结构，由箱盖和箱座组成，剖分面通过齿轮轴线平面。箱体除应有足够的强度和刚度、适当的壁厚外，还要在轴承座孔处设加强肋以增加支承刚度。

一般先将箱盖与箱座的剖分面加工平整，合拢后用螺栓联接并以定位销定位，找正后加工轴承孔。对支承同一轴的轴承孔应一次镗出。装配时，在剖分面上不允许用垫片，否则将不能保证轴承孔的圆度误差在允许范围内。

箱盖与箱座用一组螺栓联接。为保证轴承孔的联接刚度，轴承座安装螺栓处做出凸台，并使轴承座孔两侧联接螺栓尽量靠近轴承座孔。安装螺栓的凸台处应留有扳手空间。

为便于箱盖与箱座的加工及安装定位，在剖分面的长度方向两端各有一个定位圆锥销。箱盖上设有窥视孔，以便观察齿轮或蜗杆蜗轮的啮合情况。窥视孔盖上装有通气器，使箱体内外气压平衡，否则易造成漏油。为便于拆卸箱盖，其上装有起盖螺钉。

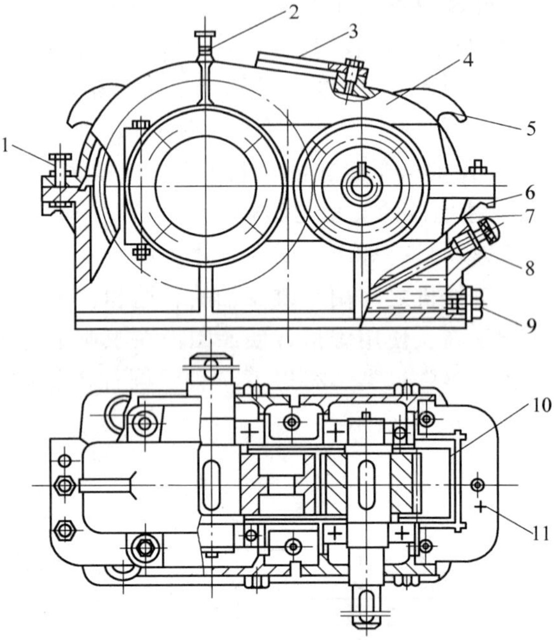

图 E-3 单级圆柱齿轮减速器的结构图

1—起盖螺钉 2—通气器 3—视孔盖 4—箱盖 5—吊耳 6—吊钩 7—箱座 8—油标尺 9—油塞 10—油沟 11—定位销

为拆卸方便，箱盖上设有吊耳或吊环螺钉。为搬运整台减速器，在箱座上设有吊钩。

箱座上设有油标尺，用来检查箱内油池的油面高度。最低处有放油油塞，以便排净污油和清洗箱体内腔底部。箱座与基座用地脚螺栓联接，地脚螺栓孔端制成沉孔，并留出扳手空间。

4. 减速器的润滑与密封

减速器的润滑主要指齿轮与轴承的润滑，其润滑方式及润滑剂的选择见第9章。

减速器需密封的部位很多，可根据不同的工作条件和使用要求选择不同的密封结构。轴伸出端的密封和轴承靠箱体内侧的密封见第9章。箱体接合面的密封通常是在装配时在箱体接合面上涂密封胶或水玻璃。

5. 实验步骤

1）观察减速器外部结构，判断传动级数、输入轴、输出轴及安装方式。

2）观察减速器的外形与箱体附件，了解附件的功能、结构特点和位置，测出外廓尺寸、中心距、中心高。

3）测定轴承的轴向间隙。固定好百分表，用手推动轴至一端，然后再推动轴至另一端，百分表所指示的量值差即轴承轴向间隙的大小。

4）拧下箱盖和箱座联接螺栓，拧下端盖螺钉（嵌入式端盖除外），拔出定位销，借助起盖螺钉打开箱盖。

5）测定齿轮副的侧隙。将一段铅丝插入齿轮间，转动齿轮碾压铅丝，铅丝变形后的厚度即齿轮副侧隙的大小，用游标卡尺测量其值。

6）仔细观察箱体剖分面及内部结构、箱体内轴系零部件间相互位置关系，确定传动方式。数出齿轮齿数并计算传动比，判定斜齿轮或蜗杆的旋向及轴向力、轴承型号及安装方式。绘制机构传动示意图。

7）取出轴系部件，拆下零件并观察分析各零件的作用、结构、周向定位、轴向定位、间隙调整、润滑、密封等问题。把各零件编号并分类放置。

8）分析轴承内圈与轴的配合，轴承外圈与机座的配合情况。

9）在煤油里清洗各零件。

10）拆、量、观察分析过程结束后，按拆卸的反顺序装配好减速器。

6. 注意事项

1）减速器拆装过程中，若需搬动，必须按规则用箱座上的吊钩缓吊轻放，并注意人身安全。

2）拆卸箱盖时应先拆开联接螺钉与定位销，再用起盖螺钉将盖、座分离，然后利用盖上的吊环螺钉起吊。拆开的箱盖与箱座应注意保护其接合面，防止碰坏或擦伤。

3）拆装轴承时须用专用工具，不得用锤子乱敲。无论是拆卸还是装配，均不得将力施加于外圈上通过滚动体带动内圈，否则将损坏轴承滚道。

7. 思考题

1）箱体接合面用什么方法密封？

2）减速器箱体上有哪些附件？各起什么作用？分别安排在什么位置？

3）测得的轴承轴向间隙如不符合要求，应如何调整？

4）轴上安装齿轮的一端总要设计成轴肩（或轴环）结构，为什么此处不用轴套？

5）扳手空间如何考虑？正确的扳手空间位置如何确定？

实验报告

实验名称						日　期	
班　级		姓　名		学　号		成　绩	

1. 拆装减速器的主要参数

减速器名称						
齿数及旋向	z_1		中心距	a_1		
				a_2		
	z_2		中心高	H		
	z_3		外廓尺寸	长×宽×高		
	z_4		地脚螺栓孔距	长×宽		
传动比	i_1		轴承代号及数量			
	i_2					
	i					
润滑方式	齿轮(蜗杆、蜗轮)					
	轴　承		齿轮副侧隙			
密封方式	有相对运动的部位					
	无相对运动的部位					
模　　数	m_n	高速级				
		低速级				
锥齿轮的分锥角			$\delta_1=$		$\delta_2=$	
蜗杆参数			$q=$	$z_1=$	$\beta=$	$\gamma=$

2. 绘制减速器传动示意图

(图中应标出中心距、输入轴、输出轴、齿轮代号及旋向、轴承代号等)

3. 列出减速器外观附件名称

4. 轴系结构分析（选择填空题）

1）分析对象为__________（高速、中速、低速）轴系。

2）齿轮（或蜗轮）在轴上的轴向定位是由__________（轴肩、轴套、端盖、挡圈）实现的，周向定位是由__________（销、键、过盈配合、紧定螺钉）实现的。

3）轴承在轴上的轴向定位是由__________（轴肩、轴套、端盖、挡圈）实现的，周向定位是由__________（销、键、过盈配合、紧定螺钉）实现的。

4）轴系在箱体上的定位是由__________（轴承座孔、端盖、螺钉）实现的。

5）需要进行间隙调整的地方是__________（轴向间隙、径向间隙），调整方法是__________（调整螺母、调整螺钉、增减调整垫片）。需调整的原因是__________（转动灵活、齿轮啮合好、保持适当的间隙）。

6）轴肩长度应比齿轮（蜗轮）轮毂宽度__________（大、小），才能使齿轮实现（蜗轮）轴向定位。

7）轴肩高度应比轴承内圈外径__________（大、小、相等），以便对轴承进行拆装。

8）轴承端盖与轴承外圈接触处的厚度不能太__________（厚、薄），否则将与__________（轴承外圈、滚动体）相碰擦。

9）轴承端盖孔与轴外径之间应留有足够的__________（轴向间隙、径向间隙），以避免两者碰擦，而此处的泄漏问题由__________（密封装置、回油装置、防尘装置）避免。

参 考 文 献

[1] 陈立德. 机械设计基础 [M]. 北京：高等教育出版社，2004.
[2] 李威. 机械设计基础 [M]. 北京：机械工业出版社，2007.
[3] 隋明阳. 机械设计基础 [M]. 北京：机械工业出版社，2008.
[4] 董玉平. 机械设计基础 [M]. 北京：机械工业出版社，1999.
[5] 潘周光. 机械设计基础 [M]. 北京：机械工业出版社，2008.
[6] 邹培海. 机械设计基础 [M]. 北京：清华大学出版社，2009.
[7] 陆凤仪. 机械设计 [M]. 北京：机械工业出版社，2010.
[8] 林承全. 机械设计基础 [M]. 武汉：华中科技大学出版社，2008.
[9] 周家泽. 机械设计基础 [M]. 武汉：武汉大学出版社，2009.
[10] 黄华梁. 机械设计基础 [M]. 北京：高等教育出版社，2007.
[11] 韩泽光. 机械设计 [M]. 武汉：华中科技大学出版社，2016.
[12] 杨可帧. 机械设计基础 [M]. 北京：高等教育出版社，2013.